누구나 할 수 있는 스마트폰 앱 만들기!

# 내 생애 첫 번째 코딩
# 앱인벤터

이창현 저

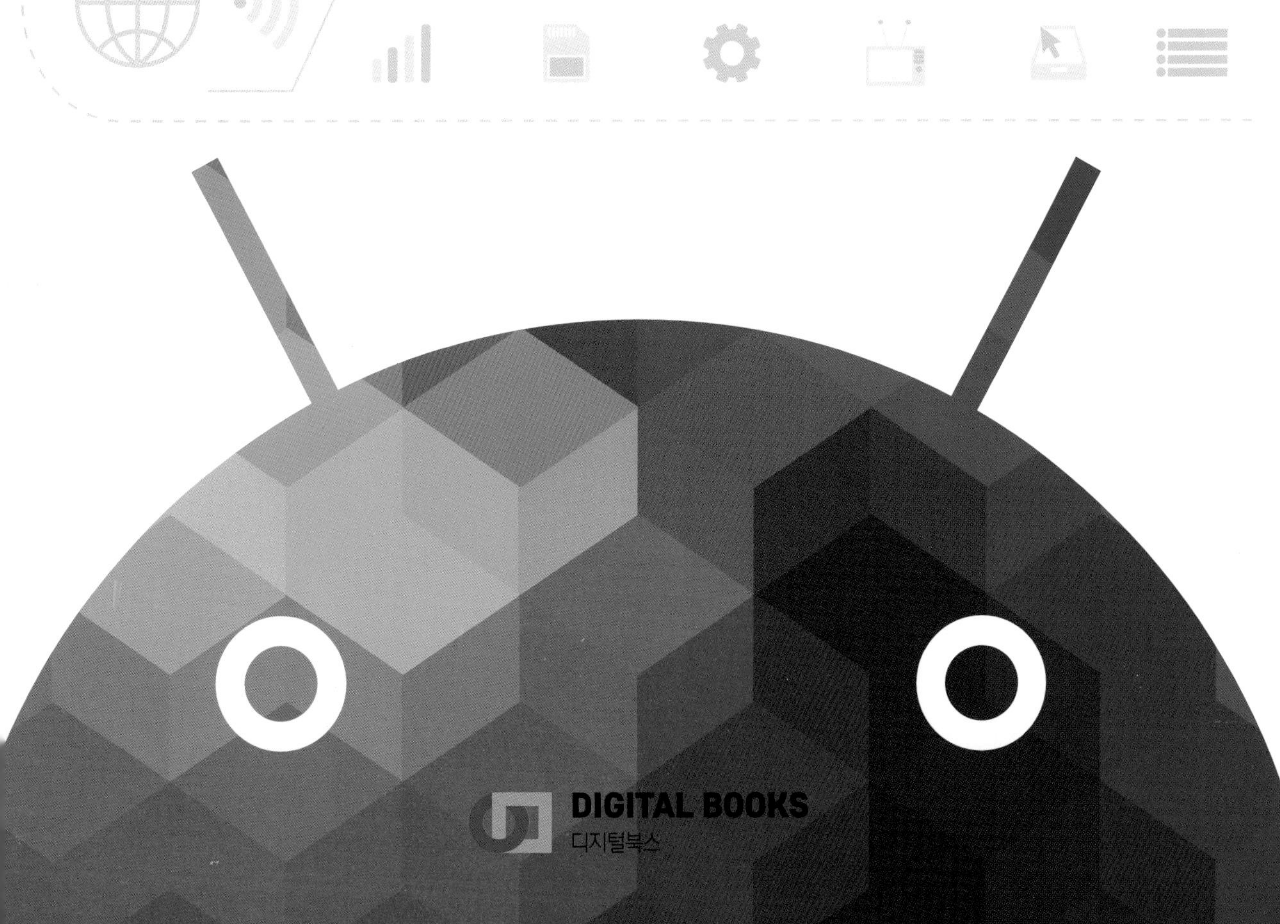

본 책의 예제 소스는 저자 블로그
(jamsuham75.blog.me)에 있습니다.

누구나 할 수 있는 스마트폰 앱 만들기!

# 내생애 첫번째코딩 앱인벤터

| 만든 사람들 |

**기획** IT·CG기획부 | **진행** 양종엽 | **집필** 이창현 | **편집디자인** 이기숙 | **표지 디자인** 김진

| 책 내용 문의 |

도서 내용에 대해 궁금한 사항이 있으시면
저자의 홈페이지나 디지털북스 홈페이지의 게시판을 통해서 해결하실 수 있습니다.

**디지털북스 홈페이지** www.digitalbooks.co.kr

**디지털북스 페이스북** www.facebook.com/ithinkbook

**디지털북스 카페** cafe.naver.com/digitalbooks1999

**디지털북스 이메일** digital@digitalbooks.co.kr

**저자 이메일** jamsuham75@naver.com

**저자 블로그** jamsuham75.blog.me

| 각종 문의 |

**영업관련** hi@digitalbooks.co.kr

**기획관련** digital@digitalbooks.co.kr

**전화번호** (02) 447-3157~8

## 왜 코딩 교육을 해야 하는가?

"이 나라 모든 사람은 컴퓨터 프로그래밍을 배워야 합니다. 프로그래밍은 생각하는 방법을 가르쳐 주기 때문입니다."

- 스티브 잡스 (애플 창업자)-

"제가 초등학교 6학년 때 프로그래밍을 처음배우기 시작한 건 매우 단순한 이유였습니다. 여동생과 함께 즐길 수 있는 무언가를 만들고 싶었거든요."

- 마크 저커버그(페이스북 창업자) -

"컴퓨터 프로그래밍은 사고의 범위를 넓혀주고 더 나은 생각을 할 수 있게 만들며 분야에 상관 없이 모든 문제에 대해 새로운 해결책을 생각할 힘을 길러 줍니다."

- 빌 게이츠 (마이크로소프트 창업자)-

"비디오 게임을 사지만 말고 직접 만드세요. 휴대폰을 갖고 놀지만 말고 프로그램을 만드세요."

- 버락 오바마 (미국 전 대통령)-

세계의 명사들이 이처럼 컴퓨터 프로그래밍에 대해 강조하고 있습니다. 그리고 우리나라에서도 2018년도부터 코딩 과목이 교과목으로 들어가게 됩니다. 그렇다면 왜 최근에 이렇게 코딩에 대해 강조를 하는 것일까요?

우리는 세상이 빠르게 변화하는 과정 속에서 살고 있습니다. 바야흐로 요즘 4차산업에 대해 이야기 하는데요. 이제는 PC와 스마트폰 등의 기기들은 누구나 가지고 있고 일상생활의 필수품이 되었습니다. 과거에 우리는 이러한 물건들에 대한 단순 소비자였다면, 지금음 우리가 아이디어를 통해 컨텐츠를 만들 수 있는 생산자가 되기도 합니다. 전문가가 아니더라도 스스로 내 아이디어를 소프트웨어로 구현할 수 있는 시대가 온 것입니다. 이러한 시대적 배경을 뒷받침 하기 위해서는 체계적인 코딩 교육이 이루어져야 합니다. 과거의 교육 방식처럼 코딩 교육이 단순히 주입식 교육 및 입시를 위한 교육으로 전락하는 것이 아니라 능독적인 사고력과 창의력을 증진을 위한 목적과 더 나아가서는 학생들에게 진로 선택 기회의 발판으로 삼아야 합니다.

# 모두의 코딩, 블록 코딩의 시작, 앱인벤터

이제부터 코딩에 대해 배워보려고 합니다. 그런데 어디서부터 무엇을 배워야 할지 막막하죠? 컴퓨터공학 출신인 제가 처음 코딩을 배웠을 때 "파스칼", "C" 언어에서부터 시작했습니다. 그리고, "컴퓨터 개론", "자료구조", "알고리즘"과 같은 이론 기초 과목을 수강해야 했습니다. 하지만 우리는 이러한 재미없는 과정을 밟지 않을 것입니다. 왜냐하면 배움의 목적이 다르기 때문입니다. 여러분이 이론에 빠삭한 컴퓨터공학도가 될 필요는 없습니다. 여러분은 내가 원하는 생각과 감정 그리고 철학을 소프트웨어에 담아낼 수 있으면 됩니다.

필자는 여러 가지의 코딩 시작 도구 가운데 무엇이 가장 적합할까 고민을 해보았습니다. 그리고 생각끝에 내린 결론은 바로 앱인벤터였습니다. 물론 스크래치나 엔트리 등과 같은 블록코딩 도구가 있음에도 불구하고 앱인벤터를 선택한 이유에는 크게 2가지 이유가 있습니다.

첫 번째는 코딩에 대한 흥미와 관심을 불러오는데 매우 적합한 도구입니다. 저는 성인들과 초등학생 대상으로 각각 앱인벤터에 대해 강의를 하고 있습니다. 차이가 나는 두 세대이지만 첫 시간 교육 후에 대한 반응은 공통점이 있었습니다. 모두 매우 흥미와 관심을 보인다는 점입니다. 왜냐하면 내가 평소에 수시로 들여다보고 사용하는 스마트폰에 대해서 지금까지는 늘 사용만 하는 소비자 입장이였다면 앱인벤터를 배우고 나서는 내가 직접 앱을 만들어서 나의 스마트폰에서 나만의 앱을 동작시킬 수 있다는 점 때문입니다. 평균 잡아서 30분만 배우면 누구나 자신의 스마트폰에 앱을 올릴 수 있습니다. 이렇게 쉽고 빠르게 제작할 수 있다는 장점이 흥미와 관심으로 이어지고, 코딩에 대한 열정으로 확산되는 것입니다.

두 번째는 순차적, 논리적, 체계적 사고에 대한 생각을 하게 한다는 점입니다. 이는 다른 블록코딩 도구에도 해당되는 이유인데, 코딩은 별도의 논리적 사고에 대한 언급이나 인위적인 교육 내용이 포함되어 있지 않습니다. 코딩 그 자체가 매우 논리적이고 체계적인 사고를 하도록 만드는 것입니다. 앱인벤터의 코딩은 코드의 순서나 논리에 맞게 구성되도록 되어 있으며, 그러한 순서와 논리에 맞지 않는다면 제대로 동작하지 않습니다. 코드의 내용 중에 순서가 맞게 수행되도록 하거나, 분기해야 하는 로직, 반복해야 하는 로직 등이 수시로 나타나는데, 이러한 순차적, 논리적, 체계적인 사고가 필요한 내용들은 코딩을 통해 가랑비에 옷 젖듯이 은연 중에 익힐 수 있도록 합니다.

이 외에도 여러분이 직접 앱인벤터를 익혀가면서 더 많은 장점들을 발견할 수 있을 것이고, 스스로 내가 직접 만든 어플리케이션에 감탄을 하게 될 것입니다.

자, 지금부터 누구나 할 수 있는 스마트폰 앱 만들기, 앱인벤터의 세계에 빠져보도록 합시다.

# 이 책의 구성

이 책은 매 장마다 크게 세 부분의 학습 영역으로 구분했습니다. 첫 번째는 생각해보기, 두 번째는 만들어보기, 세 번째는 전체 프로그램 한 눈에 보기입니다. 이렇게 세 부분으로 나눈 이유는 학습의 효율성을 위해서입니다. 각 학습 영역의 세부 내용에 대해 알아보겠습니다.

## 1. 생각해보기

학습은 처음부터 생각없이 맹목적으로 따라 하기만 하면 사고력과 창의력을 발달시키는데 저해 요소가 됩니다. 내가 무엇을 만들 것인지 생각할 수 있어야 합니다. 또한 그 무엇이라는 것을 어떻게 만들 것인지도 생각해야 합니다.

그래서 매 장이 시작할 때 학습을 하기 앞서서 내가 이번에는 무엇을 만들 것인지 순차적, 논리적으로 접근하여 생각합니다. 무엇을 만들 것인지 결정이 되었다면 어떠한 컴포넌트와 블록을 이용하여 만들 것인지 생각할 시간을 갖도록 해야 합니다. 그래서 다음과 같이 두 부분의 세부 영역으로 나누어 구성하고 있습니다

- 무엇을 만들것인가
- 사용할 컴포넌트 및 블록

## 2. 만들어보기

무엇을 만들 것인지, 그리고 그 무엇을 만들기 위해 어떠한 컴포넌트와 블록을 사용할 것인지에 대해 어느 정도 결정이 되었다면 본격적으로 프로젝트를 만들어 보도록 합니다.

가장 먼저 앱인벤터를 통해 프로젝트를 만듭니다. 그 다음 내가 만들 앱의 UI를 디자인하고, 필요한 컴포넌트들을 배치합니다. 여기까지는 앱의 껍데기를 만든 것이죠. 즉, 겉모양만 있고, 아무런 기능을 하지 못하는 깡통의 상태입니다. 마지막으로 블록을 통해 코딩을 함으로써 앱에 실제로 원하는 동작을 할 수 있게 합니다. 즉, 깡통에 생명력을 불어넣는 과정이죠.

다음과 같이 세 부분의 세부 영역으로 나누어 앞서 언급한 만들어보는 과정을 자세하게 설명하고 있습니다.

- 프로젝트 만들기
- 컴포넌트 디자인하기
- 블록코딩하기

## 3. 전체 프로그램 한 눈에 보기

우리는 때로 깊은 생각에 몰입하다 보면 빠져나오지 못할 때가 있습니다. 순간 난 누구? 여긴 어디? 이러한 상황이 되고는 합니다. 즉, 나무는 보이는데 숲은 안보이는 경험을 하게 되는 것이지요. 앞서서 만들어보기 과정을 통해 우리는 프로젝트를 만들고, 컴포넌트를 통해 앱의 UI 디자인을 하고, 블록코딩을 하였습니다. 이렇게 하나씩 하다 보면 전체를 망각하고 보지 못할 수 있습니다. 그래서 블록코딩까지 끝났을 때 마지막으로 전체 프로그램을 한 눈에 봄으로써 각 장을 정리할 수 있도록 구성하였습니다. 그리고, 우리는 늘 현재보다 더 나은 미래를 생각해야 합니다. 앱도 제가 책에서 제시한 앱보다 더 나은 앱으로 발전시킬 수 있어야 합니다. 그러기 위해서는 현재의 지식을 기반으로 생각을 확장할 수 있어야겠지요.

앞서 언급한 내용을 바탕으로 다음과 같이 세 부분의 세부 영역으로 나누어 내용을 정리하고 있습니다.

- 전체 컴포넌트 UI
- 전체 블록 코딩
- 생각확장해보기

## Thanks to

감사한 분들이 있습니다.

먼저 늘 꼬마인줄만 알았는데 어느 날 보니 부쩍 커버린 나의 첫째 아들 이주성군과 인생살이 4년차에 접어드는 둘째 아들 이은성군, 아들 둘을 키우느라 수고하는 인생의 동지이자 믿음의 반려자인 아내 경화에게 고마움과 사랑의 마음을 전합니다. 가족은 제가 살아가는 이유이기도 합니다. 그리고 늘 하루도 빠짐없이 저희 가족을 위해 기도하시는 저의 어머니 박정희 권사님과 언제나 함께 기도하고 독려하는 우리 하나 포도원 식구들에게도 깊은 감사의 마음을 전합니다.

또한, 제 원고를 믿고 진행해 주신 양종엽 본부장님과 그 외 디지털북스 관계자분들께 진심으로 감사의 말씀 드립니다.

중딩인 3명의 조카 유흠, 민준, 민성아
올해에는 삼촌 책으로 공부 좀 하즈아~~

마지막으로 늘 책을 탈고할 때마다 인정할 수 밖에 없는 고백이 있습니다. 집필 과정이 매우 힘들었음에도 불구하고 제가 한 것은 아무것도 없습니다. 모두 주님께서 하셨고, 이 모든 것은 주님의 은혜입니다. 이 책이 작은 영광이 될 수 있다면, 내 인생의 주관자이신 주님께 모든 영광을 드립니다.

2019년 따뜻한 봄 햇살을 담아
저자 이 창 현

# 차 례

CHAPTER 01

# 앱인벤터2 시작하기

앱인벤터의 세계로 오신 여러분을 환영한다. 현재 이 책을 펼쳐서 보고 있는 여러분은 어쩌면 나만의 스마트폰 앱을 만들고 싶은 갈망은 있으나 개발 전문가도 아닌데다가 개발에 대한 진입장벽이 높아서 한 번쯤은 생각만 하고 좌절했던 경험자인지 모른다. 앱인벤터는 이러한 갈망을 해결해주고, 이러한 좌절에서 벗어나게 해줄 수 있는 해결책이 되어 줄 것이다. 여러분이 어떠한 아이디어를 가지고 있었다면 앱인벤터에서 직접 재미있게 만들어보면서 앱인벤터의 진가를 느껴보도록 하자.

Section 01

# 앱인벤터2 소개하기

## 앱인벤터란?

[그림 1-1] 앱인벤터2 로고

앱인벤터(MIT App Inventor)는 처음에 구글에서 개발되었고, 현재는 MIT 공과대학교에서 관리되고 있으므로 이름 앞에 MIT가 붙는다. 앱인벤터는 안드로이드 기반의 스마트폰 앱을 개발할 수 있게 해주는 프로그램이다. 개발 전문가가 아닌 일반인이나 대학생 또는 심지어 초, 중, 고등학생들까지도 쉽게 앱을 만들 수 있게 해준다. 쉽게 앱을 만들 수 있다는 의미는 과거 C나 자바와 같은 언어의 텍스트 기반 문법을 배우지 않아도 되고, 스크래치와 매우 비슷한 블록 코딩 기법으로 제공이 된다. 따라서 사용자들이 컴포넌트들을 마우스로 드래그 앤 드롭하여 블록을 레고 맞추듯이 끼워 넣으면 된다.

## 앱인벤터의 장단점

### ● 장점

① 사용하기 쉽다는 점이 앱인벤터의 가장 큰 장점이다. 특정 문법을 배워서 익힐 필요 없이 직관적으로 기능들을 마우스로 끌어다 레고 조립하듯이 끼워 넣으면 제공되는 모든 기능들이 동작한다.

② 사용에 대한 비용을 지불하지 않아도 된다. 이 점 또한 매우 매력적인 장점이다.

③ 앱인벤터는 클라우드 컴퓨팅 방식의 도구이다. 무슨 말인가 하면 내 컴퓨터에 앱인벤터 프로그램을 설치하여 사용하는 것이 아니라, 사이트 접속만 하면 웹서버 환경이 제공되고 따로 설치할 필요 없이 웹기반에서 사용만 하면 된다. 또한 내 컴퓨터에 저장되는 것이 아니기 때문에 별도의 저장을 하지 않아도 된다.

### ● 단점

① 앱인벤터로 개발하다 보면 조금 더 질을 높이기 위해 이미지나 미디어 파일을 자주 사용하게 되는데, 한 번에 올릴 수 있는 리소스의 용량이 5MB로 제한되어 있다. 그렇다 보니 해상도가

높은 이미지나 용량이 큰 동영상과 같은 파일을 올리는데 제한이 있다.

② 모든 기능이 블록으로 제공되므로 내가 구현하고자 하는 기능이 블록으로 제공되지 않으면 구현이 힘든 표현의 한계가 있다.

③ 클라우드 컴퓨팅 방식이라 장점도 존재하지만 그렇기 때문에 단점도 존재한다. 즉, 네트워크 연결이 안되면 앱인벤터를 수행할 수 없다는 환경적인 문제가 발생한다. 어찌보면 클라우드 컴퓨팅 방식이 장단점의 양면성을 가지고 있다고 할 수 있다.

## 앱인벤터로 만들 수 있는 기능들

앱인벤터로 만들 수 있는 기능들은 안드로이드 기반의 스마트폰에서 제공하는 기본 기능은 전부 다 만들 수 있다. 각자 자신의 스마트폰의 기능들을 잘 생각해보자. 기본적으로, 전화걸기, 문자보내기, 카메라 동작하기, 주소록 열기, 위치센서 동작, 자일로스코프 센서 동작, 만보기 센서 동작 등등 우리가 매일 사용하는 기능 뿐만 아니라 잘 사용하지 않거나 처음 들어보는 기능들도 존재한다. 우리는 이러한 기능들을 조합하여 새로운 기능을 만들거나 하나의 어플리케이션을 만들 수 있다.

실제로 앱인벤터로 어플리케이션을 만들어 활용하는 사례들을 소개하고 있다. 다음은 해당 사이트 주소이다. http://appinventor.mit.edu/explore/stories.html

▶▶ [그림 1-2] 앱인벤터 활용 사례

다양한 활용 사례들을 접할 수 있는데, 눈에 띄는 것 중에 아이티라는 나라에서 난민들을 구조하기 위한 앱, 멧돼지로 인한 농작물의 피해를 줄이기 위한 멧돼지 목격 추격기, 아두이노 센서와 연결하여 LED 음성 명령 개발 등의 어플리케이션 개발 사례들이 있다. 이 앱들의 공통점은 타인이나 사회에 도움을 주는 유용한 어플리케이션이라는 점이다. 내가 만든 앱이 누군가에게 도움이되고, 심지어 누군가의 목숨까지 살리는데 공헌을 할 수 있다.

## 앱인벤터를 하기 위해 필요한 작업환경

### ● 크롬 브라우저 설치

먼저 자신의 컴퓨터에 크롬(Chrome) 브라우저가 설치되어 있는지 확인한다. 크롬 브라우저가 설치되어 있지 않다면, 구글 사이트에 접속하여 검색어로 "크롬"이라고 검색하자. 다음과 같이 데스크톱용 Chrome이 검색이 되고, 이 페이지에 들어가서 크롬을 바로 설치하자.

[그림 1-3] 크롬 데스크톱용 다운로드 사이트

### ● 구글 계정 만들기

앱인벤터는 웹기반에서 작업을 해야 하기 때문에 기본적으로 구글계정이 필요하다. 아마 여러분이 사용하고 있는 안드로이드 기반 스마트폰이 본인 명의로 되어 있다면 스마트폰 살 때 대리점에서 이미 구글 계정을 만들어서 등록했을 것이다. 구글 계정이 기억이 나지 않는가? 뭐 어쩔 수 없다. 새로 계정을 만드는 수 밖에.

다음은 구글 계정을 새로 만드는 과정이다.

▸▸ [그림 1-4] 구글 계정 만들기

구글 계정을 만들고 나서 지정한 아이디와 비밀번호를 입력하여 로그인한다.

▸▸ [그림 1-5] 구글 계정으로 로그인 하기

로그인을 성공했다면 이제 앱인벤터에 접속하여 시작할 수 있는 환경이 모두 갖추어졌다. 본격적으로 앱인벤터를 시작해보도록 하자.

Section 02

# 앱인벤터2 둘러보기

## 앱인벤터 생성

크롬 브라우저에서 구글에 로그인된 상태로 다음의 앱인벤터 주소로 접속한다. http://ai2.appinventor.mit.edu 주소 치기가 귀찮은 분들은 구글 검색창에 "앱인벤터2"라고 검색하면 최상단에 이 사이트가 나온다.

사이트의 첫 페이지 우상단에 주황색 버튼이 있는데, 앱인벤터를 시작하기 위한 앱을 생성하는 버튼을 클릭한다.

[그림 1-6] 앱인벤터 사이트에 접속하여 앱 생성하기

## 메뉴

앱인벤터의 최상단에 메뉴들이 있다. 이 메뉴들은 프로젝트 단위로 관리하는 기능들을 제공한다.

[그림 1-7] 앱인벤터 메뉴

다음은 프로젝트 메뉴의 주요 기능이다.

| 프로젝트 메뉴 | 설명 |
|---|---|
| 내 프로젝트 | 내가 작성한 모든 프로젝트의 목록을 보여준다. |
| 새 프로젝트 시작하기 | 새 프로젝트를 생성한다. |
| 프로젝트 삭제 | 현재 프로젝트를 삭제한다. |
| 내 컴퓨터에서 프로젝트(.aia)가져오기 | 내 컴퓨터에 저장되어 있는 프로젝트(.aia) 파일을 앱인벤터로 읽어온다. |
| 선택된 프로젝트(.aia)를 내 컴퓨터로 내보내기 | 현재 작성 중인 프로젝트(.aia)를 내 컴퓨터로 저장한다. |

[표1-1] 프로젝트 메뉴

| 연결 메뉴 | 설명 |
|---|---|
| AI 컴패니언 | 선택 시 QR 코드가 화면에 나타나는데, 스마트폰으로 연결하기 위한 QR 코드이다. 조건은 작업 PC와 스마트폰이 같은 인터넷망을 사용해야만 이 메뉴를 사용할 수 있다. |
| 에뮬레이터 | 스마트폰이 없는 경우에 이 메뉴를 선택한다. 선택 시 에뮬레이터가 컴퓨터 상에서 동작하게 된다. 메뉴 선택 전에 aiStarter.exe를 먼저 실행 시켜야 한다. |
| USB | 스마트폰은 있으나 작업 PC와 같은 인터넷망을 사용하지 않는 경우 이 메뉴를 사용할 수 있다. 이 때, 스마트폰과 작업 PC와의 연결을 위한 USB 케이블이 필요하고, 이 메뉴 또한 선택 전에 aiStarter.exe를 먼저 실행해야 한다. |
| 다시 연결하기 | 현재의 연결을 끊고 다시 연결하고 싶을 때 사용한다. |

▶▶ [표1-2] 연결 메뉴

| 빌드 메뉴 | 설명 |
|---|---|
| 앱(.apk용 QR 코드 제공) | 선택 시 QR 코드가 나타나는데, 스마트폰으로 QR 코드를 스캔하게 되면 바로 스마트폰에 앱을 설치 할 수 있게 한다. |
| 앱(.apk를 내 컴퓨터에 저장하기) | 선택 시 .apk 파일을 내 컴퓨터에 저장하게 한다. |

▶▶ [표1-3] 빌드 메뉴

언어 메뉴의 경우 기본으로 English로 설정되어 있고, 각 나라별 언어가 지원된다. 우리는 "한국어"를 선택하도록 한다. 이 책 또한 언어 선택 메뉴에서 "한국어" 기반으로 작성한 것이다.

## 팔레트 디자인과 블록

### ● 보이는 것과 하는 것

세상에서 우리 눈에 보이는 사물들은 움직이는 것과 움직이지 않는 것들로 구분할 수 있다. 산, 바다, 하늘, 바위 등은 우리 눈에 잘 보이지만 움직이지는 않는다. 멀리 갈 것 없이 당장 내 옆에 노트북, TV, 냉장고, 화분 등도 마찬가지이다. 그렇다면 움직이는 사물에는 어떤 것들이 있을까? 사람, 강아지, 고양이, 자동차, 비행기 등이 있다. 이렇게 움직이는 사물들의 속성을 보면 보이는 것과 하는 것으로 구분할 수 있는데, 예를 들면 강아지와 같은 동물만 놓고 보자.

▶▶ [그림 1-8] 움직이는 강아지

| 보이는 것(디자인) | 하는 것(동작) |
|---|---|
| 눈, 코, 입, 귀, 다리 4개, 흰색 털 등등 | 달린다, 걷는다, 먹는다, 짖는다, 잔다 등등 |

▸▸ [표1-4] 보이는 것과 하는 것의 속성 비교

하나의 동적인 사물을 놓고 보았을 때 이렇게 보이는 것과 하는 것의 속성을 구분할 수 있었다. 우리가 배울 앱인벤터도 이렇게 보이는 것과 하는 것으로 구분하여 작성한다. 보이는 것에 대한 작업을 디자이너에서 하고, 하는 것과 같은 동작에 대한 작업을 블록에서 한다.

**참고 객체지향 프로그래밍**

C++ 과 자바와 같은 언어를 객체지향언어라고 한다. 객체지향(Object Oriented)이란 사물을 지향한다는 의미로, 이 세상의 모든 사물을 프로그래밍화할 수 있게 한다는 것을 철학으로 삼고 있다. 객체지향 프로그래밍의 기본 구성 요소는 클래스인데, 클래스 내부는 속성과 메소드로 구성되어 있다. 속성이라는 것이 바로 보이는 것에 해당되는 요소이고, 메소드라는 것이 바로 동작에 해당되는 요소이다.

## • 디자이너

다음은 앱인벤터의 디자이너 화면이다. 크게 팔레트, 뷰어, 컴포넌트, 미디어, 속성 이렇게 5가지의 요소로 구성되어 있다.

▸▸ [그림 1-9] 앱인벤터 디자이너

| 디자이너 | 설명 |
|---|---|
| 팔레트 | 사용자 인터페이스, 레이아웃, 미디어, 그리기 & 애니메이션, 센서, 소셜, 저장소 등 기능별로 항목이 분류되어 있고, 내부에 각각 컴포넌트들이 제공된다. 미술시간에 그림 그리기 위해 물감을 팔레트에 짜서 사용하듯이 디자이너의 팔레트 또한 그림을 그리기 위한 재료이다. |
| 뷰어 | 팔레트로부터 선택한 컴포넌트를 뷰어에 배치할 수 있다. 뷰어는 미술에서 그림을 그리는 스케치북이다. |
| 컴포넌트 | 현재 뷰어에 배치한 컴포넌트들만 표시된다. 트리 구조로 관리되며, 현재 사용 중인 컴포넌트들을 한 눈에 볼 수 있다. |
| 미디어 | 사용할 미디어 파일(이미지, 음악, 동영상 등)을 현재 프로젝트 서버에 올린다. |
| 속성 | 선택한 컴포넌트의 여러 속성들을 표시하고 수정이 가능하다. |

▸▸ [표1-5] 디자이너의 구성 요소

디자이너는 눈에 보여지는 그리기 위한 모드이다. 우리가 물감을 팔레트에 담아서 마치 스케치북에 그림을 그리는 것과 같다.

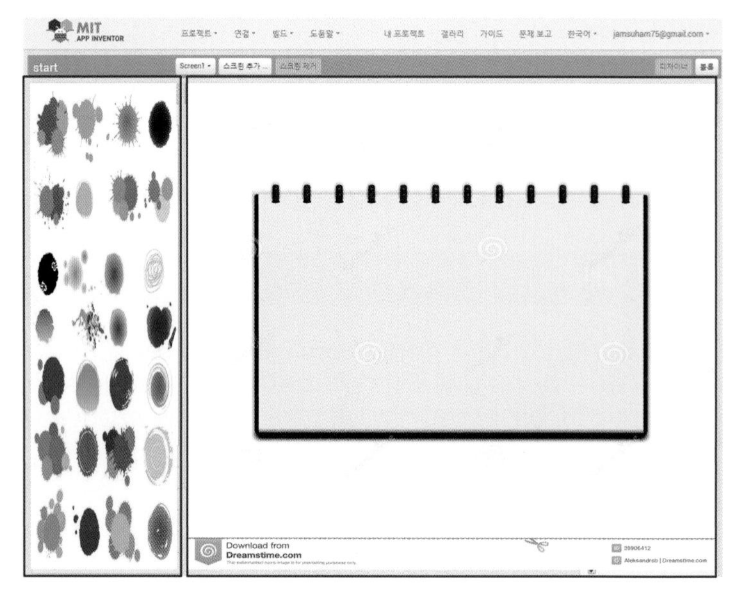


▶▶ [그림 1-10] 디자이너를 미술 도구에 비교

## ● 블록

이번에는 동작에 해당하는 블록에 대해 알아보자. 블록은 다음과 같이 2가지의 요소로 구성되어 있다.

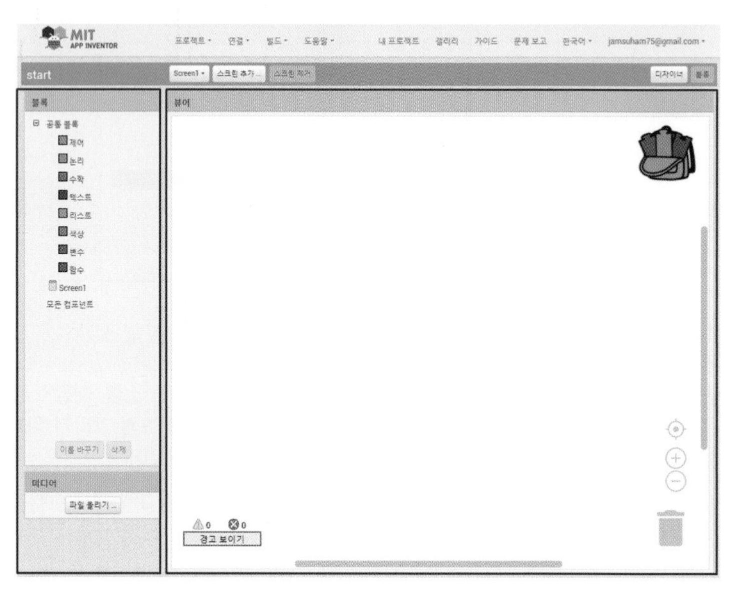


▶▶ [그림 1-11] 앱인벤터 블록

| 블록 | 설명 |
|---|---|
| 블록 | 제공하는 블록에는 공통 블록이 있는데, 제어, 논리, 수학, 텍스트, 리스트, 색상, 변수, 함수 등으로 구성되어 있다. 일반 프로그래밍에서 명령문으로 사용되는 것들을 앱인벤터에서는 이렇게 블록의 형태로 구성하여 제공한다. |
| 뷰어 | 선택한 블록들을 뷰어에 배치할 수 있다. 뷰어에 배치된 블록들이 기능을 동작하게 하는 역할을 한다. |

▸▸ [표1-6] 블록의 구성 요소

블록은 실제 동작을 하기 위한 모드이다. 예를 들면 자동차가 움직이거나 멈추도록 제어하는 것이 기어라고 한다면 블록모드에서 블록은 기어라고 할 수 있고, 동작하는 자동차가 뷰어라고 할 수 있겠다.

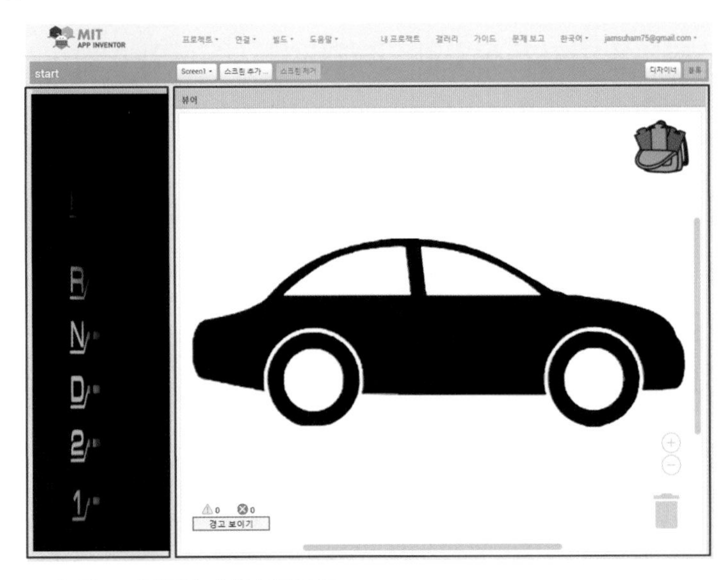


▸▸ [그림 1-12] 블록을 자동차 동작에 비교

## Section 03 앱인벤터2와 스마트기기 연결하기

앱인벤터에서는 프로그램을 제작하면서 동시에 스마트폰에 바로 올려서 테스트가 가능하다. 실제로 스마트폰 기기가 있다면 프로그램을 올릴 수 있는 방법은 2가지이고, 만약 스마트폰 기기가 없다면 에뮬레이터를 설치하여 실행 결과를 확인할 수 있다. 물론 스마트폰 기기는 안드로이드 기반이여야 한다.

### WIFI(와이파이)로 연결하는 경우

#### ● 작업 PC와 스마트폰 기기가 동일한 인터넷망을 사용해야 한다.

WIFI를 이용하여 실행하는 경우 가장 기본적인 환경이다. 반드시 작업 PC와 스마트폰 기가가 동일한 망에 있어야 WIFI를 통해 동기화하여 실행할 수 있다.

만약 스마트폰 기기는 있는데, 인터넷 망이 서로 다르다면 뒤에 나오는 "USB 케이블을 이용하여 연결하는 경우"를 참고하기 바란다.

#### ● 스마트폰 기기에 "MIT AI2 Companion" 앱을 설치한다.

앱인벤터에서 스마트폰 기기에 연결하려면 스마트폰 기기에도 인식할 수 있는 앱이 설치되어 있어야 한다. 구글 플레이에 접속하여 검색창에 "MIT AI2 Companion"이라고 입력하여 앱을 다운로드 받아 설치한다.

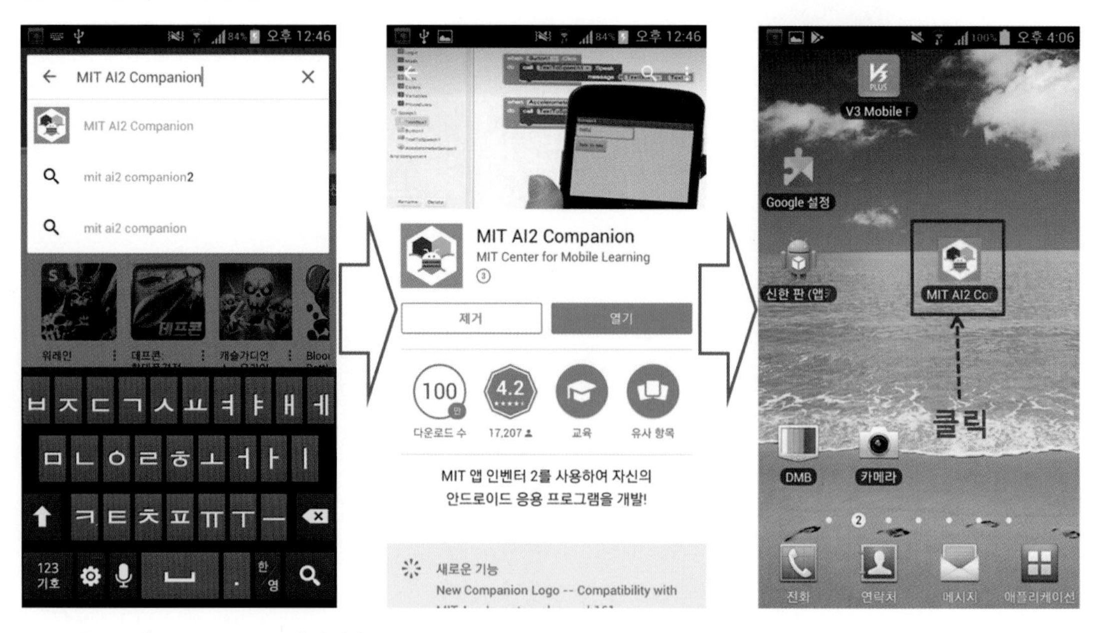


▶▶ [그림 1-13] "MIT AI2 Companion" 앱 설치

## ● 메뉴의 [연결] – [AI 컴패니언] 선택

[연결] - [AI 컴패니언] 선택하면 다음과 같이 QR 코드가 생성된다.

[그림 1-14] AI 컴패니언 선택 시 QR코드

## ● "MIT AI2 Companion" 앱 실행하여 [scan QR code] 선택

"MIT AI2 Companion" 앱 실행하여 [scan QR code] 메뉴를 선택 후 작업 PC에서 생성한 QR 코드에 스마트폰을 갖다 댄다.

[그림 1-15] QR 코드 스캐너로 QR코드 스캔

## 에뮬레이터를 사용하는 경우

안드로이드 기반 스마트폰 기기가 없는 경우에 사용하는 방법이다. 개인적으로 그다지 추천하는 방법은 아니다. 왜냐하면 로딩 속도가 엄청 느리다. 물론 PC 환경에 따라 차이는 있겠지만, 필자의 컴퓨터 사양이 그리 나쁘지 않음에도 불구하고 결과 확인을 위해 기다려야 하는 시간이 상당하다. 그래도 확인을 못하는 것보다는 느리더라도 확인을 해볼 수 있는 것이 낫기 때문에 이 방법에 대해서 살펴 보도록 하겠다.

### ● aiStarter 프로그램 다운로드 및 설치

구글 검색창에 "aistarter"라고 입력한다. 검색 후 가장 상단에 나타난 페이지로 이동한다. (http://appinventor.mit.edu/explore/ai2/setup-emulator.html)

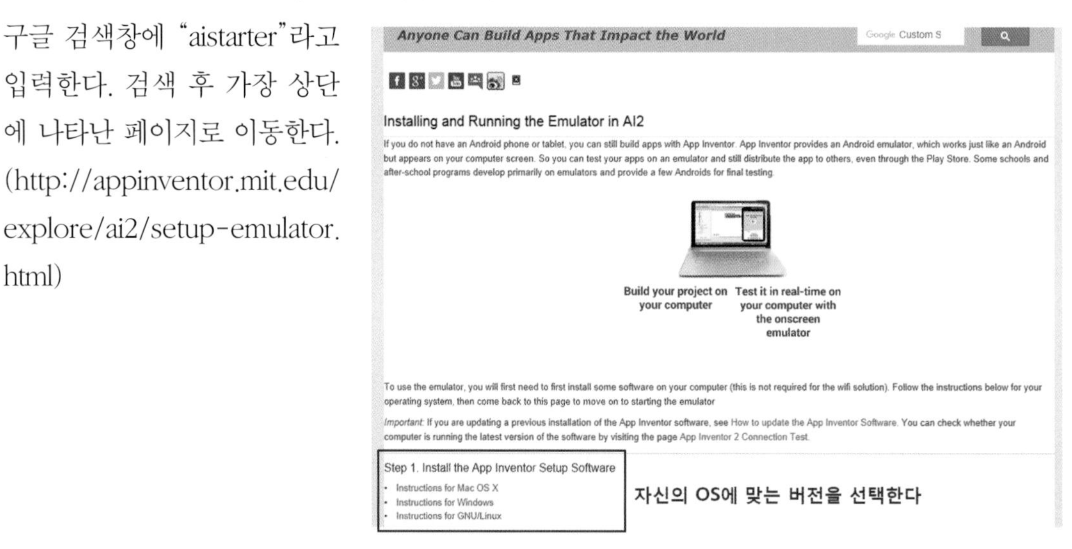


▶▶ [그림 1-16] aiStarter를 OS에 맞게 선택

파일을 다운로드 후 더블클릭하면 다음과 같이 설치 창이 나타난다. 설치 과정은 복잡한 것은 없으므로, [Next]를 눌러서 설치를 진행하도록 한다.

▶▶ [그림 1-17] aiStarter 설치 과정

## ● aiStarter.exe 실행

설치가 끝났으면 aiStarter를 실행해보자. 다음과 같이 콘솔창이 하나 실행될 것인데, 정상적으로 수행된 것이다.

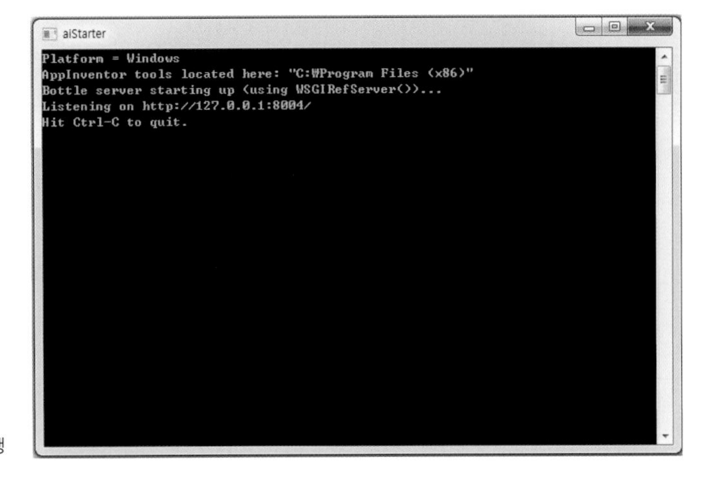


▸▸ [그림 1-18] aiStarter 실행

## ● 에뮬레이터로 실행

① 에뮬레이터로 실행시켜보자. [연결] - [에뮬레이터]를 선택한다.

② 콘솔창에 웹서버와 통신하는 내용이 나타난다.

③ 조금 시간이 지나면 스마트폰 모양의 에뮬레이터가 실행된다. 에뮬레이터를 스마트폰처럼 사용하면 된다.

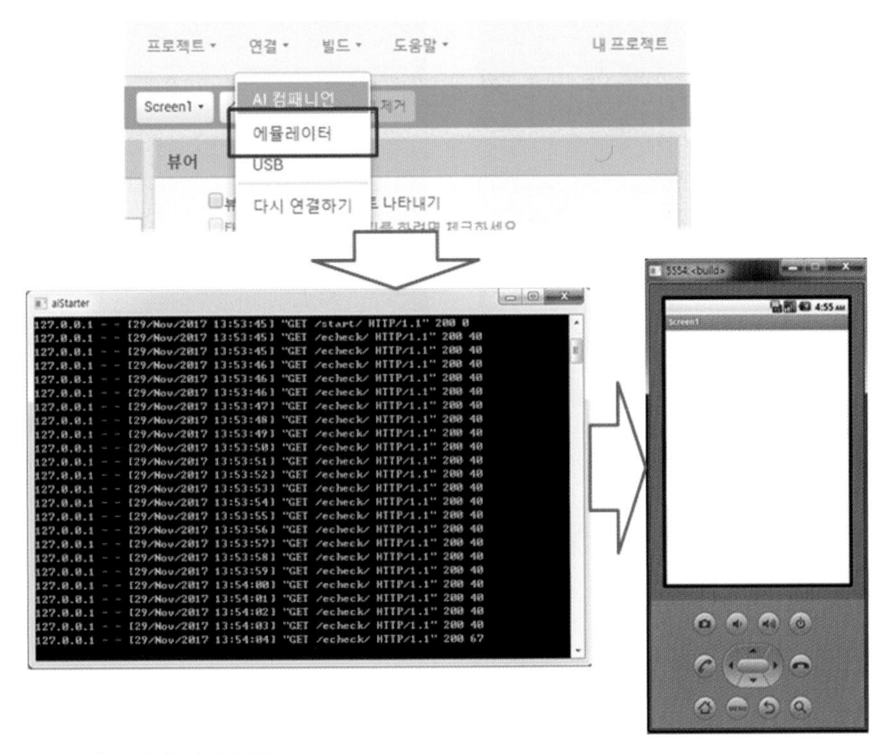


▸▸ [그림 1-19] 에뮬레이터 선택

## USB 케이블을 이용하여 연결하는 경우

USB 케이블을 사용하는 경우는 스마트폰 기기는 있으나 인터넷 망이 작업 PC와 다를 때이다. 물론 스마트폰 기기에 연결할 USB 케이블이 있어야 한다. 앞에서 살펴본 WIFI 로 연결하는 방법과 에뮬레이터를 이용하는 방법을 섞어놓은 형태이다.

### ● 스마트폰 기기에 "MIT AI2 Companion" 앱을 설치

앞서 WIFI에 연결할 때에서 살펴 보았던 것처럼 스마트폰 기기에 "MIT AI2 Companion" 앱을 설치한다.

### ● 스마트폰 기기의 안드로이드 장치에서 USB 디버깅 켜기

스마트폰이나 테블릿 PC에서는 USB 디버깅(Debugging) 옵션을 체크해주어야 한다. 그렇지 않으면 수행이 되지 않는다. USB 디버깅 체크는 [환경설정]에 들어가서 다음과 같이 [개발자 옵션] - [USB 디버깅]을 체크하도록 한다.

[그림 1-20] USB 디버깅 체크

### ● aiStarter 프로그램 다운로드 및 설치

에뮬레이터에서 수행하는 과정에서 aiStarter 프로그램 다운로드 및 설치하는 과정을 참고하기 바란다.

### ● aiStarter 실행

먼저 aiStater를 실행한다.

## ● USB로 실행

① USB로 실행시켜보자. [연결] - [USB]를 선택한다.

② 콘솔창에 웹서버와 통신하는 내용이 나타난다.

③ 나의 스마트폰에 내가 앱인벤터로 제작한 어플리케이션이 실행된다.

▸▸ [그림 1-21] USB 선택

Section 04

# 앱패키징 설치 및 공유하기

앞에서 살펴본 앱인벤터와 스마트기기를 연결하였더라도 테스트가 끝나고 앱을 종료하면 다시 수행할 수 없다. 왜냐하면 앱을 스마트폰에 설치하여 실행한 것이 아니라 임시로 연결하여 실행했기 때문이다. 우리가 앱을 계속 사용하려면 스마트폰에 설치해야 하는데, 이 때 필요한 것이 앱패키징이다. 안드로이드 앱의 설치 파일 확장자는 apk인데, 앱인벤터에서는 내가 만든 앱을 apk로 패키징해주는 기능을 제공한다.

## 내 스마트폰에 앱 설치

### • [빌드] – [앱(.apk용 QR 코드 제공]을 선택한다.

다음과 같이 QR 코드가 나타나는데, 내 스마트폰의 QR코드 스캐너로 스캔을 하면 앱을 apk로 패키징하여 내 스마트폰에 설치한다. 이 QR 코드는 2시간 동안만 유효하며 이 QR코드를 외부로 배포한다고 해도 인식되지 않는다.

▶▶ [그림 1-22] 앱을 QR 코드로 설치

이렇게 설치된 앱은 설치되었기 때문에 앱을 종료하였더라도 다시 실행할 수 있다.

## 내 컴퓨터에 apk 저장하기

### • [빌드] – [앱(.apk를 내 컴퓨터에 저장하기]를 선택한다.

이 기능은 내가 만든 앱을 다른 사람들한테 배포하거나 구글 플레이 스토어에 올릴 때 사용한다. 패키징을 해야 하기 때문에 리소스를 다운로드하기 시작한다.

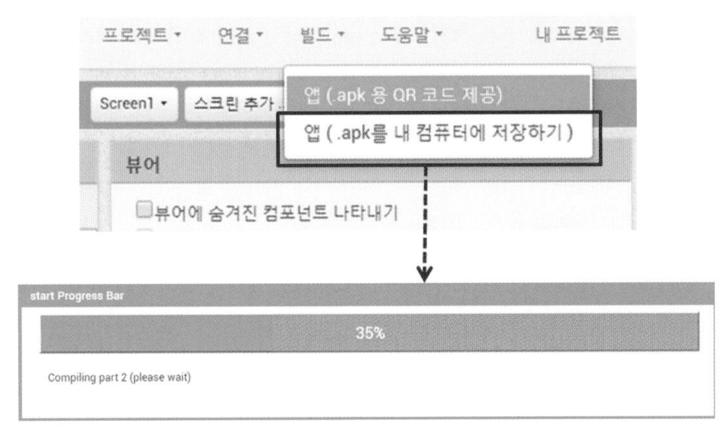


[그림 1-23] 앱패키징한 apk를 내 컴퓨터로 가져오기

다운로드가 끝나면 내 컴퓨터의 [다운로드] 폴더에 apk가 저장된 것을 확인할 수 있다.

# 내 생애 첫 번째 앱인벤터 프로그램 만들기

이제 앱인벤터 프로그래밍을 할 모든 환경이 갖추어졌다. 지금부터는 내가 머릿속에 생각한 것을 모바일에 실현하는 작업을 할 수 있다. 그렇다고 처음부터 엄청 대단한 프로그램을 만들지는 못한다.

일반적으로 프로그래밍 입문 시 처음 해보는 프로그램이 "Hello World"와 같은 인사말 문자열을 화면에 출력해 보는 것이다. C언어든, 자바던, 파이썬이던, 자바스크립트이던 간에 우리는 전통적으로 그렇게 했었다. 왜냐하면 현재의 시스템 환경에서 내가 구현하는 프로그래밍 언어가 전혀 문제가 없다는 것을 검증하는 기본적인 첫 번째 확인 절차이기 때문이다.

Section 01

## 무엇을 만들 것인가?

[그림2-1]과 같은 인사말을 출력하는 앱을 만들 수 있다.

- 기기에서 앱을 실행하면 화면에 우리가 원하는 인사말 텍스트를 출력한다.

[그림 2-1] 첫번째 어플리케이션 실행 화면

이 앱은 단순히 문자열을 출력하는 기능이다. 정상적인 문자열 출력 결과를 통해 현재 앱인벤터2가 정상적인 환경에서 동작하고 있다는 것을 증명하는 역할을 한다.

## 사용할 컴포넌트 및 블록

[표2-1]는 예제에서 배치한 팔레트 컴포넌트 종류들이다.

| 팔레트 그룹 | 컴포넌트 종류 | 기능 |
|---|---|---|
| 사용자 인터페이스 | 레이블 | 텍스트를 출력한다. |

[표2-1] 예제에서 사용한 컴포넌트 목록

Section 02

## 프로젝트 만들기

먼저 프로젝트를 만들어보도록 하자. 앱인벤터 웹사이트(http://ai2.appinventor.mit.edu/)에 접속한다.

### STEP 01 새 프로젝트 시작하기 선택

- [프로젝트] 메뉴에서 [새 프로젝트 시작하기...]를 선택한다.

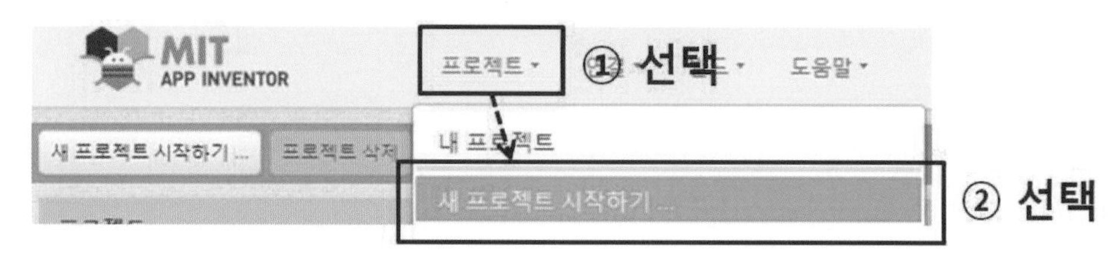


▸▸ [그림 2-2] 새 프로젝트 시작하기

### STEP 02 프로젝트 이름 입력 및 확인

- [프로젝트 이름]을 “FirstApp”이라고 입력하고 [확인] 버튼을 누른다.

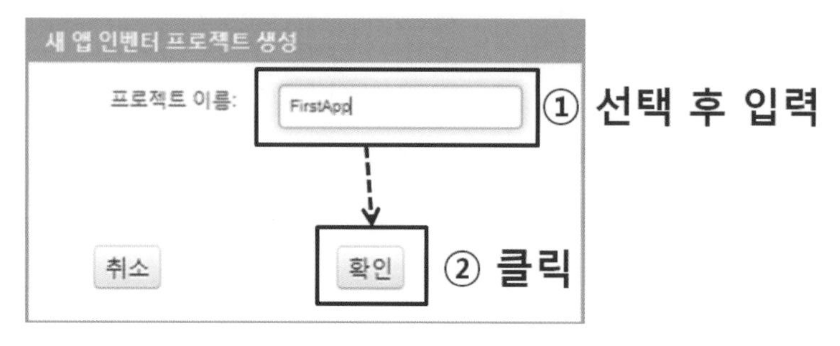


▸▸ [그림 2-3] 프로젝트 생성하기

STEP 03 **프로젝트 생성 완료**

- "FirstApp" 이라는 이름으로 기본 프로젝트가 만들어졌다. 여기까지가 프로젝트를 만드는 기본 과정이다.
- 뷰어 영역의 [Screen1]이 아무것도 없이 비어 있는 것을 확인할 수 있다. 지금부터 이 영역에 우리가 출력할 무언가를 배치하면 된다.

[그림 2-4] 프로젝트 생성 완료

## 컴포넌트 디자인하기

프로젝트가 만들어졌으니 프로젝트상에 컴포넌트를 배치해보도록 하자. 우리가 미술도구를 가지고 그림을 그릴 때 물감의 여러 가지 색상들을 어디에 담아두고 선택하여 사용하는가? 그렇다. 바로 팔레트이다. 화면의 가장 왼쪽에 [팔레트] 창이 나타나는데, 팔레트에는 [사용자 인터페이스]를 비롯한 [미디어], [레이아웃] 등 다양한 요소의 기능들이 제공된다.

### STEP 01 레이블 끌어다 놓기

- [사용자 인터페이스] – [레이블]을 마우스로 선택한 후 [뷰어] – [Screen1] 영역으로 끌어다 놓는다.
- [Screen1]이 기본적인 책상이라면 [레이블]은 글자를 출력하기 위해 책상 위에 도화지 또는 노트를 배치하는 것과 같다.

▸▸ [그림 2-5] 뷰어에 레이블 끌어다 놓기

- [레이블1]이 배치 되는데, [레이블1]의 넓이와 높이 그리고 텍스트 색상 및 텍스트 내용 등은 기본값으로 설정되어 있다.
- 선택한 [레이블1]의 속성값은 화면의 가장 오른쪽 끝의 [속성]창에서 확인할 수 있다.

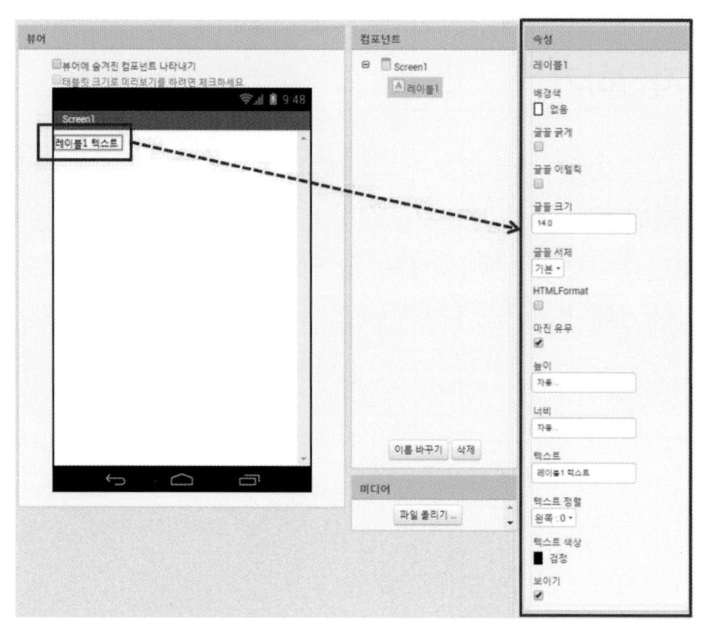


▸▸ [그림 2-6] 레이블의 속성창

## STEP 02 레이블1의 속성 설정

- [높이]의 값을 [부모에 맞추기]로 설정한다. 부모는 레이블1의 배경이 되는 Screen1이므로 Screen1의 높이에 맞추어진다.

▸▸ [그림 2-7] 레이블의 속성 높이

- [너비]의 값을 [부모에 맞추기]로 설정한다. 부모는 레이블1의 배경이 되는 Screen1이므로 Screen1의 너비에 맞추어진다.

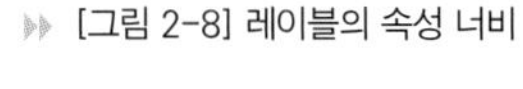

▸▸ [그림 2-8] 레이블의 속성 너비

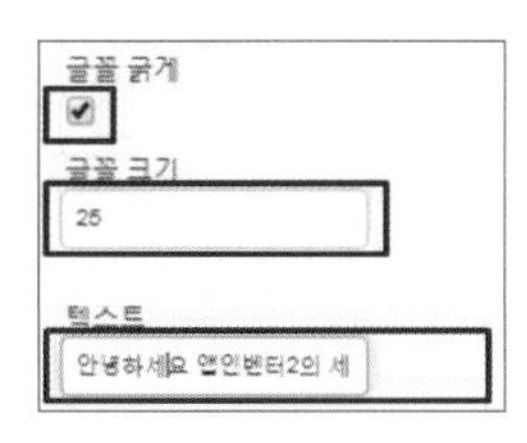


- [글꼴 굵게]의 체크를 체크한다. 체크 시 출력되는 텍스트는 굵게(볼드체) 출력된다.
- [글꼴 크기]를 기본 14에서 25로 변경한다.
- [텍스트]에 다음과 같이 입력한다. "안녕하세요 앱인벤터2의 세계에 오신 것을 환영합니다."

▸▸ [그림 2-9] 레이블의 속성 글꼴 및 텍스트

## STEP 03 속성 설정 후 뷰어 확인

- [속성]값을 변경 후 뷰어의 화면을 보면 다음과 같이 [레이블1]의 높이, 너비, 텍스트 크기 및 내용이 변경되어 적용된 것을 확인할 수 있다.

▸▸ [그림 2-10] 레이블의 속성 적용 후 뷰어

##  실행해보기

FirstApp의 예제의 경우는 레이블에 입력한 텍스트를 출력하는 기능 외에, 사용자에 의해 동작하는 특별한 기능은 없기 때문에 블록 코딩을 할 필요가 없다. 그래서 지금 바로 안드로이드 폰 기기 또는 에뮬레이터를 통해 실행 결과를 확인해 보도록 하자.

**STEP 01 [연결] – [AI 컴패니언] 메뉴 선택**

- 프로젝트에서 [연결] 메뉴의 [AI 컴패니언]을 선택한다.

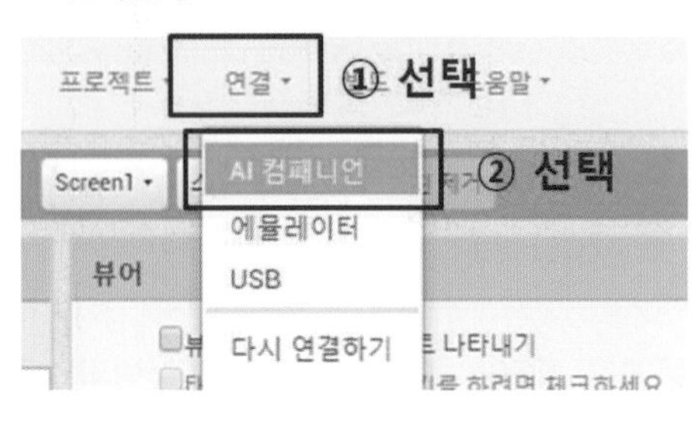


[그림 2-11] 스마트폰 연결을 위한 AI 컴패니언 실행하기

- 컴패니언에 연결하기 위한 QR 코드가 화면에 나타난다.

[그림 2-12] 컴패니언에 연결하기 위한 QR 코드

이번에는 안드로이드 기반의 스마트폰으로 가서 앞서 설치한 MIT AI2 Companion 앱을 실행하도록 하자.

**STEP 02 폰에서 MIT AI2 Companion 앱 실행하여 QR 코드 찍기**

- 안드로이드 폰 기기에서 "MIT AI2 Companion" 앱을 실행한다.

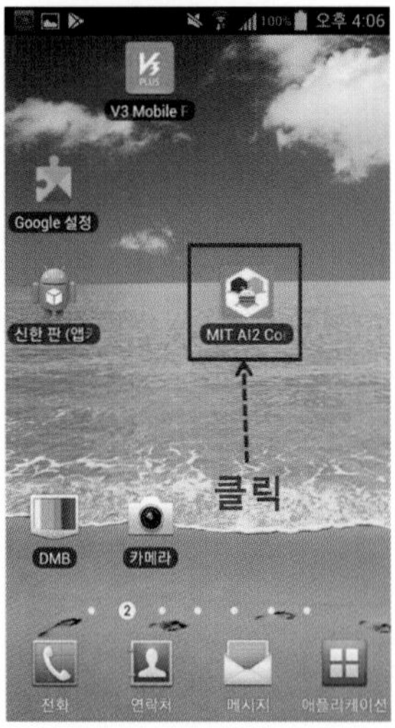

[그림 2-13] MIT AI2 Companion 앱 실행

- 앱 메뉴 중 아래쪽의 "scan QR code" 메뉴를 선택한다.

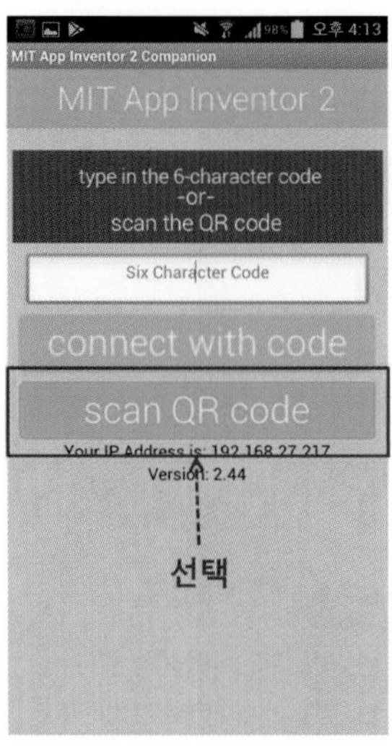


[그림 2-14] scan QR code 메뉴 선택

- QR 코드를 찍기 위한 카메라 모드가 동작하면 컴퓨터 화면에 나타난 QR 코드에 갖다 댄다.

[그림 2-15] QR 코드 스캔 중

## STEP 03 실행해보기

- QR 코드가 찍히고 나면 폰 화면에 다음과 같이 우리가 만든 실행 결과로써의 앱이 나타난다.
- 앱이 실행하자마자 "안녕하세요 앱인벤터2의 세계에 오신 것을 환영합니다."라는 문자열이 출력되는 것을 확인할 수 있다.

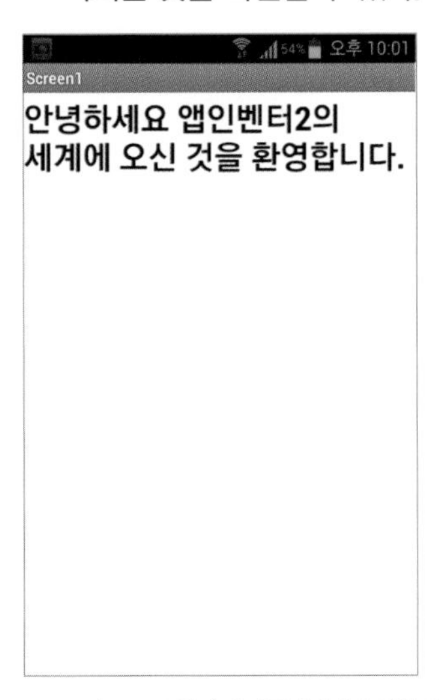


[그림 2-16] 첫번째 어플리케이션 실행 화면

# 카메라로 사진 찍고 사진첩에 저장하기

우리의 두 번째 앱인벤터 작품으로 카메라로 사진찍고 사진첩에 사진 이미지를 저장하는 앱을 만들어볼 것이다. 스마트폰의 대표적인 기능이면서 우리가 일상에서 가장 많이 사용하는 기능이 카메라이다. 우리에게 친숙한 기능이기도 하고, 앱인벤터의 카메라 기능을 이용하는 방법이 간단하기 때문에 두 번째로 만들어 볼 앱으로 결정하였다. 앱인벤터의 카메라 기능을 이용하여 나만의 카메라 앱을 만들어보자.

Section 01

## 무엇을 만들 것인가?

- [사진촬영] 버튼을 클릭하면 카메라 기능이 동작하고 사진을 찍을 수 있다.
- 사진 촬영 후 [저장] 버튼을 누르면 사진이 저장되고, 화면에 내가 찍은 사진을 확인할 수 있다.

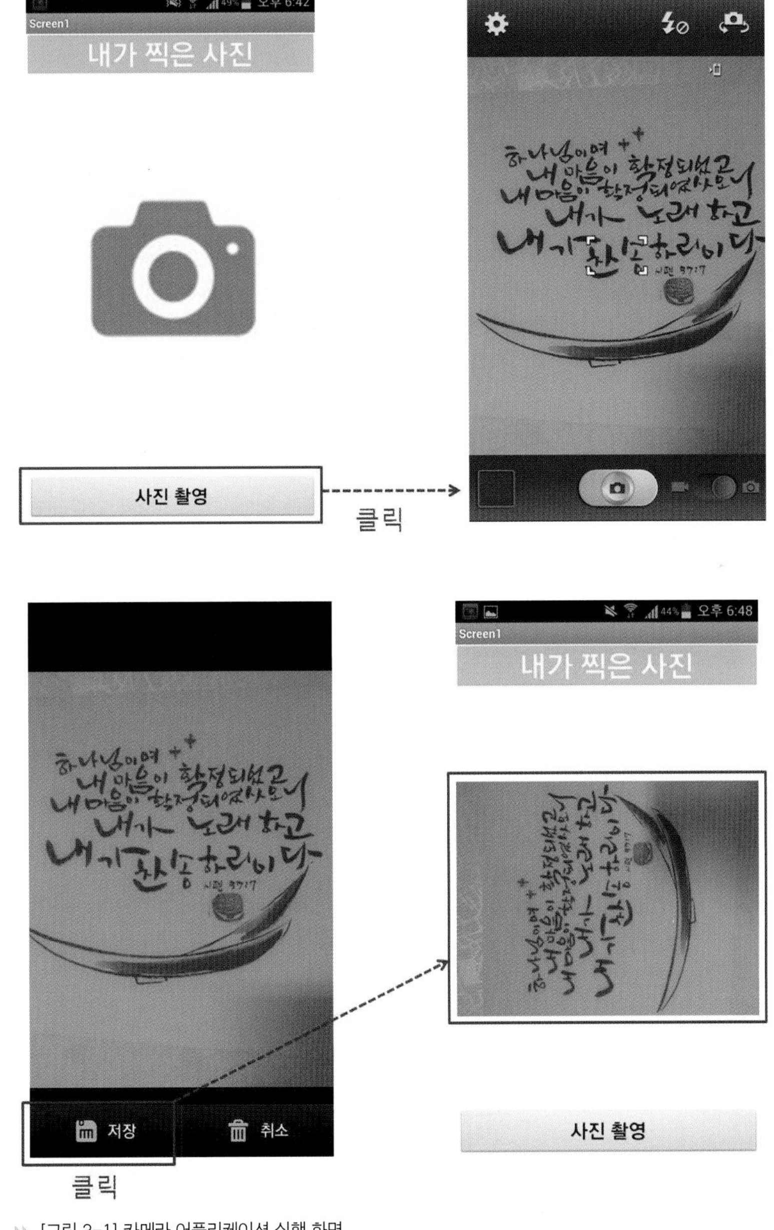


▸▸ [그림 3-1] 카메라 어플리케이션 실행 화면

#  사용할 컴포넌트 및 블록

[표3-1]는 예제에서 배치할 팔레트 컴포넌트 종류들이다.

| 팔레트 그룹 | 컴포넌트 종류 | 기능 |
|---|---|---|
| 사용자 인터페이스 | 레이블 | 어플리케이션의 타이틀을 표시한다. |
| 사용자 인터페이스 | 이미지 | 사진을 찍은 후 저장한 사진 이미지를 표시할 영역이다. |
| 사용자 인터페이스 | 버튼 | 카메라 컴포넌트를 수행하기 위한 버튼이다. |
| 미디어 | 카메라 | 앱인벤터에서 제공하는 카메라 컴포넌트로 스마트폰의 카메라 기능을 수행한다. |

▸▸ [표3-1] 예제에서 사용한 팔레트 목록

[표3-2]는 예제에서 배치할 주요 블록들이다.

| 컴포넌트 | 블록 | 기능 |
|---|---|---|
| 이미지 | 지정하기 저장한사진 . 사진 값 | 사진을 찍은 후 사진 이미지를 가져오도록 설정한다. |
| 버튼 | 언제 카메라1 .사진 찍은 후 이미지 실행 | [사진촬영] 버튼 클릭 시 이벤트에 대한 처리를 수행하도록 한다. |
| 카메라 | 언제 사진촬영 .클릭 실행 | 카메라로 사진을 찍은 후에 이벤트에 대한 처리를 수행하도록 한다. |
| | 호출 카메라1 .사진 찍기 | 실제 카메라 컴포넌트의 사진찍는 기능을 호출한다. |

▸▸ [표3-2] 예제에서 사용한 블록 목록

Section 02

# 만들어보기

## 프로젝트 만들기

먼저 프로젝트를 만들어보도록 하자. 앱인벤터 웹사이트(http://ai2.appinventor.mit.edu/)에 접속한다.

### STEP 01 새 프로젝트 시작하기 선택

- [프로젝트] 메뉴에서 [새 프로젝트 시작하기...]를 선택한다.

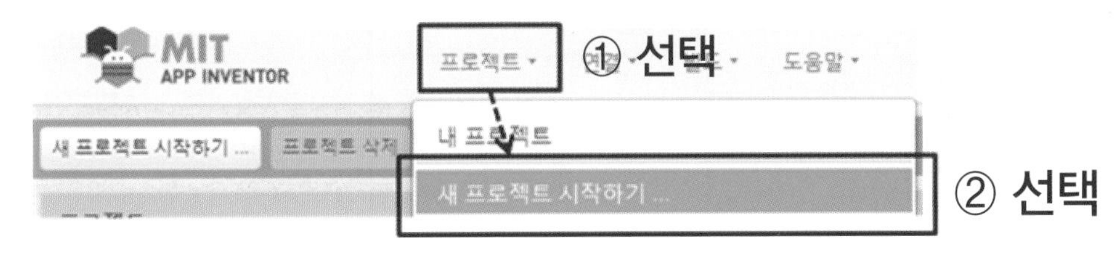


[그림 3-2] 새 프로젝트 시작하기

### STEP 02 프로젝트 이름 입력 및 확인

- [프로젝트 이름]을 "MyCamera"이라고 입력하고 [확인] 버튼을 누른다.

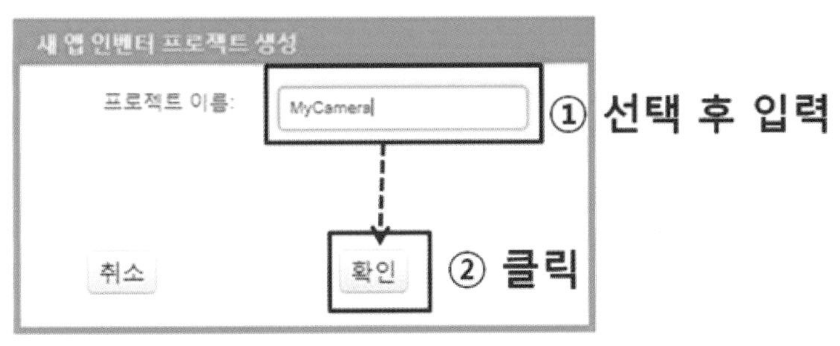


[그림 3-3] 프로젝트 생성하기

## 컴포넌트 디자인하기

프로젝트상에 컴포넌트 UI를 배치해보도록 하자. 앞선 예제에서 [레이블] 한 개만 배치한 단순한 구조였다면 이번 장의 예제는 [버튼], [카메라], [이미지] 등과 같은 비교적 다양한 컴포넌트들이 배치된다.

### STEP 01 타이틀을 표시할 레이블 배치하기

- [사용자 인터페이스] – [레이블]을 마우스로 선택한 후 [뷰어] – [Screen1] 영역으로 드래그하여 끌어다 놓는다.

[그림 3-4] 뷰어에 레이블 끌어다 놓기

- 선택한 [레이블1]의 속성을 다음과 같이 변경한다. 선택 표시한 속성의 값을 변경하자.

| 속성 | 변경할 속성값 |
|---|---|
| 배경색 | 주황 |
| 글꼴 굵게 | 체크 |
| 글꼴 크기 | 30 |
| 너비 | 부모에 맞추기 |
| 텍스트 | 내가 찍은 사진 |
| 택스트 정렬 | 가운데 |
| 텍스트 색상 | 흰색 |

[표3-3] 레이블1의 속성값 변경

● 이번에는 [레이블1]의 이름을 바꾸어보자. 새 이름을 "타이틀"이라고 다음과 같이 변경하자.

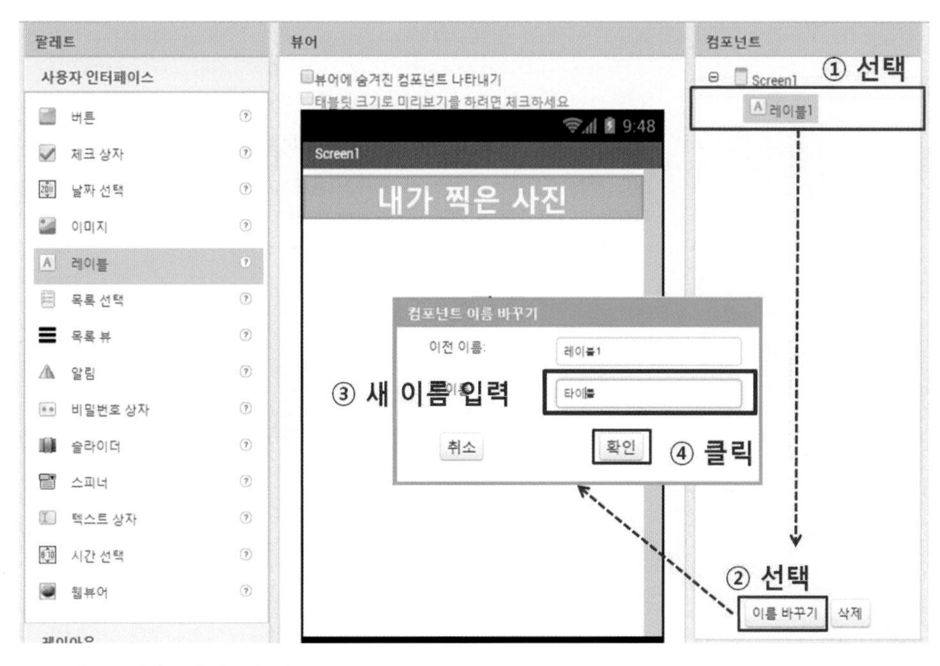


▸▸ [그림 3-5] 레이블1의 이름 바꾸기

## STEP 02 저장할 사진 이미지를 출력할 [이미지] 컴포넌트 배치하기

● [사용자 인터페이스] – [이미지]를 마우스로 선택한 후 [뷰어] – [Screen1] 영역으로 드래그하여 끌어다 놓는다. 이 때 끌어다 놓는 위치는 앞서 배치한 레이블의 아래쪽으로 한다.

▸▸ [그림 3-6] 뷰어에 이미지 끌어다 놓기

● 선택한 [이미지1]의 속성을 다음과 같이 변경한다. 선택 표시한 속성의 값을 변경하자.

| 속성 | 변경할 속성값 |
| --- | --- |
| 높이 | 부모에 맞추기 |
| 너비 | 부모에 맞추기 |
| 사진 | camera.png |

[표3-4] 이미지1의 속성값 변경

● 이미지나 음원과 같은 미디어 파일을 올리는 방법은 먼저 [미디어]의 [파일 올리기] 버튼을 클릭하면 다음과 같이 [파일 올리기] 선택창이 나타난다.

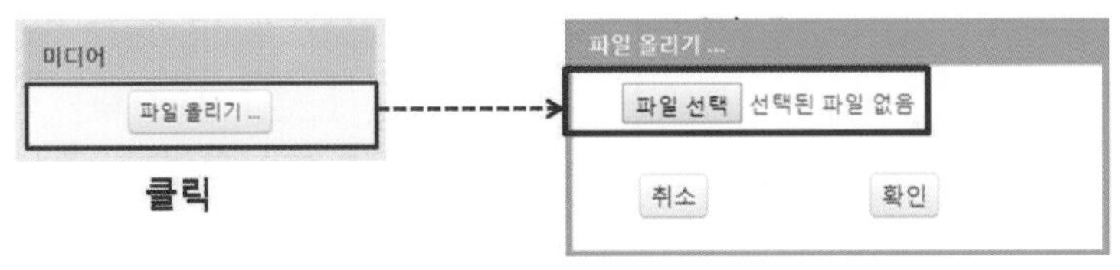


[그림 3-7] 미디어의 파일 올리기 팝업 창

● 이 때 [파일 선택] 버튼을 클릭하면 [파일열기] 창이 나타나서 우리가 원하는 미디어 파일을 선택할 수 있도록 한다. 우리는 camera.png 파일을 선택하도록 한다.

[그림 3-8] 미디어 파일 선택 과정

● 파일 선택을 하고 [확인] 버튼을 누르면 다음과 같이 파일이 업로드되어 있는 것을 확인할 수 있다. 속성창의 [사진]으로 가서 클릭해 보면 방금 내가 업로드한 이미지 파일이 로드되어 있는 것을 확인할 수 있다. 해당 이미지 파일을 선택하도록 한다.

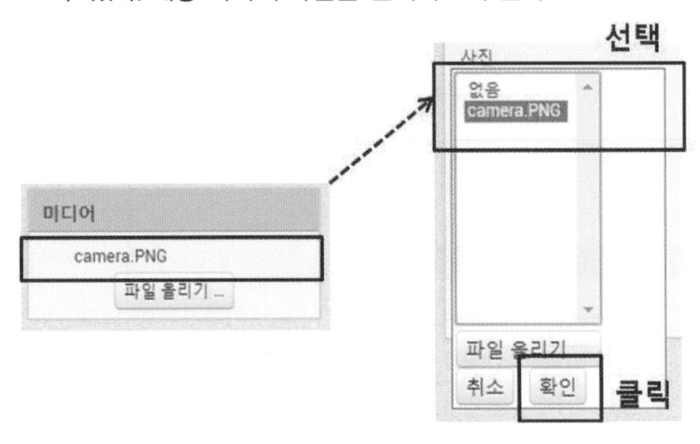


[그림 3-9] 사진 속성에서 파일 업로드 확인

● 이번에는 [이미지1]의 이름을 바꾸어보자. 새 이름을 "저장한사진"이라고 다음과 같이 변경하자.

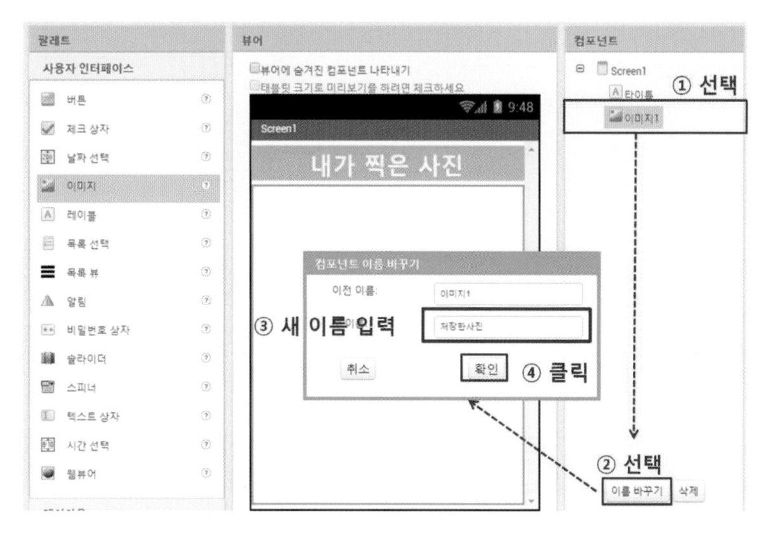


[그림 3-10] 이미지1의 이름 바꾸기

## STEP 03 카메라 기능을 동작시키기 위한 [사진 촬영] 버튼 배치하기

● 이번에는 [사용자 인터페이스]의 [버튼] 컴포넌트를 배치하도록 하자. 위치는 [이미지] 컴포넌트의 아래쪽에 배치한다. 이 버튼은 카메라 기능을 동작시키기 위한 용도이다.

[그림 3-11] 뷰어에 버튼 끌어다 놓기

● 선택한 [버튼]의 속성을 다음과 같이 변경한다. 선택 표시한 속성의 값을 변경하자.

| 속성 | 변경할 속성값 |
|---|---|
| 글꼴 굵게 | 체크 |
| 글꼴 크기 | 20 |
| 너비 | 부모에 맞추기 |
| 텍스트 | 사진 촬영 |

[표3-5] 버튼의 속성값 변경

● [버튼]의 이름을 바꾸어보자. 새 이름을 "사진 촬영"이라고 다음과 같이 변경하자.

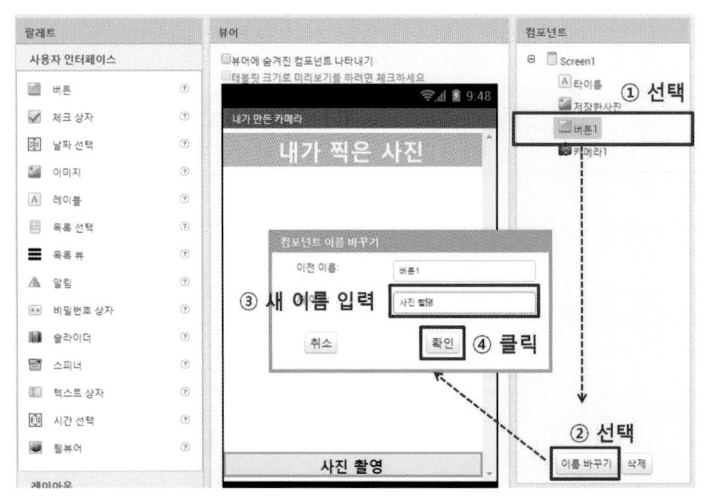


[그림 3-12] 버튼의 이름 바꾸기

## STEP 04 카메라 컴포넌트 배치하기

● 이번에는 실제 카메라 기능을 하는 컴포넌트인 카메라 컴포넌트를 뷰어에 배치해 보도록 하자.

● [팔레트]의 [미디어] 탭을 선택한 후 이번에는 [카메라] 컴포넌트를 선택하여 [뷰어]의 아무 곳에다가 끌어다 놓는다.

● 다음 그림과 같이 [뷰어]의 맨 아래쪽에 [보이지 않는 컴포넌트] 항목으로 [카메라1]이 배치된 것을 볼 수 있다.

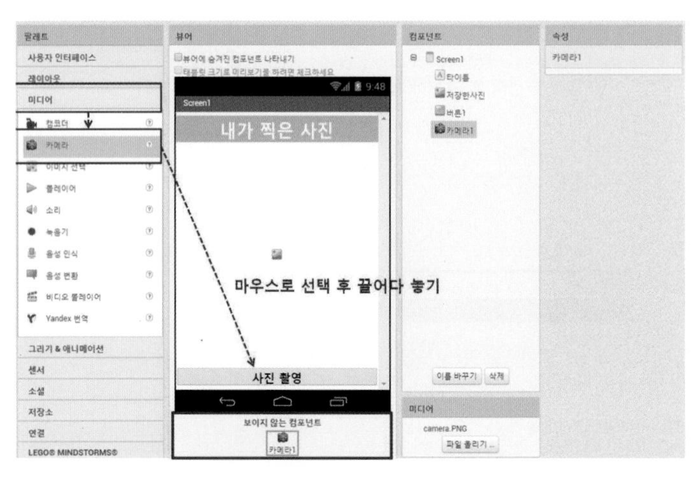


[그림 3-13] 뷰어에 카메라 컴포넌트 끌어다 놓기

### 참고 보이지 않는 컴포넌트

앱인벤터에서는 보이지 않는 컴포넌트들이 제공된다. 이 컴포넌트들은 실제 눈에 보이는 UI가 아니라 기능만 제공하는 컴포넌트들이기 때문에 뷰어에는 나타나지 않고, 보이지 않는 컴포넌트라는 항목으로 기능만 제공하게 된다.

## STEP 05 어플리케이션 제목 설정하기

- 뷰어에 컴포넌트를 배치하는 일은 이제 끝났다. 즉, UI적으로 요소들을 배치하는 일은 끝났다는 말이다. 마지막으로 이 어플리케이션의 제목을 설정하도록 하겠다. 기본적으로 제목은 Screen1으로 설정되어 있는데, 기본값으로 사용하는 것보다는 우리가 직접 어플리케이션 제목을 정해주는 것이 훨씬 보기에 더 좋을 것이다.
- 제목은 "내가 만든 카메라"라고 작성하자.

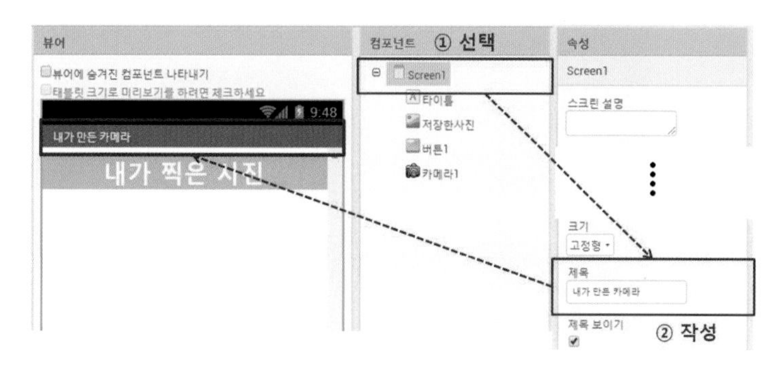


[그림 3-14] 제목 작성하기

# 블록코딩하기

[레이블], [이미지], [버튼], [카메라] 등의 컴포넌트들이 배치되었다. 하지만 배치만 되었다고 해서 동작하지는 않는다. 이제 우리가 동작하게 하고 싶은 기능은 [사진촬영] 버튼을 클릭했을 때, 카메라 모드로 들어가서 사진을 찍은 후 우리가 찍은 사진 이미지를 이미지 컴포넌트에 출력하는 것이다. 이러한 기능을 구현하기 위해서는 코딩을 해야 하는데, 우리는 텍스트 코딩이 아닌 블록을 통해 코딩을 할 것이다.
먼저 앱인벤터 화면의 가장 오른쪽 끝에 [블록] 메뉴를 선택하도록 하자.

[그림 3-15] 블록 화면으로 전환하기

## STEP 01 [사진촬영] 버튼을 클릭하여 카메라 동작 시키기

- [블록] – [Screen1] – [사진촬영]을 마우스로 선택하면 [뷰어]창에 여러 가지 블록들이 나타난다.
- 여러 블록 중에 언제 사진촬영 .클릭 실행 블록을 선택하여 [뷰어]로 끌어다 놓는다.

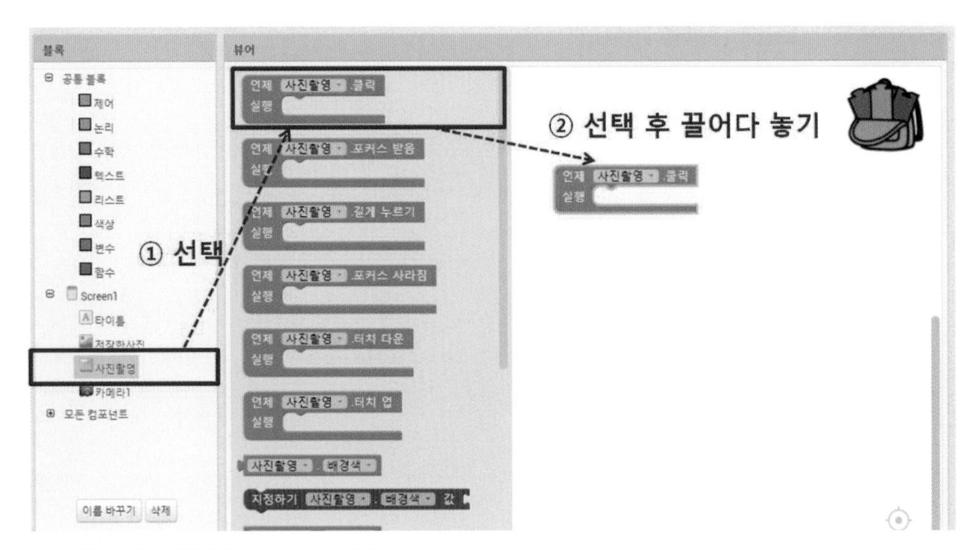


▶▶ [그림 3-16] 사진촬영 버튼 클릭 시 블록 배치

- [사진촬영] 버튼을 클릭하면 카메라 모드로 들어가는 시나리오가 되어야 한다. 그렇게 되려면 방금 배치한 블록의 [실행] 영역에 카메라 모드로 들어가는 루틴을 호출해야 한다.
- [Screen1] – [카메라1]을 선택한 후 나타나는 블록 중에 호출 카메라1 .사진 찍기 을 선택 후 뷰어로 드래그하여 다음과 같이 배치한다.

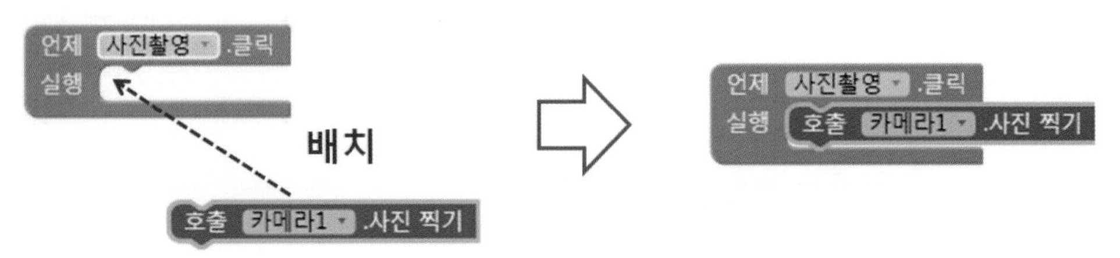


▶▶ [그림 3-17] 카메라 모듈 배치하기

## STEP 02 카메라로 사진 찍은 후 사진 이미지를 화면에 출력하기

- STEP1에서까지는 카메라 모드로 들어가서 사진찍기를 할 수 있는 상태까지 되었다. 이번에는 카메라로 사진을 찍은 이후에 내가 찍은 사진 이미지를 [이미지] 컴포넌트에 출력하는 기능을 만들어보도록 하겠다.
- [Screen1] – [카메라1]을 선택한 후 나타나는 블록 중에 [언제 카메라1 .사진 찍은 후 이미지 실행]을 선택하여 다음과 같이 뷰어로 드래그한다.

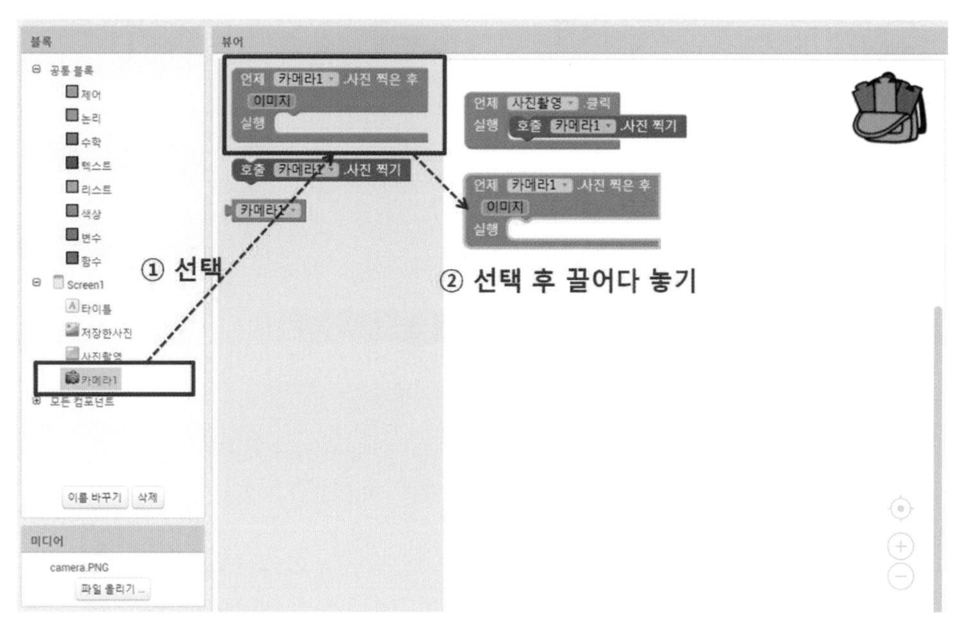


[그림 3-18] 사진 찍은 후 수행 루틴 배치

- 기능은 현재 카메라로 사진 찍은 후 사진을 이미지로 저장한 상태이다. 이 사진 이미지를 [이미지] 컴포넌트로 읽어올 수 있도록 한다. 그 실행 루틴을 방금 배치한 블록의 [실행] 영역에 만들어 보도록 하겠다.
- [Screen1] – [저장한사진]를 선택한 후 나타나는 블록 중에 [지정하기 저장한사진 . 사진 값]를 선택한 후 드래그하여 다음과 같이 배치한다.

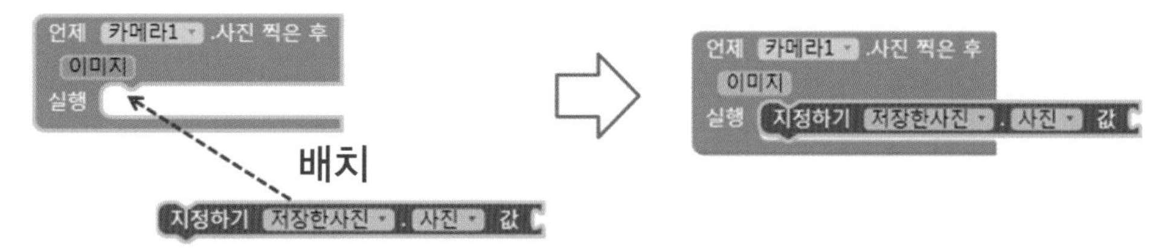


[그림 3-19] 이미지 컴포넌트에 사진 가져오는 루틴 배치

- [이미지] 컴포넌트에 [사진]를 지정할 수 있도록 형태는 갖추어졌지만 실제 우리가 찍은 사진 이미지를 넘겨주어야 한다.
- 내가 카메라로 찍은 사진을 가져오는 방법은 이미 카메라 모듈에서 사진 이미지 정보를 가지고 있으므로 [언제 카메라1 .사진 찍은 후 / 이미지 / 실행] 블록의 [이미지]를 통해서 사진 이미지를 가져올 수 있다. 다음과 같이 배치한다.

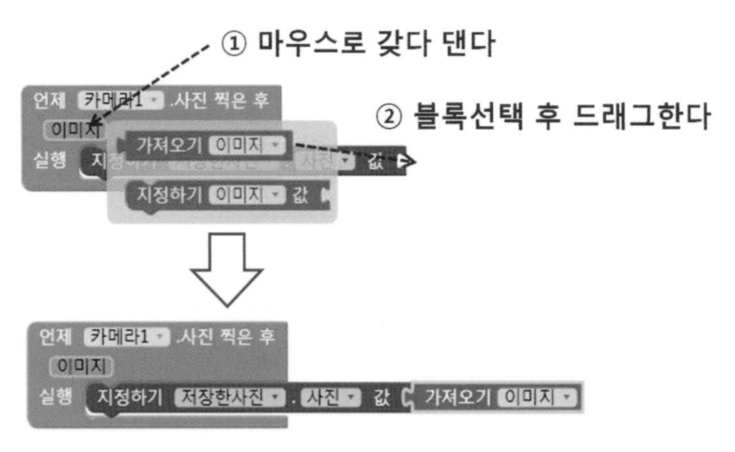


▸▸ [그림 3-20] 내가 카메라로 방금 찍은 사진 이미지 가져오기

##  실행해보기

컴포넌트 디자인 및 블록 코딩이 모두 끝났다. 이제 내가 구현한 앱을 스마트폰 상에서 구동할 수 있도록 실행해 보자. 안드로이드 스마트폰 기기 또는 스마트폰이 없는 경우에는 에뮬레이터를 통해 실행 결과를 확인해 보도록 하자.

### STEP 01 [연결] – [AI 컴패니언] 메뉴 선택

- 프로젝트에서 [연결] 메뉴의 [AI 컴패니언]을 선택한다.

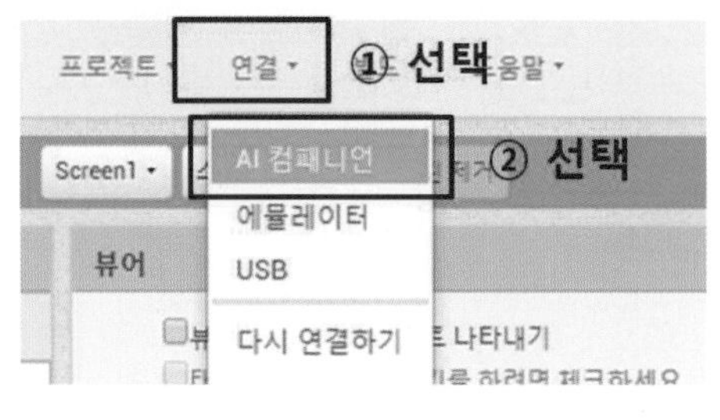


▸▸ [그림 3-21] 스마트폰 연결을 위한 AI 컴패니언 실행하기

- 컴패니언에 연결하기 위한 QR 코드가 화면에 나타난다.

▸▸ [그림 3-22] 컴패니언에 연결하기 위한 QR 코드

이번에는 안드로이드 기반의 스마트폰으로 가서 앞서 설치한 MIT AI2 Companion 앱을 실행하도록 하자.

### STEP 02 폰에서 MIT AI2 Companion 앱 실행하여 QR 코드 찍기

- 안드로이드 폰 기기에서 "MIT AI2 Companion" 앱을 실행한다.

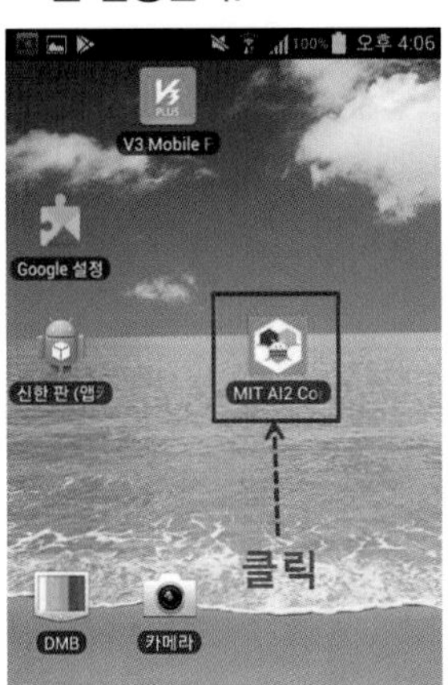


▸▸ [그림 3-23] MIT AI2 Companion 앱 실행

- 앱 메뉴 중 아래쪽의 "scan QR code" 메뉴를 선택한다.

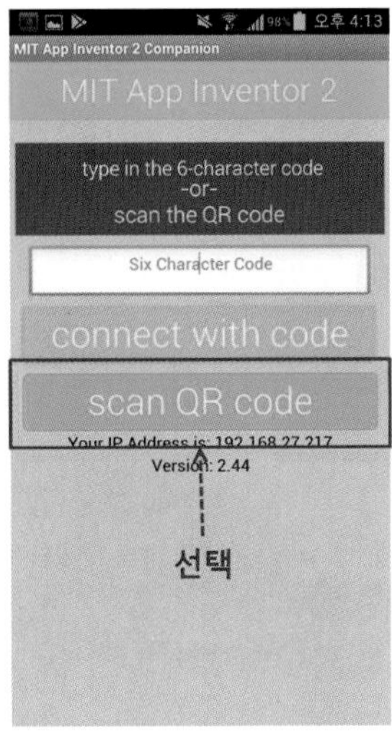


▸▸ [그림 3-24] scan QR code 메뉴 선택

- QR 코드를 찍기 위한 카메라 모드가 동작하면 컴퓨터 화면에 나타난 QR 코드에 갖다 댄다.

▸▸ [그림 3-25] QR 코드 스캔 중

### STEP 03 [사진 촬영] 버튼을 클릭하여 카메라로 사진찍고 이미지 저장하기 선택

- QR 코드가 찍히고 나면 폰 화면에 다음과 같이 우리가 만든 실행 결과로써의 앱이 나타난다.
- 먼저 [사진 촬영]을 클릭하여 카메라 모드로 들어간 후 원하는 사진을 카메라로 찍는다

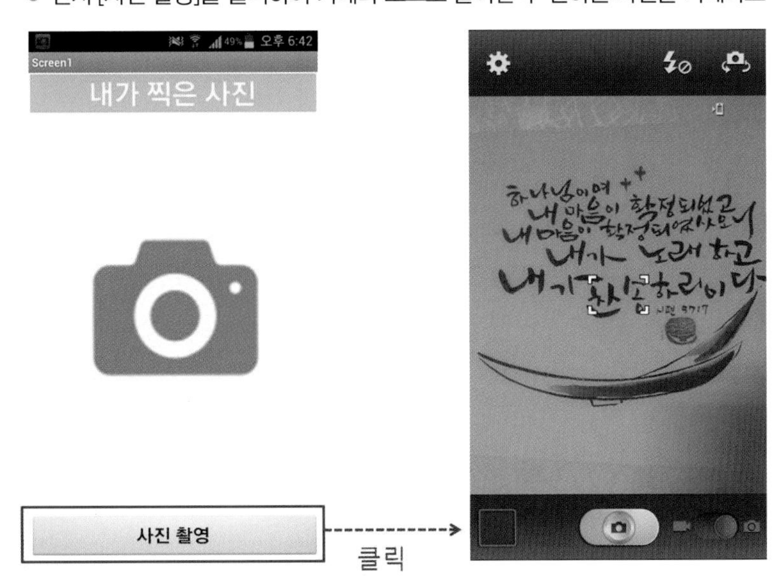


▸▸ [그림 3-26] 카메라 어플리케이션 실행 화면

● 찍은 사진을 [저장]하면 내가 찍은 사진 이미지가 저장되어 화면에 표시된다.

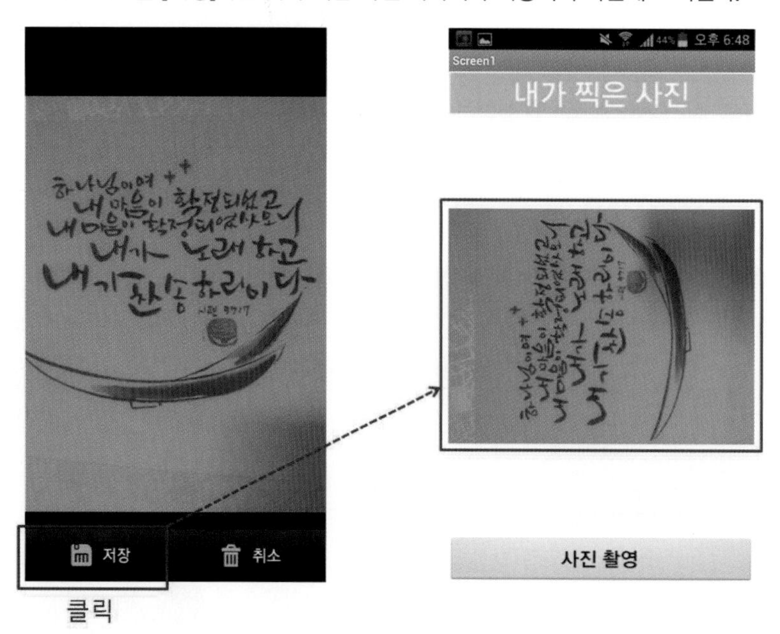


[그림 3-27] 카메라 어플리케이션 실행 화면

## Section 03 전체 프로그램 한 눈에 보기

앞서 컴포넌트 배치부터 블록 코딩까지 순차적으로 진행하였다. 이를 한 눈에 확인해봄으로써 내가 배치한 UI 및 블록 코딩이 틀린 점은 없는지 비교해보고, 이 단원을 정리해 보도록 한다.

###  전체 컴포넌트 UI

[그림 3-28] 전체 컴포넌트 디자이너

### 전체 블록 코딩

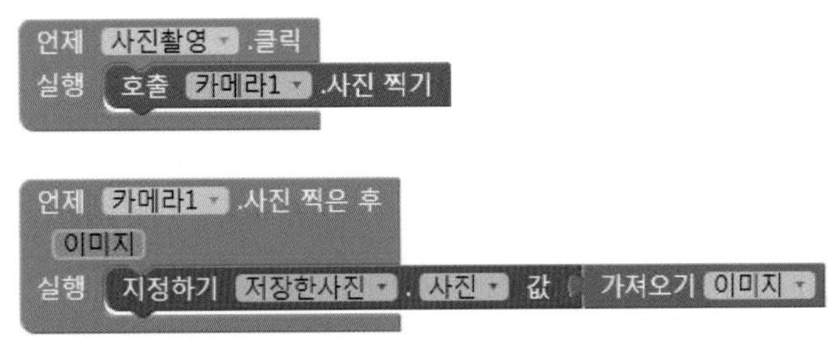


[그림 3-29] 전체 컴포넌트 블록

# 생각 확장해보기

## ● 이벤트에 관하여

이벤트(event)란 사전에서 찾아보면 '사건'이라는 의미를 가지고 있다. 우리 실생활에서도 이벤트라는 용어를 심심치 않게 사용하는 것을 볼 수 있다. 조금 더 넓은 의미에서 특별한 사건들 모두를 이벤트라고 할 수 있다.

운전 중 접촉사고와 같은 교통사고가 발생하는 것도 이벤트라고 말할 수 있는데, 사고 자체를 이벤트가 발생했다고 말하고, 보험사에서 사고 처리하는 과정을 이벤트를 처리한다고 말할 수 있다. 실생활에서 이벤트 발생 시 이벤트를 처리하는 것처럼 프로그래밍에서도 이벤트가 발생하면 이벤트를 처리해야 한다.

## ● 앱인벤터에서의 이벤트

앱인벤터에서의 이벤트는 어디에서 볼 수 있을까? 알아챘는지는 모르겠지만 우리는 이미 블록을 통해서 이벤트를 발생시키고, 처리까지 했었다.

[그림 3-30] 사진촬영버튼클릭 이벤트 블록

바로 이 블록이 [사진촬영]이라는 버튼을 클릭하는 이벤트를 발생시키는 시점이다. 즉, 버튼을 클릭하는 행위 자체가 이벤트라는 것이다. [사진촬영]이라는 버튼 클릭 이벤트가 발생하면 이에 대한 이벤트 처리를 해주어야 한다. 여기에서 이벤트 처리 루틴은 어디인가? 그렇다. [실행] 루틴에 이벤트에 관한 처리를 해주면 된다. 우리는 블록을 통해 [사진촬영] 버튼을 클릭했을 때, [카메라1.사진찍기] 모듈이 호출되도록 코딩해 주었다. 이것이 이벤트 발생과 이벤트 처리 과정이다.

[그림 3-31] 사진촬영버튼클릭 이벤트 발생과 이벤트 처리 루틴 블록

물론 이벤트 발생이 버튼 클릭에서만 발생하는 것은 아니다. 이벤트의 종류는 매우 다양하다. 또 다른 블록인 [카메라1.사진 찍은 후] 블록 또한 이벤트이고, 그 외에 각 컴포넌트 별로 이벤트 블록들이 존재한다. [사진촬영] 컴포넌트를 클릭한 후 뷰어에 나타나는 블록들을 살펴보자.

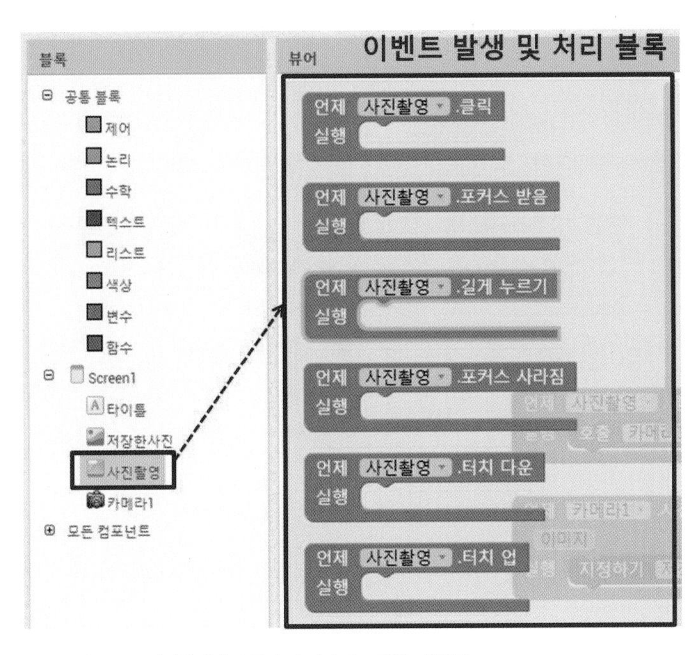


[그림 3-32] 사진촬영버튼 클릭 시 나타나는 이벤트 블록들

이 블록들의 공통점이 있는데, [언제]로 시작해서 [실행]으로 처리되고 있는 것을 확인할 수 있다. 앞으로 이러한 블록들을 보게 되면 이벤트가 발생되었을 때, 처리하는 루틴이라고 보면 된다.

# 내가 즐겨찾는 웹사이트 어플리케이션 만들기

스마트폰의 큰 매력은 PC환경과 동일하게 인터넷을 할 수 있다는 점이다. 우리는 인터넷을 통해 가장 많이 하는 일 중에 하나가 웹브라우저를 통해 웹서핑을 하는 것이다. 웹서핑을 하더라도 우리가 방문하는 사이트는 한정되어 있는데, 매번 웹주소창을 통해 직접 주소를 입력하여 이동하는 것은 불편한 일 중에 하나다. 이번에는 내가 자주 방문하는 웹사이트를 쉽게 방문할 수 있는 PC웹브라우저의 즐겨찾기와 같은 기능의 어플리케이션을 만들어보도록 하겠다.

Section 01

## 무엇을 만들 것인가?

- 해당 사이트 버튼을 클릭하면 웹화면 영역에 해당 사이트로 이동하도록 표시한다.

▸▸ [그림 4-1] 즐겨찾기 어플리케이션 실행 화면

## 사용할 컴포넌트 및 블록

[표4-1]는 예제에서 배치할 팔레트 컴포넌트 종류들이다.

| 팔레트 그룹 | 컴포넌트 종류 | 기능 |
|---|---|---|
| 사용자 인터페이스 | 레이블 | 어플리케이션의 타이틀을 표시한다. |
| 사용자 인터페이스 | 버튼 | 사이트를 이동하기를 수행하기 위한 버튼이다. |
| 사용자 인터페이스 | 웹뷰어 | 이동한 웹사이트를 출력하기 위한 공간이다. |
| 레이아웃 | 수평배치 | 여러 컴포넌트들을 수평정렬 시킨다. |

▸▸ [표4-1] 예제에서 사용한 팔레트 목록

[표4-2]는 예제에서 사용할 주요 블록들이다.

| 팔레트 그룹 | 블록 | 기능 |
|---|---|---|
| 버튼 | 언제 구글버튼 .클릭<br>실행 | 사이트 해당 버튼 클릭 이벤트 발생 시 해당 사이트로 이동하도록 처리한다. |
| 웹뷰어 | 호출 웹뷰어1 .URL로 이동<br>url | 이 블록에 URL 주소를 입력하면 해당 URL 주소로 이동하도록 호출한다. |

▸▸ [표4-2] 예제에서 사용한 블록 목록

Section 02

## 프로젝트 만들기

먼저 프로젝트를 만들어보도록 하자. 앱인벤터 웹사이트(http://ai2.appinventor.mit.edu/)에 접속한다.

### STEP 01 새 프로젝트 시작하기 선택

- [프로젝트] 메뉴에서 [새 프로젝트 시작하기...]를 선택한다.

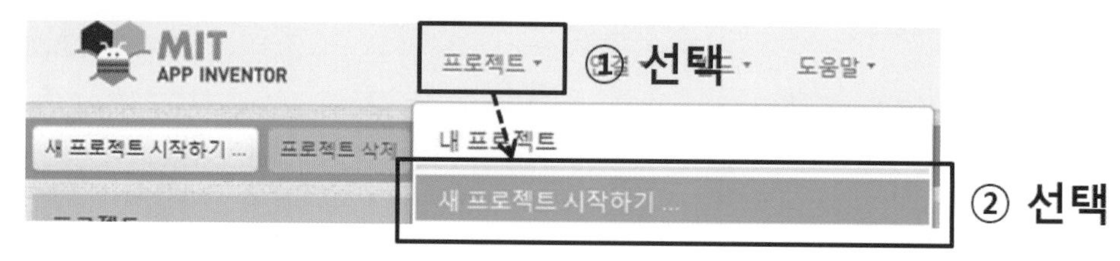


[그림 4-2] 새 프로젝트 시작하기

### STEP 02 프로젝트 이름 입력 및 확인

- [프로젝트 이름]을 "MyFavorite"이라고 입력하고 [확인] 버튼을 누른다.

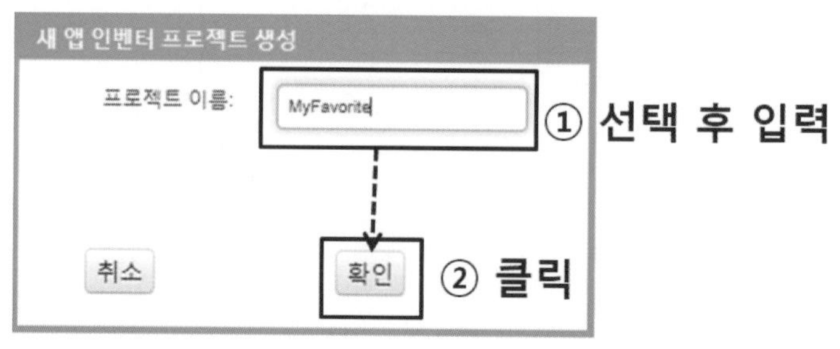


[그림 4-3] 프로젝트 이름 입력하기

## 컴포넌트 디자인하기

프로젝트상에 컴포넌트 UI를 배치해보도록 하자. 이번 장의 예제는 이전 장에서처럼 [레이블], [버튼]과 같은 컴포넌트를 사용하되, 웹컨텐츠를 표시해주는 [웹뷰어] 컴포넌트를 배치하여 사용해보도록 하자.

### STEP 01 타이틀을 표시할 레이블 배치하기

- [사용자 인터페이스] – [레이블]을 마우스로 선택한 후 [뷰어] – [Screen1] 영역으로 드래그하여 끌어다 놓는다.

[그림 4-4] 뷰어에 레이블 끌어다 놓기

- 선택한 [레이블]의 속성을 다음과 같이 변경한다. 선택 표시한 속성의 값을 변경하자.

| 속성 | 변경할 속성값 |
|---|---|
| 배경색 | 노랑 |
| 글꼴 굵게 | 체크 |
| 글꼴 크기 | 25 |
| 너비 | 부모에 맞추기 |
| 텍스트 | 내가 즐겨찾는 사이트 |
| 택스트 정렬 | 가운데 |
| 텍스트 색상 | 검정 |

[표4-3] 레이블의 속성값 변경

● 이번에는 [레이블1]의 이름을 바꾸어보자. 새 이름을 "타이틀"이라고 다음과 같이 변경하자.

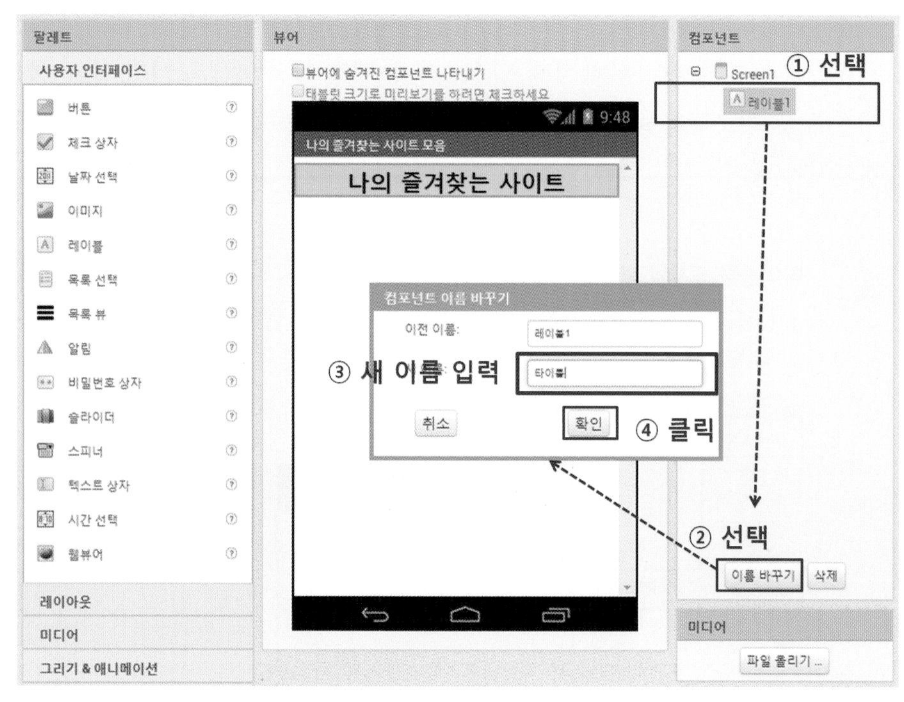


▶▶ [그림 4-5] 레이블1의 이름 바꾸기

## STEP 02 즐겨찾을 사이트 이동 버튼 배치하기

● [사용자 인터페이스] – [버튼]을 마우스로 선택한 후 [뷰어] – [Screen1] 영역으로 드래그하여 끌어다 놓는다. 이 때 끌어다 놓는 위치는 앞서 배치한 레이블의 아래쪽으로 한다.

● 배치할 [버튼] 컴포넌트는 총 4개이다.

▶▶ [그림 4-6] 뷰어에 버튼 끌어다 놓기

● 선택한 [버튼]의 속성을 다음과 같이 변경한다. 선택 표시한 속성의 값을 변경하자. 각 버튼의 속성을 설정하되, 글꼴 굵게와 너비는 4개의 버튼 모두 공통이고, 텍스트만 다르게 설정하면 된다.

| 컴포넌트 | 속성 | 변경할 속성값 |
|---|---|---|
| 버튼1 | 텍스트 | 구글 |
| 버튼2 | 텍스트 | 네이버 |
| 버튼3 | 텍스트 | 다음 |
| 버튼4 | 텍스트 | 디지털북스 |
| | 글꼴 굵게 | 체크 |
| | 너비 | 부모에 맞추기 |

▸▸ [표4-4] 버튼의 속성값 변경

● 이번에는 각 [버튼]의 이름을 바꾸어보자. [버튼1]새 이름을 "구글 버튼"이라고 다음과 같이 변경하자.

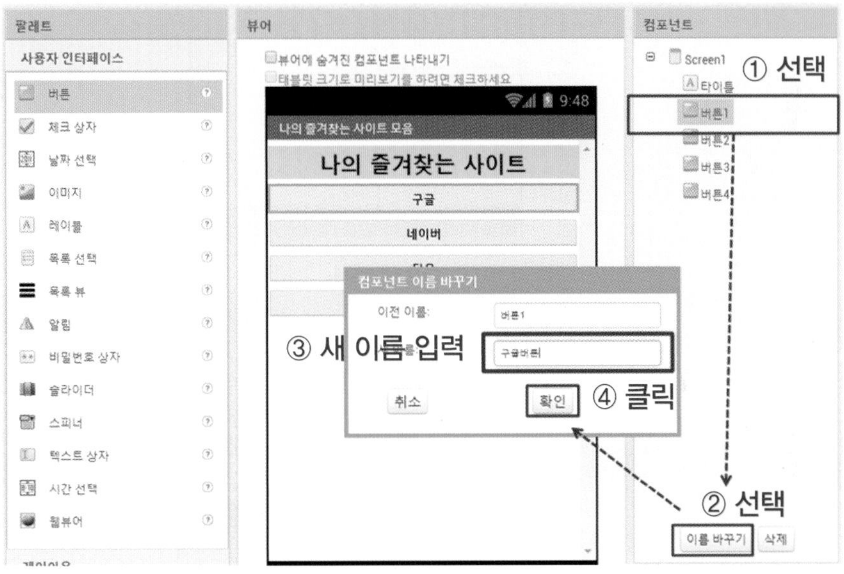


▸▸ [그림 4-7] 버튼의 이름 바꾸기

● 나머지 3개의 버튼인 [버튼2], [버튼3], [버튼4]도 다음과 같이 새 이름으로 바꾸어보자.

| 이전 이름 | 새 이름 |
|---|---|
| 버튼1 | 구글버튼 |
| 버튼2 | 네이버버튼 |
| 버튼3 | 다음버튼 |
| 버튼4 | 디지털북스버튼 |

▸▸ [표4-5] 버튼 컴포넌트 이름 변경

- 4개의 버튼이 세로로 배치되어 있는 형태이다. 우리가 아무리 버튼을 수평으로 배치하기 위해 네이버 버튼을 구글 버튼 옆에 끌어다 붙여도 수평으로 배치가 되지 않고, 수직 배치가 되는 것을 확인할 수 있다. 앱인벤터의 컴포넌트는 기본적으로 세로로 배치하도록 되어 있다. 그렇다면 수평으로 컴포넌트들을 배치할 수는 없는 것인가? 다음과 같이 [사용자 인터페이스] – [수평배치] 컴포넌트를 이용하면 가능하다.

▶▶ [그림 4-8] 수평배치 컴포넌트 뷰어에 배치하기

- 배치한 [수평배치] 컴포넌트에 [구글버튼]부터 한 개씩 각각의 버튼을 끌어다 집어 넣는다.

▶▶ [그림 4-9] 수평배치 컴포넌트 안에 버튼 집어넣기

● [수평배치] 컴포넌트의 너비 속성을 [부모에 맞추기]로 설정한다. 다음과 같이 수평으로 배치된 버튼의 형태를 확인할 수 있다.

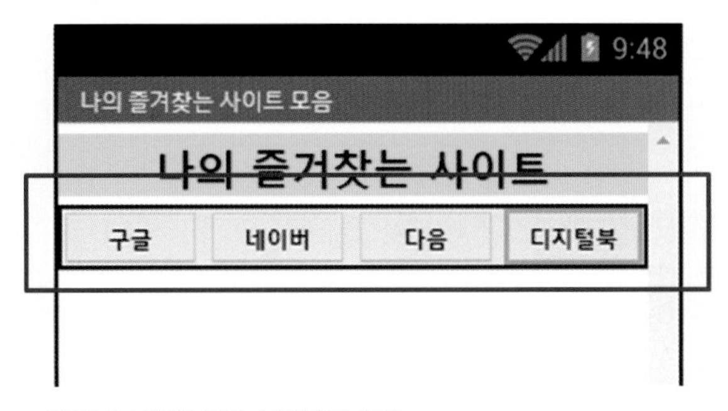


[그림 4-10] 버튼들이 수평배치된 형태

## STEP 03 웹콘텐츠를 표시할 웹뷰어 배치하기

● 이번에는 [사용자 인터페이스]의 [웹뷰어] 컴포넌트를 배치하도록 하자. 배치하는 위치는 [수평배치] 컴포넌트의 아래쪽에 배치한다. [웹뷰어] 컴포넌트를 배치하는 이유는 웹콘텐츠의 내용을 보여주기 위함이다.

[그림 4-11] 뷰어에 웹뷰어 끌어다 놓기

● 선택한 [웹뷰어]의 속성을 다음과 같이 변경한다. 선택 표시한 속성의 값을 변경하자.

| 속성 | 변경할 속성값 |
|---|---|
| 너비 | 부모에 맞추기 |
| 홈 URL | http://www.google.com |

[표4-6] 웹뷰어의 속성값 변경

### STEP 04 어플리케이션 제목 설정하기

- 마지막으로 이 어플리케이션의 제목을 설정하도록 하겠다. 제목은 "나의 즐겨찾는 사이트 모음"라고 작성하자.

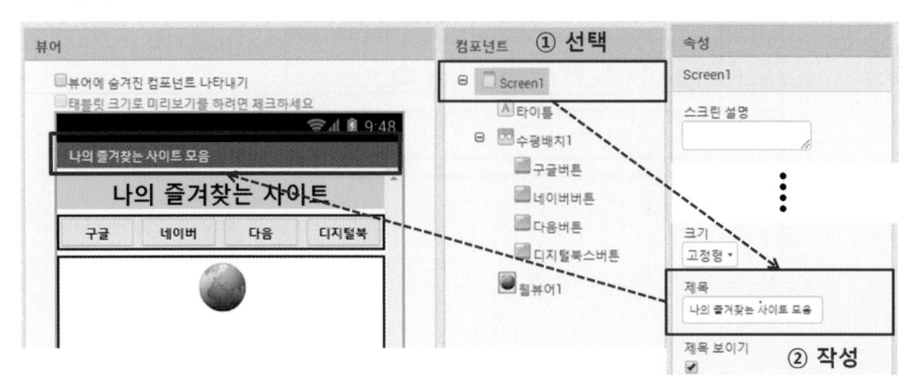


[그림 4-12] 제목 작성하기

## 블록코딩하기

[레이블], [버튼], [웹뷰어] 등의 컴포넌트들이 배치되었다. 이제 컴포넌트들이 동작할 수 있도록 블록 코딩을 해보도록 할 것이다. 먼저 앱인벤터 화면의 가장 오른쪽 끝에 [블록] 메뉴를 선택하도록 하자.

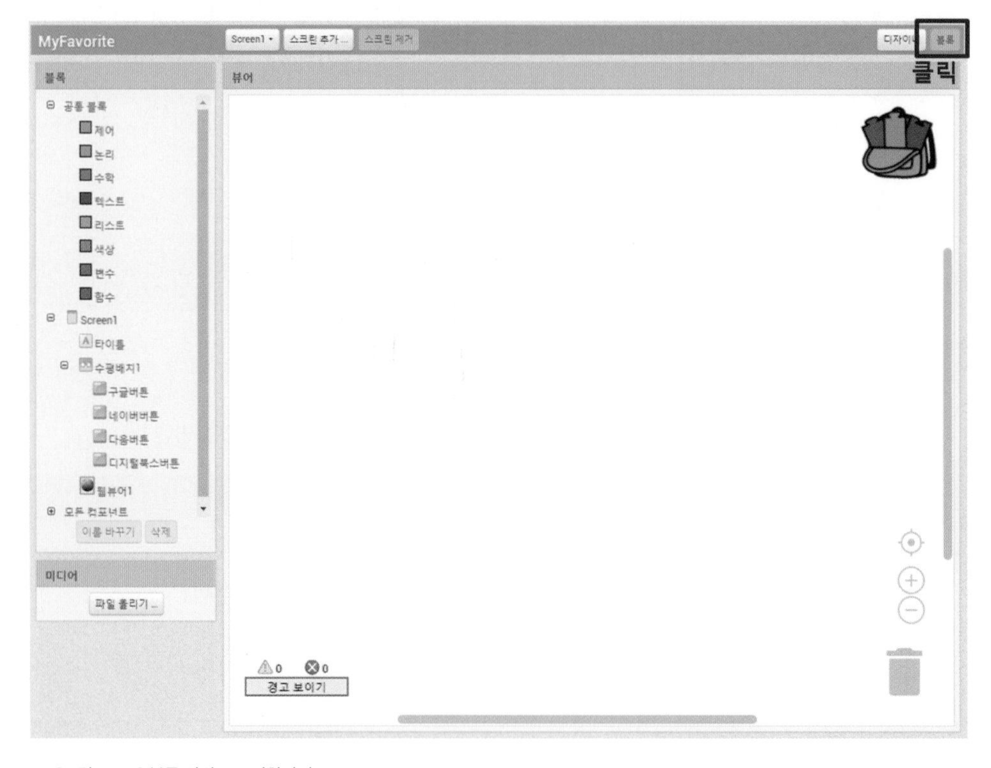


[그림 4-13] 블록 화면으로 전환하기

## STEP 01 [구글] 버튼을 클릭하여 해당 사이트로 이동하기

- [블록] – [Screen1] – [수평배치] – [구글버튼]을 마우스로 선택하면 [뷰어]창에 여러 가지 블록들이 나타난다.
- 여러 블록 중에 우리는 버튼 클릭 이벤트 발생 시 처리하는 루틴을 만들 것이므로 언제 구글버튼 .클릭 실행 블록을 선택하여 [뷰어]로 끌어다 놓는다.

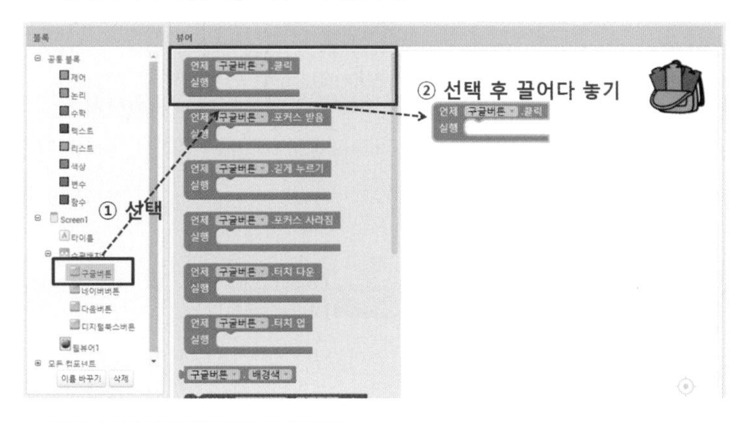


[그림 4-14] 구글 버튼 클릭 시 블록 배치

- [구글] 버튼을 클릭하면 구글 사이트로 이동하는 시나리오가 되어야 한다. 그렇게 되려면 방금 배치한 블록의 [실행] 영역에 구글 사이트 주소를 웹뷰어에서 호출하는 루틴을 배치해야 한다.
- [Screen1] – [웹뷰어1]을 선택한 후 나타나는 블록 중에 호출 웹뷰어1 .URL로 이동 url 을 선택 후 뷰어로 드래그하여 다음과 같이 배치한다.

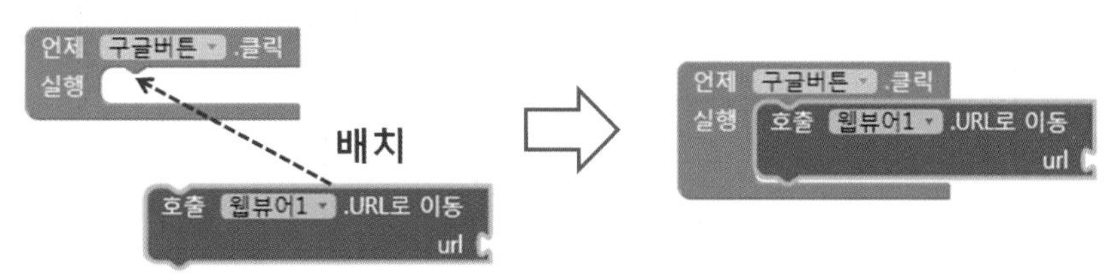


[그림 4-15] 웹뷰어 URL 이동 모듈 배치하기

- [웹뷰어]의 URL 이동 모듈을 호출하였다면 실제 이동하기 위한 실제 주소값을 입력해 주어야 한다. 우리가 누른 버튼이 현재 [구글] 버튼이므로 구글의 실제 주소값을 입력하는 블록을 배치하자.
- [블록]–[공통블록]–[텍스트]를 클릭하면 텍스트 관련 여러 블록이 나타나는데, 그 중에 블록을 선택하여 호출 웹뷰어1 .URL로 이동 url 블록의 url에 끼워 넣도록 하자.

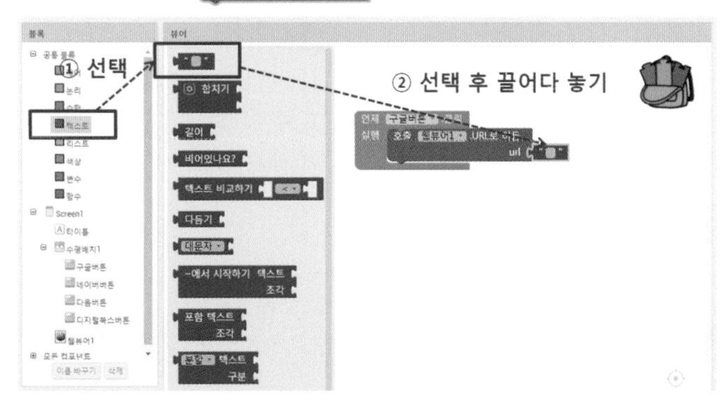


[그림 4-16] 텍스트 블록 배치하기

● 빈 텍스트 블록에 구글 사이트 주소인 "http://www.google.com"을 입력한다.

언제 구글버튼 .클릭
실행 호출 웹뷰어1 .URL로 이동
url " http://www.google.com "

[그림 4-17] 텍스트 블록에 사이트 주소 입력하기

### STEP 02 [네이버], [다음], [디지털북스] 버튼 모두 [구글] 버튼과 동일한 형태로 처리하기

● STEP1에서 했던 [구글] 버튼 이벤트에 대한 처리 과정을 [네이버], [다음], [디지털북스] 버튼의 이벤트에서도 동일하게 처리하도록 블록을 배치한다.

언제 구글버튼 .클릭
실행 호출 웹뷰어1 .URL로 이동
url " http://www.google.com "

언제 네이버버튼 .클릭
실행 호출 웹뷰어1 .URL로 이동
url " http://www.naver.com "

언제 다음버튼 .클릭
실행 호출 웹뷰어1 .URL로 이동
url " http://www.daum.net "

언제 디지털북스버튼 .클릭
실행 호출 웹뷰어1 .URL로 이동
url " http://www.digitalbooks.co.kr "

[그림 4-18] 4개의 버튼에 대한 이벤트 블록 처리

## 실행해보기

컴포넌트 디자인 및 블록 코딩이 모두 끝났다. 이제 내가 구현한 앱을 스마트폰 상에서 구동할 수 있도록 실행해 보자. 안드로이드 스마트폰 기기 또는 스마트폰이 없는 경우에는 에뮬레이터를 통해 실행 결과를 확인해 보도록 하자.

STEP 01 **[연결] – [AI 컴패니언] 메뉴 선택**

- 프로젝트에서 [연결] 메뉴의 [AI 컴패니언]을 선택한다.

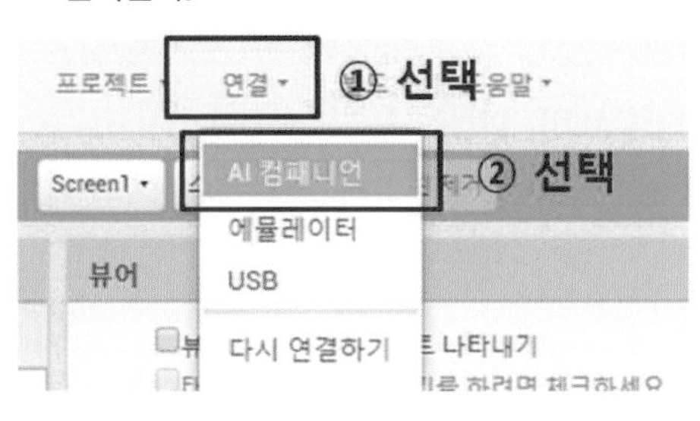


[그림 4-19] 스마트폰 연결을 위한 AI 컴패니언 실행하기

- 컴패니언에 연결하기 위한 QR 코드가 화면에 나타난다.

[그림 4-20] 컴패니언에 연결하기 위한 QR 코드

이번에는 안드로이드 기반의 스마트폰으로 가서 앞서 설치한 MIT AI2 Companion 앱을 실행하도록 하자.

STEP 02 **폰에서 MIT AI2 Companion 앱 실행하여 QR 코드 찍기**

- 안드로이드 폰 기기에서 "MIT AI2 Companion" 앱을 실행한다.

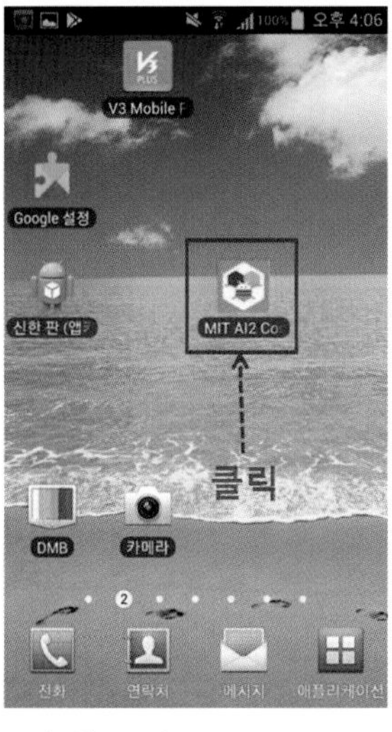

[그림 4-21] MIT AI2 Companion 앱 실행

- 앱 메뉴 중 아래쪽의 "scan QR code" 메뉴를 선택한다.

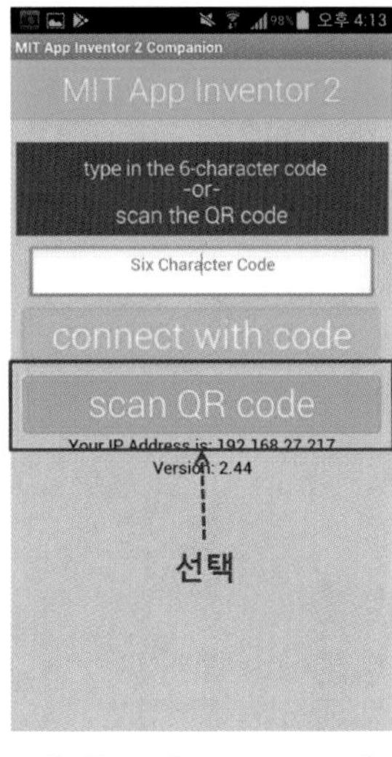


[그림 4-22] scan QR code 메뉴 선택

- QR 코드를 찍기 위한 카메라 모드가 동작하면 컴퓨터 화면에 나타난 QR 코드에 갖다 댄다.

[그림 4-23] QR 코드 스캔 중

## STEP 03 해당 버튼을 클릭하여 즐겨찾는 사이트로 이동하기

- QR 코드가 찍히고 나면 폰 화면에 다음과 같이 우리가 만든 실행 결과로써의 앱이 나타난다.
- 먼저 기본 URL은 구글 사이트 (http://www.google.com)로 설정되어 있으므로 초기 페이지는 구글 페이지가 나타날 것이다.
- 각각 즐겨찾는 페이지의 버튼을 클릭하여 사이트 이동을 확인해 보도록 하자.

▸▸ [그림 4-24] 즐겨찾기 어플리케이션 실행 화면

# 전체 프로그램 한 눈에 보기

앞서 컴포넌트 배치부터 블록 코딩까지 순차적으로 진행하였다. 이를 한 눈에 확인해봄으로써 내가 배치한 UI 및 블록 코딩이 틀린 점은 없는지 비교해보고, 이 단원을 정리해 보도록 한다.

## 전체 컴포넌트 UI

[그림 4-25] 전체 컴포넌트 디자이너

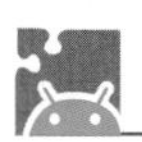

## 전체 블록 코딩

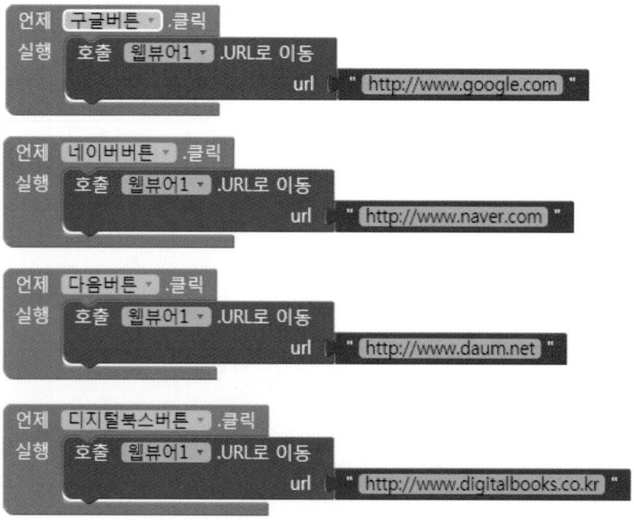

언제 구글버튼 .클릭
실행 호출 웹뷰어1 .URL로 이동
url " http://www.google.com "
언제 네이버버튼 .클릭
실행 호출 웹뷰어1 .URL로 이동
url " http://www.naver.com "
언제 다음버튼 .클릭
실행 호출 웹뷰어1 .URL로 이동
url " http://www.daum.net "
언제 디지털북스버튼 .클릭
실행 호출 웹뷰어1 .URL로 이동
url " http://www.digitalbooks.co.kr "


[그림 4-26] 전체 컴포넌트

## 생각 확장해보기

### ● 텍스트에 관하여

프로그래밍에서 텍스트(문자열)은 중요한 요소중에 하나이다. 과거에 C언어와 같은 특정 언어에서는 얼마나 문자열을 자유롭게 핸들링할 수 있느냐에 따라 프로그래밍 실력을 가늠하는 척도로 여기기도 했다. 그만큼 문자열을 자르고, 붙이고, 재배열하는 것이 결코 간단한 문제는 아니였고, 기본 알고리즘을 학습하는데 있어서 중요한 요소였다고 볼 수 있다.

앱인벤터에서도 문자열, 즉 텍스트를 제어하는 기능들이 제공되는데, [공통블록] - [텍스트] 를 선택하면 다음과 같이 텍스트를 제어할 수 있는 기본 기능들이 제공된다.

블록
뷰어
공통 블록
제어
논리
수학
텍스트
리스트
색상
변수
함수
Screen1
타이틀
수평배치1
구글버튼
네이버버튼
다음버튼
디지털북스버튼
웹뷰어1
모든 컴포넌트
이름 바꾸기
삭제
합치기
길이
비어있나요?
텍스트 비교하기
다듬기
대문자
~에서 시작하기 텍스트
조각
포함 텍스트
조각
분할 텍스트
구분


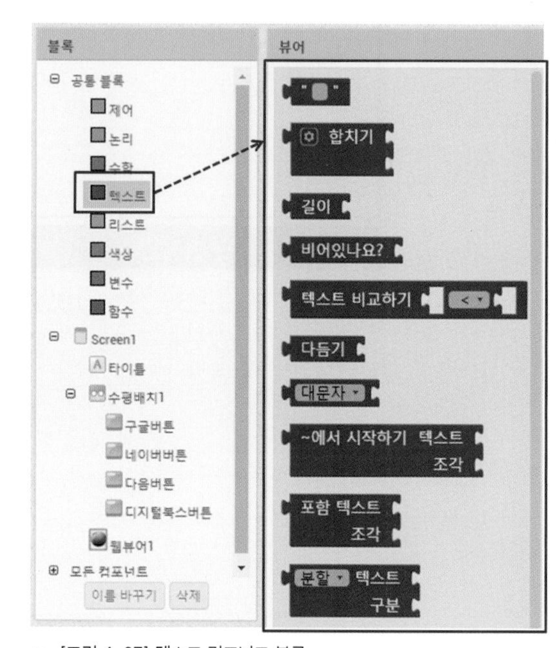

[그림 4-27] 텍스트 컴포넌트 블록

우리는 단순히 텍스트를 입력하는 " " 블록을 이번 프로젝트에서 사용했었다. 하지만 보다시피 텍스트 관련 여러 가지 기능의 블록들이 제공되는데, 대표적으로 많이 사용되는 텍스트 블록 몇 가지만 살펴보도록 하겠다.

| 텍스트 블록 | 기능 |
| --- | --- |
| 합치기 | 두 개 이상의 텍스트를 하나의 텍스트로 합치는 기능을 한다. |
| 길이 | 현재 텍스트의 길이값을 가져온다. |
| 비어있나요? | 현재 텍스트가 비어있는지 검사한다. |
| 텍스트 비교하기 < | 두 텍스트의 대소를 비교한다. |
| 부분 텍스트 시작 길이 | 주어진 텍스트에서 시작 위치부터 길이값만큼 텍스트의 일부분을 추출한다. |

[표4-7] 텍스트 컴포넌트의 여러 가지 블록

## ● 브라우저로써의 기능 확장하기 (스스로 구현해 보자.)

즐겨찾기에 관한 기능만 구현되어 있는데, 웹뷰어에서 제공하는 기능 중에 호출 웹뷰어1 .뒤로 가기 , 호출 웹뷰어1 .앞으로 가기 , 호출 웹뷰어1 .URL로 이동 url 등과 같은 블록들이 제공된다. 이 블록들을 이용하여, 웹브라우저의 [뒤로가기], [앞으로가기], 주소창에 주소 입력 후 [이동]버튼을 클릭하면 해당 주소로 이동하는 기능을 스스로 구현해 보도록 하자.

다음은 기능 확장한 버전의 실행화면이다.

[그림 4-28] 즐겨찾기 어플리케이션 확장 버전 실행 화면

# 연락처로 검색하여 전화 걸기

앱인벤터가 다른 블록 언어들과의 기능적인 차이를 말한다면 안드로이드 OS 기반의 스마트폰에서 동작하기 때문에 기존 전화기에 대한 기능들을 모두 사용할 수 있다는 점이다. 즉, 우리가 전화기를 통해 연락처를 검색하고, 전화를 거는 기능을 우리가 직접 구현할 수도 있다는 말이다. 이번 시간에는 내 연락처로 내 지인들의 전화번호를 찾아서 바로 전화를 걸 수 있는 나만의 어플리케이션을 만들어보도록 하자.

Section 01

## 무엇을 만들 것인가?

- [연락처] 버튼을 클릭하면 폰 안에 저장된 연락처 기능이 동작하고 연락처에 저장된 사람을 검색할 수 있다.
- 연락처를 통해 검색한 사람을 선택하면 선택한 사람의 전화번호가 텍스트 상자에 출력되도록 한다.
- [전화 걸기] 버튼을 클릭하면 선택한 사람에게 전화를 걸 수 있다.

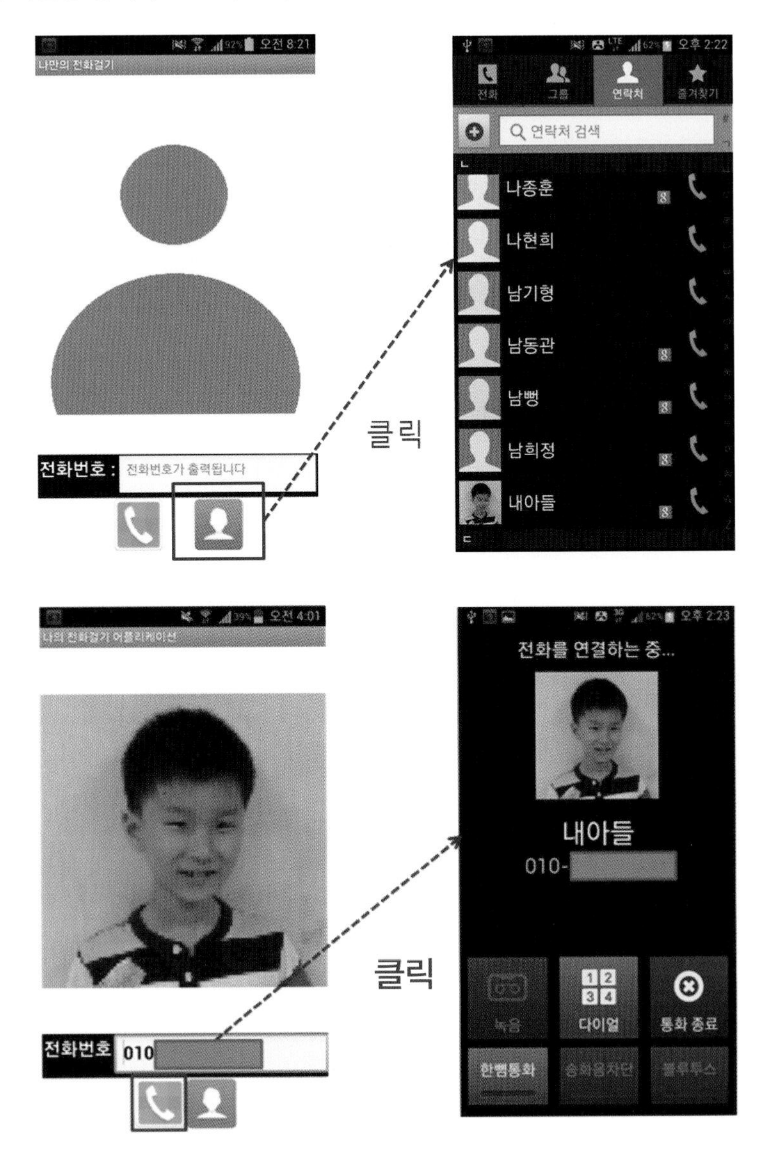


[그림 5-1] 나만의 전화걸기 어플리케이션 실행 화면

## 사용할 컴포넌트 및 블록

[표5-1]는 예제에서 배치할 팔레트 컴포넌트 종류들이다.

| 팔레트 그룹 | 컴포넌트 종류 | 기능 |
|---|---|---|
| 사용자 인터페이스 | 텍스트 상자 | 전화번호를 입력하거나 출력하기 위한 텍스트 상자이다. |
| 사용자 인터페이스 | 버튼 | 전화걸기 버튼으로 사용한다. |
| 사용자 인터페이스 | 이미지 | 연락처에서 선택한 사람의 사진을 출력한다. |
| 소셜 | 전화번호 선택 | 전화기의 연락처 버튼 및 기능이다. |
| 소셜 | 전화 (보이지 않는 컴포넌트) | 보이지 않는 컴포넌트로 전화를 거는 기능을 하는 모듈이다. |
| 레이아웃 | 수평배치 | 여러 컴포넌트들을 수평정렬 시킨다. |

[표5-1] 예제에서 사용한 팔레트 목록

[표5-2]는 예제에서 사용할 주요 블록들이다.

| 팔레트 그룹 | 블록 | 기능 |
|---|---|---|
| 버튼 | 언제 전화걸기 .클릭<br>실행 | 해당 버튼 클릭 이벤트 발생 시 [전화걸기] 기능을 수행하도록 한다. |
| 전화번호 선택 | 언제 연락처 .선택 후<br>실행 | 원하는 연락처를 선택한 이후의 기능 처리를 수행하도록 한다. |
| 전화 | 호출 전화1 .전화 걸기 | 스마트폰의 실제 전화를 거는 기능이다. |

[표5-2] 예제에서 사용한 블록 목록

Section 02

# 만들어보기

## 프로젝트 만들기

먼저 프로젝트를 만들어보도록 하자. 앱인벤터 웹사이트(http://ai2.appinventor.mit.edu/)에 접속한다.

### STEP 01 새 프로젝트 시작하기 선택

- [프로젝트] 메뉴에서 [새 프로젝트 시작하기...]를 선택한다.

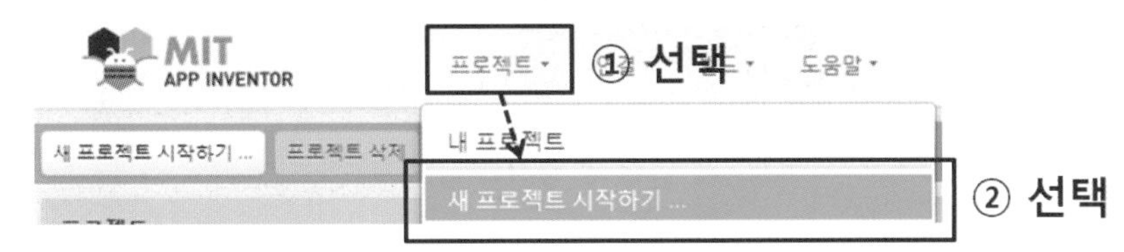


[그림 5-2] 새 프로젝트 시작하기

### STEP 02 프로젝트 이름 입력 및 확인

- [프로젝트 이름]을 "MyPhoneCall"이라고 입력하고 [확인] 버튼을 누른다

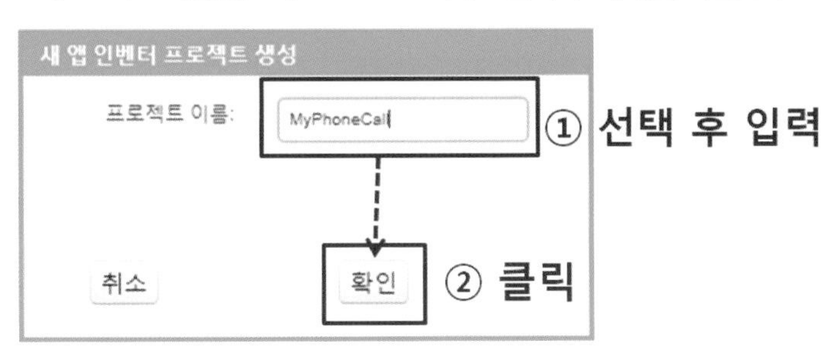


[그림 5-3] 프로젝트 이름 입력하기

## 컴포넌트 디자인하기

프로젝트상에 컴포넌트 UI를 배치해보도록 하자. 이번 장의 예제에서는 [텍스트 상자], [이미지], [버튼]과 같은 앞에서 사용했던 일반적인 컴포넌트들 외에도 보이지 않는 컴포넌트인 [전화]와 연락처 기능을 제공하는 [전화번호 선택] 컴포넌트를 배치해보도록 하겠다.

### STEP 01 사진을 출력할 이미지 컴포넌트 배치하기

- [사용자 인터페이스] – [이미지]를 마우스로 선택한 후 [뷰어] – [Screen1] 영역으로 드래그하여 끌어다 놓는다

▸▸ [그림 5-4] 뷰어에 이미지 끌어다 놓기

- 선택한 [이미지]의 속성을 다음과 같이 변경한다. 선택 표시한 속성의 값을 변경하자.

| 속성 | 변경할 속성값 |
| --- | --- |
| 높이 | 부모에 맞추기 |
| 너비 | 부모에 맞추기 |
| 사진 | human.png |

▸▸ [표5-3] 이미지의 속성값 변경

● 이번에는 [이미지1]의 이름을 바꾸어보자. 새 이름을 "사진"이라고 다음과 같이 변경하자.

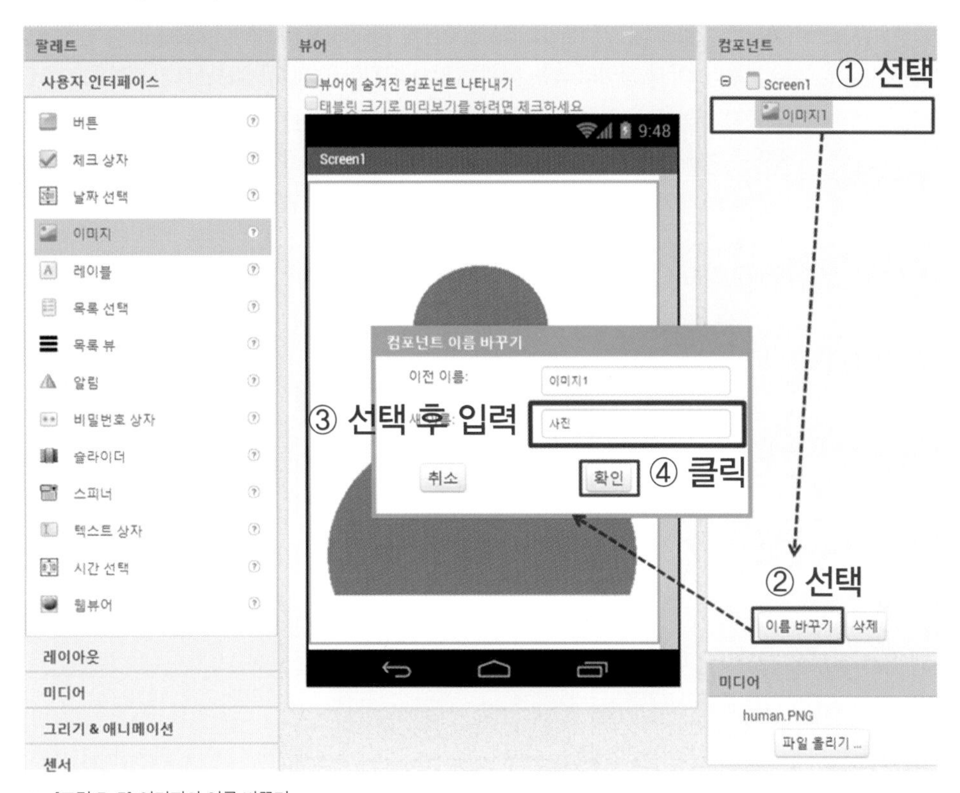


[그림 5-5] 이미지의 이름 바꾸기

## STEP 02 전화번호를 입출력할 텍스트 상자 배치하기

- [사용자 인터페이스] – [레이블]를 마우스로 선택한 후 [뷰어] – [Screen1] 영역으로 드래그하여 끌어다 놓는다. 이 때 끌어다 놓는 위치는 앞서 배치한 [이미지] 컴포넌트의 아래쪽으로 한다.
- [사용자 인터페이스] – [텍스트 상자]를 마우스로 선택한 후 [뷰어] – [Screen1] 영역으로 드래그하여 끌어다 놓는다. 이 때 끌어다 놓는 위치는 앞서 배치한 [레이블] 컴포넌트의 아래쪽으로 한다.
- 이번에는 [레이아웃] – [수평배치]를 마우스로 선택한 후 [뷰어] – [Screen1] 영역으로 드래그하여 끌어다 놓는다. 앞서 배치한 [레이블]을 수평배치에 집어넣고, 그 다음 [텍스트 상자]를 [레이블]의 뒤쪽에 배치하도록 한다.

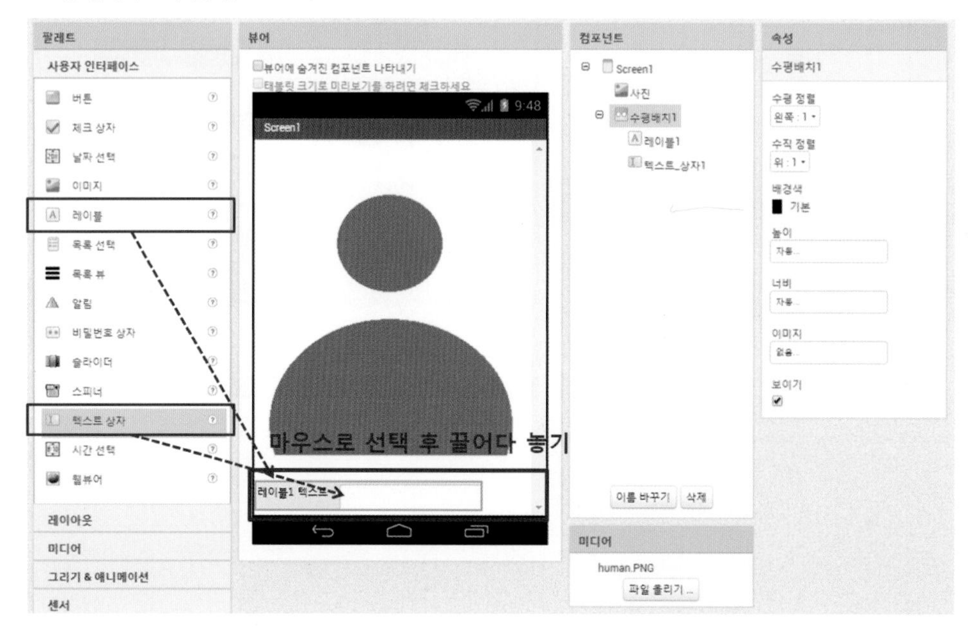


▸▸ [그림 5-6] 뷰어에 레이블, 텍스트상자, 수평배치 끌어다 놓기

- 선택한 [레이블1]의 속성을 다음과 같이 변경한다.

| 속성 | 변경할 속성값 |
|---|---|
| 텍스트 | 전화번호 |
| 글꼴 굵게 | 체크 |
| 글꼴 크기 | 20 |
| 텍스트 색상 | 흰색 |

▸▸ [표5-4] 레이블의 속성값 변경

- 선택한 [텍스트_상자1]의 속성을 다음과 같이 변경한다.

| 속성 | 변경할 속성값 |
|---|---|
| 힌트 | 전화번호가 입력됩니다. |
| 글꼴 굵게 | 체크 |
| 글꼴 크기 | 20 |
| 너비 | 부모에 맞추기 |

[표5-5] 텍스트 상자 속성값 변경

- 선택한 [수평배치1]의 속성을 다음과 같이 변경한다.

| 속성 | 변경할 속성값 |
|---|---|
| 너비 | 부모에 맞추기 |
| 배경색 | 검정 |

[표5-6] 수평배치의 속성값 변경

- 이번에는 [레이블1]과 [텍스트_상자1]의 이름을 바꾸어보자. [레이블1]의 새 이름을 "전화번호레이블"이라고 변경하고, [텍스트_상자1]의 새 이름을 "전화번호출력창"이라고 변경하자.

[그림 5-7] 레이블과 텍스트상자의 이름 바꾸기

## STEP 03 전화걸기 버튼 및 전화 컴포넌트 배치하기

- 이번에는 [사용자 인터페이스]의 [버튼] 컴포넌트를 배치하도록 하자. 배치하는 위치는 [수평배치1] 컴포넌트의 아래쪽에 배치한다. [버튼] 컴포넌트는 클릭했을 때 실제 전화를 거는 이벤트를 처리하게 한다.
- [전화걸기] 기능 수행 모듈을 제공하는 컴포넌트는 [소셜] – [전화] 컴포넌트로 보이지 않는 컴포넌트이다. [전화] 컴포넌트를 선택하고 끌어다가 [뷰어]에 배치하도록 한다.

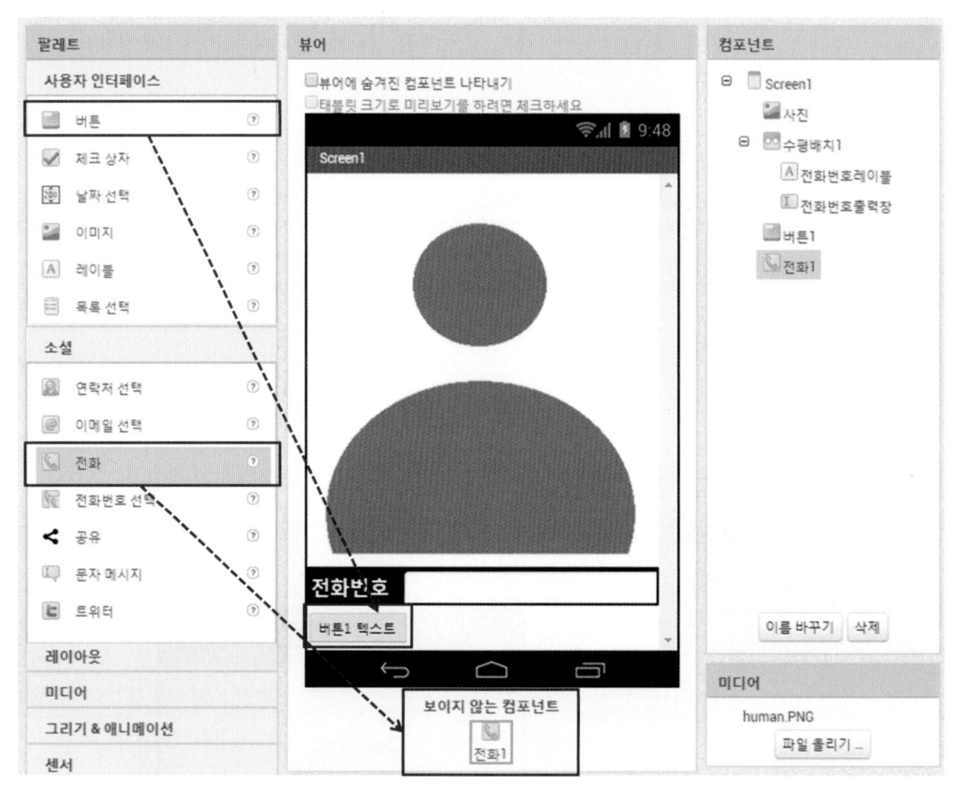


▸▸ [그림 5-8] 버튼과 전화 컴포넌트 배치하기

- 선택한 [버튼]의 속성을 다음과 같이 변경한다.

| 속성 | 변경할 속성값 |
|---|---|
| 텍스트 | (비움) |
| 이미지 | call.png |

▸▸ [표5-7] 버튼의 속성값 변경

● 이번에는 [버튼1]의 이름을 바꾸어보자. [버튼1]의 새 이름을 "전화걸기버튼"이라고 변경하자.

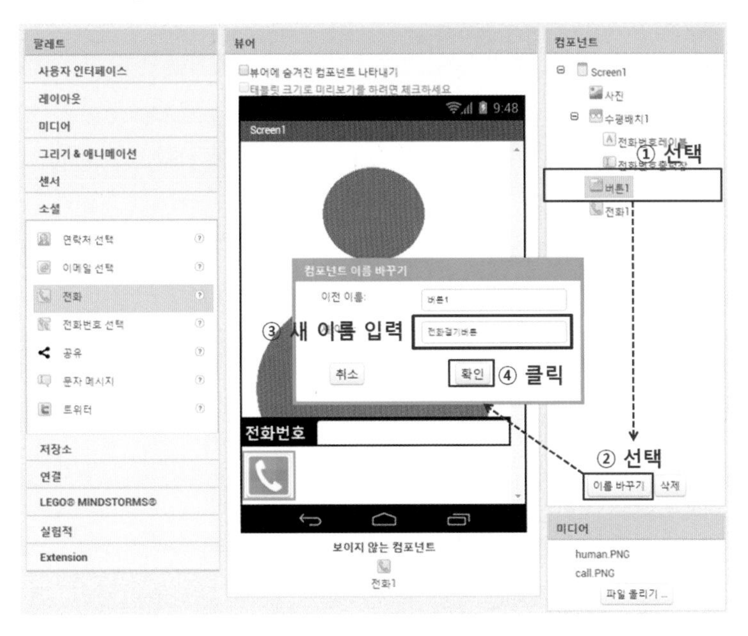


▶▶ [그림 5-9] 버튼의 이름 바꾸기

## STEP 04 전화번호_선택 컴포넌트 및 수평배치 컴포넌트 배치하기

● 이번에는 [소셜]의 [전화번호_선택] 컴포넌트를 배치하도록 하자. 배치하는 위치는 [전화걸기버튼] 컴포넌트의 아래쪽에 배치한다. [전화번호_선택] 컴포넌트는 클릭했을 때 실제 연락처를 실행하고 선택한 연락처를 처리하게 한다.

● [전화걸기버튼]과 [전화번호_선택] 버튼을 수평으로 배치하기 위해 [수평배치] 컴포넌트를 사용하도록 한다. [레이아웃] – [수평배치]를 선택하고, [뷰어]에 끌어다 놓는다.

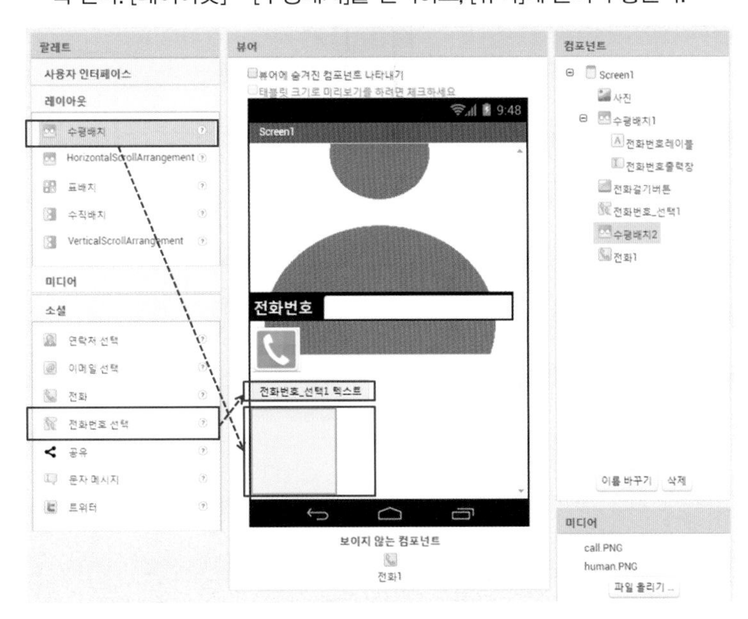


▶▶ [그림 5-10] 전화번호 선택 및 수평배치 컴포넌트 배치하기

● 선택한 [전화번호_선택]의 속성을 다음과 같이 변경한다.

| 속성 | 변경할 속성값 |
|---|---|
| 텍스트 | (비움) |
| 이미지 | address.png |

▸▸ [표5-8] 전화번호_선택의 속성값 변경

● 선택한 [수평배치]의 속성을 다음과 같이 변경한다.

| 속성 | 변경할 속성값 |
|---|---|
| 수평정렬 | 중앙 |
| 너비 | 부모에 맞추기 |
| 배경색 | 흰색 |

▸▸ [표5-9] 수평배치의 속성값 변경

● [수평배치] 컴포넌트에 [전화걸기버튼]과 [전화번호_선택1]을 차례대로 끌어다 배치하고, [전화번호_선택1] 컴포넌트 새 이름을 "연락처"라고 변경하자.

▸▸ [그림 5-11] 전화번호 선택 이름 변경 및 버튼 수평 배치하기

STEP 05 **어플리케이션 제목 설정하기**

● 마지막으로 이 어플리케이션의 제목을 설정하도록 하겠다. [Screen1]을 선택하고 [속성] – [제목]에 "나의 전화걸기 어플리케이션"이라고 작성하자.

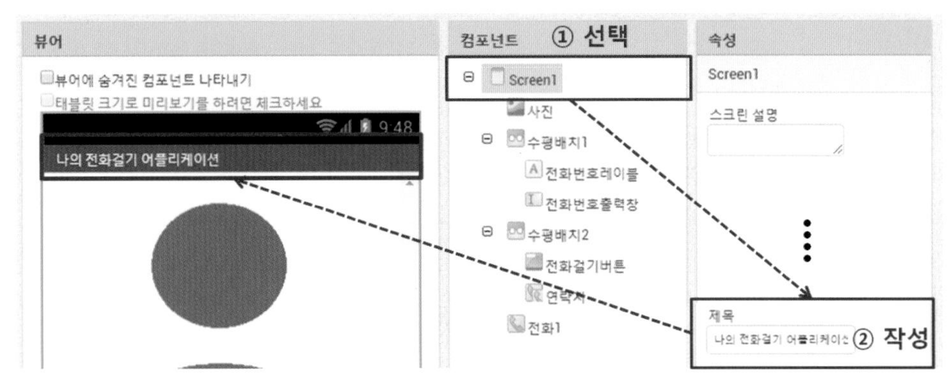


[그림 5-12] 제목 작성하기

## 블록코딩하기

[이미지], [버튼], [전화번호_선택], [전화] 등의 컴포넌트들이 배치되었다. 이제 컴포넌트들이 동작할 수 있도록 블록 코딩을 해보도록 할 것이다. 먼저 앱인벤터 화면의 가장 오른쪽 끝에 [블록] 메뉴를 선택하도록 하자.

[그림 5-13] 블록 화면으로 전환하기

## STEP 01 [연락처] 선택 후 선택한 사람의 전화번호 및 사진 가져오기

- 이 어플리케이션을 실행 후 가장 먼저 수행해야 할 기능은 전화를 걸 연락처를 선택하는 일이다. 그렇다면 사용자가 [연락처] 버튼을 눌러서 연락처를 선택했다고 가정하자. 연락처 선택 후 전화번호를 텍스트 상자에 출력하고, 연락처의 사진을 이미지 컴포넌트에 출력하도록 블록을 작성해보자.
- [블록] – [Screen1] – [수평배치2] – [연락처]를 마우스로 선택하면 [뷰어]창에 여러 가지 블록들이 나타난다.
- 여러 블록 중에 우리는 [연락처.선택후] 이벤트 발생 시 처리하는 루틴을 만들 것이므로 언제 연락처 .선택 후 실행 블록을 선택하여 [뷰어]로 끌어다 놓는다.

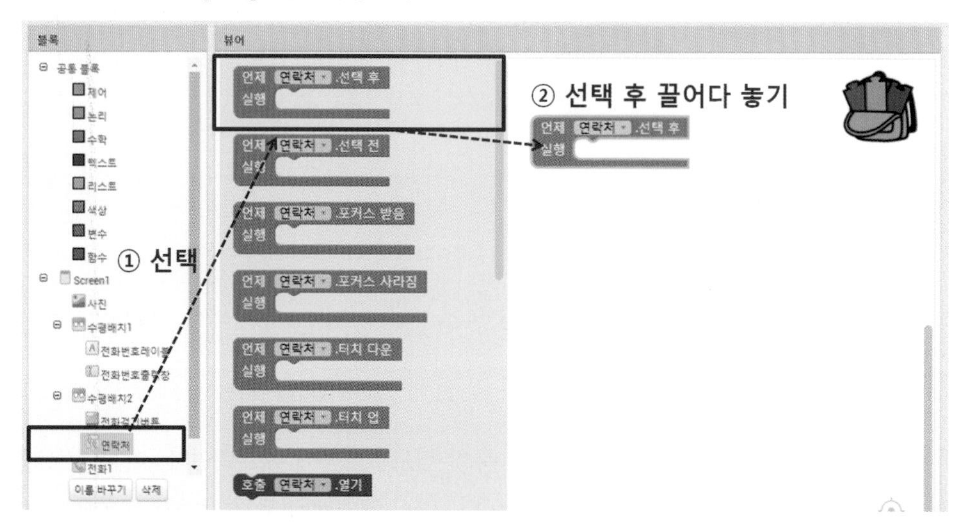


▸▸ [그림 5-14] 연락처 컴포넌트 클릭 시 블록 배치

- [연락처] 선택 후의 이벤트 처리이므로 [사진] 컴포넌트에 선택한 연락처의 사진이 출력되도록 하고, [전화번호출력창] 컴포넌트에 선택한 연락처의 전화번호가 출력되도록 한다.
- [Screen1] – [사진]을 선택한 후 나타나는 블록 중에 지정하기 사진 . 사진 값 을 선택 후 뷰어로 드래그하여 다음과 같이 배치한다.

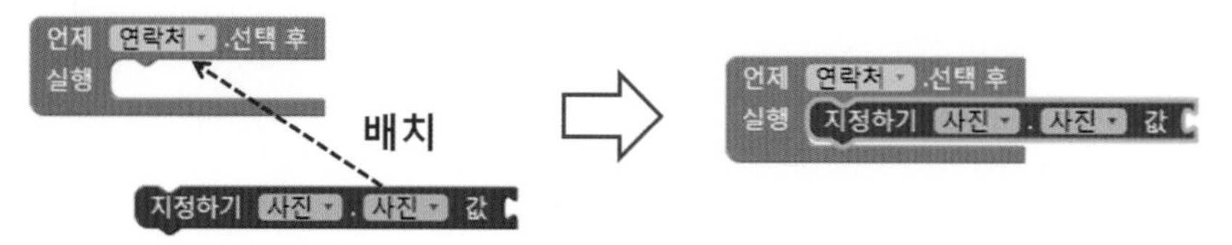


▸▸ [그림 5-15] 연락처 선택 후 사진값 블록 배치하기

- 내가 [연락처]를 통해 실제로 선택한 연락처 사람의 사진을 가져와야 하므로 다시 [Screen1] – [수평배치2] – [연락처]를 선택한 후 연락처 . 사진 블록을 선택하여 다음과 같이 배치한다.

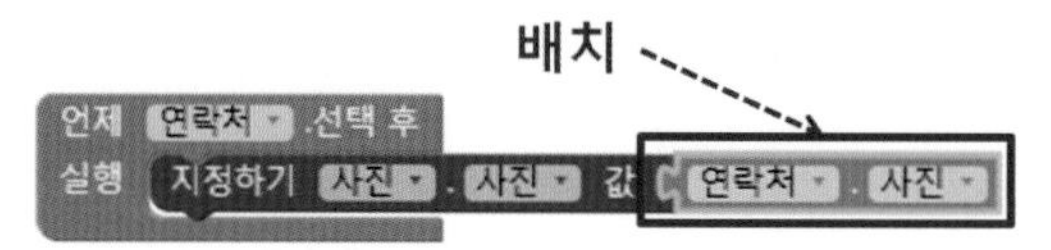


▸▸ [그림 5-16] 사진값에 선택한 연락처의 사진 블록 배치하기

- 이번에는 선택한 연락처의 전화번호가 출력되도록 한다. [Screen1] – [수평배치1] – [전화번호출력창]을 선택하면 텍스트 상자 관련 여러 블록이 나타나는데, 그 중에 [지정하기 전화번호출력창 . 텍스트 값] 블록을 선택하여 다음과 같이 배치한다.

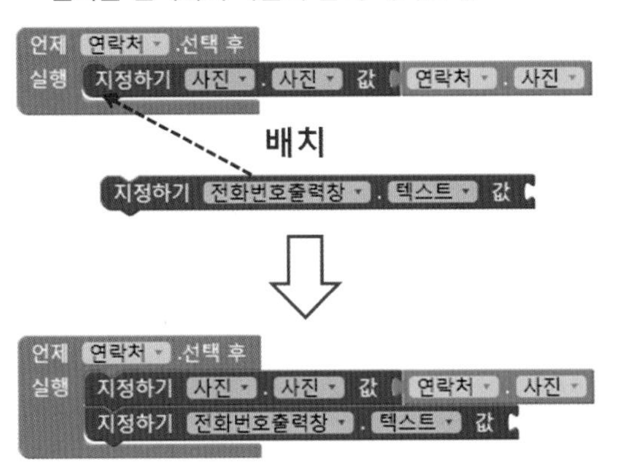


[그림 5-17] 전화번호출력창의 텍스트값 블록 배치하기

- 내가 [연락처]를 통해 실제로 선택한 연락처 사람의 전화번호를 가져와야 하므로 다시 [Screen1] – [수평배치2] – [연락처]를 선택한 후 [연락처 . 전화번호] 블록을 선택하여 다음과 같이 배치한다.

언제 연락처 .선택 후
실행 지정하기 사진 . 사진 값 연락처 . 사진
지정하기 전화번호출력창 . 텍스트 값 연락처 . 전화번호

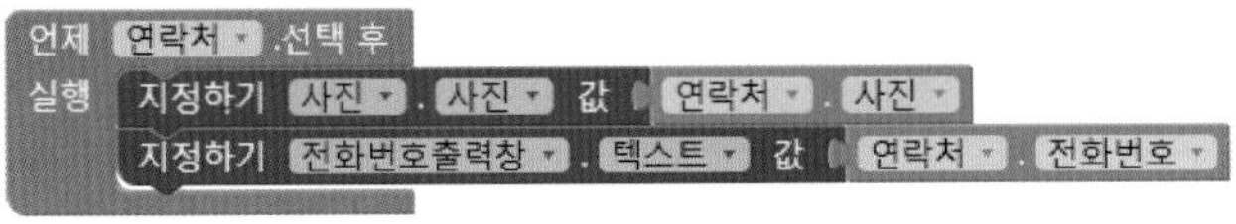

[그림 5-18] 텍스트값에 선택한 연락처의 전화번호 블록 배치하기

## STEP 02 [전화걸기] 버튼 클릭하면 [전화번호출력창]에 출력된 전화번호로 전화걸기

- 앞에서 [연락처]를 통해 선택한 연락처의 사진과 전화번호 정보를 가져왔다. 지금부터는 선택한 전화번호 정보로 전화를 거는 기능을 블록으로 작성해보도록 하겠다.
- [Screen1] – [수평배치2] – [전화걸기버튼]을 선택하면 여러 블록들이 나타나는데, 우리는 [전화걸기버튼] 클릭 이벤트 발생 시 처리하는 루틴을 만들 것이므로 [언제 전화걸기버튼 .클릭 실행] 블록을 선택하여 [뷰어]에 끌어다 놓는다.

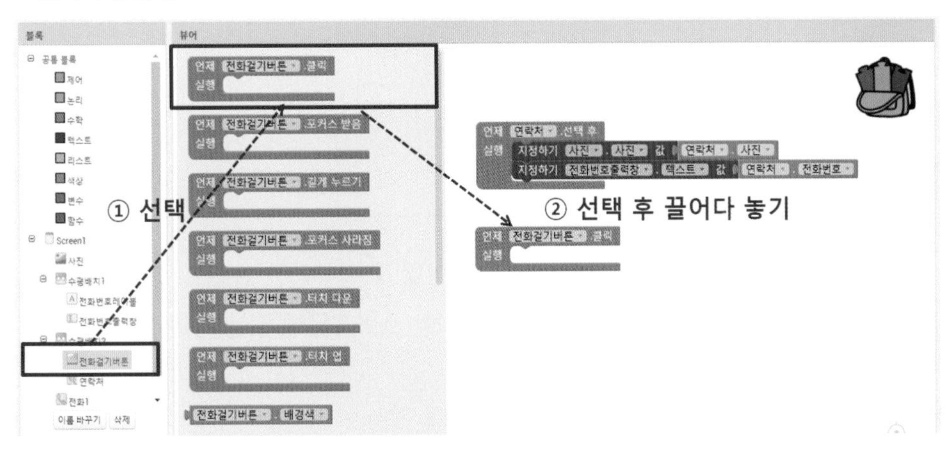


[그림 5-19] 전화걸기버튼 클릭 이벤트 블록 배치하기

- [전화걸기버튼] 클릭 시 이벤트 처리이므로 버튼 클릭 시 [전화번호출력창]에 출력된 전화번호를 읽어와서 실제로 전화를 거는 [전화걸기]모듈을 호출하도록 구현한다.
- 먼저 전화번호 정보를 [전화] 컴포넌트로 가져와야 하므로 [Screen1] – [전화]를 선택하고, 여러 블록 중에 지정하기 전화1 . 전화번호 값 을 선택하여 다음과 같이 배치한다.

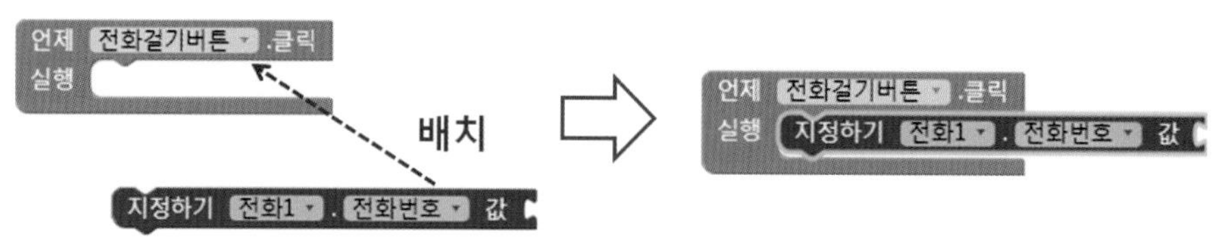


[그림 5-20] 전화 컴포넌트 선택 후 전화번호값 블록 배치하기

- 앞서 [연락처]를 통해 실제로 선택한 연락처 사람의 전화번호를 [전화번호출력창]에 출력했으므로 전화번호 정보를 [전화번호출력창] 컴포넌트를 통해 얻을 수 있다.
- [Screen1] – [수평배치1] – [전화번호출력창]을 선택한 후 전화번호출력창 . 텍스트 블록을 선택하여 다음과 같이 배치한다.

[그림 5-21] 전화 컴포넌트에 전화번호출력창의 텍스트 블록

- [전화] 컴포넌트에 선택한 전화번호가 입력되었으므로, 이 번호로 전화를 걸도록 하겠다. [Screen1] – [전화1]을 선택 후 호출 전화1 .전화 걸기 블록을 선택하여 다음과 같이 배치한다.

[그림 5-22] 전화 컴포넌트의 전화걸기 블록 호출 배치하기

##  실행해보기

컴포넌트 디자인 및 블록 코딩이 모두 끝났다. 이제 내가 구현한 앱을 스마트폰 상에서 구동할 수 있도록 실행해 보자. 안드로이드 스마트폰 기기 또는 스마트폰이 없는 경우에는 에뮬레이터를 통해 실행 결과를 확인해 보도록 하자.

STEP 01 **[연결] – [AI 컴패니언] 메뉴 선택**

- 프로젝트에서 [연결] 메뉴의 [AI 컴패니언]을 선택한다.

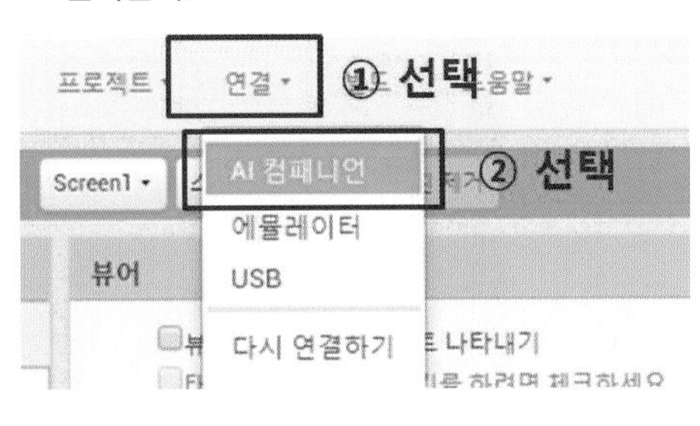


[그림 5-23] 스마트폰 연결을 위한 AI 컴패니언 실행하기

- 컴패니언에 연결하기 위한 QR 코드가 화면에 나타난다.

[그림 5-24] 컴패니언에 연결하기 위한 QR 코드

이번에는 안드로이드 기반의 스마트폰으로 가서 앞서 설치한 MIT AI2 Companion 앱을 실행하도록 하자.

STEP 02 **폰에서 MIT AI2 Companion 앱 실행하여 QR 코드 찍기**

- 안드로이드 폰 기기에서 “MIT AI2 Companion” 앱을 실행한다.

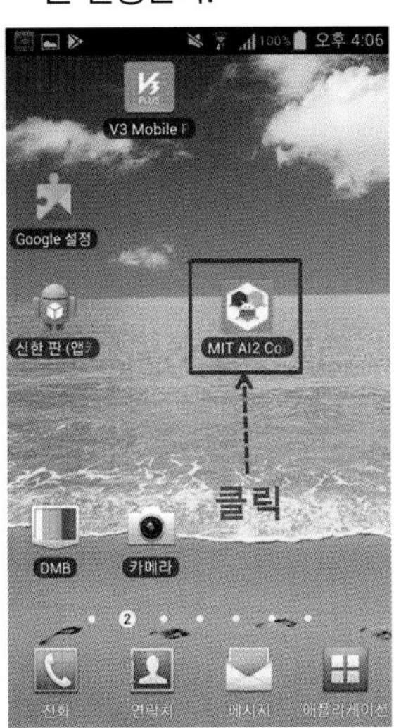


[그림 5-25] MIT AI2 Companion 앱 실행

- 앱 메뉴 중 아래쪽의 “scan QR code” 메뉴를 선택한다.

[그림 5-26] scan QR code 메뉴 선택

- QR 코드를 찍기 위한 카메라 모드가 동작하면 컴퓨터 화면에 나타난 QR 코드에 갖다 댄다.

[그림 5-27] QR 코드 스캔 중

## STEP 03 연락처를 선택한 후, 선택한 사람의 사진 출력 및 전화걸기 수행하기

- QR 코드가 찍히고 나면 폰 화면에 다음과 같이 우리가 만든 실행 결과로써의 앱이 나타난다.
- 먼저 연락처 버튼을 클릭하여 원하는 사람의 연락처를 선택한다.

[그림 5-28] 연락처 버튼을 클릭하여 연락처를 선택

- 전화걸기 버튼을 클릭하여 선택한 사람에게 전화를 건다.

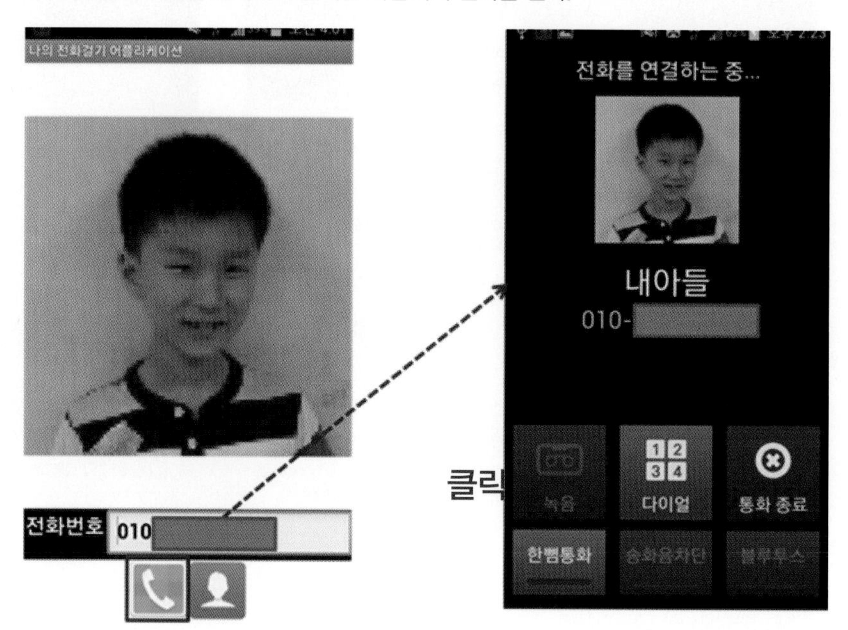


[그림 5-29] 전화걸기 버튼 클릭하여 선택한 사람에게 전화걸기

Section 03

# 전체 프로그램 한 눈에 보기

앞서 컴포넌트 배치부터 블록 코딩까지 순차적으로 진행하였다. 이를 한 눈에 확인해봄으로써 내가 배치한 UI 및 블록 코딩이 틀린 점은 없는지 비교해보고, 이 단원을 정리해 보도록 한다.

## 전체 컴포넌트 UI

[그림 5-30] 전체 컴포넌트 디자이너

## 전체 블록 코딩

```
언제 연락처 .선택 후
실행 지정하기 사진 . 사진 값 연락처 . 사진
     지정하기 전화번호출력창 . 텍스트 값 연락처 . 전화번호

언제 전화걸기버튼 .클릭
실행 지정하기 전화1 . 전화번호 값 전화번호출력창 . 텍스트
     호출 전화1 .전화 걸기
```

[그림 5-31] 전체 컴포넌트 블록

# 연락처로 검색하여 문자 보내기

앞에서 살펴본 전화걸기 기능과 마찬가지로 스마트폰에서는 문자메시지 주고 받기 기능 또한 가능하다. 문자메시지 기능은 사실 스마트폰 이전의 피처폰에서도 전화걸기 기능과 더불어 많이 사용되는 유용한 기능이였다. 현재 스마트폰은 카톡이나 SNS가 장악하고 있음에도 불구하고, 문자메시지 기능은 사용자들로 하여금 꾸준히 사용되고 있다. 이번 시간에는 내 연락처로 내 지인들의 전화번호를 찾아서 바로 문자메시지를 보낼 수 있고, 또한 내 폰으로 들어오는 문자메시지를 받아서 볼 수 있는 나만의 어플리케이션을 만들어보도록 하자.

Section 01

# 생각해보기

## 무엇을 만들 것인가?

- [연락처] 버튼을 클릭하면 폰 안에 저장된 연락처 기능이 동작하고 연락처에 저장된 사람을 검색할 수 있다.
- 연락처를 통해 검색한 사람을 선택하면 선택한 사람의 이름이 텍스트 상자에 출력되도록 한다.
- [문자보내기] 버튼을 클릭하면 선택한 사람에게 문자를 보낼 수 있다.
- 상대로부터 문자가 온다면 받은 문자를 [수신부레이블]에 출력할 수 있다.

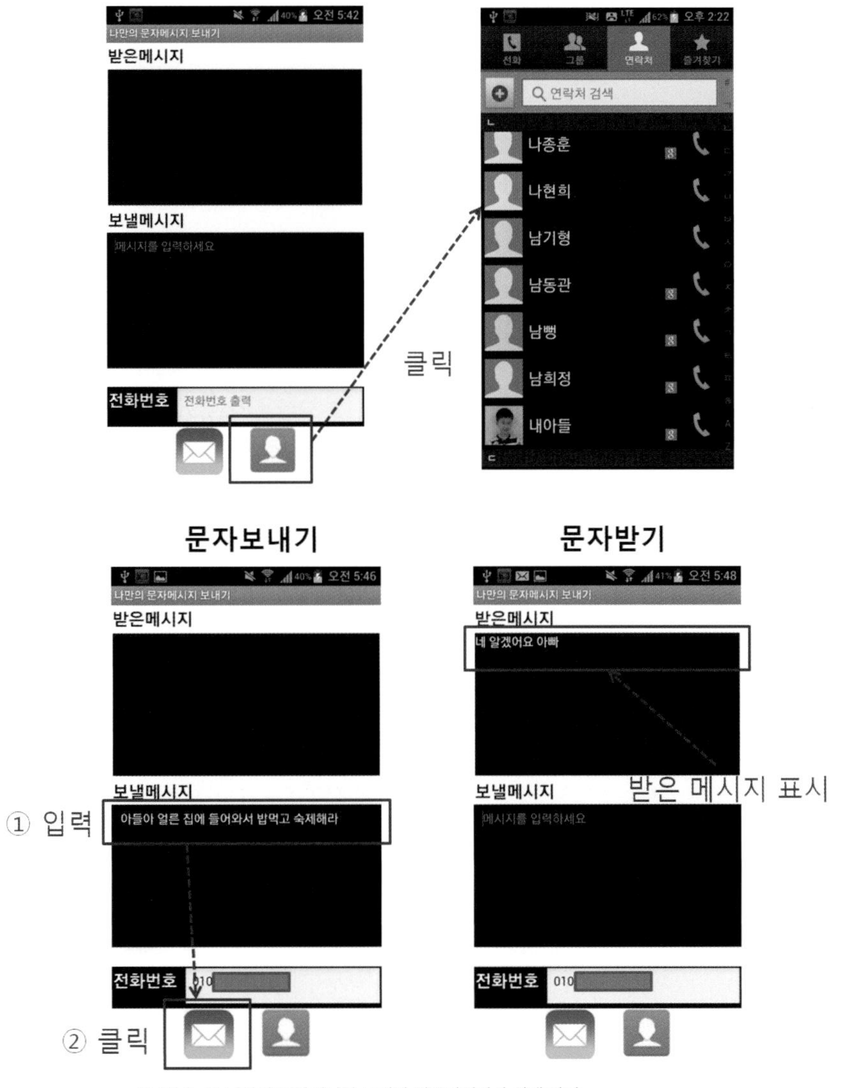


▸▸ [그림 6-1] 나만의 문자메시지 보내기 어플리케이션 실행 화면

## 사용할 컴포넌트 및 블록

[표6-1]는 예제에서 배치할 팔레트 컴포넌트 종류들이다.

| 팔레트 그룹 | 컴포넌트 종류 | 기능 |
|---|---|---|
| 사용자 인터페이스 | 텍스트 상자 | 전화번호를 입력하거나 출력하기 위한 텍스트 상자이다. |
| 사용자 인터페이스 | 버튼 | 문자보내기 버튼으로 사용한다. |
| 소셜 | 전화번호 선택 | 전화기의 연락처 버튼 및 기능이다. |
| 소셜 | 문자메시지(보이지 않는 컴포넌트) | 보이지 않는 컴포넌트로 문자메시지를 보내는 기능을 하는 모듈이다. |
| 레이아웃 | 수평배치 | 여러 컴포넌트들을 수평정렬 시킨다. |

▶▶ [표6-1] 예제에서 사용한 팔레트 목록

[표6-2]는 예제에서 사용할 주요 블록들이다.

| 팔레트 그룹 | 블록 | 기능 |
|---|---|---|
| 버튼 | 언제 문자보내기 .클릭<br>실행 | 해당 버튼 클릭 이벤트 발생 시 [전화걸기] 기능을 수행하도록 한다. |
| 전화번호 선택 | 언제 연락처 .선택 후<br>실행 | 원하는 연락처를 선택한 이후의 기능 처리를 수행하도록 한다. |
| 문자메시지 | 언제 문자_메시지1 .메시지 받음<br>전화번호 메시지 텍스트<br>실행 | 상대방으로부터 문자메시지를 받았을 때 이벤트를 처리하는 루틴이다. |
| | 호출 문자_메시지1 .메시지 보내기 | 지정된 번호로 문자메시지를 보내도록 수행하는 모듈이다. |

▶▶ [표6-2] 예제에서 사용한 블록 목록

Section 02

# 만들어보기

## 프로젝트 만들기

먼저 프로젝트를 만들어보도록 하자. 앱인벤터 웹사이트(http://ai2.appinventor.mit.edu/)에 접속한다.

### STEP 01 새 프로젝트 시작하기 선택

- [프로젝트] 메뉴에서 [새 프로젝트 시작하기...]를 선택한다.

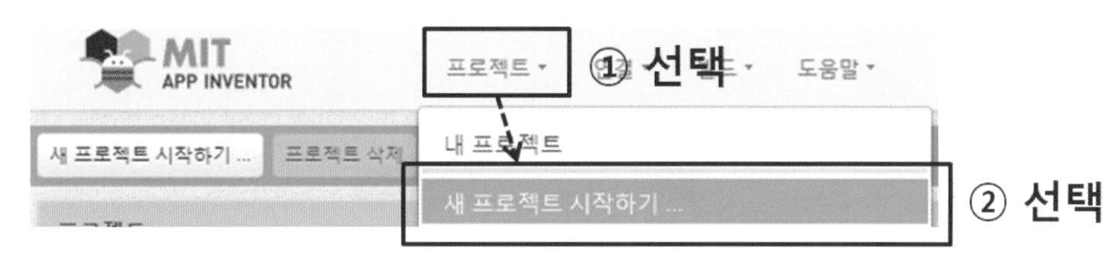


[그림 6-2] 새 프로젝트 시작하기

### STEP 02 프로젝트 이름 입력 및 확인

- [프로젝트 이름]을 "MySendMessage"이라고 입력하고 [확인] 버튼을 누른다.

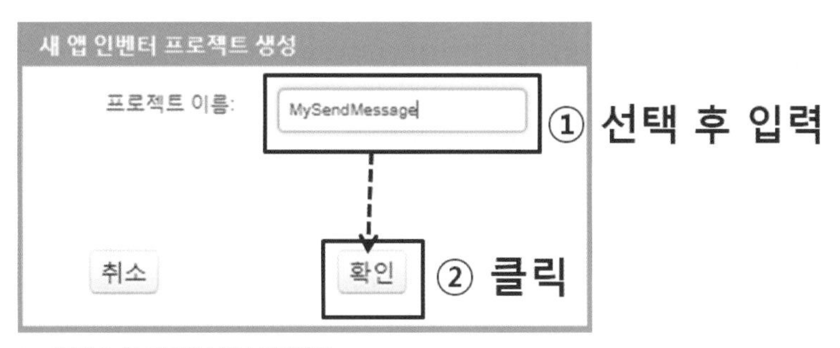


[그림 6-3] 프로젝트 이름 입력하기

## 컴포넌트 디자인하기

프로젝트상에 컴포넌트 UI를 배치해보도록 하자. 이번 장의 예제에서는 앞 장의 예제인 [나만의 전화걸기 어플리케이션]의 형태와 비슷한 형태로 [전화번호 선택] 컴포넌트와 [버튼], [텍스트 상자]를 이용하여 문자보내기 기능을 구현한다. 실제 문자를 보내고 받는 모듈은 [문자메시지] 컴포넌트에서 제공하며 이 또한 보이지 않는 컴포넌트로 제공된다. 다음과 같이 [뷰어]에 컴포넌트를 배치하도록 하자.

## STEP 01 받은메시지 레이블 및 보낼메시지 텍스트 박스 배치하기

- [사용자 인터페이스] – [레이블] 3개와 [텍스트 상자] 1개를 마우스로 선택한 후 [뷰어] – [Screen1] 영역으로 드래그하여 끌어다 놓는다.

▸▸ [그림 6-4] 뷰어에 레이블과 텍스트 상자 끌어다 놓기

- [레이블1], [레이블2], [레이블3]의 속성을 다음과 같이 변경한다.

[레이블1]

| 속성 | 변경할 속성값 |
|---|---|
| 텍스트 | 받은 메시지 |
| 글꼴 크기 | 20 |
| 글꼴 굵게 | 체크 |

▸▸ [표6-3] 레이블1의 속성값 변경

[레이블2]

| 속성 | 변경할 속성값 |
|---|---|
| 텍스트 | (비움) |
| 배경색 | 검정 |
| 텍스트 색상 | 흰색 |
| 글꼴 굵게 | 체크 |
| 높이 | 부모에 맞추기 |

▸▸ [표6-4] 레이블2의 속성값 변경

[레이블3]

| 속성 | 변경할 속성값 |
|---|---|
| 텍스트 | 보낼 메시지 |
| 글꼴 크기 | 20 |
| 글꼴 굵게 | 체크 |

▸▸ [표6-5] 레이블3의 속성값 변경

● 이번에는 [텍스트_상자1]의 속성을 다음과 같이 변경한다.

| 속성 | 변경할 속성값 |
|---|---|
| 힌트 | 보낼 메시지를 입력합니다. |
| 글꼴 굵게 | 체크 |
| 배경색 | 검정 |
| 텍스트 색상 | 흰색 |
| 높이 | 부모에 맞추기 |
| 너비 | 부모에 맞추기 |

▸▸ [표6-6] 텍스트_상자1의 속성값 변경

● 이번에는 배치한 [레이블1], [레이블2], [레이블3], [텍스트_상자1]의 이름을 바꾸어보자.

▸▸ [그림 6-5] 컴포넌트들의 이름 바꾸기

| 컴포넌트 | 새 이름 |
|---|---|
| 레이블1 | 받은메시지레이블 |
| 레이블2 | 수신부레이블 |
| 레이블3 | 보낼메시지레이블 |
| 텍스트_상자1 | 송신부텍스트 |

[표6-7] 컴포넌트들의 이름 바꾸기

## STEP 02 전화번호를 입출력할 텍스트 상자 배치하기

- [사용자 인터페이스] – [레이블]를 마우스로 선택한 후 [뷰어] – [Screen1] 영역으로 드래그하여 끌어다 놓는다. 이 때 끌어다 놓는 위치는 앞서 배치한 [송신부텍스트] 컴포넌트의 아래쪽으로 한다.
- [사용자 인터페이스] – [텍스트 상자]를 마우스로 선택한 후 [뷰어] – [Screen1] 영역으로 드래그하여 끌어다 놓는다. 이 때 끌어다 놓는 위치는 앞서 배치한 [레이블] 컴포넌트의 아래쪽으로 한다.
- 이번에는 [레이아웃] – [수평배치]를 마우스로 선택한 후 [뷰어] – [Screen1] 영역으로 드래그하여 끌어다 놓는다. 앞서 배치한 [레이블]을 수평배치에 집어넣고, 그 다음 [텍스트 상자]를 [레이블]의 뒤쪽에 배치하도록 한다.

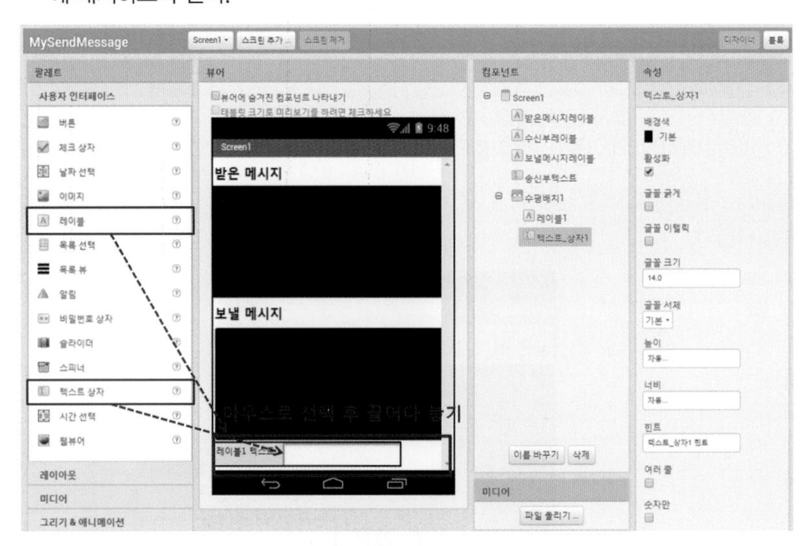


[그림 6-6] 뷰어에 레이블, 텍스트상자, 수평배치 끌어다 놓기

- 선택한 [레이블1]의 속성을 다음과 같이 변경한다.

| 속성 | 변경할 속성값 |
|---|---|
| 텍스트 | 전화번호 |
| 글꼴 굵게 | 체크 |
| 글꼴 크기 | 20 |
| 텍스트 색상 | 흰색 |
| 높이 | 부모에 맞추기 |

[표6-8] 레이블의 속성값 변경

● 선택한 [텍스트_상자1]의 속성을 다음과 같이 변경한다.

| 속성 | 변경할 속성값 |
|---|---|
| 힌트 | 전화번호가 입력됩니다. |
| 글꼴 굵게 | 체크 |
| 글꼴 크기 | 20 |
| 너비 | 부모에 맞추기 |
| 높이 | 부모에 맞추기 |

▸▸ [표6-9] 텍스트 상자 속성값 변경

● 선택한 [수평배치1]의 속성을 다음과 같이 변경한다.

| 속성 | 변경할 속성값 |
|---|---|
| 너비 | 부모에 맞추기 |
| 배경색 | 검정 |

▸▸ [표6-10] 수평배치의 속성값 변경

● 이번에는 각 [레이블1]과 [텍스트_상자1]의 이름을 바꾸어보자. [레이블1]의 새 이름을 "전화번호레이블"이라고 변경하고, [텍스트_상자1]의 새 이름을 "전화번호출력창"이라고 변경하자.

▸▸ [그림 6-7] 레이블1과 텍스트_상자1의 이름 바꾸기

### STEP 03 문자보내기 버튼 및 문자메시지 컴포넌트 배치하기

- 이번에는 [사용자 인터페이스]의 [버튼] 컴포넌트를 배치하도록 하자. 배치하는 위치는 [수평배치1] 컴포넌트의 아래쪽에 배치한다. [버튼] 컴포넌트는 클릭했을 때 실제 문자메시지를 보내는 이벤트를 처리하게 한다.
- 문자를 보내고 받는 기능 수행 모듈을 제공하는 컴포넌트는 [소셜] – [문자메시지] 컴포넌트로 보이지 않는 컴포넌트이다. [문자메시지] 컴포넌트를 클릭하여 [뷰어]에 배치하도록 한다.

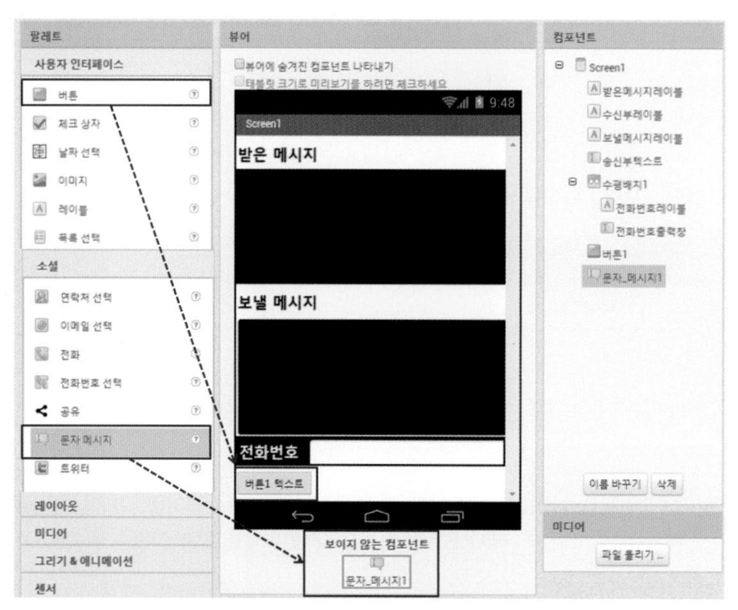


▸▸ [그림 6-8] 버튼과 전화 컴포넌트 배치하기

- 선택한 [버튼]의 속성을 다음과 같이 변경한다.

| 속성 | 변경할 속성값 |
|---|---|
| 텍스트 | (비움) |
| 이미지 | sms.png |

▸▸ [표6-11] 버튼의 속성값 변경

● 이번에는 [버튼1]의 이름을 바꾸어보자. [버튼1]의 새 이름을 "문자보내기버튼"이라고 변경하자.

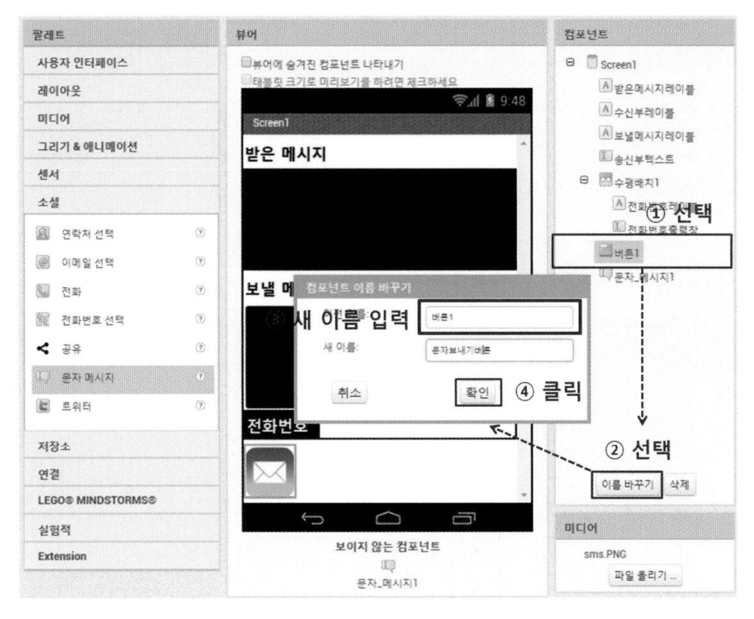


▶▶ [그림 6-9] 버튼1의 이름 바꾸기

## STEP 04 전화번호_선택 컴포넌트 및 수평배치 컴포넌트 배치하기

● 이번에는 [소셜]의 [전화번호_선택] 컴포넌트를 배치하도록 하자. 배치하는 위치는 [문자보내기버튼] 컴포넌트의 아래쪽에 배치한다. [전화번호_선택] 컴포넌트는 클릭했을 때 실제 연락처를 실행하고 선택한 연락처를 처리하게 한다.

● [문자보내기버튼]과 [전화번호 선택] 버튼을 수평으로 배치하기 위해 [수평배치] 컴포넌트를 사용하도록 한다. [레이아웃] – [수평배치]를 선택하고, [뷰어]에 끌어다 놓는다.

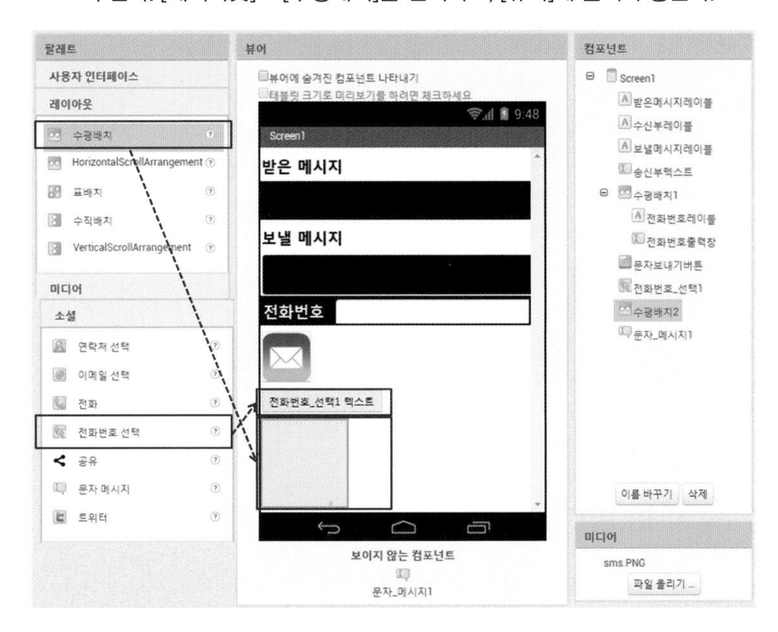


▶▶ [그림 6-10] 전화번호_선택 및 수평배치 컴포넌트 배치하기

● 선택한 [전화번호_선택]의 속성을 다음과 같이 변경한다.

| 속성 | 변경할 속성값 |
|---|---|
| 텍스트 | (비움) |
| 이미지 | address.png |

▶▶ [표6-12] 전화번호_선택의 속성값 변경

● 선택한 [수평배치]의 속성을 다음과 같이 변경한다.

| 속성 | 변경할 속성값 |
|---|---|
| 수평정렬 | 중앙 |
| 너비 | 부모에 맞추기 |
| 배경색 | 흰색 |

▶▶ [표6-13] 수평배치의 속성값 변경

● [수평배치] 컴포넌트에 [전화걸기버튼]과 [전화번호_선택1]을 차례대로 끌어다 배치하고, [전화번호_선택1] 컴포넌트 새 이름을 "연락처"라고 변경하자.

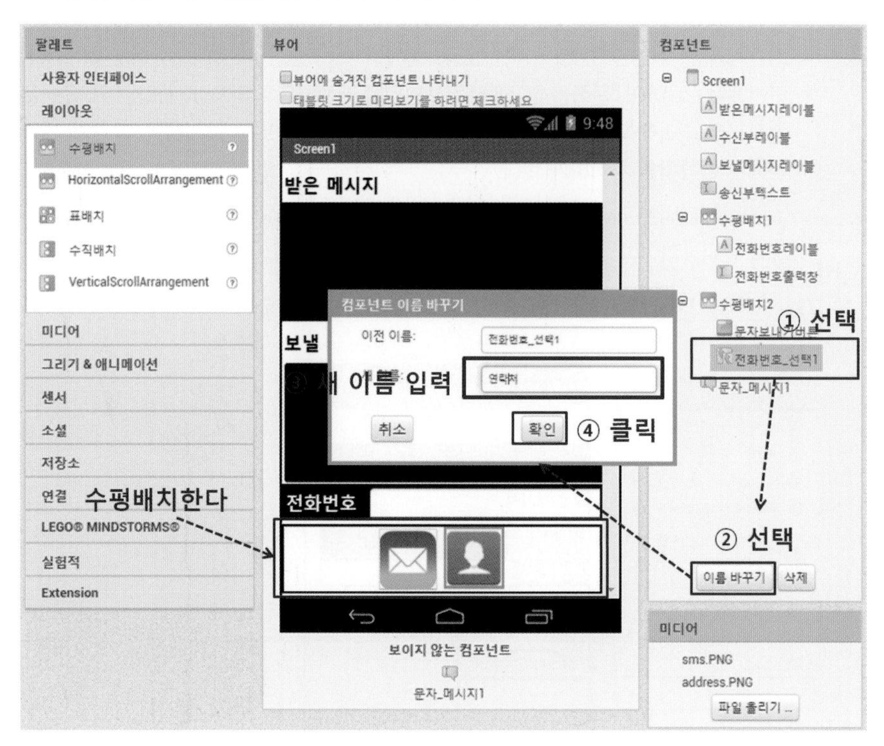


▶▶ [그림 6-11] 전화번호_선택 이름 변경 및 버튼 수평 배치하기

STEP 05 **어플리케이션 제목 설정하기**

- 마지막으로 이 어플리케이션의 제목을 설정하도록 하겠다. [Screen1]을 선택하고 [속성] – [제목]에 "나만의 문자메시지 어플리케이션"이라고 작성하자.

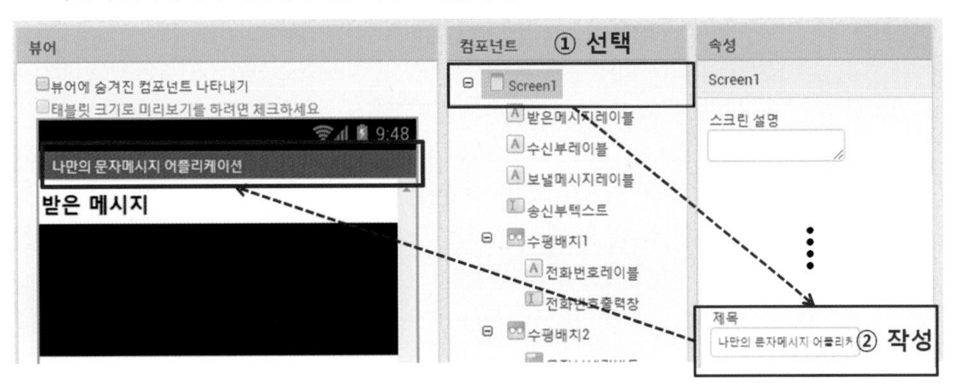


[그림 6-12] 제목 작성하기

## 블록코딩하기

[버튼], [전화번호_선택], [문자메시지] 등의 컴포넌트들이 배치되었다. 이제 컴포넌트들이 동작할 수 있도록 블록 코딩을 해보도록 할 것이다. 먼저 앱인벤터 화면의 가장 오른쪽 끝에 [블록] 메뉴를 선택하도록 하자.

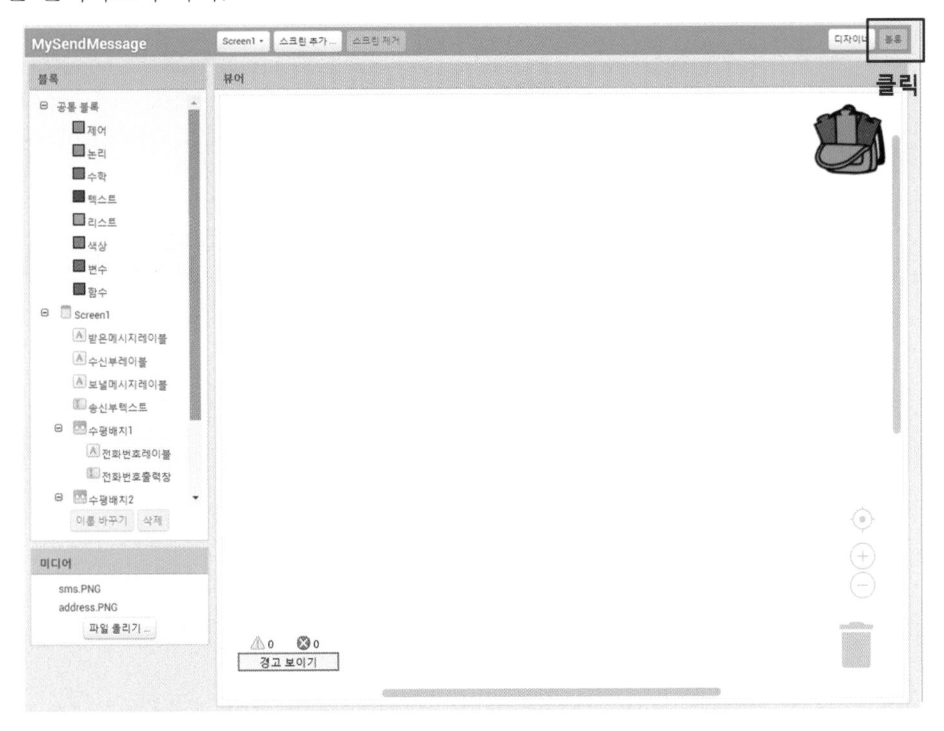


[그림 6-13] 블록 화면으로 전환하기

### STEP 01 [연락처] 선택 후 선택한 사람의 전화번호 가져오기

- 이 어플리케이션을 실행 후 가장 먼저 수행해야 할 기능은 문자메시지를 보낼 연락처를 선택하는 일이다. 그렇다면 사용자가 [연락처] 버튼을 눌러서 연락처를 선택했다고 가정하고, 연락처 선택 후 전화번호를 텍스트 상자에 출력하도록 블록을 작성해보자.
- [블록] – [Screen1] – [수평배치2] – [연락처]를 마우스로 선택하면 [뷰어]창에 여러 가지 블록들이 나타난다.
- 여러 블록 중에 우리는 [연락처.선택후] 이벤트 발생 시 처리하는 루틴을 만들 것이므로 언제 연락처 .선택 후 실행 블록을 선택하여 [뷰어]로 끌어다 놓는다.

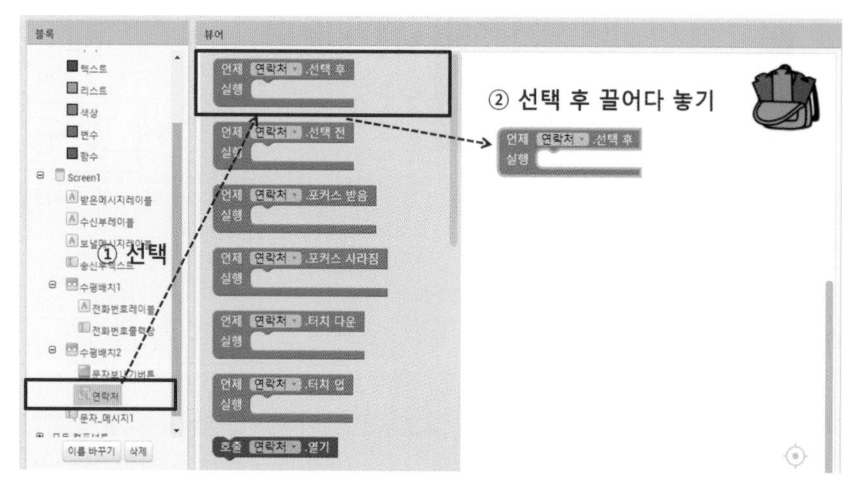


▶▶ [그림 6-14] 연락처 컴포넌트 클릭 시 블록

- 연락처 선택 후 이벤트가 발생하면 선택한 연락처의 전화번호가 [전화번호출력창]에 출력되도록 해야 한다. [Screen1] – [수평배치1] – [전화번호출력창]을 선택하면 텍스트 상자 관련 여러 블록이 나타나는데, 그 중에 지정하기 전화번호출력창 . 텍스트 값 블록을 선택하여 다음과 같이 배치한다.

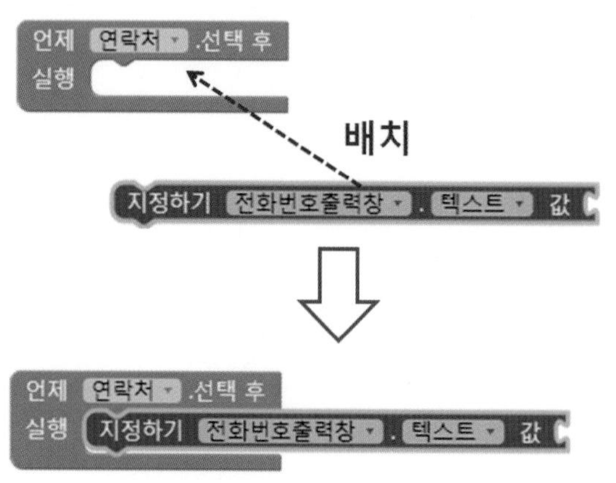


▶▶ [그림 6-15] 전화번호출력창의 텍스트값 블록 배치하기

- 내가 [연락처]를 통해 실제로 선택한 연락처 사람의 전화번호를 가져와야 하므로 다시 [Screen1] – [수평배치2] – [연락처]를 선택한 후 `연락처 . 전화번호` 블록을 선택하여 다음과 같이 배치한다.

▶▶ [그림 6-16] 텍스트값에 선택한 연락처의 전화번호 블록 배치하기

## STEP 02 [문자보내기버튼] 클릭하면 [전화번호출력창]에 출력된 전화번호로 문자보내기

- 앞에서 [연락처]를 통해 선택한 연락처의 전화번호 정보를 가져왔다. 지금부터는 선택한 전화번호로 문자메시지를 보내는 기능을 블록으로 작성해보도록 하겠다.
- [Screen1] – [수평배치2] – [문자보내기버튼]을 선택하면 여러 블록들이 나타나는데, 우리는 [문자보내기버튼] 클릭 이벤트 발생 시 처리하는 루틴을 만들 것이므로 `언제 문자보내기버튼 .클릭 실행` 블록을 선택하여 [뷰어]에 끌어다 놓는다.

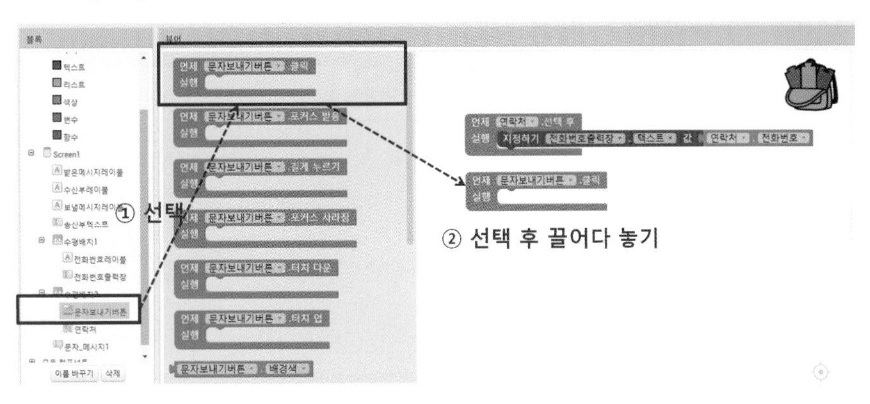


▶▶ [그림 6-17] 문자보내기버튼 클릭 이벤트 블록 배치하기

- [문자보내기버튼] 클릭 시 이벤트 처리이므로 버튼 클릭 시 [전화번호출력창]에 출력된 전화번호를 읽어와서, 우리가 [송신부텍스트]에 작성한 문자를 실제 문자메시지로 보내도록 [문자메시지.메시지 보내기]모듈을 호출하도록 구현한다.
- 먼저 전화번호 정보를 [문자메시지1] 컴포넌트로 가져와야 하므로 [Screen1] – [문자메시지]를 선택하고, 여러 블록 중에 `지정하기 문자_메시지1 . 전화번호 값`을 선택하여 다음과 같이 배치한다.

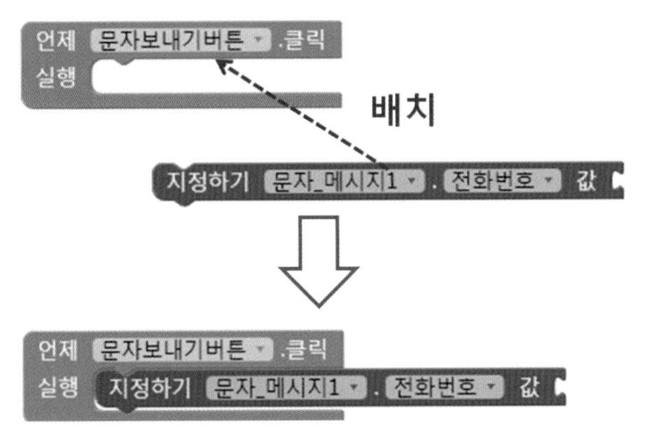


▶▶ [그림 6-18] 문자메시지 컴포넌트 선택 후 전화번호값 블록 배치하기

- 앞서 [연락처]를 통해 실제로 선택한 사람의 전화번호를 [전화번호출력창]에 출력했으므로 전화번호 정보를 [전화번호출력창] 컴포넌트를 통해 얻을 수 있다.
- [Screen1] – [수평배치1] – [전화번호출력창]을 선택한 후 전화번호출력창 . 텍스트 블록을 선택하여 다음과 같이 배치한다.

언제 문자보내기버튼 .클릭
실행 지정하기 문자_메시지1 . 전화번호 값 전화번호출력창 . 텍스트

▸▸ [그림 6-19] 문자메시지 컴포넌트에 전화번호출력창의 텍스트 블록 배치하기

- 이번에는 실제로 보낼 텍스트 문자들을 입력한 [송신부텍스트] 컴포넌트에서 [문자메시지] 컴포넌트로 가져오도록 블록을 작성해보자.
- [Screen1] – [문자_메시지1]을 선택 후 지정하기 문자_메시지1 . 메시지 값 블록을 선택하여 다음과 같이 배치한다.

언제 문자보내기버튼 .클릭
실행 지정하기 문자_메시지1 . 전화번호 값 전화번호출력창 . 텍스트
지정하기 문자_메시지1 . 메시지 값

▸▸ [그림 6-20] 문자메시지의 메시지 값 블록 배치하기

- 우리가 실제로 보낼 문자메시지의 내용을 가져와야 하는데, 문자메시지를 작성한 컴포넌트는 [송신부텍스트]이므로, 해당 컴포넌트의 블록에서 텍스트 값을 가져오는 송신부텍스트 . 텍스트 블록을 선택한 후 다음과 같이 배치한다.

언제 문자보내기버튼 .클릭
실행 지정하기 문자_메시지1 . 전화번호 값 전화번호출력창 . 텍스트
지정하기 문자_메시지1 . 메시지 값 송신부텍스트 . 텍스트

▸▸ [그림 6-21] 문자메시지의 메시지 값 블록 배치하기

- [문자메시지] 컴포넌트에 선택한 전화번호와 보낼 문자 메시지가 입력되었으므로, 이 번호로 해당 문자메시지를 보내도록 하겠다. [Screen1] – [문자_메시지1]을 선택 후 호출 문자_메시지1 .메시지 보내기 블록을 선택하여 다음과 같이 배치한다.

언제 문자보내기버튼 .클릭
실행 지정하기 문자_메시지1 . 전화번호 값 전화번호출력창 . 텍스트
지정하기 문자_메시지1 . 메시지 값 송신부텍스트 . 텍스트
호출 문자_메시지1 .메시지 보내기

▸▸ [그림 6-22] 문자메시지 컴포넌트의 메시지 보내기 블록 호출 배치하기

## STEP 03 상대방으로부터 문자메시지를 받았을 때 [수신부레이블]에 받은 문자 출력하기

- 이번에는 상대방으로부터 문자메시지를 수신했을 때의 이벤트를 처리하는 블록을 작성해보자. 문자메시지를 받으면 [수신부레이블]에 받은 문자메시지의 텍스트를 출력하는 것이다.
- [Screen1] – [문자_메시지1]을 마우스로 선택하면 [뷰어]창에 여러 가지 블록들이 나타난다.
- 여러 블록 중에 우리는 문자메시지를 받은 후의 이벤트를 처리할 것이므로 언제 문자_메시지1 .메시지 받음 전화번호 메시지 텍스트 실행 블록을 선택하여 [뷰어]로 끌어다 놓는다.

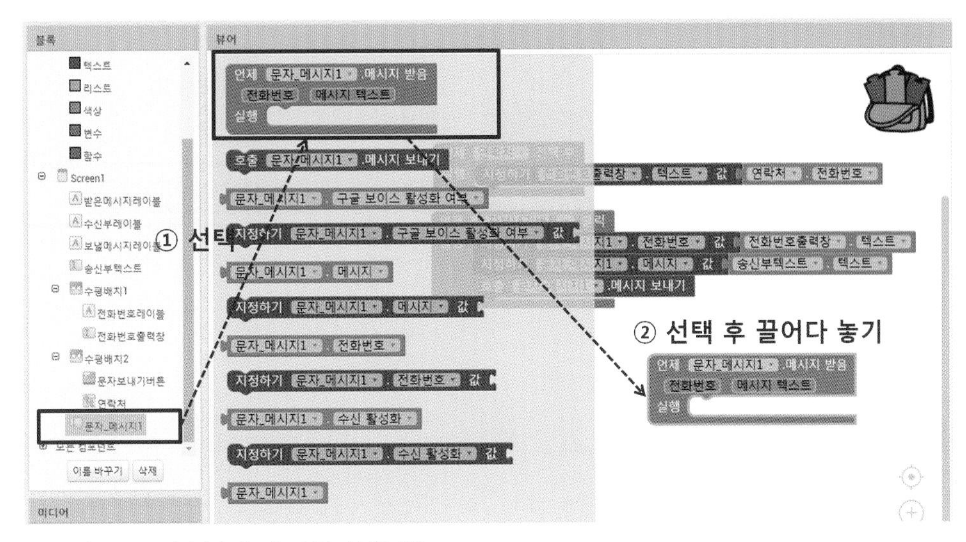


▸▸ [그림 6-23] 문자메시지 컴포넌트 클릭 시 블록 배치

- 문자메시지를 받았을 때 받은 메시지를 [수신부레이블]에 출력해야 하므로, [Screen1] – [수신부레이블]을 선택한 후 나타나는 블록 중에 지정하기 수신부레이블 . 텍스트 값 을 선택 후 뷰어로 드래그하여 다음과 같이 배치한다.

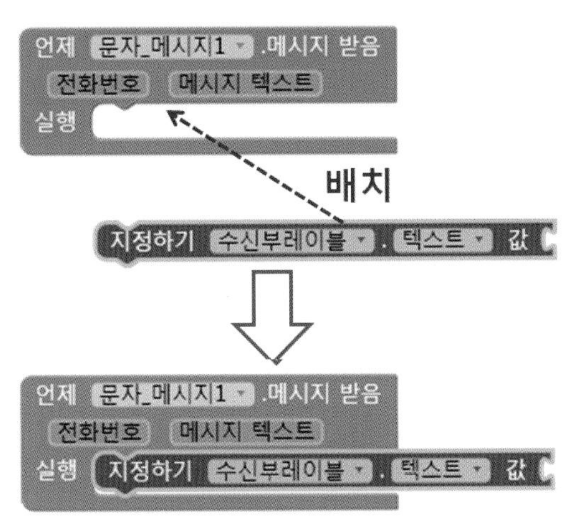


▸▸ [그림 6-24] 수신부레이블 선택 후 텍스트값 블록 배치하기

- [문자메시지] 컴포넌트를 통해 실제로 수신한 문자 메시지의 텍스트를 가져와서 출력해야 하므로, 다음과 같이 블록의 [메시지 텍스트]를 통해 수신한 문자 텍스트를 가져온다.

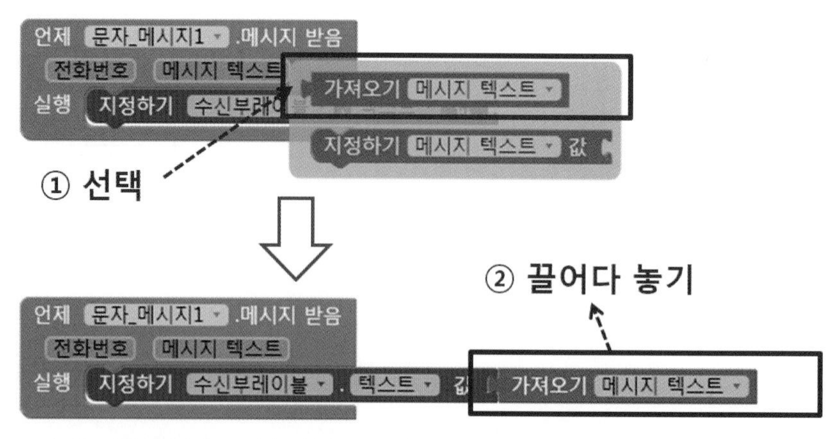


[그림 6-25] 메시지 텍스트 가져오기 블록 배치하기

##  실행해보기

컴포넌트 디자인 및 블록 코딩이 모두 끝났다. 이제 내가 구현한 앱을 스마트폰 상에서 구동할 수 있도록 실행해 보자. 안드로이드 스마트폰 기기 또는 스마트폰이 없는 경우에는 에뮬레이터를 통해 실행 결과를 확인해 보도록 하자.

### STEP 01 [연결] – [AI 컴패니언] 메뉴 선택

- 프로젝트에서 [연결] 메뉴의 [AI 컴패니언]을 선택한다.

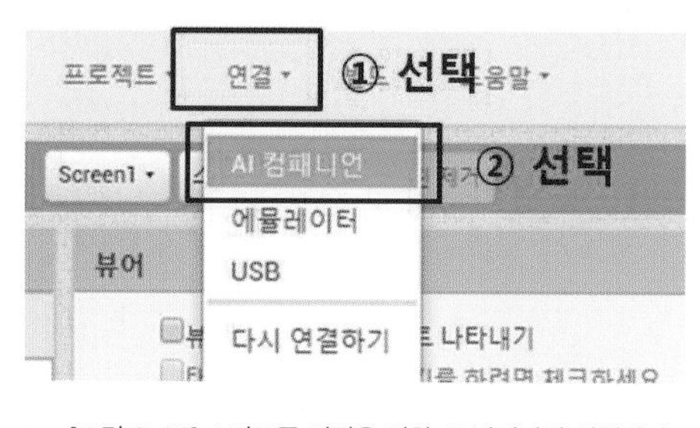


[그림 6-26] 스마트폰 연결을 위한 AI 컴패니언 실행하기

- 컴패니언에 연결하기 위한 QR 코드가 화면에 나타난다.

[그림 6-27] 컴패니언에 연결하기 위한 QR 코드

이번에는 안드로이드 기반의 스마트폰으로 가서 앞서 설치한 MIT AI2 Companion 앱을 실행하도록 하자.

### STEP 02 폰에서 MIT AI2 Companion 앱 실행하여 QR 코드 찍기

- 안드로이드 폰 기기에서 "MIT AI2 Companion" 앱을 실행한다.

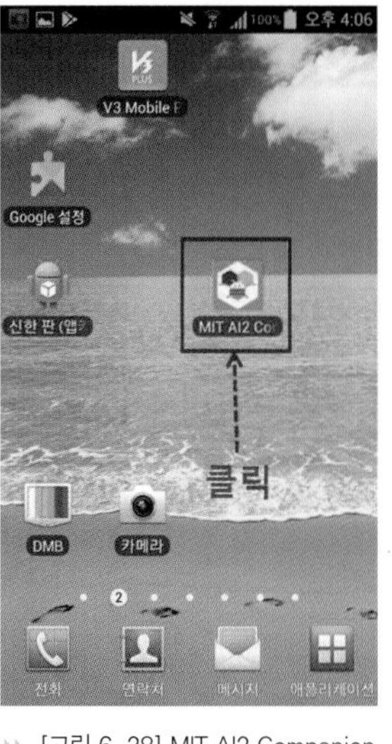


[그림 6-28] MIT AI2 Companion 앱 실행

- 앱 메뉴 중 아래쪽의 "scan QR code" 메뉴를 선택한다.

[그림 6-29] scan QR code 메뉴 선택

- QR 코드를 찍기 위한 카메라 모드가 동작하면 컴퓨터 화면에 나타난 QR 코드에 갖다 댄다.

[그림 6-30] QR 코드 스캔 중

### STEP 03 연락처를 선택한 후, 선택한 사람의 전화번호로 문자메시지 보내기

- QR 코드가 찍히고 나면 폰 화면에 다음과 같이 우리가 만든 실행 결과로써의 앱이 나타난다.
- 먼저 연락처 버튼을 클릭하여 원하는 사람의 연락처를 선택한다.

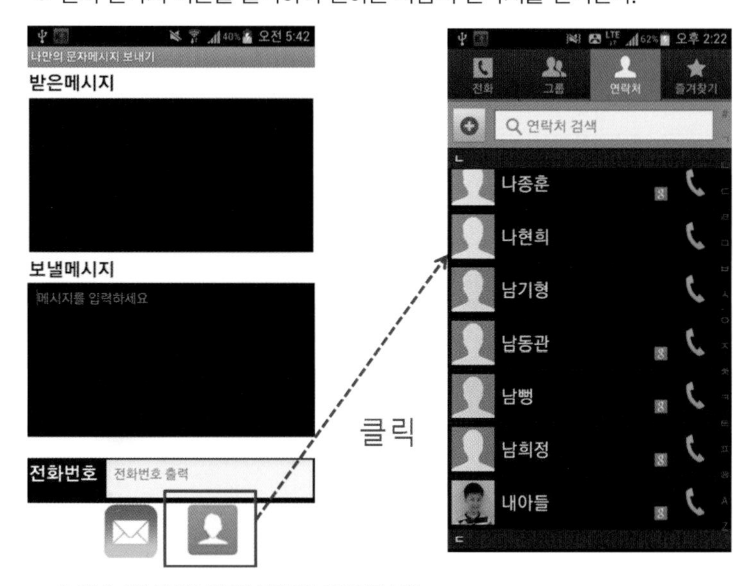


[그림 6-31] 연락처 버튼을 클릭하여 연락처를 선택

- 보낼메시지를 작성하고 [문자보내기]버튼을 클릭하여 선택한 사람에게 문자를 보낸다.
- 상대방으로 받은 메시지가 수신부에 출력되는 것을 확인한다.

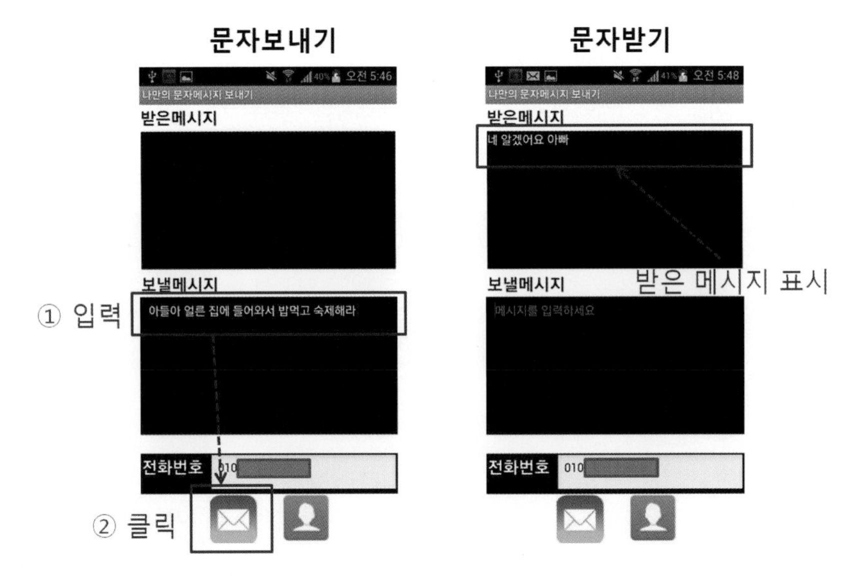


▸▸ [그림 6-32] 문자메시지 버튼 클릭하여 선택한 사람에게 문자보내기

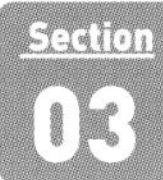

# Section 03 전체 프로그램 한 눈에 보기

앞서 컴포넌트 배치부터 블록 코딩까지 순차적으로 진행하였다. 이를 한 눈에 확인해봄으로써 내가 배치한 UI 및 블록 코딩이 틀린 점은 없는지 비교해보고, 이 단원을 정리해 보도록 한다.

## 전체 컴포넌트 UI

뷰어
뷰어에 숨겨진 컴포넌트 나타내기
태블릿 크기로 미리보기를 하려면 체크하세요
9:48
나만의 문자메시지 어플리케이션
받은 메시지
보낼 메시지
전화번호
보이지 않는 컴포넌트
문자_메시지1
컴포넌트
Screen1
받은메시지레이블
수신부레이블
보낼메시지레이블
송신부텍스트
수평배치1
전화번호레이블
전화번호출력창
수평배치2
문자보내기버튼
연락처
문자_메시지1
이름 바꾸기
삭제
미디어
address.PNG
sms.PNG
파일 올리기 ...


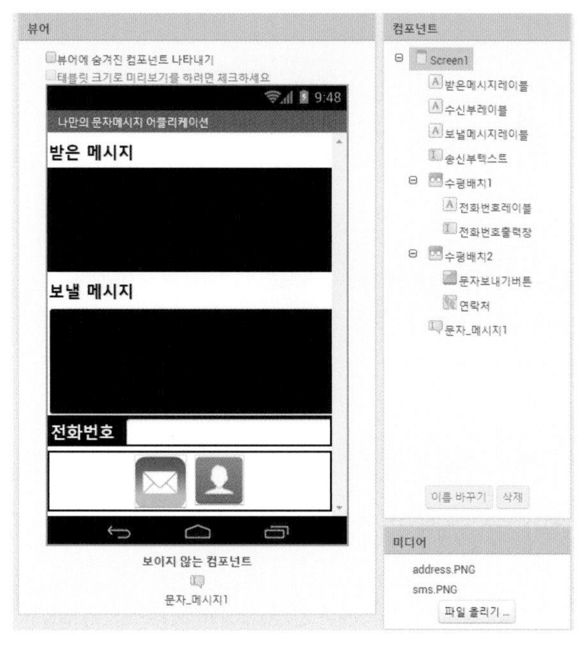

[그림 6-33] 전체 컴포넌트 디자이너

## 전체 블록 코딩

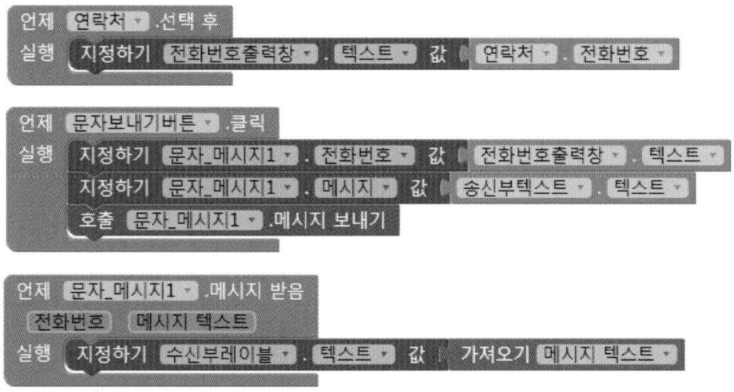

언제 연락처 .선택 후
실행 지정하기 전화번호출력창 . 텍스트 값 연락처 . 전화번호
언제 문자보내기버튼 .클릭
실행 지정하기 문자_메시지1 . 전화번호 값 전화번호출력창 . 텍스트
지정하기 문자_메시지1 . 메시지 값 송신부텍스트 . 텍스트
호출 문자_메시지1 .메시지 보내기
언제 문자_메시지1 .메시지 받음
전화번호 메시지 텍스트
실행 지정하기 수신부레이블 . 텍스트 값 가져오기 메시지 텍스트


[그림 6-34] 전체 컴포넌트 블록

# 나만의 미디어 플레이어 만들기

우리가 하루에 사용하는 스마트폰의 기능 중 가장 많이 사용하는 것 중에 하나가 바로 음악을 듣거나 영상을 보는 것일 것이다. 스마트폰이 생기기 전의 과거에는 mp3 플레이어나 PMP와 같은 기기들을 통해서 음악을 듣거나 영화 및 드라마를 보곤 하였다. 하지만, 지금은 스마트폰을 통해서 음악과 영상을 모두 볼 수 있게 되었다. 이번 시간에는 앱인벤터를 이용하여 mp3 음악 파일을 재생할 수 있는 간단한 플레이어를 만들어보도록 한다.

Section 01

## 무엇을 만들 것인가?

- [목록 뷰]에 등록되어 있는 음악 파일 중에 한 개를 선택한다.
- [재생버튼]을 클릭하면 선택한 음악이 재생된다.
- [일시정지버튼] 버튼을 클릭하면 재생되고 있는 음악이 일시정지된다.
- [정지버튼]을 클릭하면 재생되고 있는 음악이 정지된다.

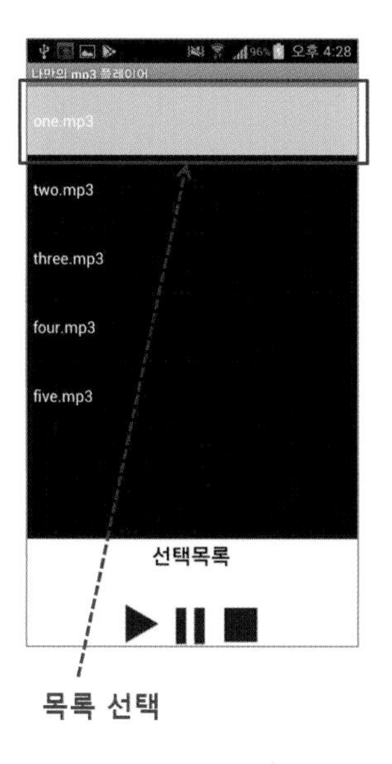


목록 선택

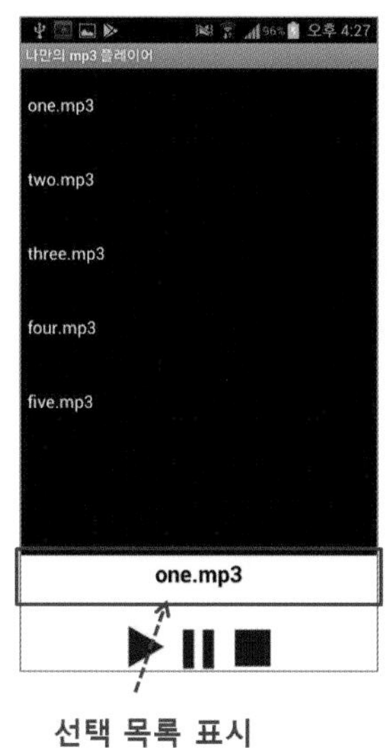


선택 목록 표시

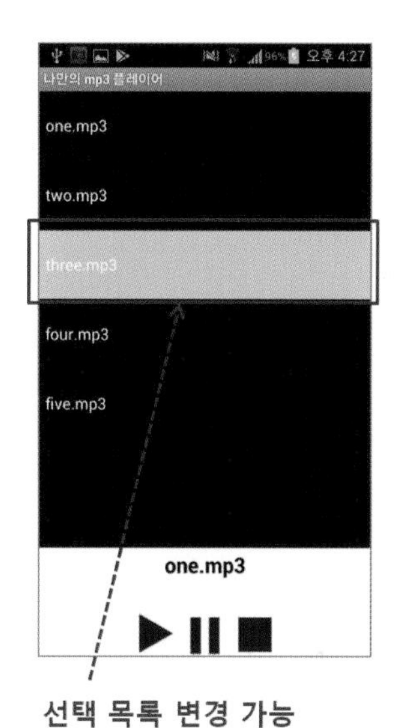


선택 목록 변경 가능

선택 목록 재생

선택 목록 일시정지

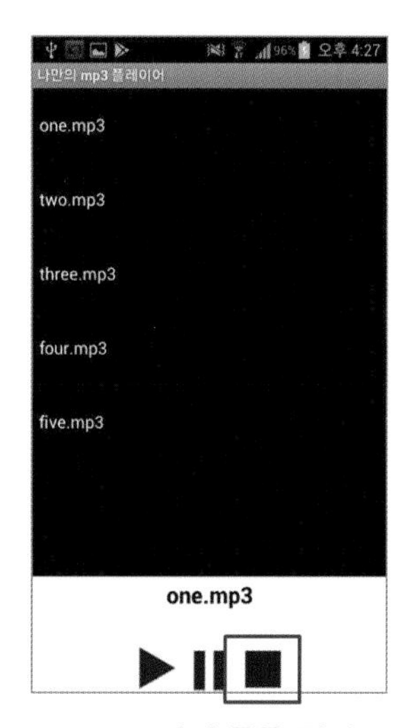


선택 목록 정지

[그림 7-1] 나만의 미디어 플레이어 어플리케이션 실행 화면

## 사용할 컴포넌트 및 블록

[표7-1]는 예제에서 배치할 팔레트 컴포넌트 종류들이다.

| 팔레트 그룹 | 컴포넌트 종류 | 기능 |
|---|---|---|
| 사용자 인터페이스 | 목록 뷰 | 음악 목록을 보여주기 위해 사용한다. |
| 사용자 인터페이스 | 버튼 | 플레이어의 재생, 일시정지, 정지 기능을 위해 사용한다. |
| 미디어 | 플레이어 | 보이지 않는 컴포넌트로 플레이어 관련된 이벤트 및 기능들을 제공한다. |
| 레이아웃 | 수평배치 | 여러 컴포넌트들을 수평정렬 시킨다. |

[표7-1] 예제에서 사용한 팔레트 목록

[표7-2]는 예제에서 사용할 주요 블록들이다.

| 컴포넌트 | 블록 | 기능 |
|---|---|---|
| 목록 뷰 | 언제 음악목록 .선택 후<br>실행 | 사용자가 음악 목록을 선택한 후에 처리하는 이벤트이다. |
| 버튼 | 언제 재생버튼 .클릭<br>실행 | 재생버튼을 클릭하면 음악이 재생할 수 있도록 처리하는 이벤트이다. |
| | 언제 일시정지버튼 .클릭<br>실행 | 일시정지버튼을 클릭하면 음악이 일시정지할 수 있도록 처리하는 이벤트이다. |
| | 언제 정지버튼 .클릭<br>실행 | 정지버튼을 클릭하면 음악이 정지할 수 있도록 처리하는 이벤트이다. |
| 플레이어 | 호출 플레이어1 .시작 | 음악을 재생시키는 모듈이다. |
| | 호출 플레이어1 .일시정지 | 음악을 일시정지시키는 모듈이다. |
| | 호출 플레이어1 .정지 | 음악을 정지시키는 모듈이다. |

[표7-2] 예제에서 사용한 블록 목록

Section 02

## 프로젝트 만들기

먼저 프로젝트를 만들어보도록 하자. 앱인벤터 웹사이트(http://ai2.appinventor.mit.edu/)에 접속한다.

**STEP 01** **새 프로젝트 시작하기 선택**

- [프로젝트] 메뉴에서 [새 프로젝트 시작하기...]를 선택한다.

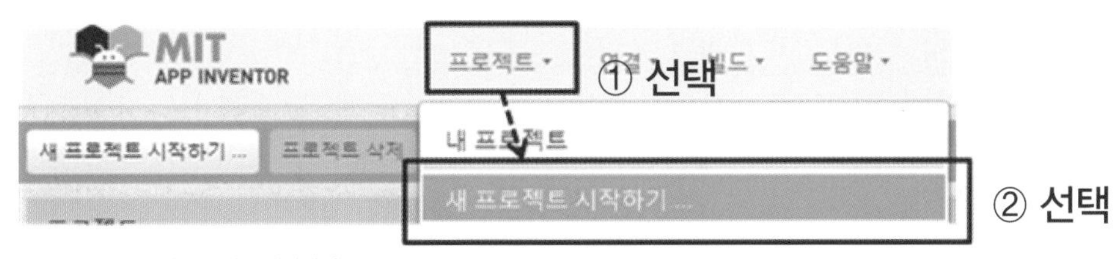


[그림 7-2] 새 프로젝트 시작하기

**STEP 02** **프로젝트 이름 입력 및 확인**

- [프로젝트 이름]을 “MyMediaPlayer”이라고 입력하고 [확인] 버튼을 누른다.

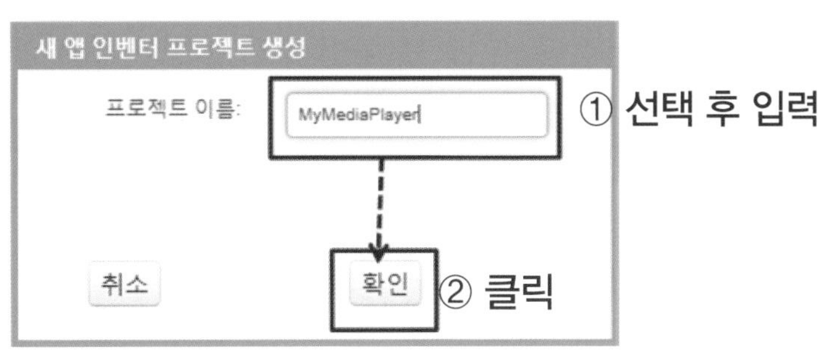


[그림 7-3] 프로젝트 이름 입력하기

## 컴포넌트 디자인하기

프로젝트상에 컴포넌트 UI를 배치해보도록 하자. 이번 장의 예제에서는 [목록 뷰] 컴포넌트와 같은 리스트 형태의 블록을 통해 음악 목록을 표현해보고, [플레이어]와 같은 컴포넌트를 배치함으로써 실질적인 미디어 플레이어의 기능을 사용해보도록 한다. 그 외 나머지 [버튼], [레이블]과 같은 컴포넌트들은 앞 장에서 사용했던 기능과 크게 다른 점은 없다. 다음과 같이 [뷰어]에 컴포넌트를 배치하도록 하자.

### STEP 01 목록 뷰 컴포넌트와 선택목록레이블 배치하기

- [사용자 인터페이스] – [목록 뷰]와 [레이블] 컴포넌트를 각각 마우스로 선택한 후 [뷰어] – [Screen1] 영역으로 드래그하여 끌어다 놓는다.

▸▸ [그림 7-4] 뷰어에 목록 뷰와 레이블 끌어다 놓기

- [목록_뷰1]의 속성을 다음과 같이 변경한다.

| 속성 | 변경할 속성값 |
|---|---|
| 목록 문자열 | one.mp3, two.mp3, three.mp3, four.mp3, five.mp3 |
| 높이 | 부모에 맞추기 |
| 너비 | 부모에 맞추기 |
| 텍스트 크기 | 30 |

▸▸ [표7-3] 목록_뷰1의 속성값 변경

● 이번에는 [레이블1]의 속성을 다음과 같이 변경한다.

| 속성 | 변경할 속성값 |
|---|---|
| 텍스트 | 선택목록 |
| 글꼴 굵게 | 체크 |
| 글꼴 크기 | 20 |
| 텍스트 정렬 | 가운데 |
| 너비 | 부모에 맞추기 |

▸▸ [표7-4] 레이블1의 속성값 변경

● 이번에는 배치한 [목록_뷰1]과 [레이블1]의 이름을 바꾸어보자.

▸▸ [그림 7-5] 컴포넌트들의 이름 바꾸기

| 컴포넌트 | 새 이름 |
|---|---|
| 목록_뷰1 | 음악목록 |
| 레이블1 | 선택목록레이블 |

▸▸ [표7-5] 컴포넌트들의 이름 바꾸기

## STEP 02 재생버튼, 일시정지버튼, 정지버튼 및 수평배치 컴포넌트 배치하기

- [사용자 인터페이스] – [버튼]을 마우스로 선택한 후 [뷰어] – [Screen1] 영역으로 드래그하여 끌어다 놓는다. 이 때 끌어다 놓는 위치는 앞서 배치한 [선택목록레이블] 컴포넌트의 아래쪽으로 한다.
- 같은 방식으로 [버튼]을 2개 더 아래쪽에 추가 배치한다.
- 이번에는 [레이아웃] – [수평배치]를 마우스로 선택한 후 [뷰어] – [Screen1] 영역으로 드래그하여 끌어다 놓는다. 앞서 배치한 [버튼1 텍스트], [버튼2 텍스트], [버튼3 텍스트]를 [수평배치] 안에 집어넣어 수평정렬이 되도록 만든다.

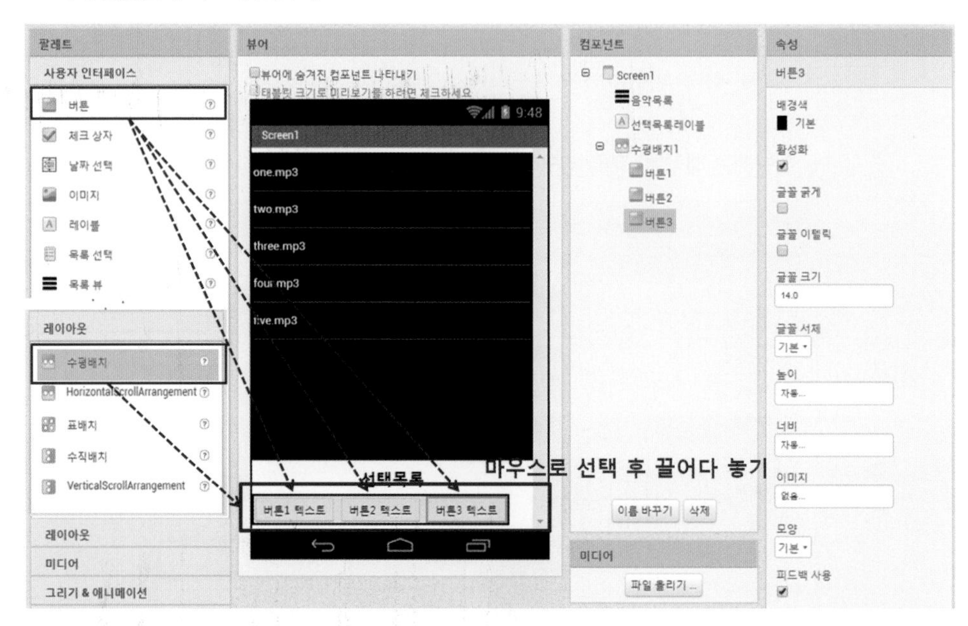


▶▶ [그림 7-6] 뷰어에 3개의 버튼을 배치하고 수평배치에 끌어다 놓기

- [버튼]의 속성을 다음과 같이 변경한다.

[버튼1 텍스트]

| 속성 | 변경할 속성값 |
|---|---|
| 이미지 | play.png |
| 텍스트 | (비움) |

▶▶ [표7-6] 버튼1 텍스트의 속성값 변경

[버튼2 텍스트]

| 속성 | 변경할 속성값 |
|---|---|
| 이미지 | pause.png |
| 텍스트 | (비움) |

▶▶ [표7-7] 버튼2 텍스트의 속성값 변경

[버튼3 텍스트]

| 속성 | 변경할 속성값 |
| --- | --- |
| 이미지 | stop.png |
| 텍스트 | (비움) |

▶▶ [표7-8] 버튼3 텍스트의 속성값 변경

● [수평배치1]의 속성을 다음과 같이 변경한다.

| 속성 | 변경할 속성값 |
| --- | --- |
| 수평 정렬 | 중앙 |
| 배경색 | 흰색 |
| 너비 | 부모에 맞추기 |

▶▶ [표7-9] 수평배치1의 속성값 변경

● 이번에는 [버튼1 텍스트], [버튼2 텍스트], [버튼3 텍스트] [수평배치1]의 이름을 바꾸어보자. 다음과 같이 각 컴포넌트들을 선택하고 [이름 바꾸기] 버튼을 클릭하여 이름을 변경해보자.

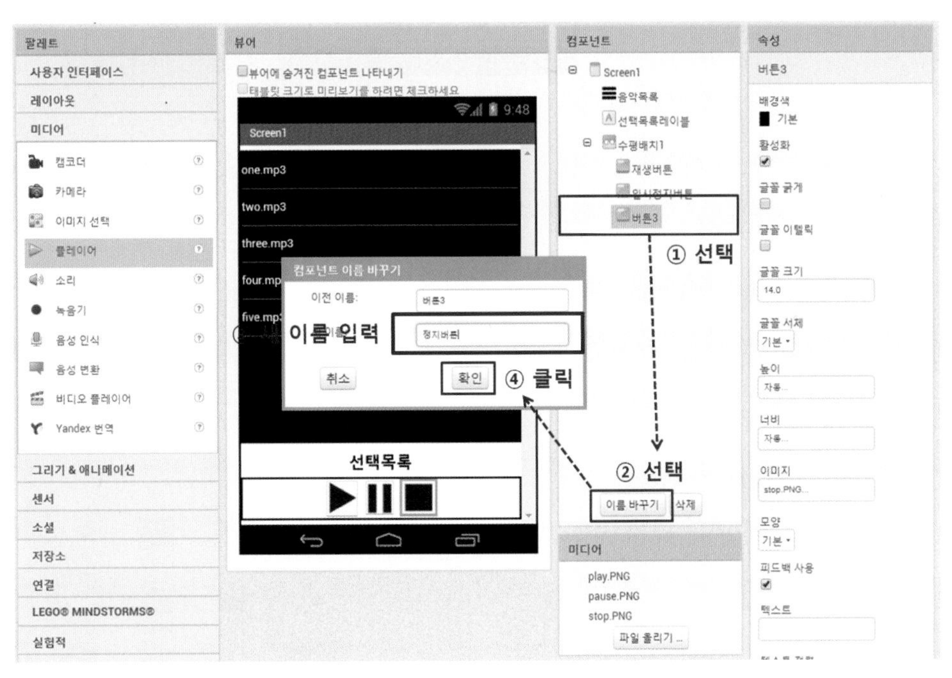


▶▶ [그림 7-7] 버튼 컴포넌트의 이름 바꾸기

| 컴포넌트 | 새 이름 |
| --- | --- |
| 버튼1 텍스트 | 재생버튼 |
| 버튼2 텍스트 | 일시정지버튼 |
| 버튼3 텍스트 | 정지버튼 |

▶▶ [표7-10] 버튼 컴포넌트의 이름 바꾸기

## STEP 03 플레이어 컴포넌트 배치하고, mp3 파일 올리기

- 이제 외적으로 보이는 UI 컴포넌트들의 배치는 끝났다. 이제 플레이어의 실질적인 기능을 제공하는 보이지 않는 컴포넌트인 [플레이어] 컴포넌트를 배치해보도록 하겠다.
- [미디어] – [플레이어]를 마우스로 선택하고, [뷰어]에 끌어다 놓는다. [플레이어] 컴포넌트는 기본적인 속성을 그대로 사용하면 되므로, 별도의 속성 설정이 필요 없다.

▶▶ [그림 7-8] 플레이어 컴포넌트 배치하기

- 음악을 재생하려면 실제로 재생할 mp3 음악 파일이 있어야 한다. 다음의 [미디어] – [파일 올리기]를 선택하여 준비한 mp3 파일을 로딩하도록 한다. 선택할 파일 목록은 one.mp3, two.mp3, three.mp3, four.mp3, five.mp3 이다. 파일 한 개씩 올리도록 한다.

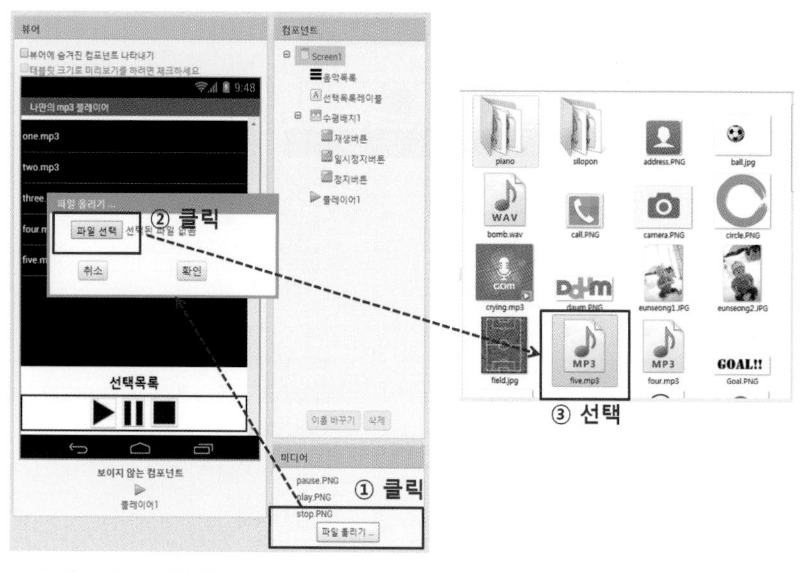


▶▶ [그림 7-9] mp3 파일 올리기

● mp3 파일이 모두 잘 올라갔는지 [미디어]에서 다음과 같이 확인하도록 한다.

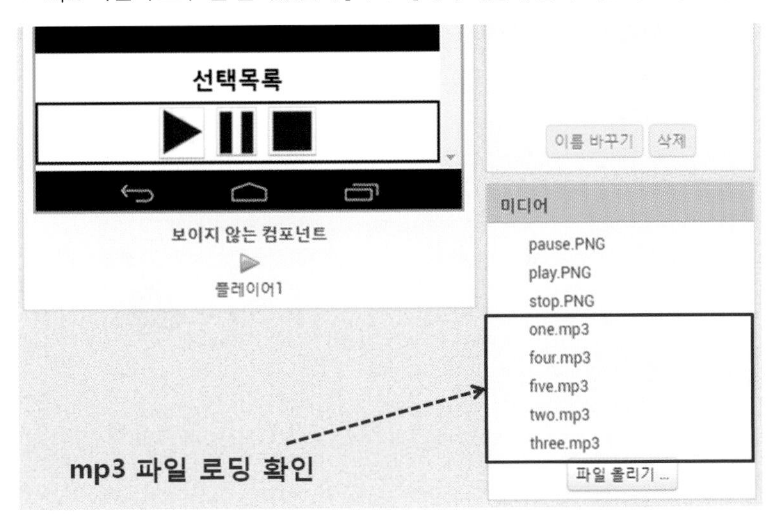


▸▸ [그림 7-10] 올린 mp3 파일 목록 확인하기

## STEP 04 어플리케이션 제목 설정하기

● 마지막으로 이 어플리케이션의 제목을 설정하도록 하겠다. [Screen1]을 선택하고 [속성] – [제목]에 "나만의 mp3 플레이어"이라고 작성하자.

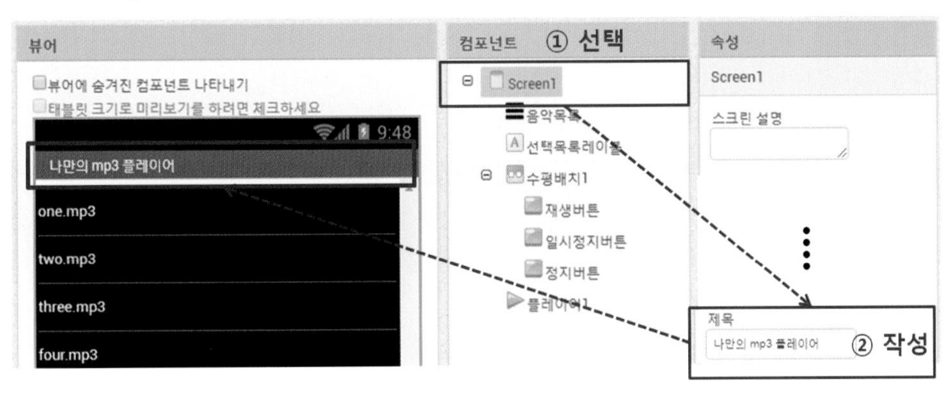


▸▸ [그림 7-11] 제목 작성하기

# 블록코딩하기

[버튼], [목록 뷰], [플레이어] 등의 컴포넌트들이 배치되었다. 이제 컴포넌트들이 동작할 수 있도록 블록 코딩을 해보도록 할 것이다. 먼저 앱인벤터 화면의 가장 오른쪽 끝에 [블록] 메뉴를 선택하도록 하자.

▸▸ [그림 7-12] 블록 화면으로 전환하기

**STEP 01** **[음악목록] 선택 후 이벤트 처리하기**

- 어플리케이션을 수행 후 가장 먼저 해야 할 것은 [음악목록]에서 재생할 음악을 선택하는 일이다.
- [블록]–[Screen1]–[음악목록]을 마우스로 선택하면 [뷰어]창에 여러 가지 블록들이 나타난다.
- [음악목록]을 선택한 후의 이벤트 처리를 할 것이므로 [언제 음악목록 .선택 후 실행] 블록을 선택한 후 [뷰어]에 끌어다 놓는다.

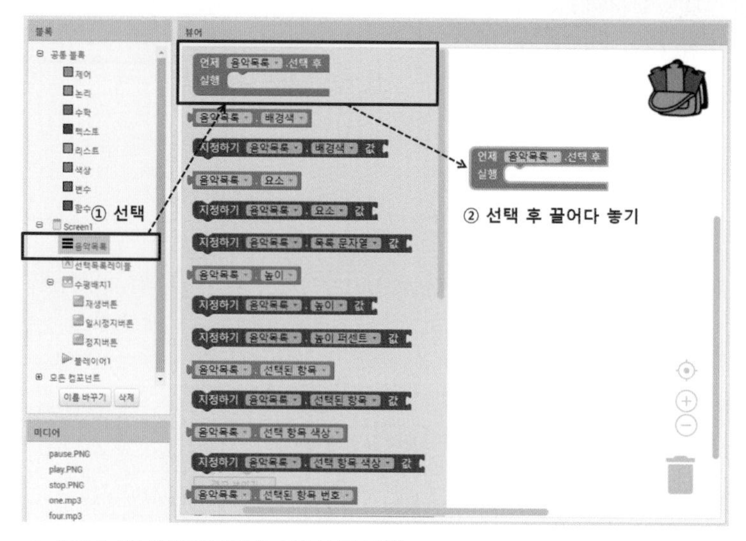


▸▸ [그림 7-13] 음악목록 컴포넌트 클릭 시 블록 배치

- [음악목록]에서 항목 선택 이벤트가 발생하면 선택한 음악 항목이 [선택목록레이블]에 출력되도록 해야 한다. [Screen1] – [선택목록레이블]을 선택하면 관련 여러 블록들이 나타나는데, 우리는 선택 항목을 레이블에 출력하고 싶은 것이기 때문에, 지정하기 선택목록레이블 . 텍스트 값 블록을 선택하여 다음과 같이 배치한다.

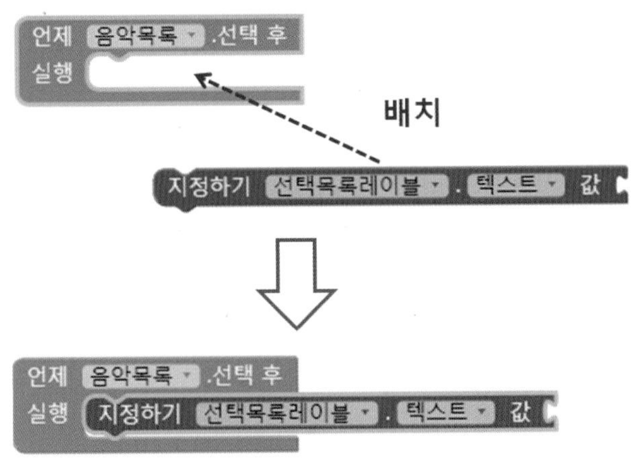


언제 음악목록 .선택 후
실행 지정하기 선택목록레이블 . 텍스트 값

▸▸ [그림 7-14] 선택목록레이블의 텍스트값 블록 배치하기

- [음악목록]에서 실제로 선택한 목록을 가져와야 하므로 다시 [Screen1] – [음악목록]을 선택한 후 음악목록 . 선택된 항목 블록을 선택하여 다음과 같이 배치한다.

언제 음악목록 .선택 후
실행 지정하기 선택목록레이블 . 텍스트 값 음악목록 . 선택된 항목

▸▸ [그림 7-15] 선택목록레이블에 음악목록에서 선택한 항목 블록 배치하기

- [음악목록]에서 항목 선택 이벤트가 발생했을 때 또 한가지 처리해야 할 기능은 음악을 재생할 [플레이어] 컴포넌트에 선택 항목을 등록하는 것이다. 이번에는 [Screen1] – [플레이어1] 컴포넌트를 선택하면 관련 여러 블록들이 나타나는데, 지정하기 플레이어1 . 소스 값 블록을 선택하여 다음과 같이 배치한다.

언제 음악목록 .선택 후
실행 지정하기 선택목록레이블 . 텍스트 값 음악목록 . 선택된 항목
지정하기 플레이어1 . 소스 값

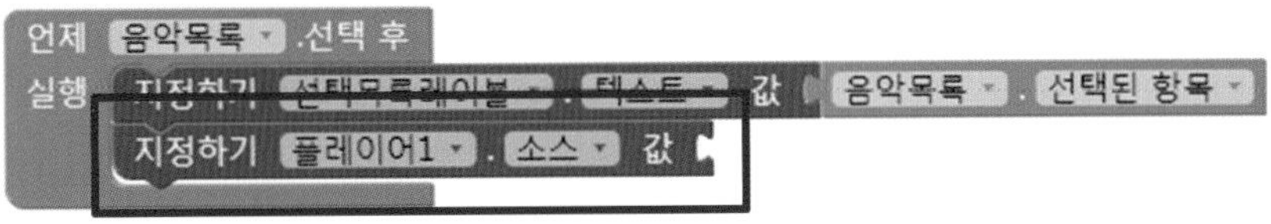

▸▸ [그림 7-16] 플레이어의 소스값 블록 배치하기

- [플레이어1]에 입력할 소스는 [음악목록]에서 실제로 선택한 목록을 가져와야 하므로 다시 [Screen1] – [음악목록]을 선택한 후 음악목록 . 선택된 항목 블록을 선택하여 다음과 같이 배치한다.

언제 음악목록 .선택 후
실행 지정하기 선택목록레이블 . 텍스트 값 음악목록 . 선택된 항목
지정하기 플레이어1 . 소스 값 음악목록 . 선택된 항목

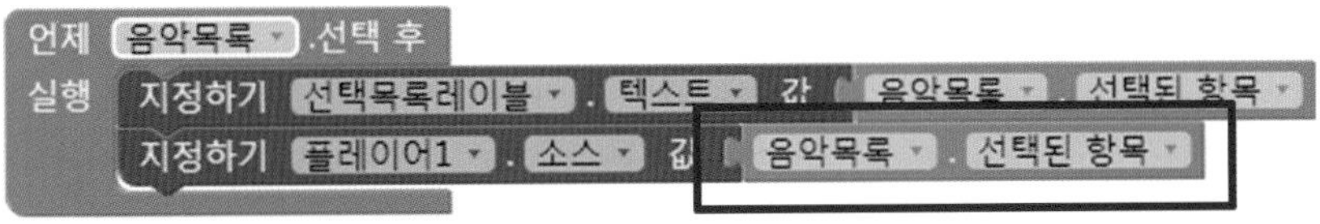

▸▸ [그림 7-17] 플레이어의 음악목록에서 선택한 항목 블록 배치하기

## STEP 02 [재생버튼] 클릭 시 이벤트 처리하기

- 앞에서 [음악목록]을 통해 선택한 음악파일 항목을 가져왔다. 지금부터는 선택한 음악파일을 재생하는 기능을 블록으로 작성해보도록 하겠다.
- [Screen1] – [수평배치1] – [재생버튼]을 선택하면 여러 블록들이 나타나는데, 우리는 [재생버튼]을 클릭했을 때 처리하는 루틴을 만들 것이므로 언제 재생버튼 .클릭 실행 블록을 선택하여 [뷰어]에 끌어다 놓는다.

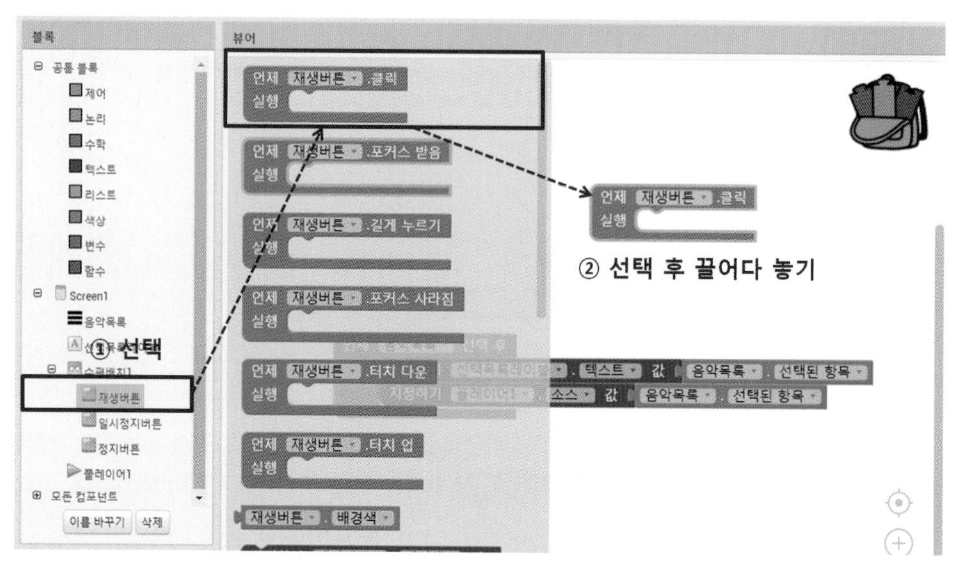

▶▶ [그림 7-18] 재생버튼 클릭 이벤트 블록 배치하기

- [재생버튼] 클릭 시 [플레이어]에 입력된 선택된 음악파일 항목을 읽어와서 실제 음악파일을 재생할 수 있도록 호출 플레이어1 .시작 블록을 호출하도록 구현한다.
- [Screen1]–[플레이어1]을 선택하면 여러 블록들이 나타나는데, 그 중에 호출 플레이어1 .시작 를 선택하여 다음과 같이 배치한다.

▶▶ [그림 7-19] 플레이어1 시작 컴포넌트 선택 후 블록 배치하기

## STEP 03 [일시정지버튼] 클릭 시 이벤트 처리하기

- 이번에는 음악을 재생하고 있는 중에 [일시정지버튼]을 클릭했을 때의 이벤트를 처리하도록 하자.
- [Screen1] – [수평배치1] – [일시정지버튼]을 선택하면 여러 블록들이 나타나는데, 우리는 [일시정지버튼]을 클릭했을 때 처리하는 루틴을 만들 것이므로 언제 일시정지버튼 .클릭 실행 블록을 선택하여 [뷰어]에 끌어다 놓는다.

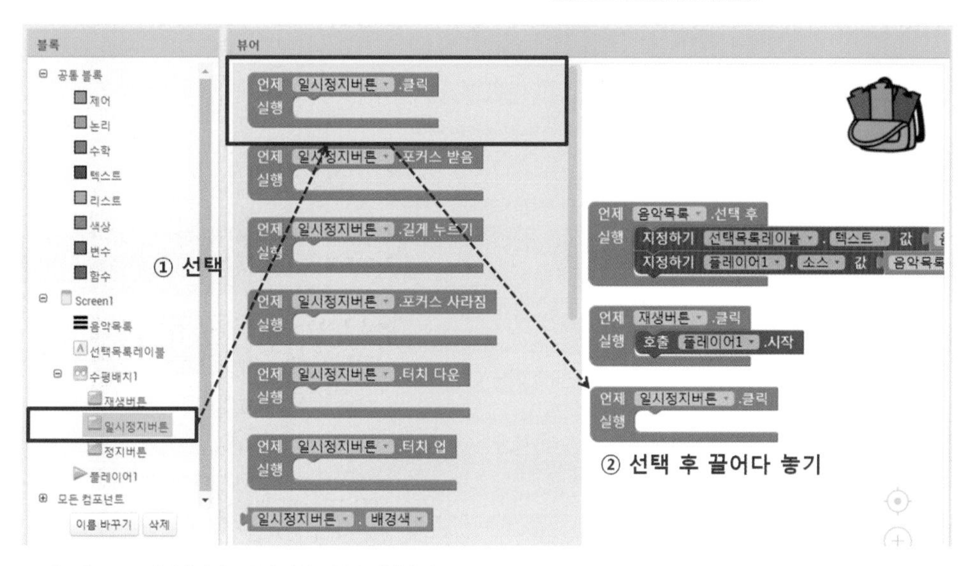


[그림 7-20] 일시정지버튼 클릭 이벤트 블록 배치하기

- [일시정지버튼] 클릭 시 재생중인 음악이 현재 위치에서 재생이 일시적으로 멈추는 기능을 할 수 있도록 호출 플레이어1 .일시정지 블록을 호출하도록 구현한다.
- [Screen1]–[플레이어1]을 선택하면 여러 블록들이 나타나는데, 그 중에 호출 플레이어1 .일시정지를 선택하여 다음과 같이 배치한다.

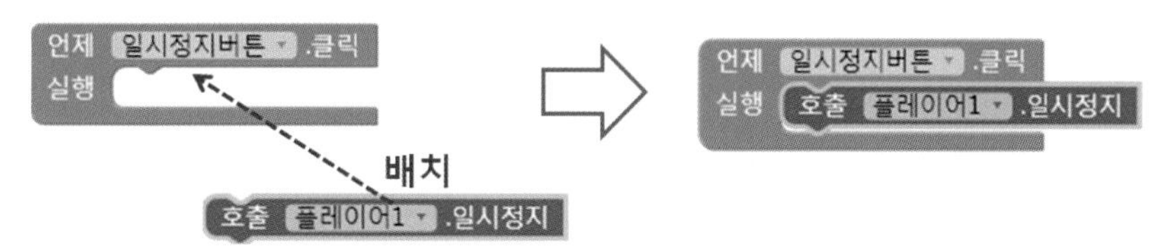


[그림 7-21] 플레이어1 일시정지 컴포넌트 선택 후 블록 배치하기

### STEP 04 [정지버튼] 클릭 시 이벤트 처리하기

- 이번에는 음악을 재생하고 있는 중에 [정지버튼]을 클릭했을 때의 이벤트를 처리하도록 하자.
- [Screen1] – [수평배치1] – [정지버튼]을 선택하면 여러 블록들이 나타나는데, 우리는 [정지버튼]을 클릭했을 때 처리하는 루틴을 만들 것이므로 언제 정지버튼 .클릭 실행 블록을 선택하여 [뷰어]에 끌어다 놓는다.

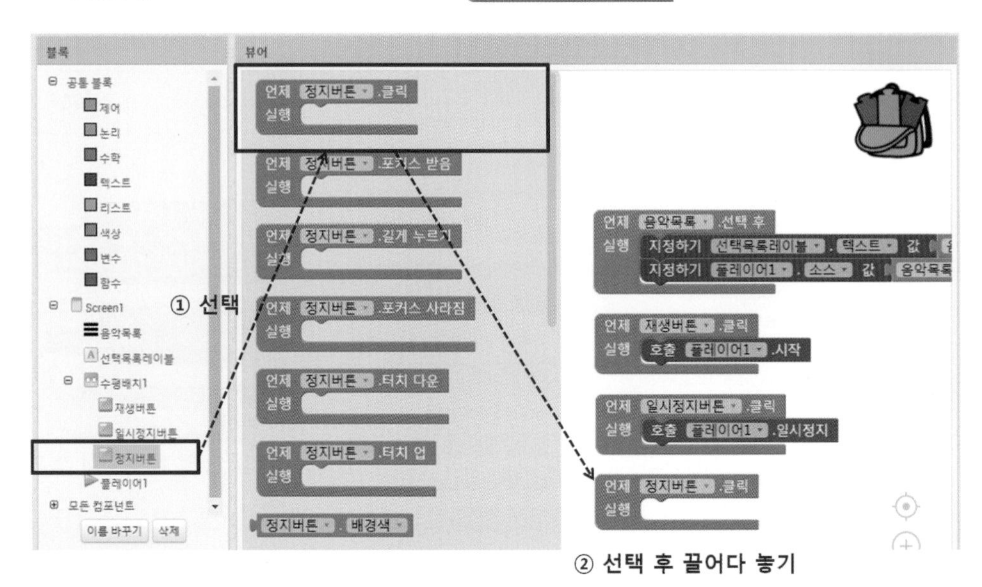


▸▸ [그림 7-22] 정지버튼 클릭 이벤트 블록 배치하기

- [정지버튼] 클릭 시 재생 중인 음악이 완전히 재생이 멈추는 기능을 할 수 있도록 호출 플레이어1 .정지 블록을 호출하도록 구현한다.
- [Screen1] – [플레이어1]을 선택하면 여러 블록들이 나타나는데, 그 중에 호출 플레이어1 .정지 를 선택하여 다음과 같이 배치한다.

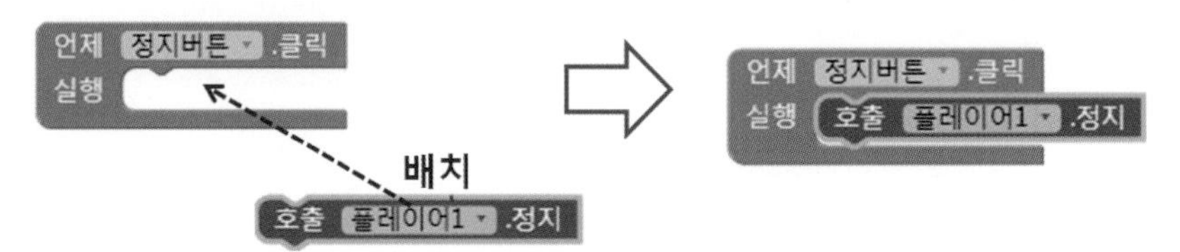


▸▸ [그림 7-23] 플레이어1 시작 컴포넌트 선택 후 블록 배치하기

## 실행해보기

컴포넌트 디자인 및 블록 코딩이 모두 끝났다. 이제 내가 구현한 앱을 스마트폰 상에서 구동할 수 있도록 실행해 보자. 안드로이드 스마트폰 기기 또는 스마트폰이 없는 경우에는 에뮬레이터를 통해 실행 결과를 확인해 보도록 하자.

**STEP 01** **[연결] – [AI 컴패니언] 메뉴 선택**

- 프로젝트에서 [연결] 메뉴의 [AI 컴패니언]을 선택한다.

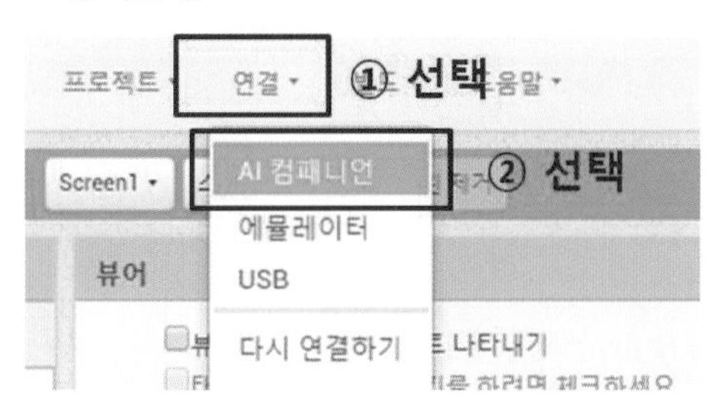


[그림 7-24] 스마트폰 연결을 위한 AI 컴패니언 실행하기

- 컴패니언에 연결하기 위한 QR 코드가 화면에 나타난다.

[그림 7-25] 컴패니언에 연결하기 위한 QR 코드

이번에는 안드로이드 기반의 스마트폰으로 가서 앞서 설치한 MIT AI2 Companion 앱을 실행하도록 하자.

**STEP 02** **폰에서 MIT AI2 Companion 앱 실행하여 QR 코드 찍기**

- 안드로이드 폰 기기에서 "MIT AI2 Companion" 앱을 실행한다.

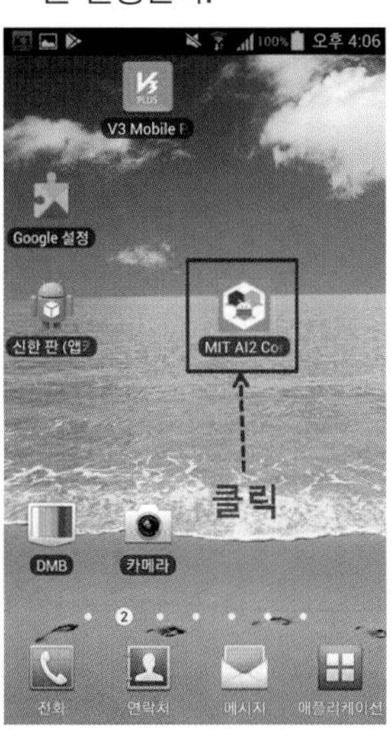


[그림 7-26] MIT AI2 Companion 앱 실행

- 앱 메뉴 중 아래쪽의 "scan QR code" 메뉴를 선택한다.

[그림 7-27] scan QR code 메뉴 선택

- QR 코드를 찍기 위한 카메라 모드가 동작하면 컴퓨터 화면에 나타난 QR 코드에 갖다 댄다.

[그림 7-28] QR 코드 스캔 중

## STEP 03 음악목록에서 곡을 선택하고, 재생, 일시정지, 정지 기능 수행하기

- QR 코드가 찍히고 나면 폰 화면에 다음과 같이 우리가 만든 실행 결과로써의 앱이 나타난다.
- 먼저 [음악목록]에서 하나의 목록을 선택한다. 선택한 목록이 [선택목록레이블]에 표시된다.

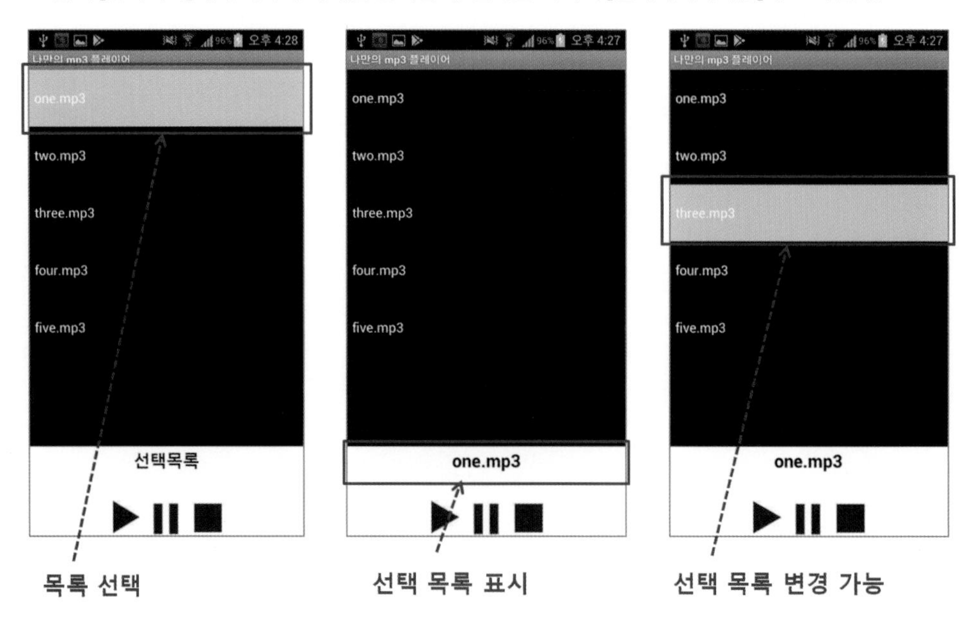


▶▶ [그림 7-29] 음악목록을 클릭하여 곡 선택

- 선택한 곡을 재생, 일시정지, 정지 기능을 수행하여 기능을 확인한다.

▶▶ [그림 7-30] 선택한 곡의 재생, 일시정지, 정지 기능 확인

Section 03

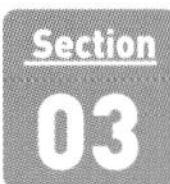

# 전체 프로그램 한 눈에 보기

앞서 컴포넌트 배치부터 블록 코딩까지 순차적으로 진행하였다. 이를 한 눈에 확인해봄으로써 내가 배치한 UI 및 블록 코딩이 틀린 점은 없는지 비교해보고, 이 단원을 정리해 보도록 한다.

## 전체 컴포넌트 UI

뷰어
뷰어에 숨겨진 컴포넌트 나타내기
9:48
나만의 mp3 플레이어
one.mp3
two.mp3
three.mp3
four.mp3
five.mp3
선택목록
보이지 않는 컴포넌트
플레이어1
컴포넌트
Screen1
음악목록
선택목록레이블
수평배치1
재생버튼
일시정지버튼
정지버튼
플레이어1
이름 바꾸기
삭제
미디어
five.mp3
four.mp3
one.mp3


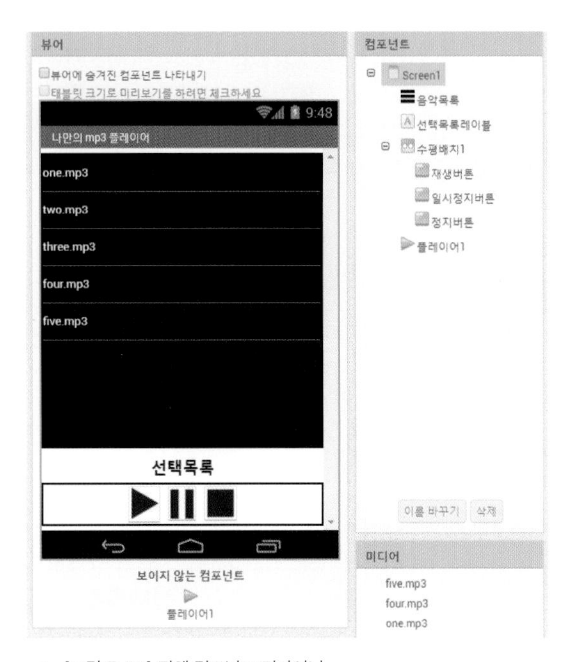

[그림 7-31] 전체 컴포넌트 디자이너

## 전체 블록 코딩

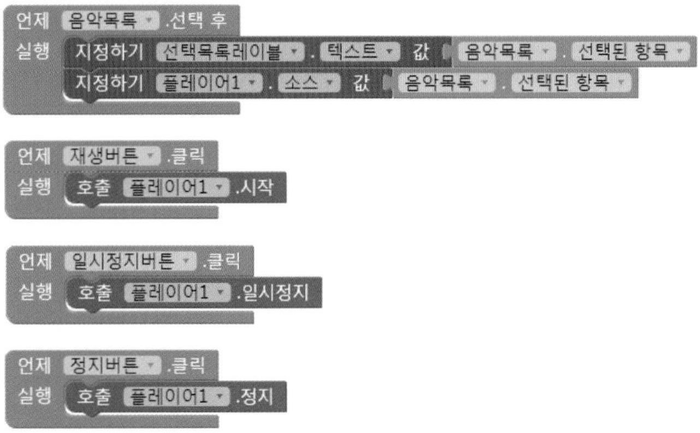

언제 음악목록 .선택 후
실행 지정하기 선택목록레이블 . 텍스트 값 음악목록 . 선택된 항목
지정하기 플레이어1 . 소스 값 음악목록 . 선택된 항목
언제 재생버튼 .클릭
실행 호출 플레이어1 .시작
언제 일시정지버튼 .클릭
실행 호출 플레이어1 .일시정지
언제 정지버튼 .클릭
실행 호출 플레이어1 .정지


[그림 7-32] 전체 컴포넌트 블록

## 생각 확장해보기

### ● 나만의 비디오 플레이어 만들기 (스스로 구현해 보자.)

이번에는 독자들이 스스로 우리가 제작한 나만의 mp3 플레이어의 기능을 조금 응용해서 mp3 플레이어가 아닌 동영상을 재생할 수 있는 [나만의 비디오 플레이어]를 만들어보자.

갑자기 비디오 플레이어를 혼자 만들어보라고 해서 가슴이 답답해질 필요는 없다. 왜냐하면 [팔레트] - [미디어] - [비디오 플레이어] 컴포넌트가 제공되는데, 비디오 재생에 관한 기능들이 모두 지원되기 때문에 구현이 전혀 어렵지 않다.

[그림 7-33] 나만의 비디오 플레이어의 디자이너 형태

여러분들이 [비디오 플레이어] 컴포넌트에 관한 이벤트 및 모듈 처리에 관해서는 앞서 mp3 플레이어에서 작성했던 방식을 응용하여 블록을 구현하도록 한다. 블록 배치 구현이 끝났다면 스마트폰을 통해 다음과 같이 수행할 수 있다.

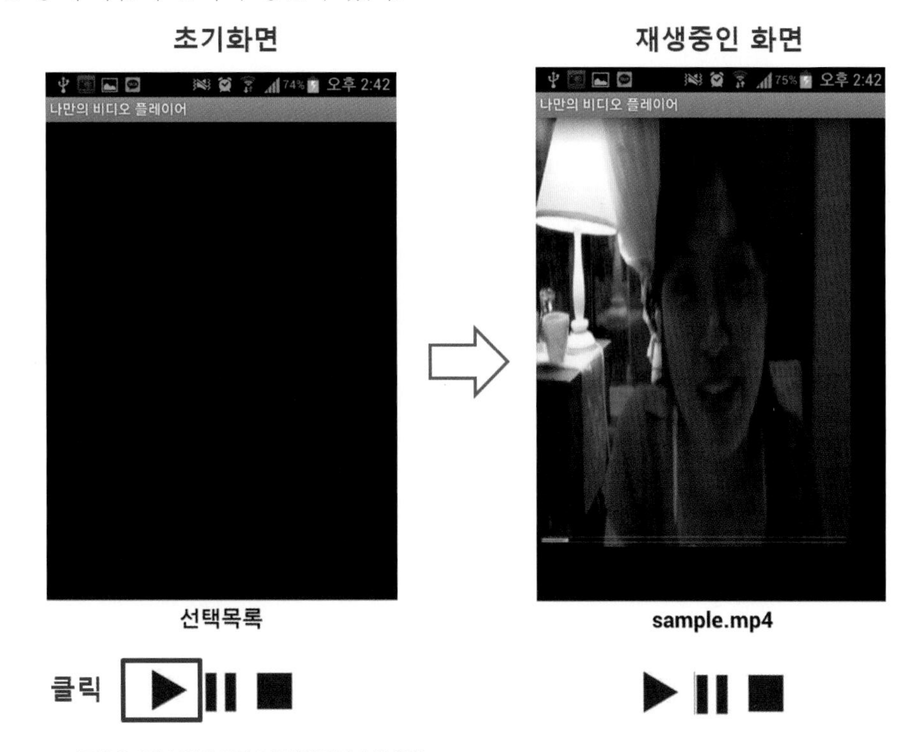


[그림 7-34] 나만의 비디오 플레이어의 수행 형태

# 너의 목소리를 보여줘

스마트폰의 기능 중에는 우리가 잘 사용하지 않거나 알지 못하는 기능들이 상당히 많다. 많은 기능이 포함되어 있다고 해도 사실상 사용하지 않으면 무용지물이다. 스마트폰의 기능 중에 우리가 잘 사용하지 않는 기능 중의 하나가 사람의 말을 알아듣고 문자로 표현해주는 [음성인식] 기능, 그리고, 사람이 작성한 문자를 스마트폰이 인식하여 대신 말해주는 [음성변환] 기능 등이 있다. 필자는 이 기능을 이용하여 무엇을 만들어볼까 고민을 많이 했는데, 우리 주변에 소통이 조금 불편한 분들을 위해 이러한 기능들이 사용되면 좋을 것 같다는 아이디어를 떠올리게 되었다. 우리가 이번 시간에 만들 어플리케이션은 청각이 불편한 분들 또는 언어가 불편한 분들이 사용하시면 유용하도록 구성하였다.

# Section 01 생각해보기

## 무엇을 만들 것인가?

- [음성인식버튼]을 클릭하고 말하면, 음성인식 모듈에 의해 문자로 바뀌어 출력된다.
- [텍스트상자]에 글자를 쓰고, [음성변환버튼]을 클릭하게 되면 입력한 글자의 내용을 스마트폰이 말해준다.

음성인식기능의 경우

음성변환기능의 경우

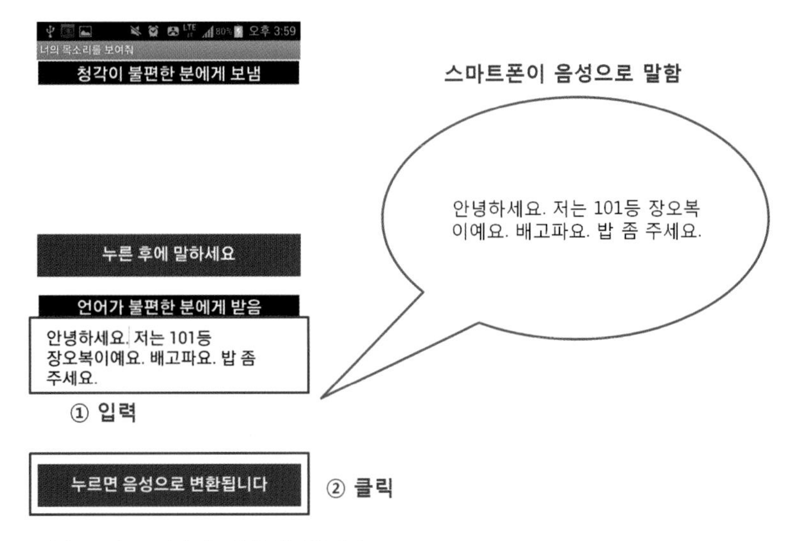


[그림 8-1] 너의 목소리를 보여줘 어플리케이션 실행 화면

# 사용할 컴포넌트 및 블록

[표8-1]는 예제에서 배치할 팔레트 컴포넌트 종류들이다.

| 팔레트 그룹 | 컴포넌트 종류 | 기능 |
|---|---|---|
| 사용자 인터페이스 | 레이블 | 음성으로 말한 내용을 문자로 출력한다. |
| 사용자 인터페이스 | 버튼 | 음성인식버튼 및 음성변환버튼으로 사용된다. |
| 사용자 인터페이스 | 텍스트 상자 | 음성변환을 위한 텍스트를 입력한다. |
| 미디어 | 음성인식 | 보이지 않는 컴포넌트로 음성을 인식하는 기능을 제공한다. |
| 레이아웃 | 음성변환 | 보이지 않는 컴포넌트로 입력한 문자를 음성으로 변환한다. |

▸▸ [표8-1] 예제에서 사용한 팔레트 목록

[표8-2]는 예제에서 사용할 주요 블록들이다.

| 컴포넌트 | 블록 | 기능 |
|---|---|---|
| 버튼 | 언제 음성인식버튼 .클릭<br>실행 | 사용자가 음성인식버튼을 클릭했을 때 처리하는 이벤트이다. |
| | 언제 음성변환버튼 .클릭<br>실행 | 사용자가 음성변환버튼을 클릭했을 때 처리하는 이벤트이다. |
| 음성변환 | 호출 음성_변환1 .말하기<br>메시지 | 텍스트 문자를 음성으로 변환하는 모듈이다. |
| 음성인식 | 언제 음성_인식1 .텍스트 가져온 후<br>결과<br>실행 | 음성을 텍스트로 가져온 후에 처리하는 이벤트이다. |
| | 호출 음성_인식1 .텍스트 가져오기 | 음성을 텍스트 문자로 변환하여 가져온다. |

▸▸ [표8-2] 예제에서 사용한 블록 목록

Section 02

# 만들어보기

## 프로젝트 만들기

먼저 프로젝트를 만들어보도록 하자. 앱인벤터 웹사이트(http://ai2.appinventor.mit.edu/)에 접속한다.

### STEP 01 새 프로젝트 시작하기 선택

- [프로젝트] 메뉴에서 [새 프로젝트 시작하기...]를 선택한다.

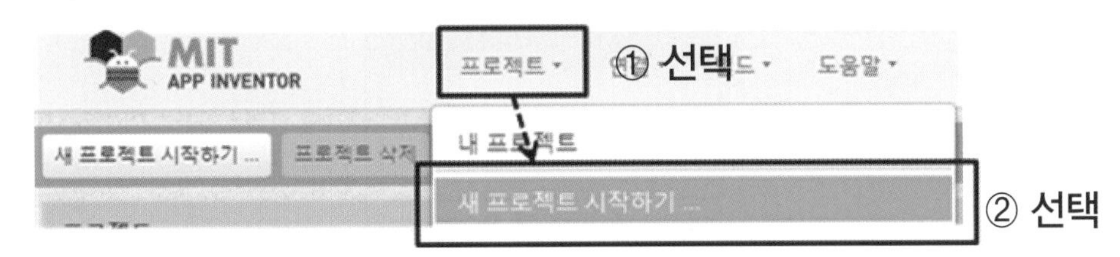


[그림 8-2] 새 프로젝트 시작하기

### STEP 02 프로젝트 이름 입력 및 확인

- [프로젝트 이름]을 "MyVoiceConversion"이라고 입력하고 [확인] 버튼을 누른다.

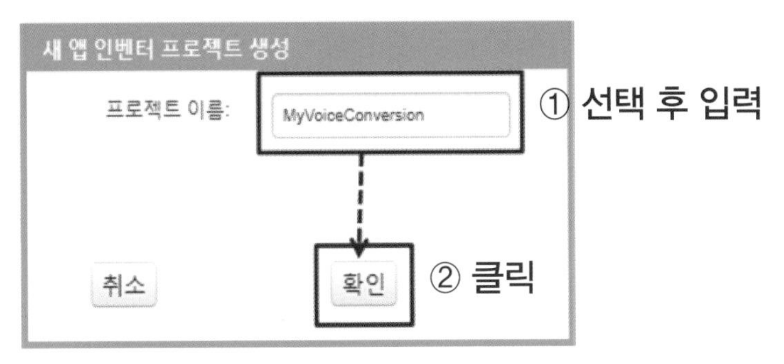


[그림 8-3] 프로젝트 이름 입력하기

# 컴포넌트 디자인하기

프로젝트상에 컴포넌트 UI를 배치해보도록 하자. 이번 장의 예제에서 배치할 핵심 컴포넌트는 보이지 않는 컴포넌트로 [음성변환]과 [음성인식] 인데 각각 텍스트 문자를 음성으로, 음성을 텍스트 문자로 변환하는 기능이다. 다음과 같이 [뷰어]에 컴포넌트들을 배치하도록 하자.

## STEP 01 레이블 및 음성인식버튼 컴포넌트 배치하기

- [사용자 인터페이스] – [레이블] 3개와 [버튼] 컴포넌트를 각각 마우스로 선택한 후 [뷰어] – [Screen1] 영역으로 드래그하여 끌어다 놓는다.

[그림 8-4] 뷰어에 레이블과 버튼 끌어다 놓기

- [레이블1]의 속성을 다음과 같이 변경한다.

| 속성 | 변경할 속성값 |
|---|---|
| 배경색 | 검정 |
| 텍스트 색상 | 흰색 |
| 글꼴 굵게 | 체크 |
| 글꼴 크기 | 20 |
| 너비 | 부모에 맞추기 |
| 텍스트 | 청각이 불편한 분에게 보냄 |
| 텍스트 정렬 | 가운데 |

[표8-3] 레이블1의 속성값 변경

- 이번에는 [레이블2]의 속성을 다음과 같이 변경한다.

| 속성 | 변경할 속성값 |
| --- | --- |
| 글꼴 굵게 | 체크 |
| 글꼴 크기 | 30 |
| 높이 | 부모에 맞추기 |
| 너비 | 부모에 맞추기 |

[표8-4] 레이블2의 속성값 변경

- 이번에는 [레이블3]의 속성을 다음과 같이 변경한다.

| 속성 | 변경할 속성값 |
| --- | --- |
| 텍스트 | (비움) |
| 높이 | 20 pixels |

[표8-5] 레이블3의 속성값 변경

- 이번에는 [버튼1]의 속성을 다음과 같이 변경한다.

| 속성 | 변경할 속성값 |
| --- | --- |
| 텍스트 | 누른 후에 말하세요 |
| 글꼴 굵게 | 체크 |
| 글꼴 크기 | 20 |
| 텍스트 정렬 | 가운데 |
| 높이 | 50 pixel |
| 너비 | 부모에 맞추기 |
| 배경색 | 회색 |
| 텍스트 색상 | 흰색 |

[표8-6] 버튼1의 속성값 변경

● 이번에는 배치한 [레이블1], [레이블2], [레이블3]과 [버튼1]의 이름을 바꾸어보자.

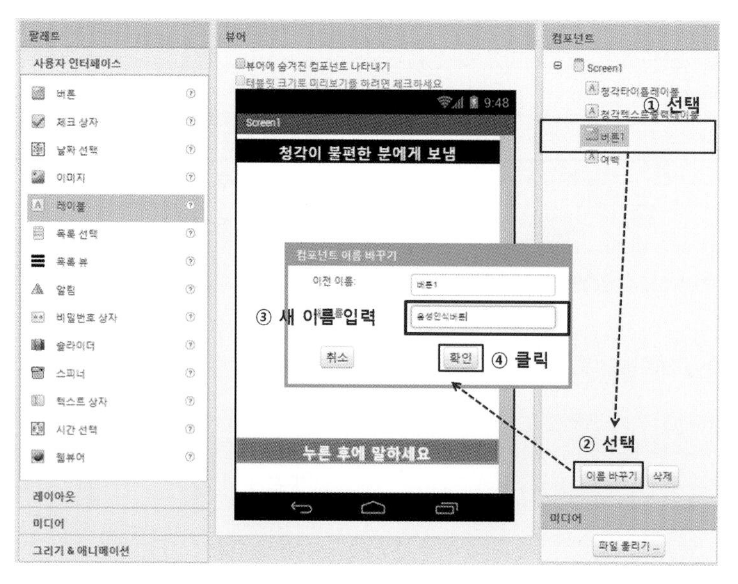


▶▶ [그림 8-5] 컴포넌트들의 이름 바꾸기

| 컴포넌트 | 새 이름 |
|---|---|
| 레이블1 | 청각타이틀레이블 |
| 레이블2 | 청각텍스트출력레이블 |
| 레이블3 | 여백 |
| 버튼1 | 음성인식버튼 |

▶▶ [표8-7] 컴포넌트들의 이름 바꾸기

## STEP 02 텍스트 상자 및 음성변환버튼 컴포넌트 배치하기

● [사용자 인터페이스] – [레이블], [텍스트 상자], [버튼]을 마우스로 선택한 후 [뷰어] – [Screen1] 영역으로 드래그하여 끌어다 놓는다. 이 때 끌어다 놓는 위치는 앞서 배치한 [여백] 컴포넌트의 아래쪽으로 한다.

▶▶ [그림 8-6] 뷰어에 레이블, 텍스트 상자, 버튼 끌어다 놓기

● [레이블1]의 속성을 다음과 같이 변경한다.

| 속성 | 변경할 속성값 |
| --- | --- |
| 배경색 | 검정 |
| 글꼴 굵게 | 체크 |
| 글꼴 크기 | 20 |
| 너비 | 부모에 맞추기 |
| 텍스트 | 언어가 불편한 분에게 받음 |
| 텍스트 정렬 | 가운데 |
| 텍스트 색상 | 흰색 |

▸▸ [표8-8] 레이블1의 속성값 변경

● [텍스트 상자1]의 속성을 다음과 같이 변경한다.

| 속성 | 변경할 속성값 |
| --- | --- |
| 글꼴 굵게 | 체크 |
| 글꼴 크기 | 20 |
| 높이 | 부모에 맞추기 |
| 너비 | 부모에 맞추기 |
| 힌트 | 여기에 입력하세요 |
| 여러 줄 | 체크 |

▸▸ [표8-9] 텍스트 상자1의 속성값 변경

● [버튼1]의 속성을 다음과 같이 변경한다.

| 속성 | 변경할 속성값 |
| --- | --- |
| 텍스트 | 누른 후에 말하세요 |
| 글꼴 굵게 | 체크 |
| 글꼴 크기 | 20 |
| 텍스트 정렬 | 가운데 |
| 높이 | 50 pixel |
| 너비 | 부모에 맞추기 |
| 배경색 | 회색 |
| 텍스트 색상 | 흰색 |

▸▸ [[표8-10] 버튼1의 속성값 변경

● 이번에는 배치한 [레이블1], [텍스트 상자1] 와 [버튼1]의 이름을 바꾸어보자.

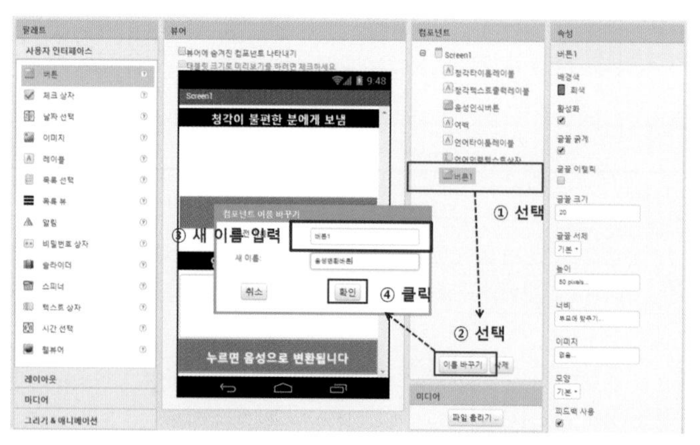


▶▶ [그림 8-7] 컴포넌트의 이름 바꾸기

| 컴포넌트 | 새 이름 |
|---|---|
| 레이블1 | 언어타이틀레이블 |
| 텍스트 상자1 | 언어입력텍스트상자 |
| 버튼1 | 음성변환버튼 |

▶▶ [표8-11] 컴포넌트의 이름 바꾸기

## STEP 03 보이지 않는 컴포넌트인 음성인식과 음성변환 배치하기

● 이제 외적으로 보이는 UI 컴포넌트들의 배치는 끝났다. 이제 음성인식과 음성변환의 실질적인 기능을 제공하는 보이지 않는 컴포넌트인 [음성인식]과 [음성변환] 컴포넌트를 배치해보도록 하겠다.

● [미디어] – [음성인식]을 마우스로 선택하고, [뷰어]에 끌어다 놓는다. [음성인식] 컴포넌트는 기본적인 속성을 그대로 사용하면 되므로, 별도의 속성 설정이 필요 없다.

● [미디어] – [음성변환]을 마우스로 선택하고, [뷰어]에 끌어다 놓는다. [음성변환] 컴포넌트는 기본적인 속성을 그대로 사용하면 되므로, 별도의 속성 설정이 필요 없다

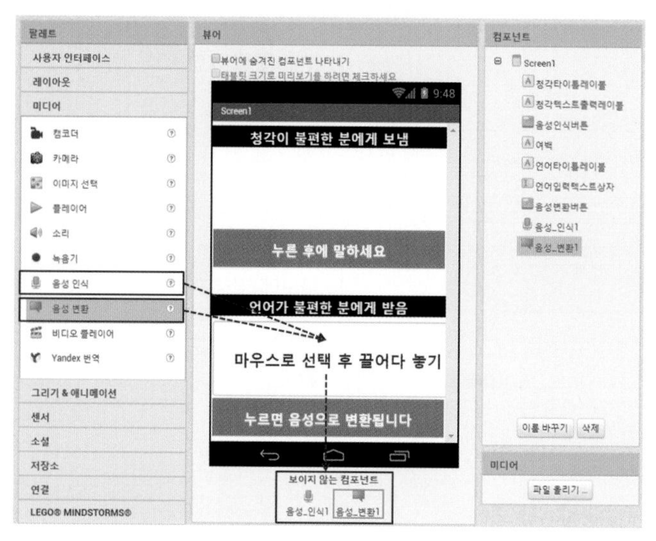


▶▶ [그림 8-8] 음성인식과 음성변환 컴포넌트 배치하기

### STEP 04 어플리케이션 제목 설정하기

● 마지막으로 이 어플리케이션의 제목을 설정하도록 하겠다. [Screen1]을 선택하고 [속성] – [제목]에 "너의 목소리를 보여줘"라고 작성하자.

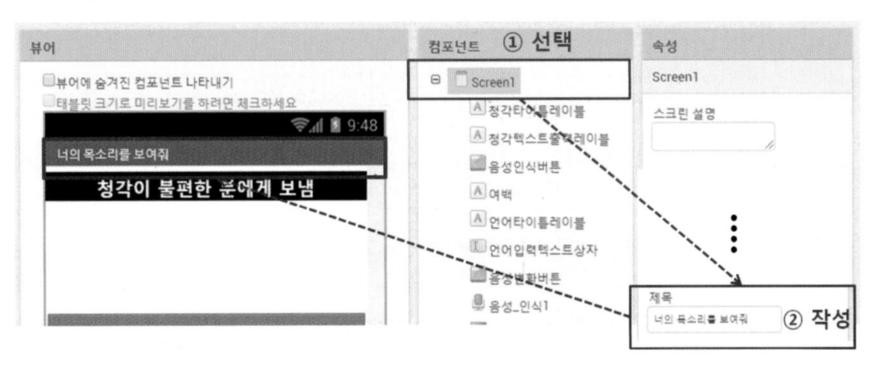


[그림 8-9] 제목 작성하기

## 블록 코딩하기

[버튼], [텍스트 상자], [음성변환], [음성인식] 등의 컴포넌트들이 배치되었다. 이제 컴포넌트들이 동작할 수 있도록 블록 코딩을 해보도록 할 것이다. 먼저 앱인벤터 화면의 가장 오른쪽 끝에 [블록] 메뉴를 선택하도록 하자.

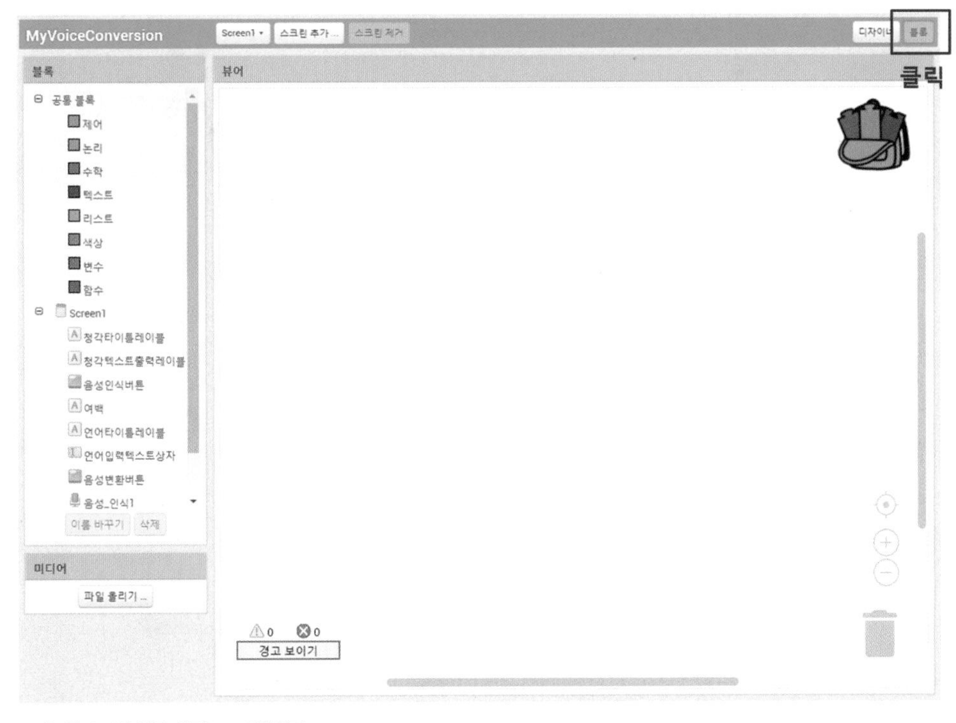


[그림 8-10] 블록 화면으로 전환하기

STEP 01 **[음성인식버튼] 클릭 시 이벤트 처리하기**

- 먼저 음성인식 관련 기능에 대한 블록 코딩을 해보도록 하자. [음성인식버튼]을 클릭하면 음성인식 모듈이 수행되도록 만들어보자.
- [블록] – [Screen1] – [음성인식버튼]을 마우스로 선택하면 [뷰어]창에 여러 가지 블록들이 나타난다.
- [음성인식버튼] 클릭 시 이벤트 처리를 할 것이므로 언제 음성변환버튼 .클릭 실행 블록을 선택한 후 [뷰어]에 끌어다 놓는다.

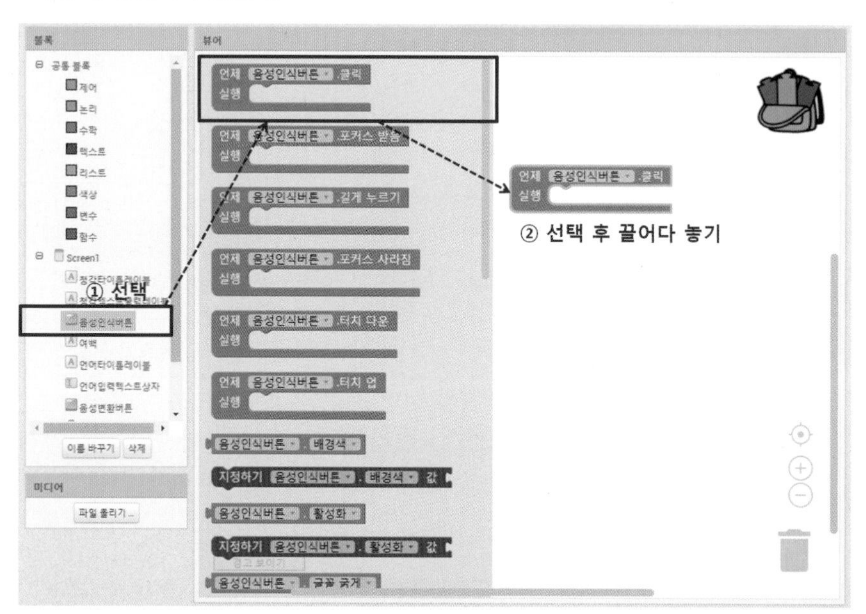


▸▸ [그림 8-11] 음성인식버튼 컴포넌트 클릭 시 블록 배치

- [음성인식버튼]에서 클릭 이벤트가 발생하면 음성인식모듈이 실행되어 텍스트를 가져오게 해야 한다. [Screen1]–[음성_인식1]을 선택하면 관련 여러 블록들이 나타나는데, 이 중에 호출 음성_인식1 .텍스트 가져오기 블록을 선택하여 다음과 같이 배치한다.

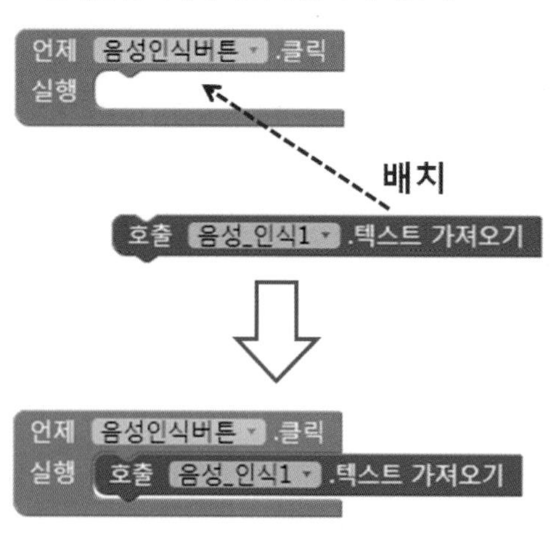


▸▸ [그림 8-12] 음성_인식1 텍스트 가져오기 블록 배치하기

## STEP 02 [음성인식] 텍스트 가져온 후 이벤트 처리하기

- 현재 음성인식 모듈에 의해 우리가 말했던 내용이 텍스트로 저장되어 있는 상태이다. 우리는 저장된 텍스트를 음성인식 모듈로부터 가져온 후 레이블에 텍스트로 출력하도록 한다. 먼저 음성인식 텍스트를 가져온 후의 이벤트를 배치해보자.
- [Screen1] – [음성_인식1]을 선택하면 여러 블록들이 나타나는데, 우리는 음성인식 모듈을 통해 저장된 텍스트를 가져올 때 처리하는 루틴을 만들 것이므로 언제 음성_인식1 .텍스트 가져온 후 결과 실행 블록을 선택하여 [뷰어]에 끌어다 놓는다.

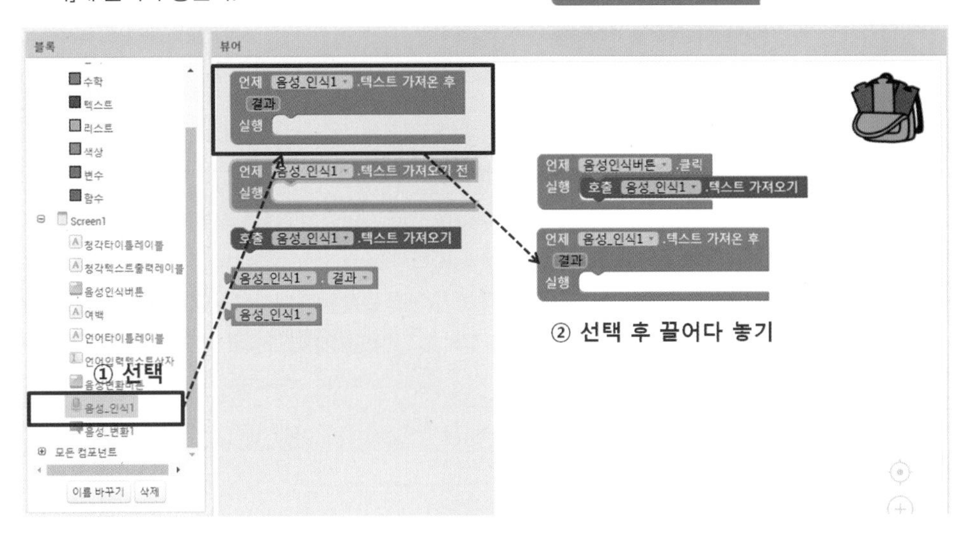


[그림 8-13] 음성_인식1 텍스트 가져온 후 이벤트 블록 배치하기

- 음성인식모듈을 통해 가져온 텍스트를 [레이블]에 출력하도록 할 것인데, [청각텍스트출력레이블]에 텍스트를 출력하도록 한다.
- [Screen1] – [청각텍스트출력레이블]을 선택하면 여러 블록들이 나타나는데, 그 중에 지정하기 청각텍스트출력레이블 . 텍스트 값 를 선택하여 다음과 같이 배치한다.

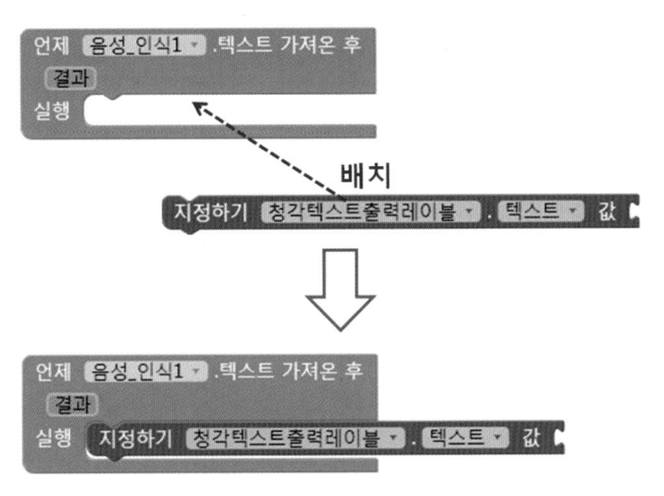


[그림 8-14] 청각텍스트출력레이블 텍스트 값 블록 배치하기

- 지정하기 청각텍스트출력레이블 . 텍스트 값 블록에 들어갈 값은 음성인식모듈에 이미 저장되어 있는 텍스트이므로 그 값을 가져와서 배치해 보도록 하자.
- [Screen1] – [음성_인식1]을 선택했을 때 나타나는 여러 블록 중에 음성_인식1 . 결과 를 선택하여 다음과 같이 배치한다.

[그림 8-15] 음성_인식1 결과 블록 배치하기

## STEP 03 [음성변환버튼] 클릭 시 이벤트 처리하기

- 이번에는 텍스트 박스에 하고 싶은 말을 문자로 입력하고, [음성변환버튼]을 클릭했을 때의 이벤트를 처리를 통해 입력한 문자가 음성으로 변환하는 기능을 만들어보자.
- [Screen1] – [음성변환버튼]을 선택하면 여러 블록들이 나타나는데, 우리는 [음성변환버튼]을 클릭했을 때 처리하는 루틴을 만들 것이므로 언제 음성변환버튼 .클릭 실행 블록을 선택하여 [뷰어]에 끌어다 놓는다.

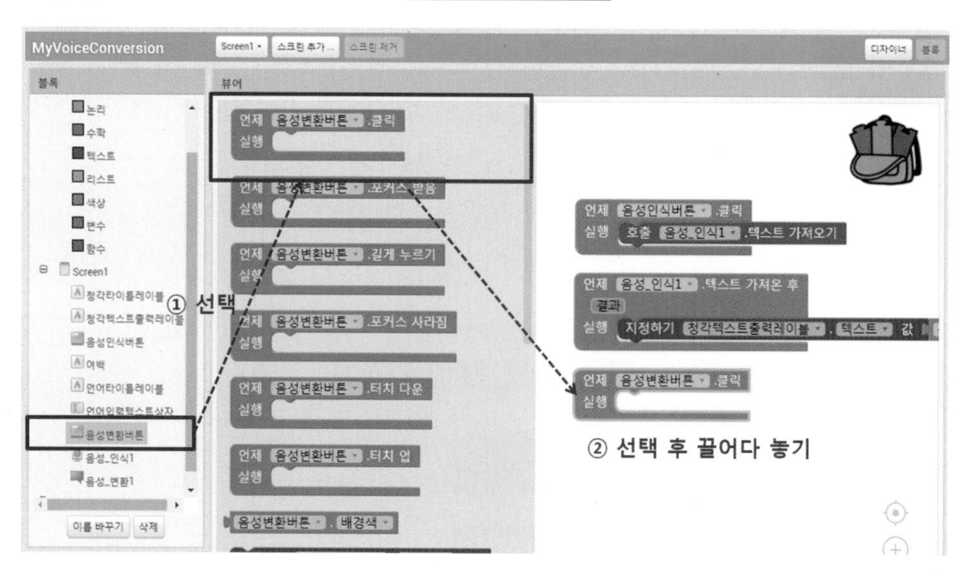


[그림 8-16] 음성변환버튼 클릭 이벤트 블록 배치하기

- [음성변환버튼] 클릭 이벤트가 발생 시 입력한 텍스트 메시지가 음성으로 변환되도록 처리해야 한다.
- [Screen1] – [음성_변환1]을 선택하면 여러 블록들이 나타나는데, 그 중에 호출 음성_변환1 .말하기 메시지 블록을 선택하여 다음과 같이 배치한다.

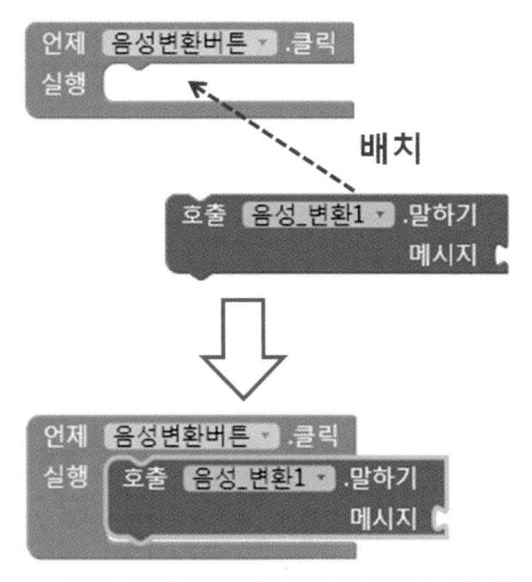


▸▸ [그림 8-17] 음성변환1 말하기 컴포넌트 선택 후 블록 배치하기

- 호출 음성_변환1 .말하기 메시지 블록에 들어갈 메시지 값은 사용자가 [언어입력텍스트상자]에 입력한 텍스트이므로 그 값을 가져와서 배치해 보도록 하자.
- [Screen1] – [언어입력텍스트상자]를 선택했을 때 나타나는 여러 블록 중에 언어입력텍스트상자 . 텍스트 를 선택하여 다음과 같이 배치한다.

▸▸ [그림 8-18] 언어입력텍스트상자 텍스트 블록 배치하기

## 실행해보기

컴포넌트 디자인 및 블록 코딩이 모두 끝났다. 이제 내가 구현한 앱을 스마트폰 상에서 구동할 수 있도록 실행해 보자. 안드로이드 스마트폰 기기 또는 스마트폰이 없는 경우에는 에뮬레이터를 통해 실행 결과를 확인해 보도록 하자.

### STEP 01 [연결] – [AI 컴패니언] 메뉴 선택

- 프로젝트에서 [연결] 메뉴의 [AI 컴패니언]을 선택한다.

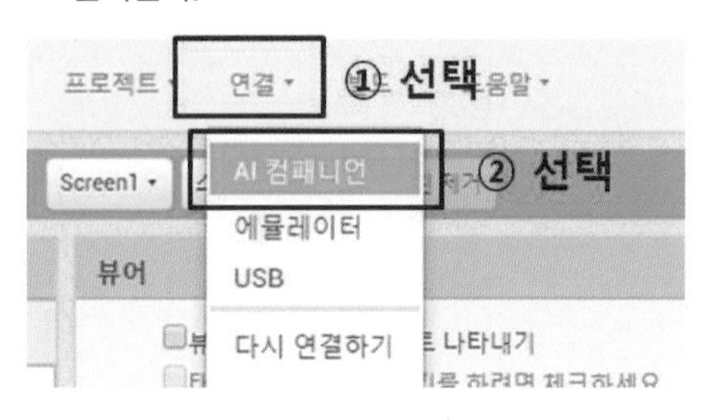


▶▶ [그림 8-19] 스마트폰 연결을 위한 AI 컴패니언 실행하기

- 컴패니언에 연결하기 위한 QR 코드가 화면에 나타난다.

▶▶ [그림 8-20] 컴패니언에 연결하기 위한 QR 코드

이번에는 안드로이드 기반의 스마트폰으로 가서 앞서 설치한 MIT AI2 Companion 앱을 실행하도록 하자.

### STEP 02 폰에서 MIT AI2 Companion 앱 실행하여 QR 코드 찍기

- 안드로이드 폰 기기에서 "MIT AI2 Companion" 앱을 실행한다.

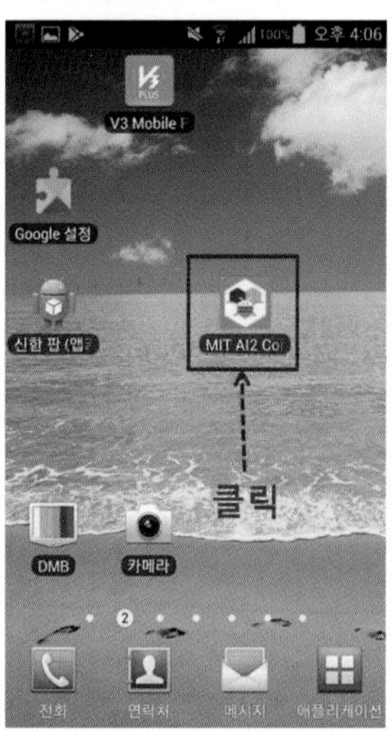


▶▶ [그림 8-21] MIT AI2 Companion 앱 실행

- 앱 메뉴 중 아래쪽의 "scan QR code" 메뉴를 선택한다.

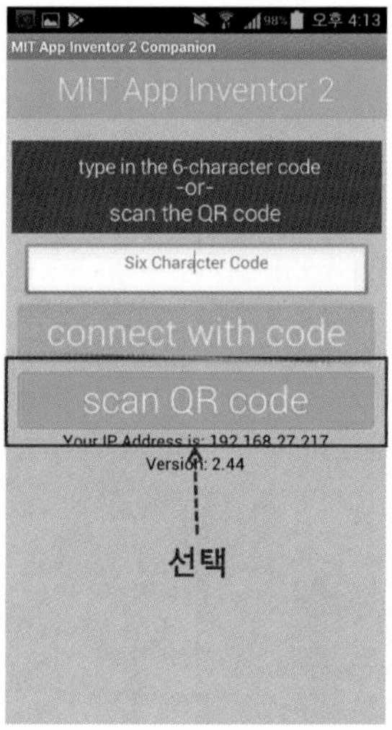

▶▶ [그림 8-22] scan QR code 메뉴 선택

- QR 코드를 찍기 위한 카메라 모드가 동작하면 컴퓨터 화면에 나타난 QR 코드에 갖다 댄다.

▶▶ [그림 8-23] QR 코드 스캔 중

### STEP 03 음성을 인식하여 텍스트로 출력하고 텍스트를 음성으로 변환하여 출력하기

- QR 코드가 찍히고 나면 폰 화면에 다음과 같이 우리가 만든 실행 결과로써의 앱이 나타난다.
- 먼저 [누른 후에 말하세요] 버튼을 클릭하면, 음성인식 모듈이 수행되고, 하고 싶은 말을 하면, 내가 한 말이 텍스트로 출력되는 것을 확인할 수 있다.

▸▸ [그림 8-24] 음성인식 기능 수행

- 먼저 텍스트 상자에 하고 싶은 말을 입력한 후 [누르면 음성으로 변환됩니다] 버튼을 누르면 스마트폰에서 내가 입력한 텍스트가 음성으로 출력된다.

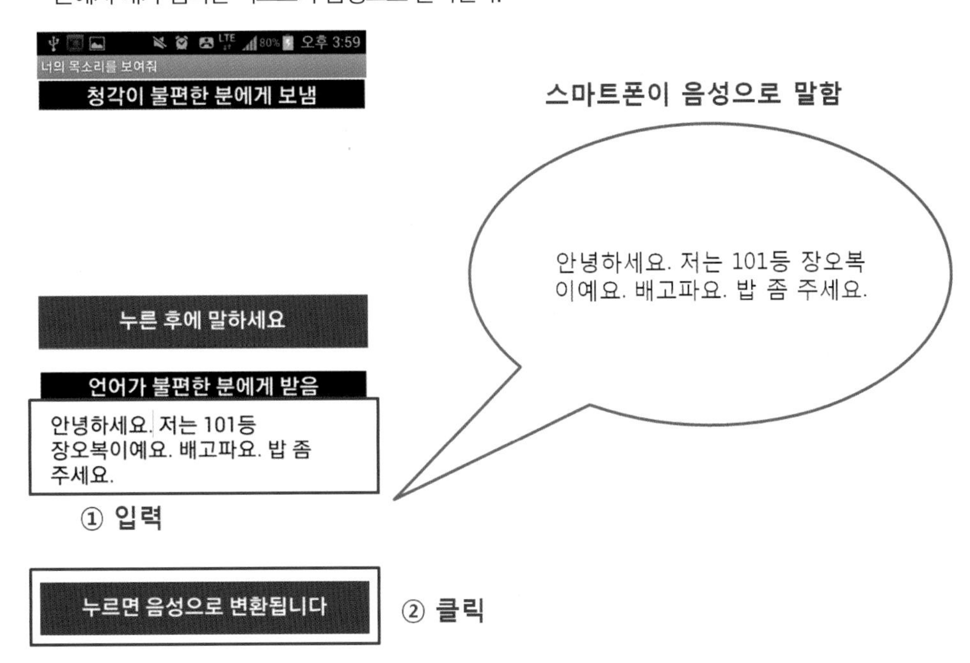


▸▸ [그림 8-25] 음성변환 기능 수행

## Section 03 전체 프로그램 한 눈에 보기

앞서 컴포넌트 배치부터 블록 코딩까지 순차적으로 진행하였다. 이를 한 눈에 확인해봄으로써 내가 배치한 UI 및 블록 코딩이 틀린 점은 없는지 비교해보고, 이 단원을 정리해 보도록 한다

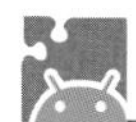

### 전체 컴포넌트 UI

뷰어
뷰어에 숨겨진 컴포넌트 나타내기
태블릿 크기로 미리보기를 하려면 체크하세요
9:48
너의 목소리를 보여줘
청각이 불편한 분에게 보냄
누른 후에 말하세요
언어가 불편한 분에게 받음
누르면 음성으로 변환됩니다
보이지 않는 컴포넌트
음성_인식1 음성_변환1
컴포넌트
Screen1
청각타이틀레이블
청각텍스트출력레이블
음성인식버튼
여백
언어타이틀레이블
언어입력텍스트상자
음성변환버튼
음성_인식1
음성_변환1
이름 바꾸기
삭제
미디어
파일 올리기 ...

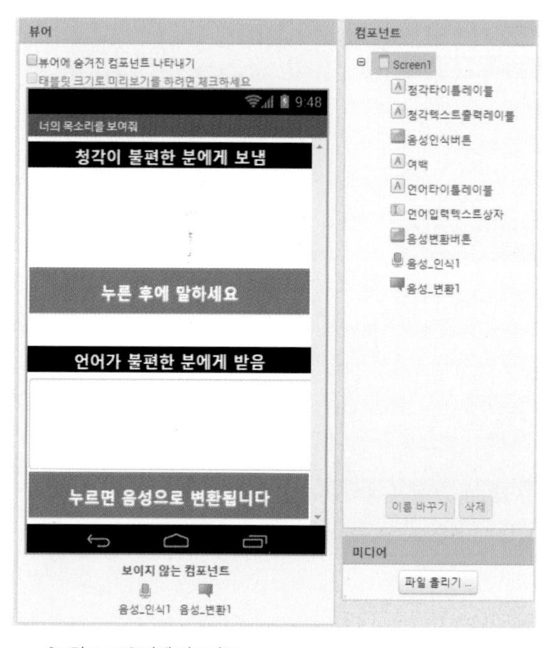

[그림 8-26] 전체 컴포넌트

### 전체 블록 코딩

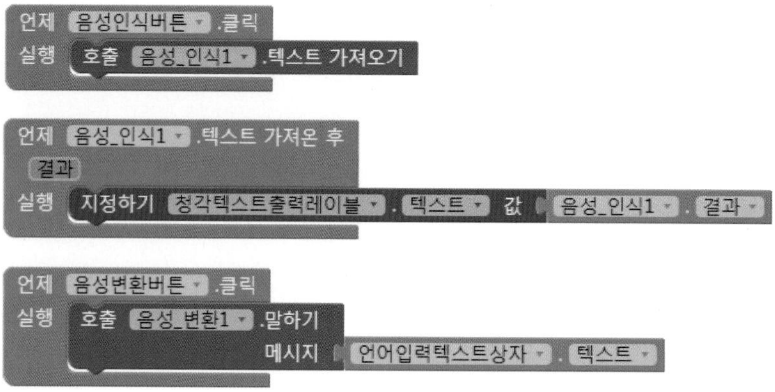

언제 음성인식버튼 .클릭
실행 호출 음성_인식1 .텍스트 가져오기
언제 음성_인식1 .텍스트 가져온 후
결과
실행 지정하기 청각텍스트출력레이블 . 텍스트 값 음성_인식1 . 결과
언제 음성변환버튼 .클릭
실행 호출 음성_변환1 .말하기
메시지 언어입력텍스트상자 . 텍스트

[그림 8-27] 전체 컴포넌트 블록

## 생각 확장해보기

### ● 말하는 고양이 어플리케이션 만들기 (스스로 구현해 보자.)

이번에는 앞서 만들었던 너의 목소리가 보여 어플리케이션을 조금 응용해서 "나만의 말하는 고양이" 어플리케이션을 만들어보도록 하자.

몇년 전에 실제로 "말하는 고양이"라는 어플리케이션이 선풍적인 인기를 끈 적이 있었다. 내가 이 어플리케이션을 실행하고, 말을 하게 되면 고양이가 내 말을 똑같이 따라하는 방식이다. 우리가 앞에서 작성했던 기능들을 조금만 응용하여 수정하면 "말하는 고양이"의 기능과 비슷하게 내가 말하면 스마트폰에서 따라 말할 수 있게 만들 수 있다.

힌트를 살짝 준다면 [음성인식] 모듈을 통해 내가 말한 내용을 텍스트로 가져오고, 텍스트를 가져오는 이벤트가 발생하면 [음성변환] 모듈의 말하기 모듈의 메시지를 앞서 저장한 [음성인식]의 텍스트 내용으로 대입하면 된다. 블록 배치 구현이 끝났다면 스마트폰을 통해 다음과 같이 수행할 수 있다

[그림 8-28] 나만의 말하는 고양이 실행 화면

# 내 아기 웃게 하기

주위를 보면 내 자녀나 조카, 또는 동생 중에 귀여운 아기들이 한 명쯤은 있을 것이다. 아기들 모습을 사진에 담아 보는 것도 물론 좋지만, 요즘은 스마트폰에서 멀티미디어가 제공되기 때문에, 아기의 웃음소리나 울음소리와 같은 상황에 따른 소리를 녹음해서 사진과 함께 저장하는 것도 의미가 있을 것이다. 이번 시간에는 내 아기를 웃기기도 하고, 울리기도 하는 재미있는 어플리케이션을 만들어보자.

Section 01

## 무엇을 만들 것인가?

- [웃기기버튼]을 클릭하면 아기의 웃는 사진과 함께 웃음소리가 나온다.
- [울리기버튼]을 클릭하면 아기의 우는 사진과 함께 우는소리가 나온다.

[그림 9-1] 내 아기 웃게 하기 어플리케이션 실행 화면

## 사용할 컴포넌트 및 블록

[표9-1]는 예제에서 배치할 팔레트 컴포넌트 종류들이다.

| 팔레트 그룹 | 컴포넌트 종류 | 기능 |
|---|---|---|
| 사용자 인터페이스 | 이미지 | 아기의 사진을 출력한다. |
| 사용자 인터페이스 | 버튼 | 웃기기 버튼과 울리기 버튼으로 사용한다. |
| 미디어 | 소리 | 아기의 웃는 소리와 우는 소리의 효과음을 출력한다. |

[표9-1] 예제에서 사용한 팔레트 목록

[표9-2]는 예제에서 사용할 주요 블록들이다.

| 팔레트 그룹 | 블록 | 기능 |
|---|---|---|
| 버튼 | 언제 웃기기버튼 .클릭<br>실행 | 사용자가 웃기기 버튼을 클릭했을 때 처리하는 이벤트이다. |
| 소리 | 언제 울리기버튼 .클릭<br>실행 | 사용자가 울리기 버튼을 클릭했을 때 처리하는 이벤트이다. |
| | 호출 소리1 .재생 | 아기의 웃음소리와 울음소리를 출력하게 하는 모듈이다. |

[표9-2] 예제에서 사용한 블록 목록

Section 02

# 만들어보기

## 프로젝트 만들기

먼저 프로젝트를 만들어보도록 하자. 앱인벤터 웹사이트(http://ai2.appinventor.mit.edu/)에 접속한다.

### STEP 01 새 프로젝트 시작하기 선택

- [프로젝트] 메뉴에서 [새 프로젝트 시작하기...]를 선택한다.

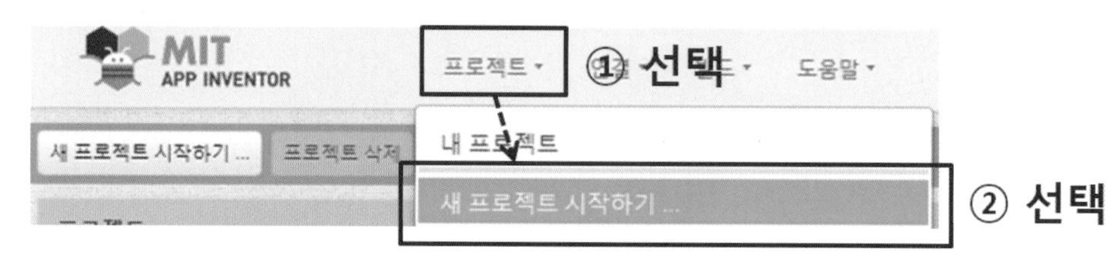


[그림 9-3] 새 프로젝트 시작하기

### STEP 02 프로젝트 이름 입력 및 확인

- [프로젝트 이름]을 "MyBaby"이라고 입력하고 [확인] 버튼을 누른다.

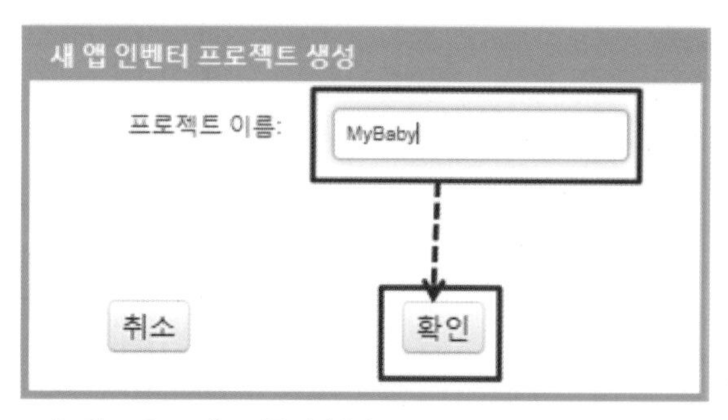


[그림 9-4] 프로젝트 이름 입력하기

## 컴포넌트 디자인하기

프로젝트상에 컴포넌트 UI를 배치해보도록 하자. 이번 장의 예제에서 배치할 컴포넌트는 [이미지], [버튼], [소리]이다. 다음과 같이 [뷰어]에 컴포넌트들을 배치하도록 하자.

### STEP 01 이미지와 소리 컴포넌트 배치하기

- [사용자 인터페이스] – [이미지] 컴포넌트를 마우스로 선택한 후 [뷰어] – [Screen1] 영역으로 드래그하여 끌어다 놓는다.

[그림 9-5] 뷰어에 이미지 컴포넌트 끌어다 놓기

- [이미지]의 속성을 다음과 같이 변경한다.

| 속성 | 변경할 속성값 |
|---|---|
| 높이 | 부모에 맞추기 |
| 너비 | 부모에 맞추기 |
| 사진 | eunseong2.jpg |

[표9-3] 이미지의 속성값 변경

- 속성의 [사진]에 이미지 파일을 올리는 과정이다. 파일 중 "eunseong2.JPG" 파일을 다음과 같이 올릴 수 있다.

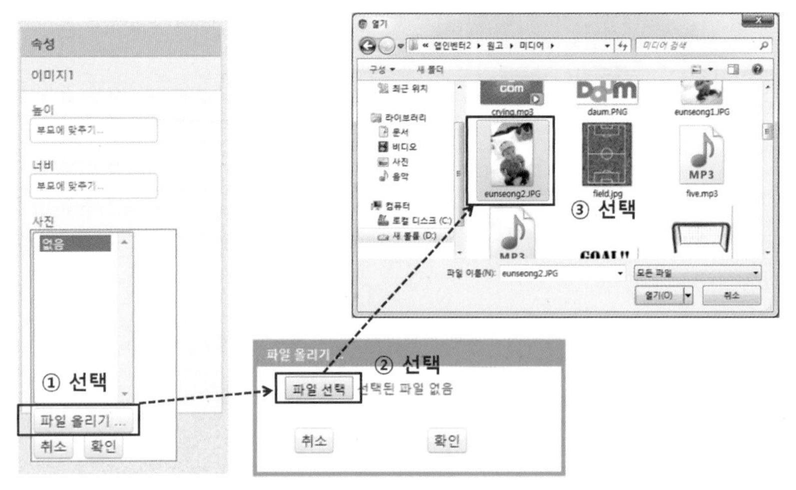


▶▶ [그림 9-6] 이미지 사진 파일 올리기

- 위와 같은 방식으로 이미지 파일과 소리 파일을 모두 올려보자.

| 종류 | 파일명 |
|---|---|
| 이미지 | eunseong1.jpg |
| 소리 | smile.mp3 |
| 소리 | crying.mp3 |

▶▶ [표9-4] 이미지 파일과 소리 파일 올리기

- 이번에는 [소리] 컴포넌트를 배치해보자. [미디어] – [소리] 컴포넌트를 마우스로 선택한 후 [뷰어] – [Screen1] 영역으로 드래그하여 끌어다 놓는다.
- [소리]는 보이지 않는 컴포넌트로 배치 후 별도로 설정해 줄 속성은 없다.

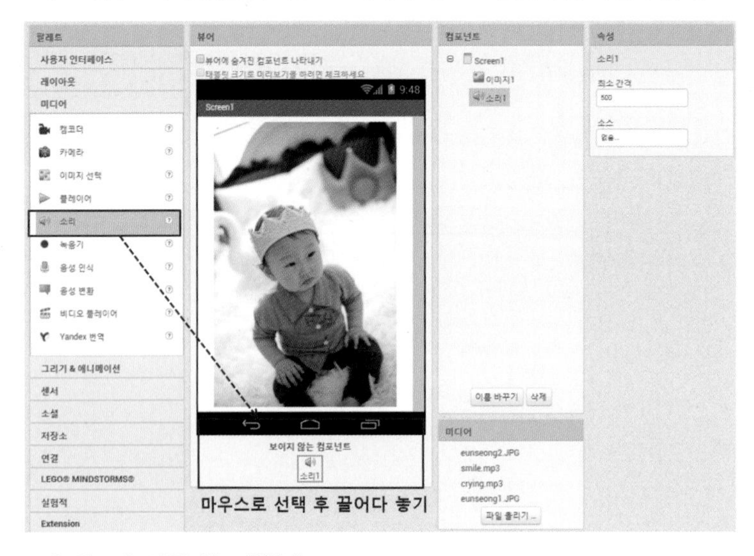


▶▶ [그림 9-7] 소리 컴포넌트 배치하기

- 이번에는 배치한 [이미지1]의 이름을 [아기사진]으로 바꾸어보자.

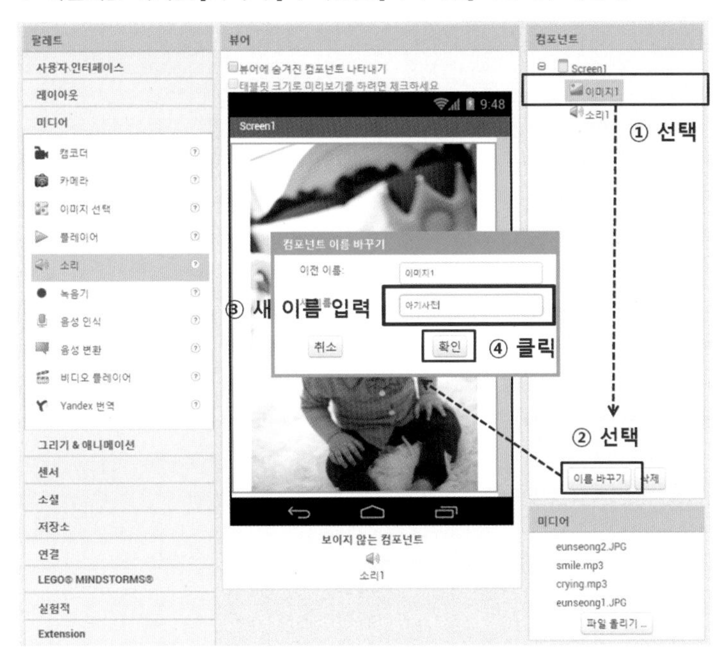


[그림 9-8] 컴포넌트의 이름 바꾸기

## STEP 02 웃기기와 울리기 버튼 컴포넌트 배치하기

- [사용자 인터페이스] – [버튼]을 마우스로 선택한 후 [뷰어] – [Screen1] 영역으로 드래그하여 끌어다 놓는다. 이 때 끌어다 놓는 위치는 앞서 배치한 [아기사진] 컴포넌트의 아래쪽으로 한다.
- 그 다음 같은 방식으로 [버튼] 컴포넌트를 한 개 더 배치하고, [레이아웃] – [수평배치]를 배치하여 두 개의 배치된 버튼을 배치한 순서대로 한 개씩 집어넣는다.

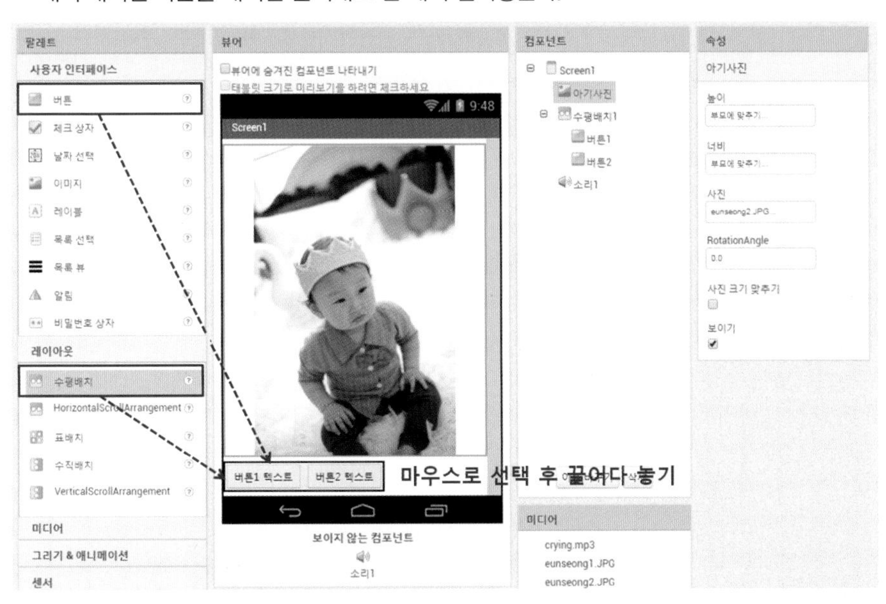


[그림 9-9] 뷰어에 버튼, 수평배치 컴포넌트 끌어다 놓기

- [버튼1]의 속성을 다음과 같이 변경한다.

| 속성 | 변경할 속성값 |
| --- | --- |
| 배경색 | 노랑 |
| 글꼴 굵게 | 체크 |
| 글꼴 크기 | 20 |
| 너비 | 부모에 맞추기 |
| 텍스트 | 웃기기 |

▸▸ [표9-5] 버튼1의 속성값 변경

- [버튼2]의 속성을 다음과 같이 변경한다.

| 속성 | 변경할 속성값 |
| --- | --- |
| 배경색 | 청록색 |
| 글꼴 굵게 | 체크 |
| 글꼴 크기 | 20 |
| 너비 | 부모에 맞추기 |
| 텍스트 | 울리기 |

▸▸ [표9-6] 버튼2의 속성값 변경

- [수평배치]의 속성을 다음과 같이 변경한다.

| 속성 | 변경할 속성값 |
| --- | --- |
| 수평 정렬 | 중앙 |
| 배경색 | 흰색 |
| 너비 | 부모에 맞추기 |

▸▸ [표9-7] 수평배치1의 속성값 변경

● 이번에는 배치한 [버튼1]과 [버튼2] 컴포넌트의 이름을 바꾸어보자.

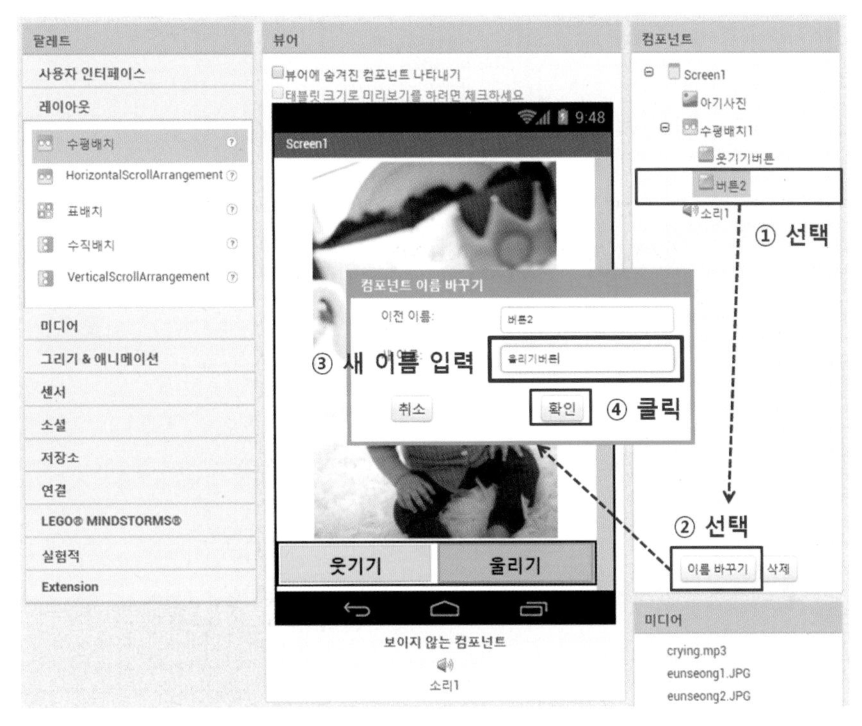


[그림 9-10] 컴포넌트의 이름 바꾸기

| 컴포넌트 | 새 이름 |
|---|---|
| 버튼1 | 웃기기버튼 |
| 버튼2 | 울리기버튼 |

[표9-8] 컴포넌트의 이름 바꾸기

## STEP 03 어플리케이션 제목 설정하기

● 마지막으로 이 어플리케이션의 제목을 설정하도록 하겠다. [Screen1]을 선택하고 [속성] – [제목]에 "내 아기 웃게하기"라고 작성하자.

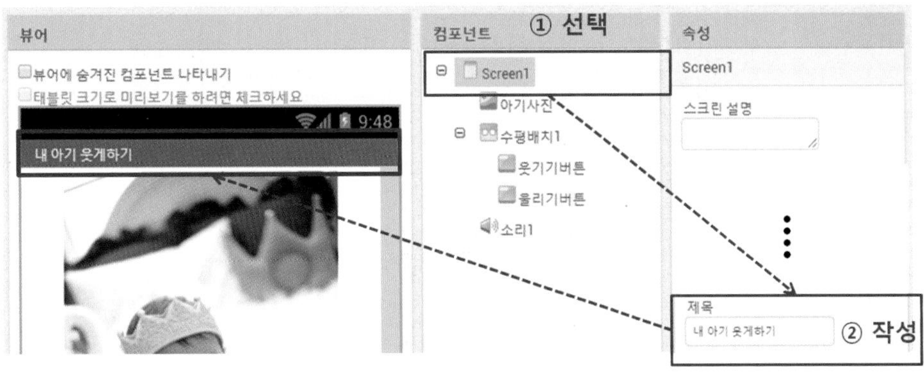


[그림 9-11] 제목 작성하기

# 블록코딩하기

[버튼], [이미지], [소리]등의 컴포넌트들이 배치되었다. 이제 컴포넌트들이 동작할 수 있도록 블록 코딩을 해보도록 할 것이다. 먼저 앱인벤터 화면의 가장 오른쪽 끝에 [블록] 메뉴를 선택하도록 하자.

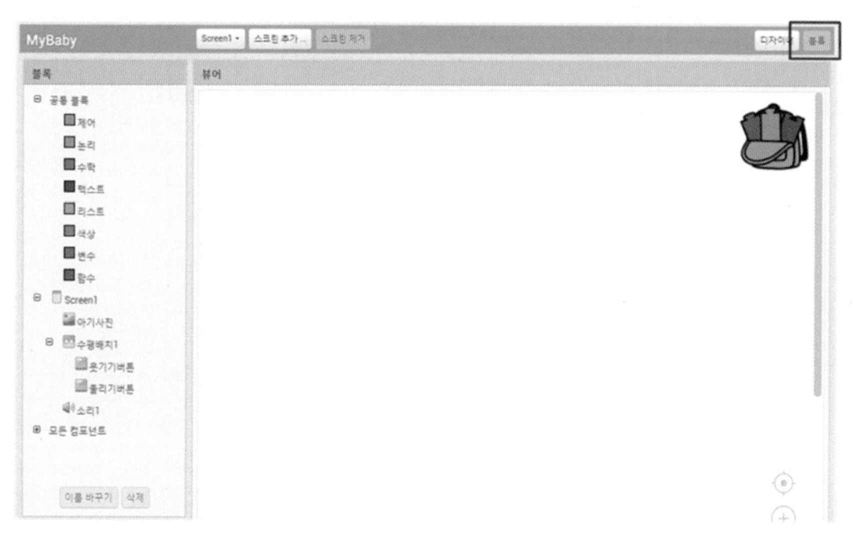


▸▸ [그림 9-12] 블록 화면으로 전환하기

## STEP 01 [웃기기버튼] 클릭 시 이벤트 처리하기

- 먼저 웃기기버튼 클릭 시 이벤트 처리에 대한 블록 코딩을 해보도록 하자. [웃기기버튼]을 클릭하면 아기의 웃는 사진이 출력되고, 아기의 웃음소리가 수행되도록 만들어보자.
- [블록] – [Screen1] – [웃기기버튼]을 마우스로 선택하면 [뷰어]창에 여러 가지 블록들이 나타난다.
- [웃기기버튼] 클릭 시 이벤트 처리를 할 것이므로 (언제 웃기기버튼 .클릭 실행) 블록을 선택한 후 [뷰어]에 끌어다 놓는다.

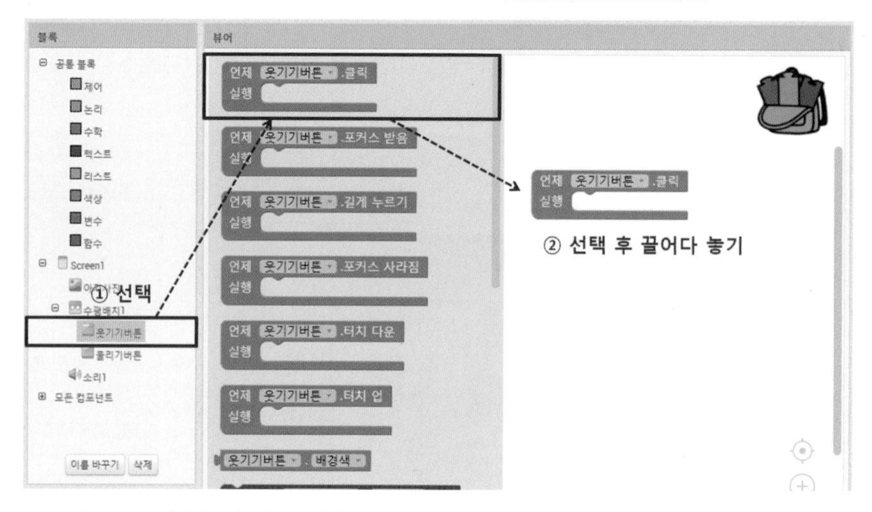


▸▸ [그림 9-13] 웃기기버튼 컴포넌트 클릭 시 블록 배치

- [웃기기버튼]에서 클릭 이벤트가 발생하면, 아기의 웃는 사진이 [아기사진] 컴포넌트에 나타나야 한다. [Screen1] – [아기사진]을 선택하면 관련 여러 블록이 나타나는데, 이 중에 지정하기 아기사진 . 사진 값 블록을 선택하여 다음과 같이 배치한다.

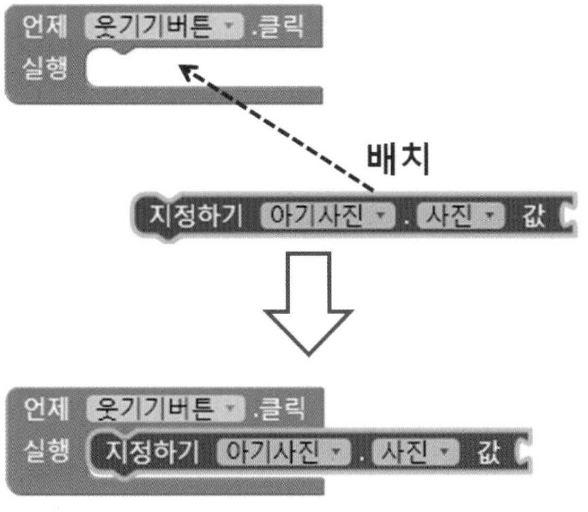


▶▶ [그림 9-14] 아기사진의 사진 블록

- 지정하기 아기사진 . 사진 값 블록에 들어갈 값은 이미 컴포넌트 배치 시 이미지 파일인 “eunseong1.JPG”를 올려놓았으므로 해당 이미지 파일의 이름값을 입력하여 이미지를 호출할 블록을 배치해 보도록 하자.
- [공통블록] – [텍스트]를 선택하면 관련 여러 블록이 나타나는데, 이 중에 " " 블록을 선택하여 다음과 같이 배치한다.

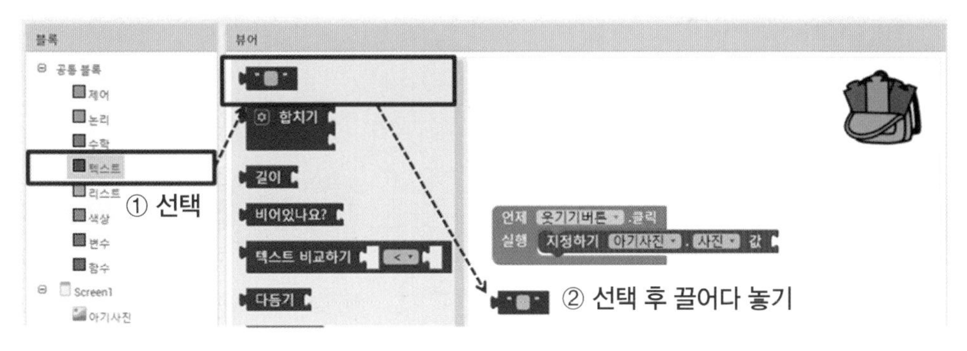


▶▶ [그림 9-15] 텍스트 블록 배치하기

- 지정하기 아기사진 . 사진 값 블록에 " " 블록을 배치하고 안에 다음과 같이 “eunseong1.JPG”라고 텍스트를 입력한다.

▶▶ [그림 9-16] 텍스트 블록에 텍스트 값 입력하기

- [웃기기버튼]에서 클릭 이벤트가 발생하면, 아기의 웃는 사진이 [아기사진] 컴포넌트에 출력과 더불어 웃는 소리까지 함께 출력되도록 한다. [Screen1] – [소리1]을 선택하면 관련 여러 블록이 나타나는데, 이 중에 지정하기 소리1 . 소스 값 블록을 선택하여 다음과 같이 배치한다.

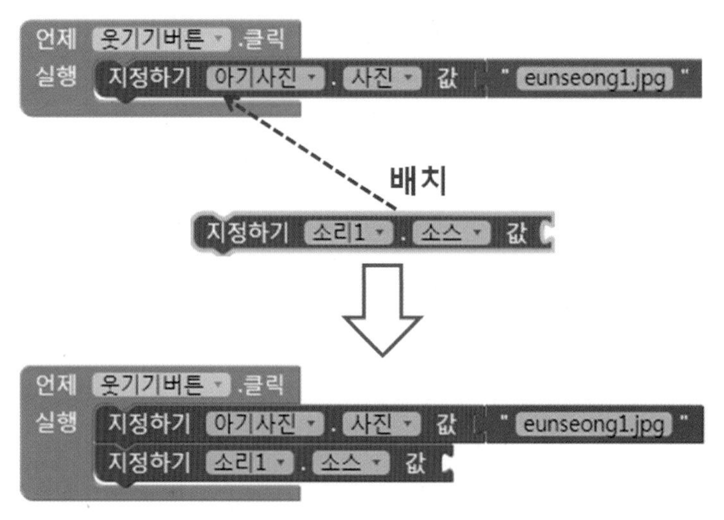


▸▸ [그림 9-17] 소리의 소스 블록 배치하기

- 지정하기 소리1 . 소스 값 블록에 들어갈 값은 이미 컴포넌트 배치 시 이미지 파일인 "smile.mp3"를 올려놓았으므로 해당 소리 파일의 이름값을 입력하여 이미지를 호출할 블록을 배치해 보도록 하자.
- [공통블록] – [텍스트]를 선택하면 관련 여러 블록이 나타나는데, 이 중에 " " 블록을 선택하여 다음과 같이 배치한다.

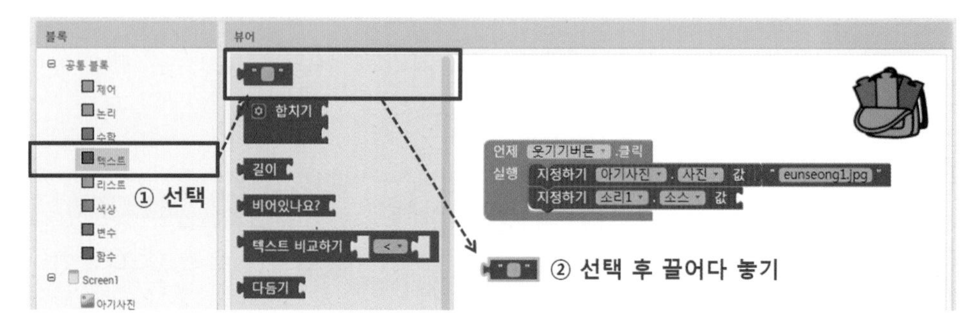


▸▸ [그림 9-18] 텍스트 블록 배치하기

- 지정하기 소리1 . 소스 값 블록에 " " 블록을 배치하고 안에 다음과 같이 "smile.mp3"라고 텍스트를 입력한다.

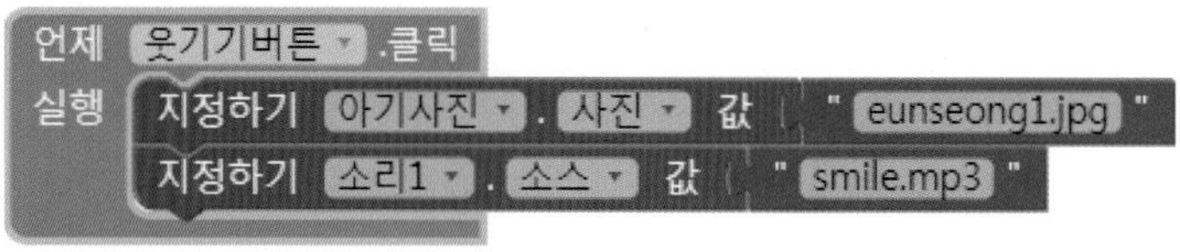

언제 웃기기버튼 .클릭
실행 지정하기 아기사진 . 사진 값 " eunseong1.jpg "
지정하기 소리1 . 소스 값 " smile.mp3 "

▸▸ [그림 9-19] 소리 블록에 소리값 입력하기

● 앞에서 소리에 대한 파일의 소스값을 지정하였다. 그렇다면 이 소리를 직접 출력하는 소리 재생 모듈을 호출해보도록 한다.

● [블록] – [Screen1] – [소리1]을 마우스로 선택하면 [뷰어]창에 여러 가지 블록들이 나타난다. 이 중에 호출 소리1 .재생 블록을 선택한 후 [뷰어]에 끌어다 놓는다.

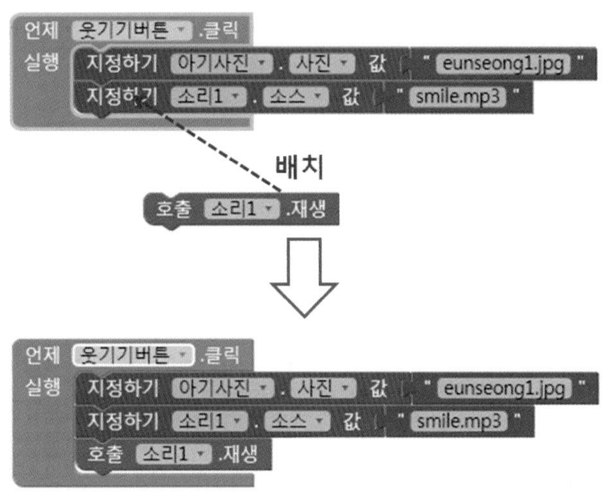


▸▸ [그림 9-20] 소리 재생 블록 배치하기

## STEP 02 [울리기버튼] 클릭 시 이벤트 처리하기

● 이번에는 울리기버튼 클릭 시 이벤트 처리에 대한 블록 코딩을 해보도록 하자. [울리기버튼]을 클릭하면 아기의 우는 사진이 출력되고, 아기의 울음소리가 수행되도록 만들어보자.

● [블록] – [Screen1] – [울리기버튼]을 마우스로 선택하면 [뷰어]창에 여러 가지 블록들이 나타난다.

● [울리기버튼] 클릭 시 이벤트 처리를 할 것이므로 언제 웃기기버튼 .클릭 실행 블록을 선택한 후 [뷰어]에 끌어다 놓는다.

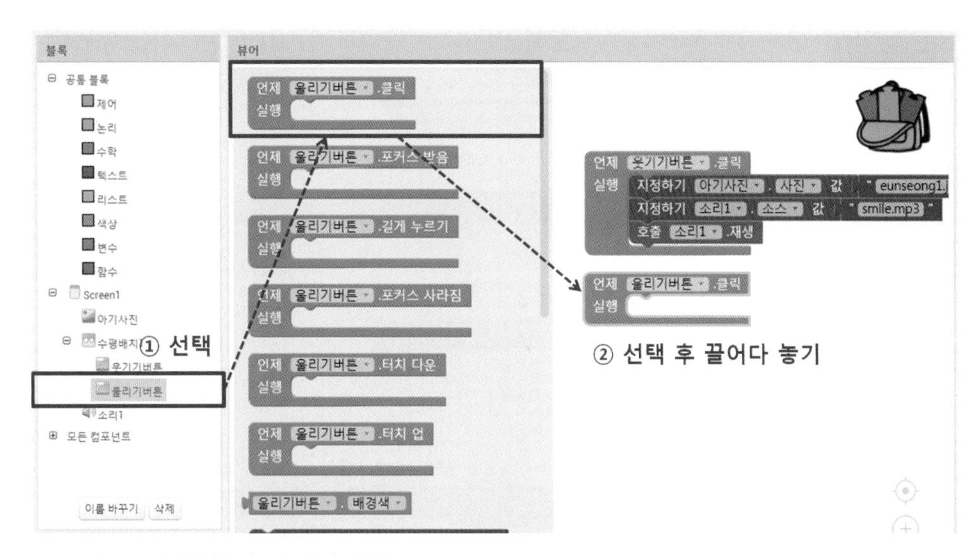


▸▸ [그림 9-21] 울리기버튼 컴포넌트 클릭 시 블록

- [울리기버튼]에서 클릭 이벤트가 발생하면, 아기의 우는 사진이 [아기사진] 컴포넌트에 나타나야 한다. [Screen1] – [아기사진]을 선택하면 관련 여러 블록이 나타나는데, 이 중에 지정하기 아기사진 . 사진 값 블록을 선택하여 다음과 같이 배치한다.

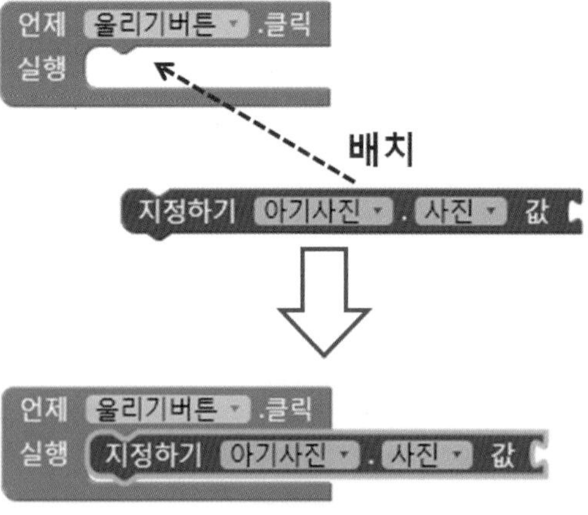


[그림 9-22] 아기사진의 사진 블록 배치하기

- 지정하기 소리1 . 소스 값 블록에 들어갈 값은 이미 컴포넌트 배치 시 이미지 파일인 “eunseong2.JPG”를 올려놓았으므로 해당 이미지 파일의 이름값을 입력하여 이미지를 호출할 블록을 배치해 보도록 하자.
- [공통블록] – [텍스트]를 선택하면 관련 여러 블록이 나타나는데, 이 중에 " " 블록을 선택하여 다음과 같이 배치하고, 블록 안에 “eunseong2.JPG”라고 텍스트를 입력한다.

[그림 9-23] 텍스트 블록에 텍스트 값 입력하기

- [울리기버튼]에서 클릭 이벤트가 발생하면, 아기의 우는 사진이 [아기사진] 컴포넌트에 출력과 더불어 우는 소리까지 함께 출력되도록 한다. [Screen1] – [소리1]을 선택하면 관련 여러 블록이 나타나는데, 이 중에 지정하기 소리1 . 소스 값 블록을 선택하여 다음과 같이 배치한다.

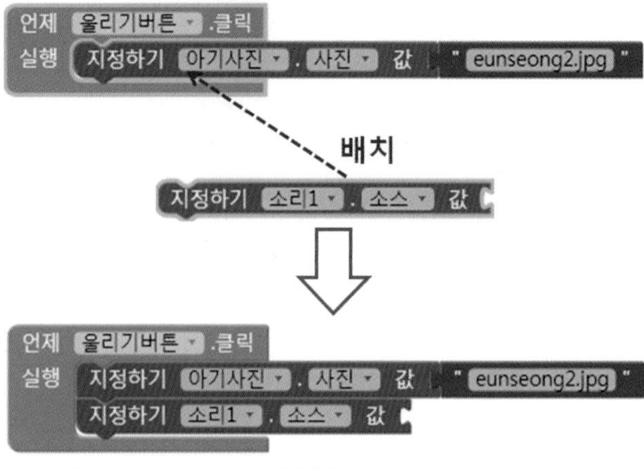


[그림 9-24] 소리의 소스 블록 배치하기

- 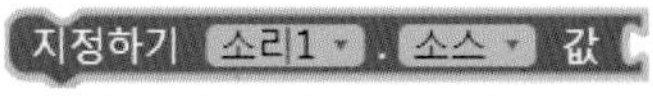 지정하기 소리1 . 소스 값 블록에 들어갈 값은 이미 컴포넌트 배치 시 이미지 파일인 "crying.mp3"를 올려놓았으므로 해당 소리 파일의 이름값을 입력하여 이미지를 호출할 블록을 배치해 보도록 하자.
- [공통블록] – [텍스트]를 선택하면 관련 여러 블록이 나타나는데, 이 중에 " " 블록을 선택하여 다음과 같이 배치하고, "crying.mp3"라고 텍스트를 입력한다.

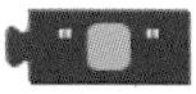

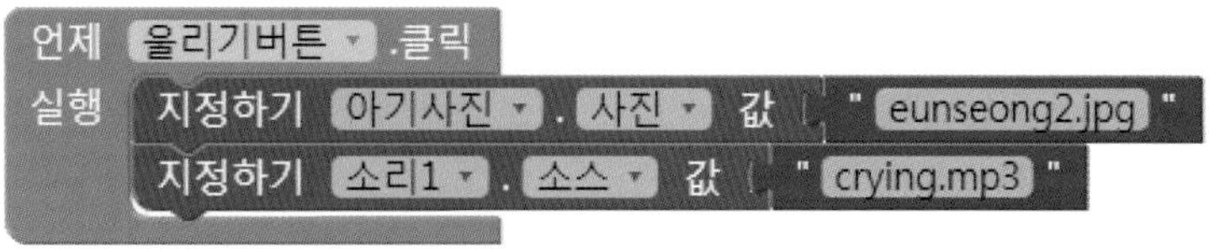

언제 울리기버튼 .클릭
실행 지정하기 아기사진 . 사진 값 " eunseong2.jpg "
지정하기 소리1 . 소스 값 " crying.mp3 "

[그림 9-25] 소리 블록에 소리값 입력하기

- 앞에서 소리에 대한 파일의 소스값을 지정하였다. 그렇다면 이 소리를 직접 출력하는 소리 재생 모듈을 호출해보도록 한다
- [블록] – [Screen1] – [소리1]을 마우스로 선택하면 [뷰어]창에 여러 가지 블록들이 나타난다. 이 중에 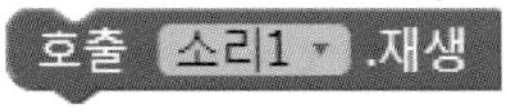 호출 소리1 .재생 블록을 선택한 후 [뷰어]에 끌어다 놓는다.

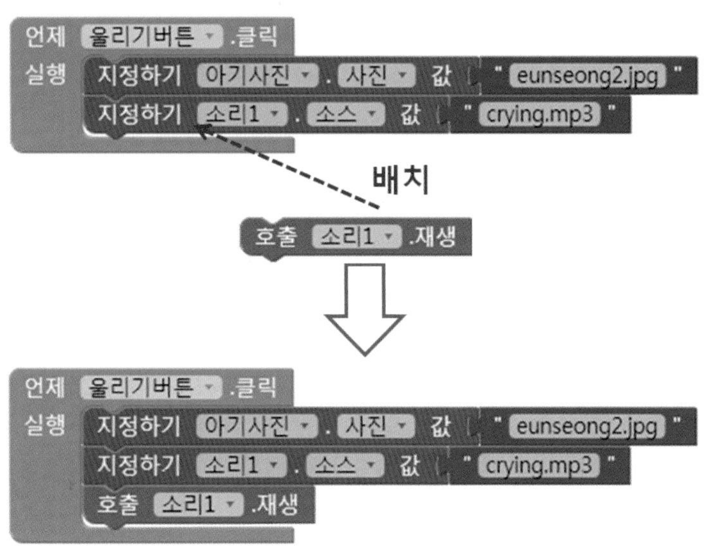


[그림 9-26] 소리 재생 블록 배치하기

## 실행해보기

컴포넌트 디자인 및 블록 코딩이 모두 끝났다. 이제 내가 구현한 앱을 스마트폰 상에서 구동할 수 있도록 실행해 보자. 안드로이드 스마트폰 기기 또는 스마트폰이 없는 경우에는 에뮬레이터를 통해 실행 결과를 확인해 보도록 하자.

### STEP 01 [연결] – [AI 컴패니언] 메뉴 선택

- 프로젝트에서 [연결] 메뉴의 [AI 컴패니언]을 선택한다.

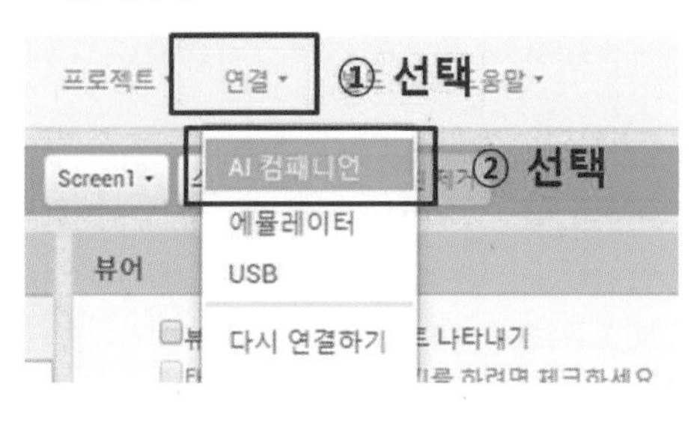


▸▸ [그림 9-27] 스마트폰 연결을 위한 AI 컴패니언 실행하기

- 컴패니언에 연결하기 위한 QR 코드가 화면에 나타난다.

▸▸ [그림 9-28] 컴패니언에 연결하기 위한 QR 코드

이번에는 안드로이드 기반의 스마트폰으로 가서 앞서 설치한 MIT AI2 Companion 앱을 실행하도록 하자.

### STEP 02 폰에서 MIT AI2 Companion 앱 실행하여 QR 코드 찍기

- 안드로이드 폰 기기에서 "MIT AI2 Companion" 앱을 실행한다.

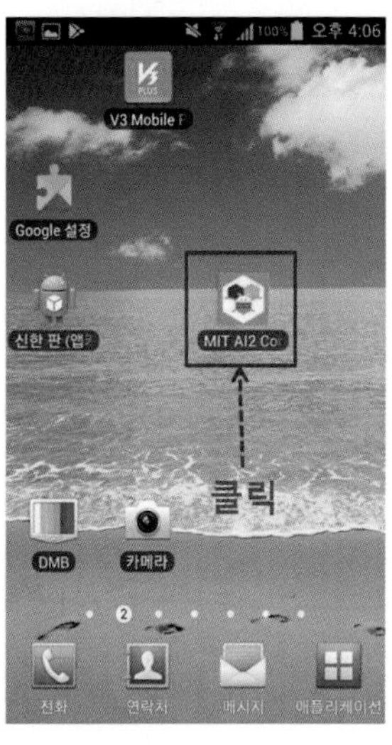


▸▸ [그림 9-29] MIT AI2 Companion 앱 실행

- 앱 메뉴 중 아래쪽의 "scan QR code" 메뉴를 선택한다.

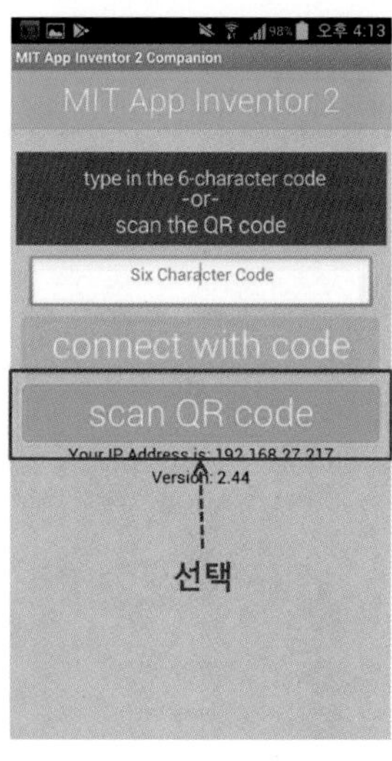


▸▸ [그림 9-30] scan QR code 메뉴 선택

- QR 코드를 찍기 위한 카메라 모드가 동작하면 컴퓨터 화면에 나타난 QR 코드에 갖다 댄다.

▸▸ [그림 9-31] QR 코드 스캔 중

STEP 03 **내 아기 웃게 또는 울게 하도록 수행해보기**

- QR 코드가 찍히고 나면 폰 화면에 다음과 같이 우리가 만든 실행 결과로써의 앱이 나타난다.
- 먼저 [웃기기버튼]을 클릭하면, 아기의 웃는 사진과 함께 아기의 웃음소리가 출력된다.

[그림 9-32] 웃기기 기능 수행

- [울리기버튼]을 클릭하면, 아기의 우는 사진과 함께 아기의 울음소리가 출력된다.

[그림 9-33] 울리기 기능 수행

Section 03

# 전체 프로그램 한 눈에 보기

앞서 컴포넌트 배치부터 블록 코딩까지 순차적으로 진행하였다. 이를 한 눈에 확인해봄으로써 내가 배치한 UI 및 블록 코딩이 틀린 점은 없는지 비교해보고, 이 단원을 정리해 보도록 한다.

## 전체 컴포넌트 UI

뷰어
뷰어에 숨겨진 컴포넌트 나타내기
태블릿 크기로 미리보기를 하려면 체크하세요
9:48
내 아기 웃게 하기
웃기기
울리기
보이지 않는 컴포넌트
소리1
컴포넌트
Screen1
아기사진
수평배치1
웃기기버튼
울리기버튼
소리1
이름 바꾸기
삭제
미디어
crying.mp3
eunseong1.JPG
eunseong2.JPG
smile.mp3
파일 올리기 ...

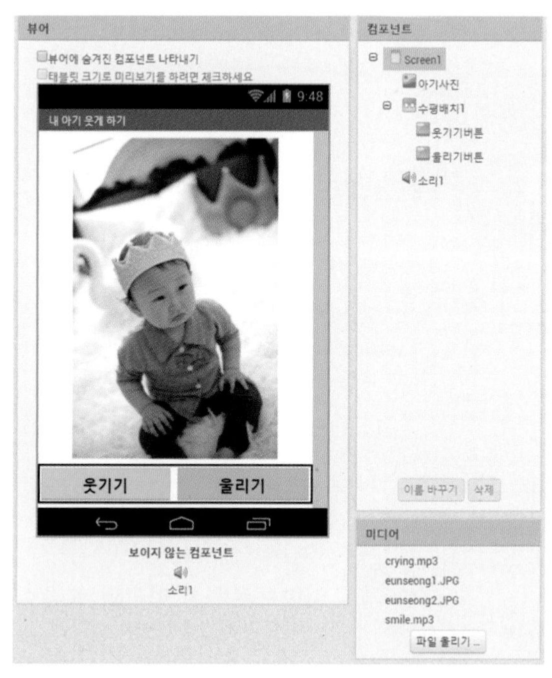

▸▸ [그림 9-34] 전체 컴포넌트 디자이너

## 전체 블록 코딩

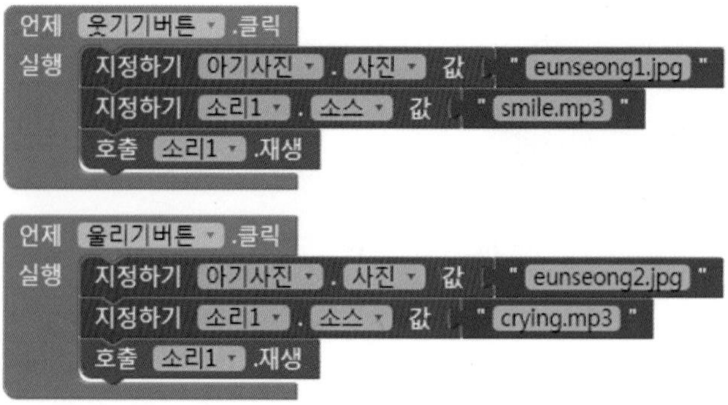

언제 웃기기버튼 .클릭
실행 지정하기 아기사진 . 사진 값 " eunseong1.jpg "
지정하기 소리1 . 소스 값 " smile.mp3 "
호출 소리1 .재생
언제 울리기버튼 .클릭
실행 지정하기 아기사진 . 사진 값 " eunseong2.jpg "
지정하기 소리1 . 소스 값 " crying.mp3 "
호출 소리1 .재생

▸▸ [그림 9-35] 전체 컴포넌트

## 생각 확장해보기

### ● 폰을 흔들면 아기가 웃게 만들기 (스스로 구현해 보자.)

이번에는 앞서 만든 내 아기 웃게하기 어플리케이션을 조금 응용해서 폰을 흔들면 아기의 웃는 사진과 웃음 소리가 출력되는 어플리케이션을 만들어보도록 하자.

사전 지식 없는 상태에서 이걸 어떻게 구현 해야 하나 고민이 될 것이다. 하지만, 방법을 알고 나면 매우 쉽다. 앱인벤터에는 폰의 흔들림을 감지하는 [가속도 센서]라는 컴포넌트가 존재한다. 이것은 [센서] - [가속도 센서]에 위치하고 있다. 이 컴포넌트를 [뷰어]에 끌어다 놓으면 보이지 않는 컴포넌트로 배치가 되고, 여러분은 [가속도 센서]에서 제공하는 이벤트를 이용하여 구현하면 된다.

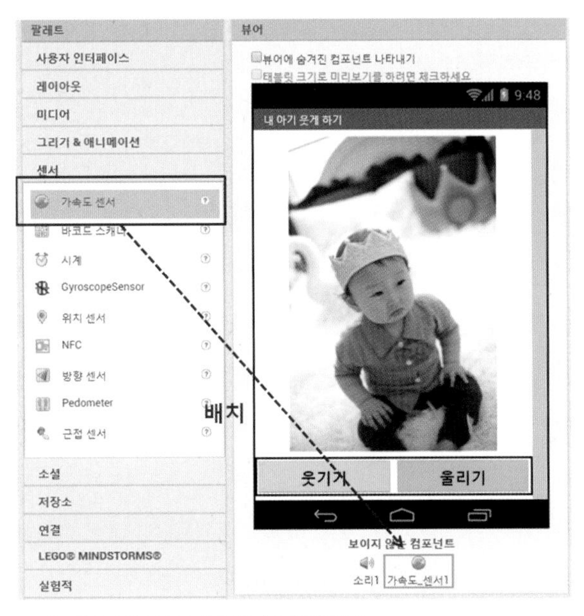


[그림 9-36] 가속도 센서 컴포넌트 배치하기

실행화면은 다음과 같다.

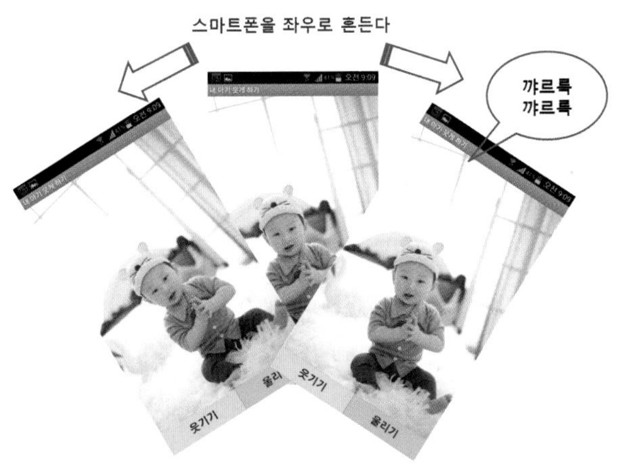


[그림 9-37] 가속도 센서를 이용한 실행화면

# 가위바위보 게임 만들기

가위바위보 게임은 남녀노소 언제 어디서나 어렵지 않게 할 수 있는 간단한 게임 중 하나이다. 주로 내기를 하거나 승부를 봐야 할 상황일 때 결정을 위한 용도로 가위바위보를 심심치 않게 한다. 현실 세계에서 실력이라기보다는 운과 심리전에 맡겨야 하는 게임인데, 이번 시간에는 스마트폰과 가위바위보로 대결하는 나만의 가위바위보 게임 어플리케이션을 만들어보자.

Section 01

## 무엇을 만들 것인가?

- [가위], [바위], [보] 버튼 중에 한 개를 선택해서 클릭하면 컴퓨터는 가위, 바위, 보 중에 랜덤하게 한 개의 패를 낸다.
- 내가 클릭한 버튼과 컴퓨터의 패를 비교하여 승, 패, 비김을 결정하고, 레이블에 표시해준다.

[그림 10-1] 가위바위보 게임 어플리케이션 실행 화면

## 사용할 컴포넌트 및 블록

[표10-1]는 예제에서 배치할 팔레트 컴포넌트 종류들이다

| 팔레트 그룹 | 컴포넌트 종류 | 기능 |
|---|---|---|
| 사용자 인터페이스 | 버튼 | 사용자가 선택할 가위, 바위, 보 버튼으로 사용한다. |
| 레이아웃 | 수평배치 | 여러 컴포넌트들을 수평정렬 시킨다. |
| 레이아웃 | 수직배치 | 여러 컴포넌트들을 수직정렬 시킨다. |
| 미디어 | 소리 | 내가 이겼을 때 환호소리를, 내가 졌을 때 아쉬움의 소리를 출력하기 위해 사용한다. |

[표10-1] 예제에서 사용한 팔레트 목록

[표10-2]는 예제에서 사용할 주요 블록들이다.

| 컴포넌트 | 블록 | 기능 |
|---|---|---|
| 버튼 | 언제 가위 .클릭<br>실행 | 사용자가 가위버튼을 클릭했을 때 처리하는 이벤트이다. |
| | 언제 바위 .클릭<br>실행 | 사용자가 바위버튼을 클릭했을 때 처리하는 이벤트이다. |
| | 언제 보 .클릭<br>실행 | 사용자가 보버튼을 클릭했을 때 처리하는 이벤트이다. |
| 소리 | 호출 소리1 .재생 | 소리를 재생시킨다. |
| 제어 | 만약<br>그러면<br>아니고 ... 라면<br>그러면<br>아니라면 | 제어문의 기능으로 가위, 바위, 보의 승패를 비교하기 위한 명령문이다. |
| 함수 | 함수 상대방<br>결과 | 사용자가 상대방이라는 이름으로 만든 함수이다. 함수 처리 후 결과값을 반환한다. |
| | 함수 승<br>실행 | 사용자가 승이라는 이름으로 만든 함수이다. 실행할 루틴을 배치하면 된다. |
| | 함수 패<br>실행 | 사용자가 패이라는 이름으로 만든 함수이다. 실행할 루틴을 배치하면 된다. |
| 리스트 | 임의의 항목 선택하기 리스트 | 리스트 중에 임의의 항목이 선택된다. |
| | 리스트 만들기 | 리스트 항목을 원하는 개수만큼 추가하여 리스트를 생성한다. |

▸▸ [표10-2] 예제에서 사용한 블록 목록

Section 02

## 프로젝트 만들기

먼저 프로젝트를 만들어보도록 하자. 앱인벤터 웹사이트(http://ai2.appinventor.mit.edu/)에 접속한다.

STEP 01 **새 프로젝트 시작하기 선택**

- [프로젝트] 메뉴에서 [새 프로젝트 시작하기...]를 선택한다.

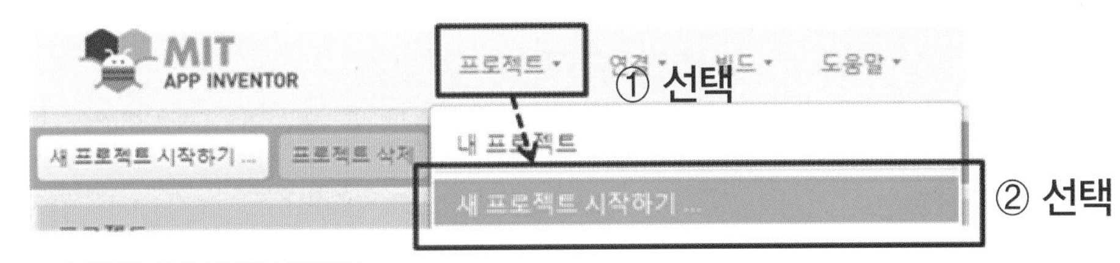


[그림 10-2] 새 프로젝트 시작하기

STEP 02 **프로젝트 이름 입력 및 확인**

- [프로젝트 이름]을 "MyRPS"이라고 입력하고 [확인] 버튼을 누른다.

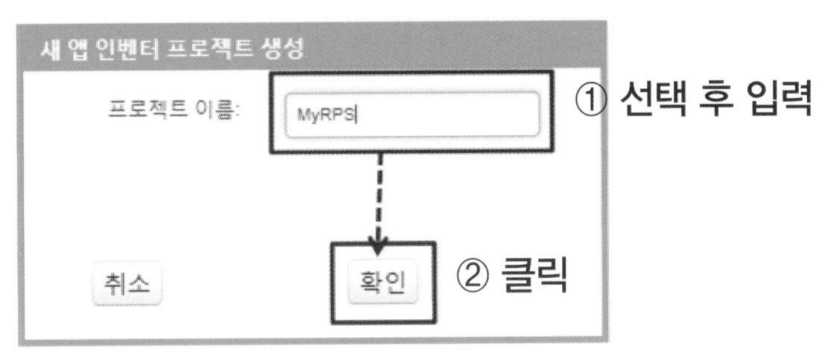


[그림 10-3] 프로젝트 이름 입력하기

## 컴포넌트 디자인하기

프로젝트상에 컴포넌트 UI를 배치해보도록 하자. 이번 장의 예제에서 배치할 컴포넌트는 [버튼], [레이블], [소리], [수평배치], [수직배치] 등 이다. 다음과 같이 [뷰어]에 컴포넌트들을 배치하도록 하자.

### STEP 01 타이틀과 소리 컴포넌트 배치하기

- [사용자 인터페이스] – [레이블] 컴포넌트를 마우스로 선택한 후 [뷰어] – [Screen1] 영역으로 드래그하여 끌어다 놓는다.
- [미디어] – [소리] 컴포넌트를 마우스로 선택한 후 [뷰어] – [Screen1] 영역으로 드래그하여 끌어다 놓는다.

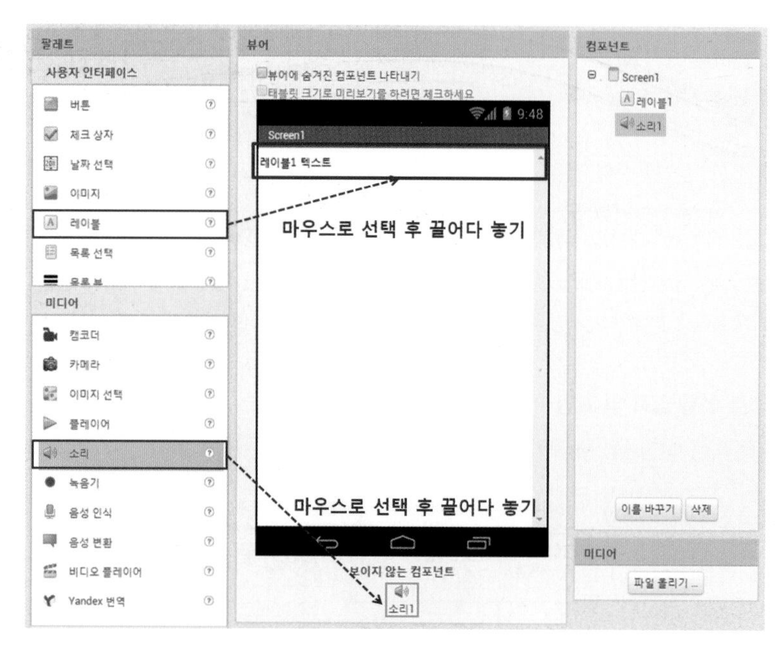


▶▶ [그림 10-4] 뷰어에 레이블과 소리 컴포넌트 끌어다 놓기

- [레이블1]의 속성을 다음과 같이 변경한다.

| 속성 | 변경할 속성값 |
|---|---|
| 배경색 | 검정 |
| 글꼴 굵게 | 체크 |
| 글꼴 크기 | 30 |
| 너비 | 부모에 맞추기 |
| 텍스트 | 가위바위보 게임 |
| 텍스트 정렬 | 가운데 |
| 텍스트 색상 | 흰색 |

▶▶ [표10-3] 레이블의 속성값 변경

- [소리]는 보이지 않는 컴포넌트로 배치 후 별도로 설정해 줄 속성은 없다.
- 이번에는 배치한 [레이블1]의 이름을 [타이틀]로 바꾸어보자.

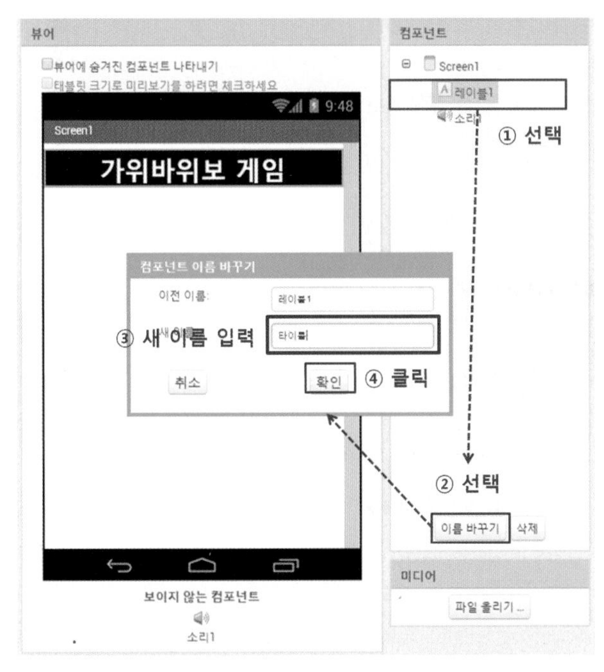


▸▸ [그림 10-5] 컴포넌트의 이름

## STEP 02 레이아웃 컴포넌트 배치하기

- 이제부터 가위바위보 게임의 레이아웃을 먼저 잡도록 하겠다. 기본 골격은 컴포넌트를 수평으로 배치하되, 내부 골격은 수직배치 형태로 구성한다.
- 먼저 [레이아웃] – [수평배치] 컴포넌트를 배치하고, 그 내부에 [레이아웃] – [수직배치] 컴포넌트를 3개 배치하도록 한다.

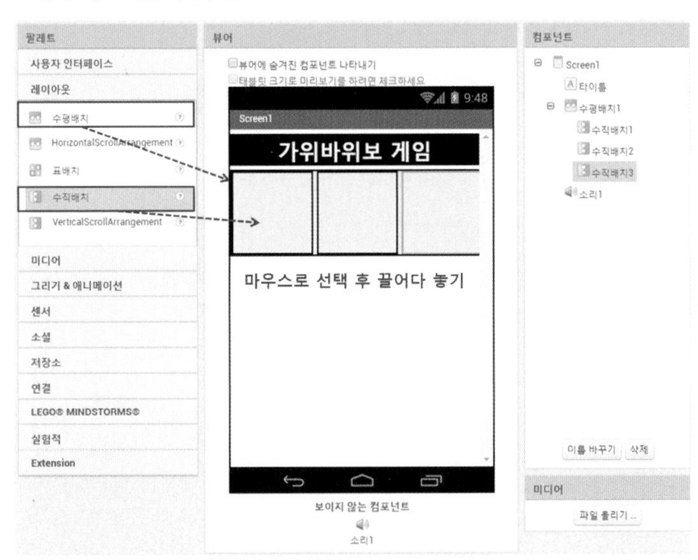


▸▸ [그림 10-6] 뷰어에 수평배치, 수직배치 컴포넌트 끌어다

● [수평배치1]의 속성을 다음과 같이 변경한다.

| 속성 | 변경할 속성값 |
|---|---|
| 너비 | 부모에 맞추기 |
| 수평 정렬 | 중앙 |

[표10-4] 수평배치1의 속성값 변경

● [수직배치1]의 속성을 다음과 같이 변경한다.

| 속성 | 변경할 속성값 |
|---|---|
| 수직 정렬 | 가운데 |
| 배경색 | 파랑 |
| 너비 | 부모에 맞추기 |

[표10-5] 수직배치1의 속성값 변경

● [수직배치2]의 속성을 다음과 같이 변경한다.

| 속성 | 변경할 속성값 |
|---|---|
| 수직 정렬 | 가운데 |
| 너비 | 부모에 맞추기 |

[표10-6] 수직배치2의 속성값 변경

● [수직배치3]의 속성을 다음과 같이 변경한다.

| 속성 | 변경할 속성값 |
|---|---|
| 수직 정렬 | 가운데 |
| 높이 | 부모에 맞추기 |
| 너비 | 부모에 맞추기 |

[표10-7] 수직배치3의 속성값 변경

## STEP 03 가위바위보 버튼 및 레이블 컴포넌트 배치하기

- 이제 본격적으로 가위바위보 버튼을 배치하고, 컴퓨터에서 출력할 레이블 컴포넌트들을 배치해 보도록 하겠다.
- [사용자 인터페이스] – [버튼]을 마우스로 선택한 후 [뷰어] – [Screen1] – [수평배치1] – [수직배치1] 영역으로 드래그하여 끌어다 놓는다. 버튼은 총 3개 끌어다 배치하며, [버튼1], [버튼2], [버튼3] 순서대로 [수직배치1] 영역 안에 잘 배치한다.
- [사용자 인터페이스] – [레이블]을 마우스로 선택한 후 [뷰어] – [Screen1] – [수평배치1] – [수직배치1] 영역으로 1개, [수직배치2] 영역으로 2개, [수직배치3] 영역으로 2개 드래그하여 끌어다 놓는다.

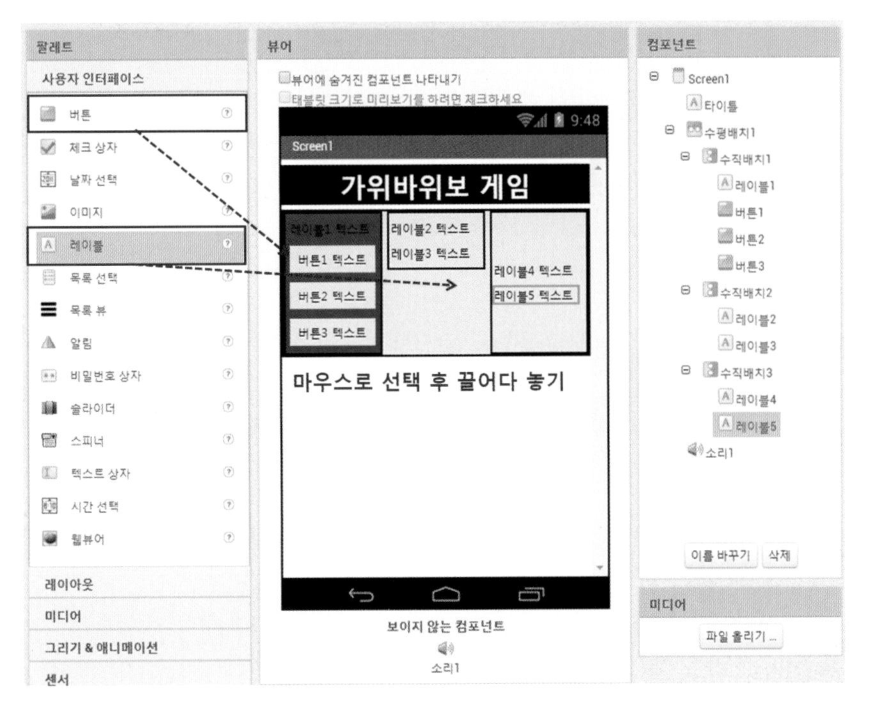


▸▸ [그림 10-7] 버튼 및 레이블 배치하기

- [버튼1], [버튼2], [버튼3]의 속성을 다음과 같이 변경한다.

| 속성 | 변경할 속성값 |
|---|---|
| 글꼴 굵게 | 체크 |
| 글꼴 크기 | 30 |
| 너비 | 부모에 맞추기 |
| 텍스트 | 가위 |

▸▸ [표10-8] 버튼1의 속성값 변경

| 속성 | 변경할 속성값 |
|---|---|
| 글꼴 굵게 | 체크 |
| 글꼴 크기 | 30 |
| 너비 | 부모에 맞추기 |
| 텍스트 | 바위 |

▶▶ [표10-9] 버튼2의 속성값 변경

| 속성 | 변경할 속성값 |
|---|---|
| 글꼴 굵게 | 체크 |
| 글꼴 크기 | 30 |
| 너비 | 부모에 맞추기 |
| 텍스트 | 보 |

▶▶ [표10-10] 버튼3의 속성값 변경

- [레이블1]의 속성을 다음과 같이 변경한다.

| 속성 | 변경할 속성값 |
|---|---|
| 배경색 | 검정 |
| 글꼴 굵게 | 체크 |
| 글꼴 크기 | 30 |
| 너비 | 부모에 맞추기 |
| 텍스트 | 나 |
| 텍스트 정렬 | 가운데 |
| 텍스트 색상 | 흰색 |

▶▶ [표10-11] 레이블1의 속성값 변경

- [레이블2]의 속성을 다음과 같이 변경한다.

| 속성 | 변경할 속성값 |
|---|---|
| 글꼴 크기 | 30 |
| 너비 | 부모에 맞추기 |
| 텍스트 | (비움) |

▶▶ [표10-12] 레이블2의 속성값 변경

● [레이블3]의 속성을 다음과 같이 변경한다.

| 속성 | 변경할 속성값 |
| --- | --- |
| 글꼴 굵게 | 체크 |
| 글꼴 크기 | 50 |
| 너비 | 부모에 맞추기 |
| 텍스트 | VS |
| 텍스트 정렬 | 가운데 |
| 텍스트 색상 | 빨강 |

▸▸ [표10-13] 레이블3의 속성값 변경

● [레이블4]의 속성을 다음과 같이 변경한다.

| 속성 | 변경할 속성값 |
| --- | --- |
| 배경색 | 검정 |
| 글꼴 굵게 | 체크 |
| 글꼴 크기 | 30 |
| 너비 | 부모에 맞추기 |
| 텍스트 | 컴퓨터 |
| 텍스트 정렬 | 가운데 |
| 텍스트 색상 | 흰색 |

▸▸ [표10-14] 레이블4의 속성값 변경

● [레이블5]의 속성을 다음과 같이 변경한다.

| 속성 | 변경할 속성값 |
| --- | --- |
| 배경색 | 노랑 |
| 글꼴 굵게 | 체크 |
| 글꼴 크기 | 30 |
| 높이 | 부모에 맞추기 |
| 너비 | 부모에 맞추기 |
| 텍스트 | 준비 |
| 텍스트 정렬 | 가운데 |

▸▸ [표10-15] 레이블5의 속성값 변경

● 이번에는 배치한 [버튼] 컴포넌트와 [레이블] 컴포넌트들의 이름을 바꾸어보자.

▶▶ [그림 10-8] 컴포넌트의 이름 바꾸기

| 컴포넌트 | 새 이름 |
|---|---|
| 버튼1 | 가위버튼 |
| 버튼2 | 바위버튼 |
| 버튼3 | 보버튼 |
| 레이블1 | 나레이블 |
| 레이블2 | 여백 |
| 레이블3 | 대결레이블 |
| 레이블4 | 컴퓨터레이블 |
| 레이블5 | 컴퓨터패레이블 |

▶▶ [표10-16] 컴포넌트의 이름 바꾸기

STEP 04 **승패 레이블 컴포넌트 배치하고, 소리파일 올리기**

- 이번에는 승패를 나타내는 [승패레이블]을 배치해보도록 하자.
- [사용자 인터페이스] – [레이블]을 선택하고 [뷰어] – [Screen1]에 끌어다 배치해보자.

[그림 10-9] 뷰어에 레이블 컴포넌트 끌어다 놓기

- [레이블1]의 속성을 다음과 같이 변경한다.

| 속성 | 변경할 속성값 |
|---|---|
| 배경색 | 검정 |
| 글꼴 굵게 | 체크 |
| 글꼴 크기 | 50 |
| 너비 | 부모에 맞추기 |
| 텍스트 | 승패 |
| 텍스트 정렬 | 가운데 |
| 텍스트 색상 | 빨강 |

[표10-17] 레이블1의 속성값 변경

● 이번에는 배치한 [레이블1] 컴포넌트의 이름을 바꾸어보자. 새 이름을 "승패레이블" 이라고 입력한다.

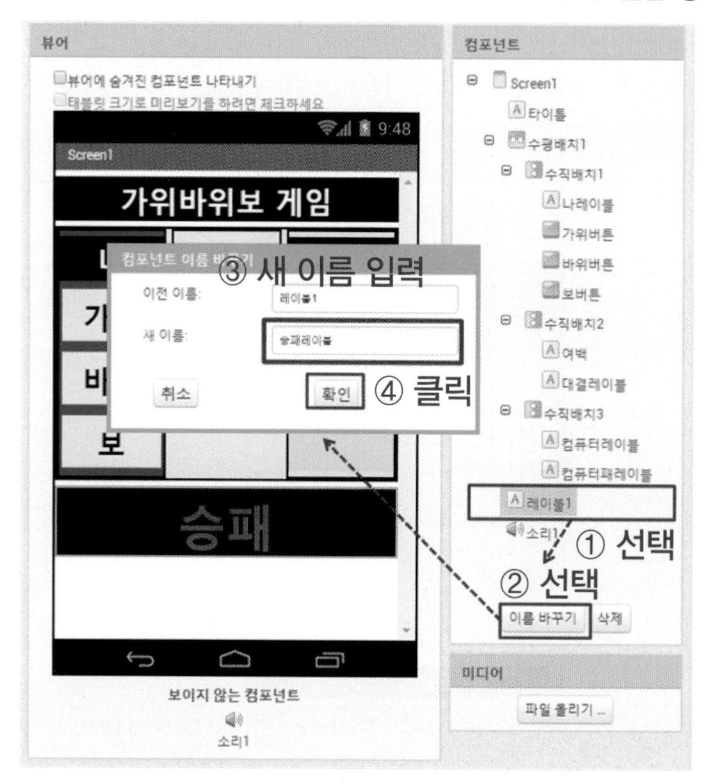


▸▸ [그림 10-10] 컴포넌트의 이름 바꾸기

● 가위바위보에서 내가 이겼을 때 환호하는 소리와 내가 졌을 때 아쉬움의 소리 음원을 미디어에 파일로 올려보자. 각각 "hwanho.mp3"와 "yayu.mp3" 파일이다.

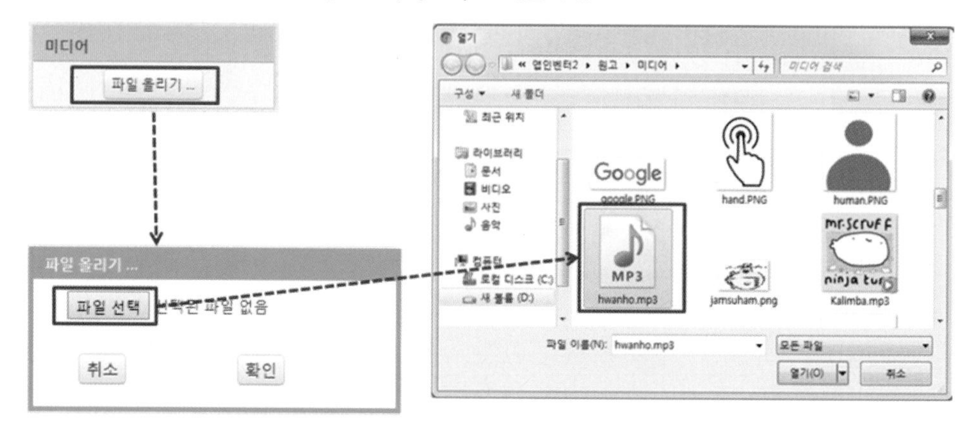


▸▸ [그림 10-11] 미디어 파일 올리기

STEP 05 **어플리케이션 제목 설정하기기**

- 마지막으로 이 어플리케이션의 제목을 설정하도록 하겠다. [Screen1]을 선택하고 [속성] – [제목]에 "나만의 가위바위보 게임"라고 입력하자.

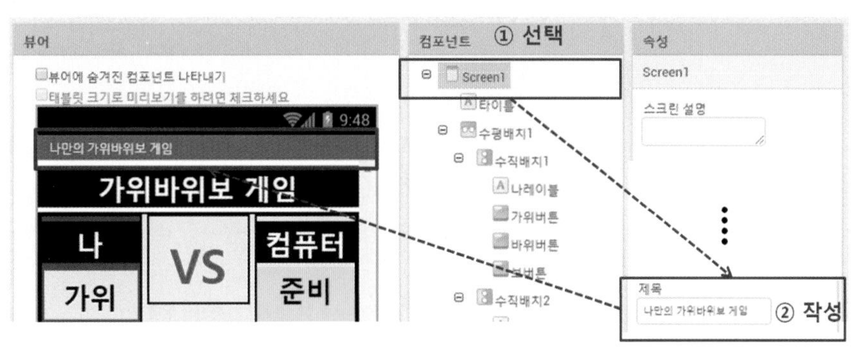


[그림 10-12] 제목 작성하기

# 블록코딩하기

[버튼], [레이블], [소리], [수평배치], [수직배치] 등의 컴포넌트들이 배치되었다. 이제 컴포넌트들이 동작할 수 있도록 블록 코딩을 해보도록 할 것이다. 먼저 앱인벤터 화면의 가장 오른쪽 끝에 [블록] 메뉴를 선택하도록 하자.

[그림 10-13] 블록 화면으로 전환하기

가위바위보 게임은 블록 코딩을 하기 앞서서 먼저 생각해야 할 것들이 있다. 이 게임의 방식은 나와 컴퓨터와의 대결이다. 나는 내가 가위를 낼 것인지, 바위를 낼 것인지, 보를 낼 것인지 결정하면 해당 버튼을 클릭하면 된다. 하지만 컴퓨터의 패는 어떻게 결정할 수 있는가? 컴퓨터는 가위, 바위, 보 이 세 가지의 패 중에 하나를 임의로 결정할 수 있게 만들어주면 된다. 그래서 그에 대한 기능을 함수로 먼저 만드는 작업이 필요하다.

### STEP 01 가위, 바위, 보 중에 임의의 항목을 선택하게 하는 [컴퓨터] 함수 만들기

- 먼저 컴퓨터가 임의로 가위, 바위, 보 중에 임의의 항목을 선택할 수 있도록 함수를 만들어보도록 한다.
- [블록] – [공통블록] – [함수]을 마우스로 선택하면 [뷰어]창에 블록들이 나타난다. 여러 블록 중에 함수 함수_이름 결과 을 선택한 후 [뷰어]에 끌어다 놓는다.

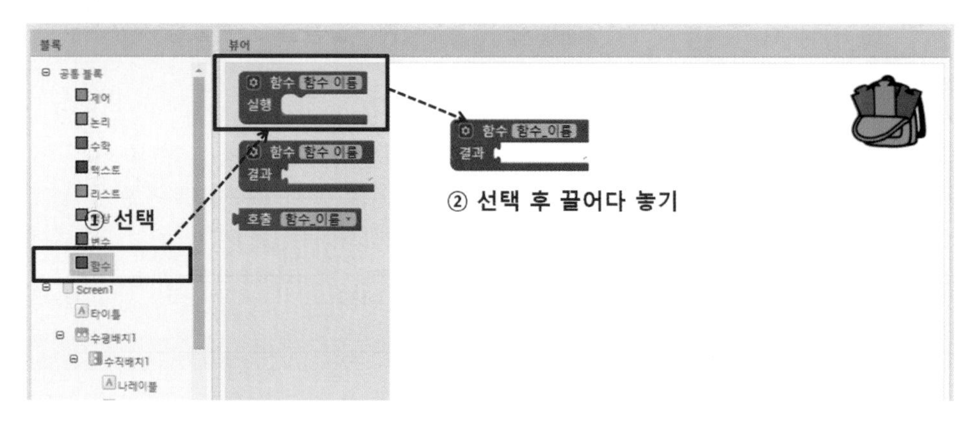


▸▸ [그림 10-14] 함수 블록 배치

- [함수]블록의 이름은 "컴퓨터"라고 입력한다.

▸▸ [그림 10-15] 함수의 이름 입력하기

- [블록] – [공통블록] – [리스트]를 선택 후 임의의 항목 선택하기 리스트 블록을 선택한 후 [함수]블록의 결과에 배치한다. 이 함수의 결과값으로 임의의 항목을 반환하겠다는 의미이다.

▸▸ [그림 10-16] 임의의 항목 선택하기 리스트 블록 배치하기

● 임의의 항목 선택하기 리스트 블록에 실제 리스트가 입력되어야 리스트 항목 중에서 한 개 선택되어 반환이 될 것이다. 그렇다면 리스트를 만드는 블록을 배치해보자.

● [블록] – [공통블록] – [리스트]를 선택 후 리스트 만들기 블록을 선택한 다음 임의의 항목 선택하기 리스트 블록에 배치한다.

▸▸ [그림 10-17] 리스트 만들기 블록 배치하기

● 리스트 만들기 블록에 [공통블록] – [텍스트]의 " " 블록을 배치하고 안에 다음과 같이 "가위"라고 텍스트를 입력한다. " " 블록을 2개 더 추가로 배치하여 각각 "바위", "보" 라고 텍스트를 입력한다. 이 때 리스트 만들기 블록의 연결은 기본으로 2개이다. 우리는 3개의 리스트를 등록해야 하므로 한 개를 더 추가해야 한다. 다음과 같이 추가하자.

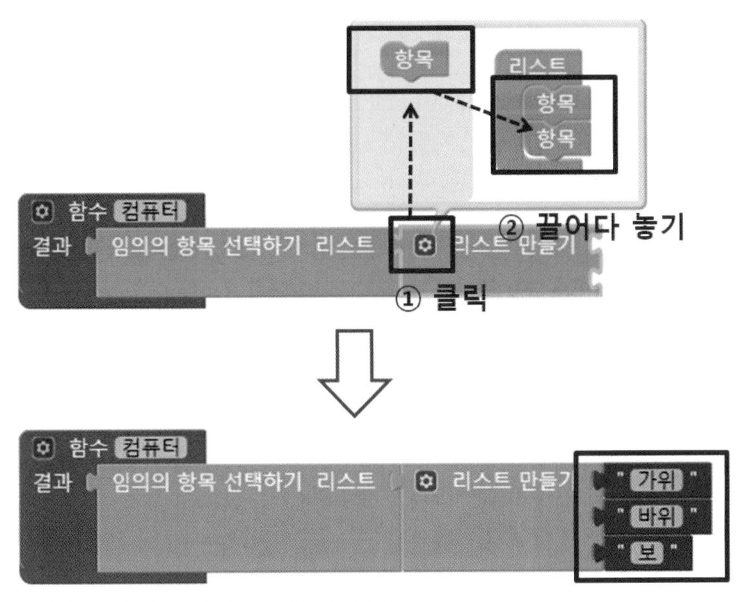


▸▸ [그림 10-18] 리스트의 항목을 추가하고, 리스트 입력하기

## STEP 02 가위바위보에서 승리했을 때와 패했을 때 처리하는 함수 만들기

- 이번에는 가위바위보에서 승리했을 때와 패했을 때 처리하는 함수를 만들어보자. 승리했을 때 나타나는 현상으로는 [승패레이블]에 "승"이냐 "패"냐, 아니면 "비김"이냐를 보여주면 되고, 이겼을 때 환호하는 소리를, 졌을때는 아쉬움의 소리를 출력해주면 된다.
- [블록] – [공통블록] – [함수]을 마우스로 선택하면 [뷰어]창에 블록들이 나타난다. 여러 블록 중에 함수 함수_이름 결과 을 선택한 후 [뷰어]에 끌어다 놓는다.

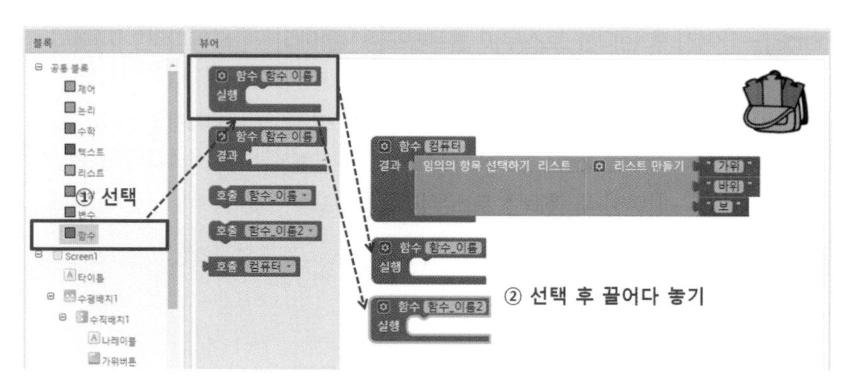


[그림 10-19] 함수 블록 배치

- [함수]블록의 이름은 각각 "승리했을때"와 "패했을때" 라고 입력한다.

[그림 10-20] 함수의 이름

- 승리했을 때에는 [승패레이블]에 "승"이라는 문자가 출력되어야 한다. [블록] – [Screen1] – [승패레이블]을 선택하면 여러 블록들이 나타나는데 그 중에 지정하기 승패레이블 . 텍스트 값 블록을 선택하여 [승리했을때] 함수 블록에 배치한다.

[그림 10-21] 임의의 항목 선택하기 리스트 블록 배치하기

- 지정하기 승패레이블 . 텍스트 값 블록에 "승"이라는 텍스트가 입력되어야 한다. 다음과 같이 [공통블록] – [텍스트]의 " " 블록을 배치하고, 승이라고 입력해보자.

[그림 10-22] 텍스트 블록 배치하고, 텍스트 입력하기

- 이겼을 때 환호하는 소리를 출력해야 하므로 [블록] – [Screen1] – [소리1]을 선택한 후 지정하기 소리1 . 소스 값 블록과 호출 소리1 .재생 블록을 [승리했을때] 함수에 배치하고, [공통블록] – [텍스트]의 " " 블록을 가져와서 “hwanho.mp3”라고 입력한 후 지정하기 소리1 . 소스 값 블록에 배치한다.

함수 승리했을때
실행 지정하기 승패레이블 . 텍스트 값 " 승 "
지정하기 소리1 . 소스 값 " hwanho.mp3 "
호출 소리1 .재생

▸▸ [그림 10-23] 소리의 소스 블록과 재생 블록 배치하기

- 함수 패했을때 실행 처리 또한 함수 승리했을때 실행 처리와 동일하므로 앞의 과정을 참고하여 함수 패했을때 실행 블록의 실행부를 블록으로 배치해보자.
- 달라지는 점은 텍스트 블록의 입력값인데, 지정하기 승패레이블 . 텍스트 값 에는 " 패 " 를 지정하기 소리1 . 소스 값 에는 " yayu.mp3 " 블록을 배치한다.

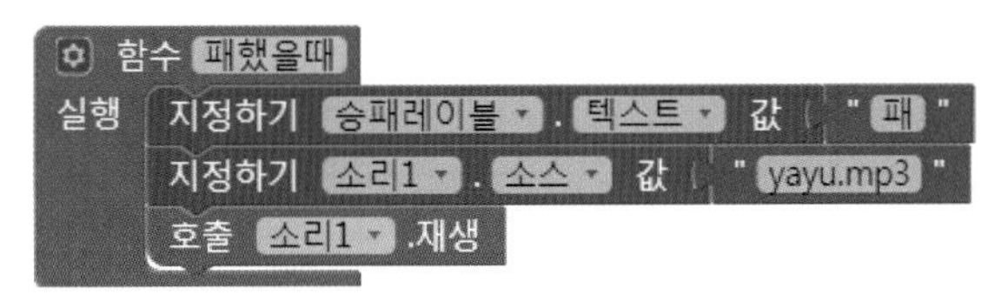


▸▸ [그림 10-24] 패했을때 함수 블록 배치하기

## STEP 03 가위버튼 클릭했을 때 이벤트 처리하기

- 이번에는 내가 [가위버튼]을 클릭했을 때 컴퓨터와 가위바위보를 대결하는 기능을 블록으로 작성해 보도록 하겠다.
- [블록] – [Screen1] – [수평배치1] – [수직배치1] – [가위버튼]을 마우스로 선택하면 [뷰어]창에 여러 가지 블록들이 나타난다. 그 중에 언제 가위버튼 .클릭 실행 을 선택한 후 [뷰어]에 끌어다 놓는다.

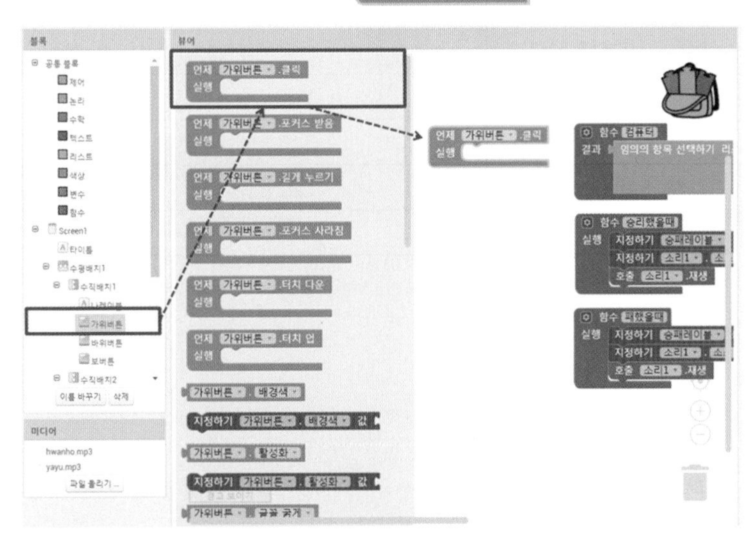


▸▸ [그림 10-25] 가위버튼 블록 배치

- [가위버튼]이 클릭되었을 때 수행해야 할 일은 컴퓨터가 가위, 바위, 보 중에 어떤 값을 냈느냐를 알아야 한다. 우리는 앞서 [컴퓨터]함수를 통해 임의로 값을 가져오는 기능을 작성하였다. 언제 가위버튼 .클릭 실행 블록 실행 시 [컴퓨터]함수를 호출하여 [컴퓨터패레이블]에 컴퓨터가 어떤 값을 가져왔는지 출력하고, 이 값을 가지고, 이겼는지, 패했는지, 비겼는지를 비교하면 된다.
- [블록] – [Screen1] – [수평배치1] – [수직배치3] – [컴퓨터패레이블]을 선택하면 여러 블록들이 나타나는데 그 중에 지정하기 컴퓨터패레이블 . 텍스트 값 블록을 선택하여 언제 가위버튼 .클릭 실행 함수 블록에 배치한다.

▶▶ [그림 10-26] 컴퓨터패레이블의 텍스트 블록 배치하기

- 지정하기 컴퓨터패레이블 . 텍스트 값 블록에 컴퓨터가 낸 가위, 바위, 보 중의 하나의 패가 입력되어야 한다. 우리가 앞서 작성했던 [컴퓨터] 함수를 호출하여 배치하면 된다. 다음과 같이 [공통블록] – [함수]의 호출 컴퓨터 블록을 배치하도록 한다.

▶▶ [그림 10-27] 컴퓨터 함수 호출하기

- 호출 컴퓨터 블록을 통해 가위, 바위, 보 중에 하나의 값을 가져왔으므로 이제는 내가 선택한 가위와 비교를 하여 승패를 가릴 수 있게 되었다. 기본적으로 비교를 하려면 조건문과 비교연산자를 사용해야 가능하다.
- [블록] – [공통블록] – [제어]를 선택하여 만약 그러면 블록을 선택하여 언제 가위버튼 .클릭 실행 에 배치한다.

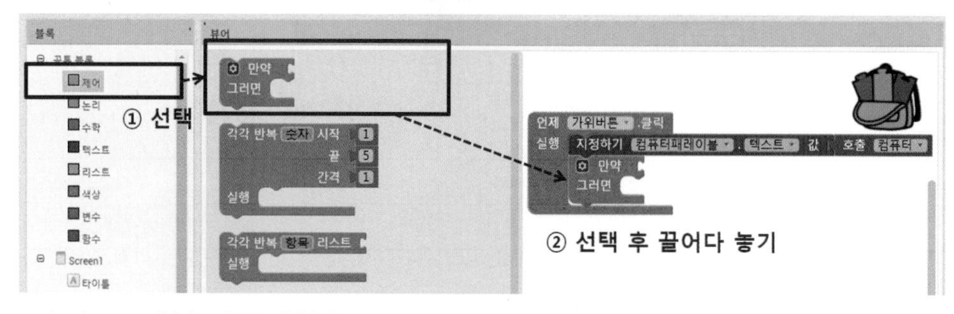


▶▶ [그림 10-28] 제어의 조건 블록 배치하기

- [만약] "가위"가 [컴퓨터]의 반환값과 같으냐라고 물어보고 같으면 [그러면] 루틴에서 처리하게 되고, 같지 않으면 넘어가게 된다. 결국, 비기는 경우에 처리하게 되고, 이기거나 지는 경우에는 처리 루틴이 없다. [만약 그러면] 블록의 조건을 다음과 같이 확장하도록 한다.

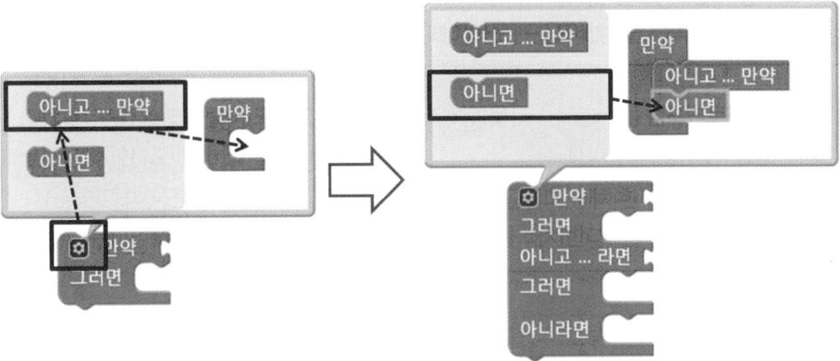


[그림 10-29] 제어의 조건 블록 확장하기

- 이제 조건문에 의해 처리할 루틴이 구성되었으므로 , [컴퓨터]의 패와 내가 누른 [가위버튼]을 비교하기만 하면 된다.
- [블록] – [공통블록]– [논리]를 선택하면 여러 블록들이 나타나는데 그 중에 [ = ] 블록을 선택하여 다음과 같이 [제어] 블록에 배치한다. 이 블록은 두 개의 값이 같은지 비교하는 블록이다.

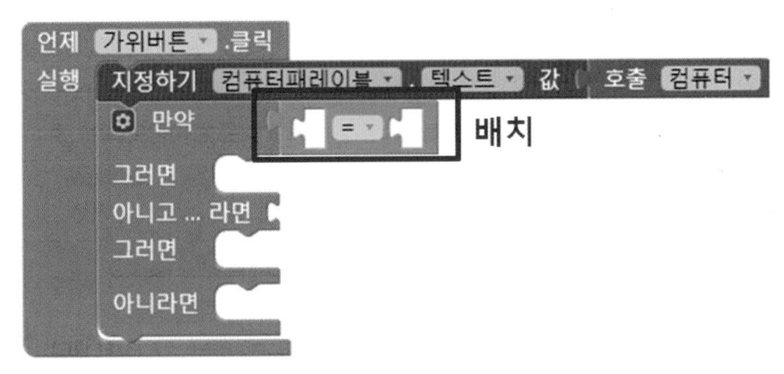


[그림 10-30] 논리의 동일 비교 블록 배치하기

- 비교해야 할 두 값은 이미 알고 있으므로 비교 블록에 값을 배치해보자. 첫 번째 값은 [컴퓨터]를 통해 임의의 값이 [컴퓨터패레이블]에 저장되어 있으므로, [블록] – [Screen1] – [수평배치1] – [수직배치3] – [컴퓨터패레이블]을 선택하여 여러 블록 중에 [컴퓨터패레이블 . 텍스트] 블록을 배치한다.
- 두 번째 값은 우리가 현재 [가위버튼]을 클릭했으므로, 내가 낸 패는 "가위"인 것이다. 즉, [블록] – [공통블록] – [텍스트]에서 [" "] 블록을 선택한 후 "가위"라고 입력하고, 다음과 같이 배치한다.

[그림 10-31] 컴퓨터패레이블과 가위 블록 배치하여

● 만약 [컴퓨터패레이블]에 "가위"의 값이 나와서 조건에 만족한다면, [그러면] 루틴이 수행되어야 하고, [승패레이블]에 "비김"이라고 출력하게 하면 된다.

● [블록] – [Screen1] – [승패레이블]을 선택하면 여러 블록이 나타나는데, 그 중에 지정하기 승패레이블 . 텍스트 값 블록을 선택하여 [그러면] 루틴에 배치한다. 그리고, 이 블록의 입력값은 " 비김 " 으로 한다.

[그림 10-32] 승패레이블에 비김 텍스트 배치하기

● 비기는 경우가 아니라면 이기거나 지거나 둘 중 하나이다. 그렇다면 다시 비교하여 승패를 가려보도록 한다.

● [아니고...라면]에 비교 블록인 = 을 배치하고, 각각 컴퓨터패레이블 . 텍스트 블록과 " " 블록을 배치한다. " " 블록의 값에는 "바위"를 입력한다.

[그림 10-33] 컴퓨터패레이블과 바위 블록 배치하여 비교하기

● 만약 [컴퓨터패레이블]에 "바위"의 값이 나와서 조건에 만족한다면, [그러면] 루틴이 수행되어야 하는데, 가위가 바위에 패했으므로, 앞서 작성했던 [패했을때] 함수를 호출하면 된다. 그리고 [아니라면]의 경우는 그의 반대인 [승리했을때] 함수를 호출하도록 처리한다.

● [블록] – [공통블록] – [함수]를 선택하고, 호출 패했을때 블록과 호출 승리했을때 블록을 다음과 같이 배치한다.

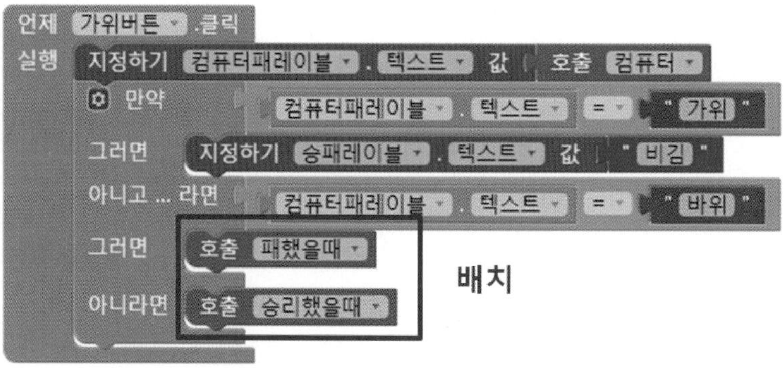

[그림 10-34] 패했을때 함수와 승리했을때 함수 호출

## STEP 04 바위버튼 클릭했을 때 이벤트 처리하기

- 이번에는 내가 [바위버튼]을 클릭했을 때 컴퓨터와 가위바위보를 대결하는 기능을 블록으로 작성해 보도록 하겠다. 앞에서 배치했던 [가위버튼]과 방식은 동일하고, 다만 비교문에서 승패를 결정하기 위한 문자만 변경해주면 된다.

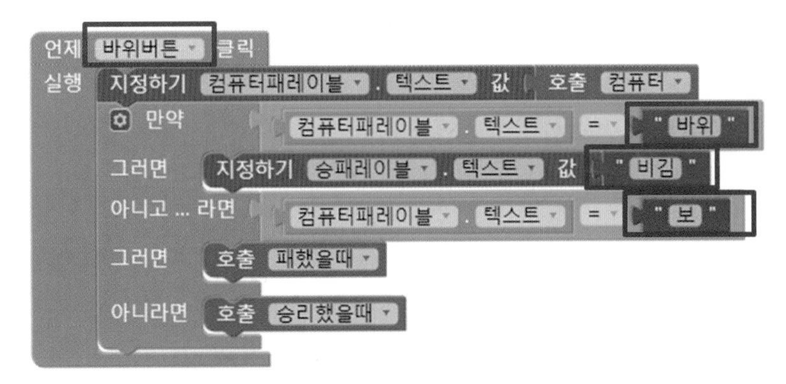


[그림 10-35] 바위버튼을 클릭했을 때 블록 코드

## STEP 05 보버튼 클릭했을 때 이벤트 처리하기

- 이번에는 내가 [보버튼]을 클릭했을 때 컴퓨터와 가위바위보를 대결하는 기능을 블록으로 작성해보도록 하겠다. 앞에서 배치했던 [가위버튼]과 방식은 동일하고, 다만 비교문에서 승패를 결정하기 위한 문자만 변경해주면 된다.

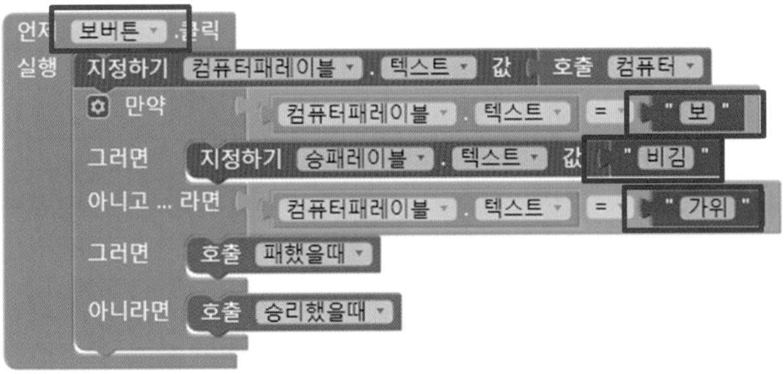

[그림 10-36] 보버튼을 클릭했을 때 블록 코드

## 실행해보기

컴포넌트 디자인 및 블록 코딩이 모두 끝났다. 이제 내가 구현한 앱을 스마트폰 상에서 구동할 수 있도록 실행해 보자. 안드로이드 스마트폰 기기 또는 스마트폰이 없는 경우에는 에뮬레이터를 통해 실행 결과를 확인해 보도록 하자.

### STEP 01 [연결] – [AI 컴패니언] 메뉴 선택

- 프로젝트에서 [연결] 메뉴의 [AI 컴패니언]을 선택한다.

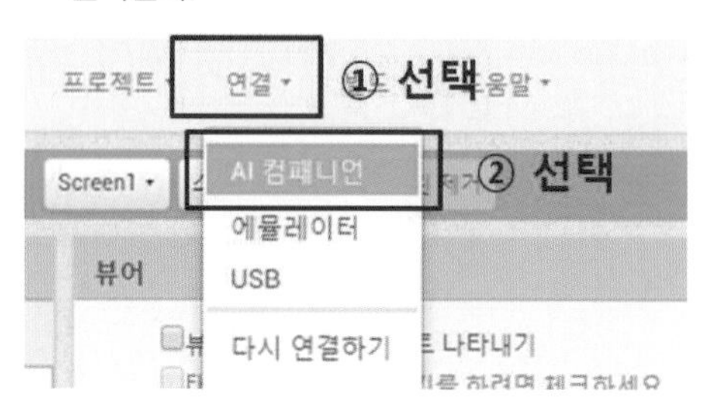


[그림 10-37] 스마트폰 연결을 위한 AI 컴패니언 실행하기

- 컴패니언에 연결하기 위한 QR 코드가 화면에 나타난다.

[그림 10-38] 컴패니언에 연결하기 위한 QR 코드

이번에는 안드로이드 기반의 스마트폰으로 가서 앞서 설치한 MIT AI2 Companion 앱을 실행하도록 하자.

### STEP 02 폰에서 MIT AI2 Companion 앱 실행하여 QR 코드 찍기

- 안드로이드 폰 기기에서 "MIT AI2 Companion" 앱을 실행한다.

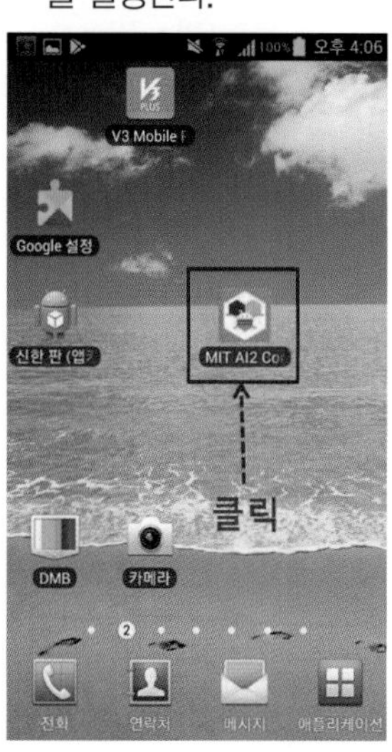


[그림 10-39] MIT AI2 Companion 앱 실행

- 앱 메뉴 중 아래쪽의 "scan QR code" 메뉴를 선택한다.

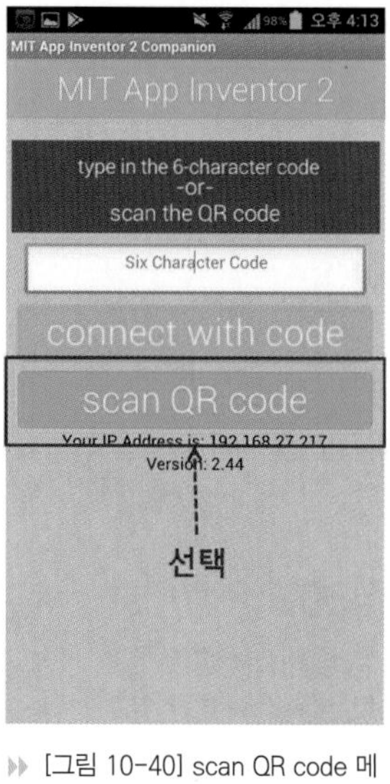

[그림 10-40] scan QR code 메뉴 선택

- QR 코드를 찍기 위한 카메라 모드가 동작하면 컴퓨터 화면에 나타난 QR 코드에 갖다 댄다.

[그림 10-41] QR 코드 스캔 중

### STEP 03 가위바위보 게임 수행하기

- QR 코드가 찍히고 나면 폰 화면에 다음과 같이 우리가 만든 실행 결과로써의 앱이 나타난다.
- [가위버튼], [바위버튼], [보버튼] 중에 한 개를 선택하여 가위바위보를 한다.

[그림 10-42] 가위바위보 게임 어플리케이션 실행

# Section 03 전체 프로그램 한 눈에 보기

앞서 컴포넌트 배치부터 블록 코딩까지 순차적으로 진행하였다. 이를 한 눈에 확인해봄으로써 내가 배치한 UI 및 블록 코딩이 틀린 점은 없는지 비교해보고, 이 단원을 정리해 보도록 한다.

## 전체 컴포넌트 UI

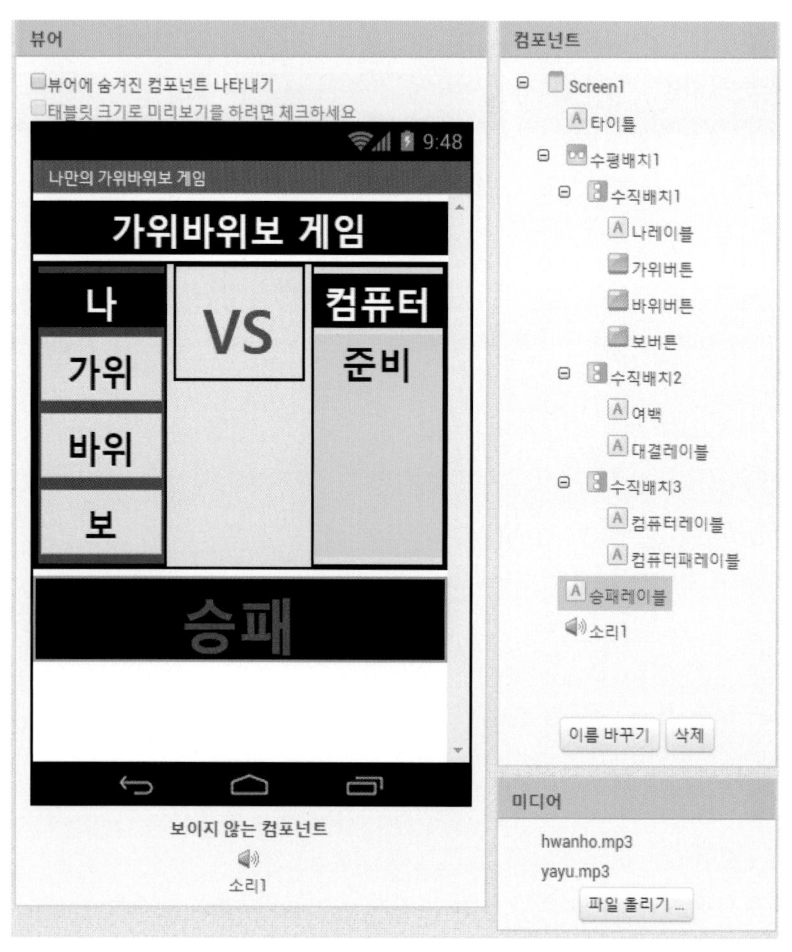


[그림 10-43] 전체 컴포넌트 디자이너

## 전체 블록 코딩

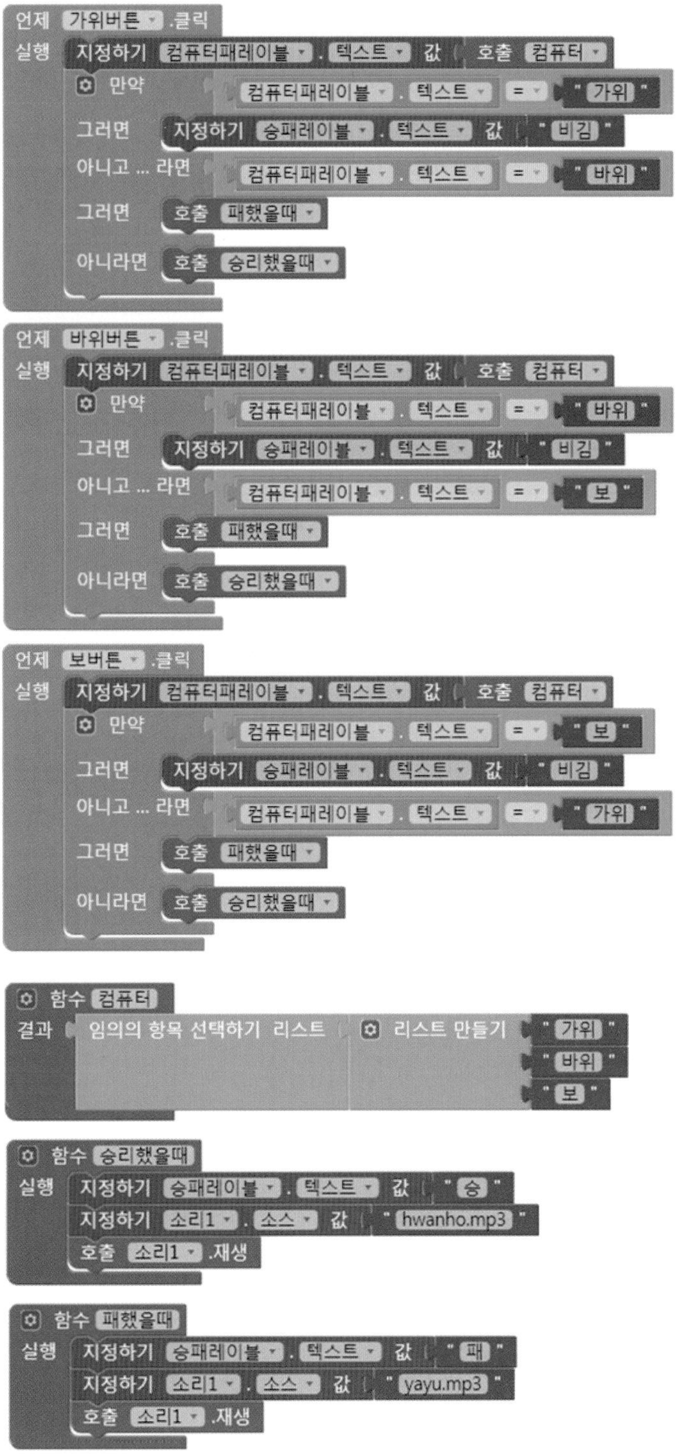

```
언제 가위버튼 .클릭
실행 지정하기 컴퓨터패레이블 . 텍스트 값 호출 컴퓨터
     만약 컴퓨터패레이블 . 텍스트 = "가위"
     그러면 지정하기 승패레이블 . 텍스트 값 "비김"
     아니고 ... 라면 컴퓨터패레이블 . 텍스트 = "바위"
     그러면 호출 패했을때
     아니라면 호출 승리했을때

언제 바위버튼 .클릭
실행 지정하기 컴퓨터패레이블 . 텍스트 값 호출 컴퓨터
     만약 컴퓨터패레이블 . 텍스트 = "바위"
     그러면 지정하기 승패레이블 . 텍스트 값 "비김"
     아니고 ... 라면 컴퓨터패레이블 . 텍스트 = "보"
     그러면 호출 패했을때
     아니라면 호출 승리했을때

언제 보버튼 .클릭
실행 지정하기 컴퓨터패레이블 . 텍스트 값 호출 컴퓨터
     만약 컴퓨터패레이블 . 텍스트 = "보"
     그러면 지정하기 승패레이블 . 텍스트 값 "비김"
     아니고 ... 라면 컴퓨터패레이블 . 텍스트 = "가위"
     그러면 호출 패했을때
     아니라면 호출 승리했을때

함수 컴퓨터
결과 임의의 항목 선택하기 리스트 리스트 만들기 "가위"
                                          "바위"
                                          "보"

함수 승리했을때
실행 지정하기 승패레이블 . 텍스트 값 "승"
     지정하기 소리1 . 소스 값 "hwanho.mp3"
     호출 소리1 .재생

함수 패했을때
실행 지정하기 승패레이블 . 텍스트 값 "패"
     지정하기 소리1 . 소스 값 "yayu.mp3"
     호출 소리1 .재생
```

[그림 10-44] 전체 컴포넌트 블록

## 생각 확장해보기

### ● 제어문에 관하여

이번 시간에 우리는 [공통블록] – [제어] 블록을 사용하였다. 제어문은 일반 프로그래밍에서 전통적으로 많이 사용되고 있는 기본적인 명령문이다.

제어문에는 크게 조건문과 반복문이 있다. 조건문은 우리가 사용했던 "만약 ~ 라면" 이라는 의미의 명령문이고, 반복문은 "~하는 동안 반복하라" 라는 의미의 명령문이다. 다음은 [공통블록] – [제어]에서 제공하는 조건문과 반복문의 블록 형태이다.

| 제어문 | 설명 |
|---|---|
| 만약<br>그러면<br>아니면 | 가장 기본적인 조건문의 형태로 임의의 조건에 의해 양자택일을 해야 하는 상황일 때 이 조건문을 사용하면 적합하다. 예를 들면 중국집에 가서 자장면과 짬뽕 중 한 개를 선택해야 하는 경우가 그러하다. |
| 만약<br>그러면<br>아니고 ... 라면<br>그러면<br>아니라면 | 기본적인 조건문에서 확장한 형태로 한가지의 조건이 아닌 여러 조건을 갖게 되는 경우 이 조건문을 사용하면 적합하다. 예를 들어 음식을 먹으러 갈 때 한식, 중식, 양식, 일식 중 여러 개 중에 하나를 선택해야 하는 경우가 그러하다. |
| ~하는 동안 검사<br>실행 | 기본적인 반복문의 형태로 특정 조건을 만족하는 동안 같은 동작을 반복하는 형태이다. 예를 들어 자동차 경주를 하는 경우 트랙을 10번 돌아야 끝이 난다고 한다면, 매번 한 바퀴씩 돌면서 현재 10번 이내로 돌았는지를 체크하고, 10번 이내이면 반복하고, 10번이 되면 반복을 빠져나가게 한다. |

▶▶ [표10-18] 조건문과 반복문 블록의 종류

코딩 시 어떤 조건을 비교해서 A와 B로 분기를 나누어야 하는 로직을 작성해야 한다면 조건문을 사용하고, 어떠한 특정 조건이 만족하는 동안 주기적으로 반복해야 하는 로직을 작성해야 한다면 반복문을 사용하도록 한다.

### ● 논리연산자에 관하여

우리는 이번 시간에 [공통블록] – [논리] 블록 또한 사용한 바 있다. 바로  블록인데, A와 B가 같은지를 비교하는 블록이다. 그래서 이 블록은 비교를 통해 분기하는 조건문이나 조건이 만족하는 동안 수행하는 반복문에 같이 사용하는 경우가 많다. 이 외에 여러 논리연산자들을 제공하고 있는데, 살펴보도록 하자.

| 논리연산자 | 설명 |
|---|---|
| 참 | 참과 거짓을 구분하는 용도로 사용한다. 조건문에서 조건을 만족하는 경우가 참인 상태이다. 일반 프로그래밍에서는 true라고 표현하고, 정수값으로는 1의 상태를 나타낸다. |
| 거짓 | 참과 거짓을 구분하는 용도로 사용한다. 조건문에서 조건을 불만족하는 경우가 거짓인 상태이다. 일반 프로그래밍에서는 false라고 표현하고, 정수값으로는 0의 상태를 나타낸다. |
| 아니다 | 무조건 부정을 하는 블록이다. 참블록을 이 블록에 끼우면 거짓이 되고, 거짓블록을 이 블록에 끼우면 참이 된다. |
| = | A와 B가 같은지를 비교한다. 같으면 참의 상태가 되고, 같지 않으면 거짓의 상태가 된다. |
| 그리고 | A도 참이고, B도 참이여야만 참의 상태가 된다. "그리고"라는 말은 A와 B 모두 만족해야 한다는 의미이다. |
| 또는 | A가 참이거나, B가 참인 경우 참의 상태가 된다. "또는"이라는 말은 A와 B 둘 중에 하나만 만족하면 참이 된다는 의미이다. |

[표10-19] 논리연산자 블록의 종류

CHAPTER 11

# 계산기 만들기

컴퓨터가 생기기 전부터 오랫동안 유용하게 사용했던 기기 중에 하나가 바로 계산기이다. 간단한 사칙연산을 하는 계산기부터, 복잡한 수학 연산을 하는 공학용 계산기, 프로그래밍 개발자를 위한 프로그래밍 계산기 등 특화된 계산기들이 있다. 이번 시간에는 앱인벤터에서 제공하는 수학 블록을 이용하여 나만의 간단한 사칙연산 계산기를 만들어보자.

## 무엇을 만들 것인가?

- 두 개의 텍스트 상자에 계산할 수를 각각 입력하고, 사칙연산 중 한 개의 버튼을 선택하여 클릭하면 계산된 결과가 결과 레이블에 출력된다.

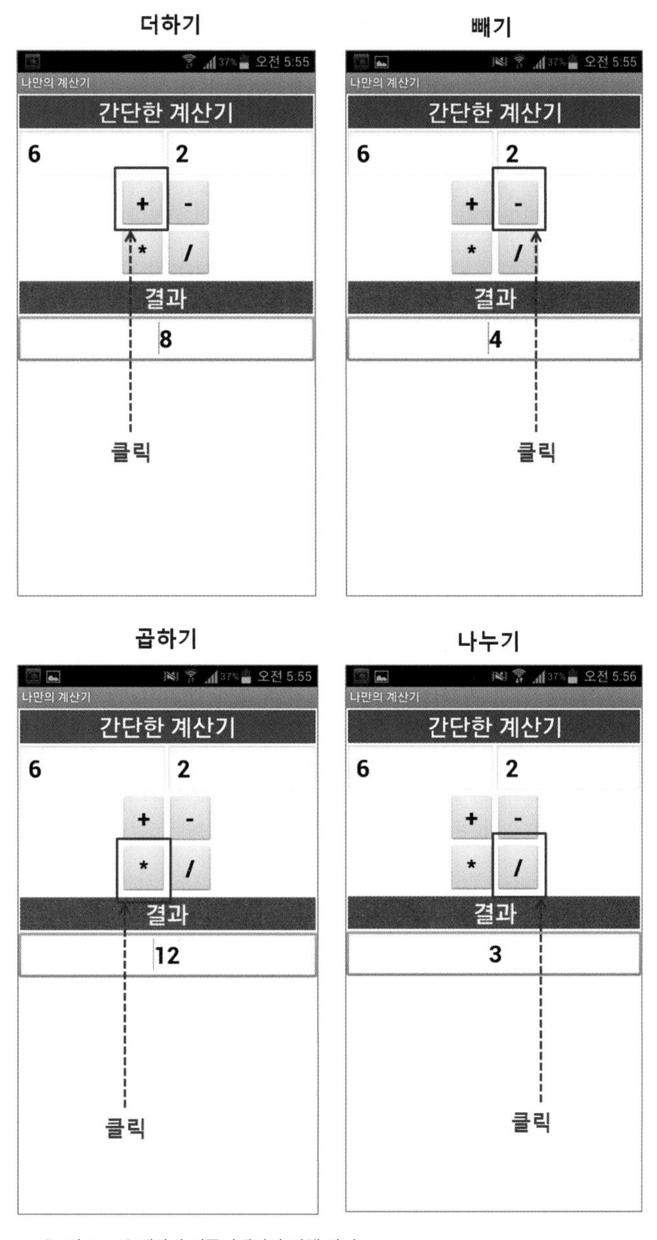


[그림 11-1] 계산기 어플리케이션 실행 화면

#  사용할 컴포넌트 및 블록

[표11-1]는 예제에서 배치할 팔레트 컴포넌트 종류들이다.

| 팔레트 그룹 | 컴포넌트 종류 | 기능 |
|---|---|---|
| 사용자 인터페이스 | 버튼 | 사용자가 선택할 더하기, 빼기, 곱하기, 나누기 버튼으로 사용한다. |
| 사용자 인터페이스 | 텍스트 상자 | 연산을 위해 사용자가 숫자를 입력하기도 하고, 결과를 출력하기도 한다. . |
| 레이아웃 | 수평배치 | 여러 컴포넌트들을 수평정렬 시킨다. |
| 레이아웃 | 표배치 | 여러 컴포넌트들을 행열의 형태로 배치시킨다. |

▶▶ [표11-1] 예제에서 사용한 팔레트 목록

[표11-2]는 예제에서 사용할 주요 블록들이다.

| 컴포넌트 | 블록 | 기능 |
|---|---|---|
| 버튼 | 언제 더하기버튼 .클릭 실행 | 사용자가 더하기버튼을 클릭했을 때 처리하는 이벤트이다. |
| | 언제 빼기버튼 .클릭 실행 | 사용자가 빼기버튼을 클릭했을 때 처리하는 이벤트이다. |
| | 언제 곱하기버튼 .클릭 실행 | 사용자가 곱하기버튼을 클릭했을 때 처리하는 이벤트이다. |
| | 언제 나누기버튼 .클릭 실행 | 사용자가 나누기버튼을 클릭했을 때 처리하는 이벤트이다. |
| 제어 | 만약 그러면 아니라면 | 제어문의 기능으로 만약의 조건을 만족하면 그러면 이후를 처리하고, 조건을 만족하지 않는다면 아니라면 이후를 처리한다. |
| 제어 | + | 수학의 기능으로 두 값을 더하여 결과값을 반환한다. |
| | - | 수학의 기능으로 앞의 값에서 뒤의 값을 뺀 결과값을 반환한다. |
| | × | 수학의 기능으로 두 값을 곱하여 결과값을 반환한다. |
| | / | 수학의 기능으로 앞의 값에서 뒤의 값을 나눈 몫의 값을 반환한다. |
| 논리 | 또는 | A가 참이거나 B가 참인 경우 참을 반환한다. |

▶▶ [표11-2] 예제에서 사용한 블록 목록

# Section 02 만들어보기

## 프로젝트 만들기

먼저 프로젝트를 만들어보도록 하자. 앱인벤터 웹사이트(http://ai2.appinventor.mit.edu/)에 접속한다.

**STEP 01** **새 프로젝트 시작하기 선택**

- [프로젝트] 메뉴에서 [새 프로젝트 시작하기...]를 선택한다.

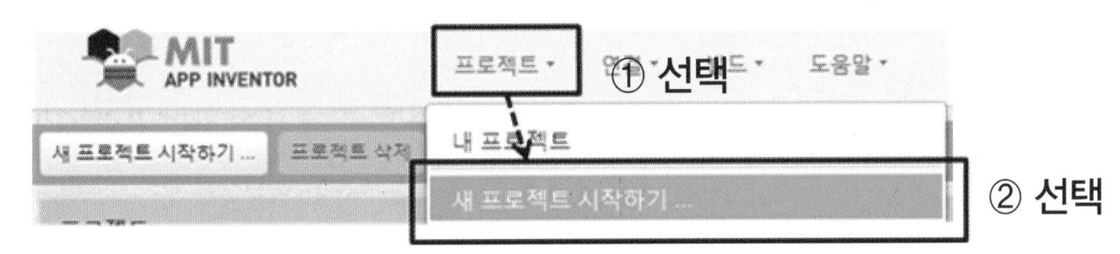


[그림 11-2] 새 프로젝트 시작하기

**STEP 02** **프로젝트 이름 입력 및 확인**

- [프로젝트 이름]을 "MyCalculator"이라고 입력하고 [확인] 버튼을 누른다.

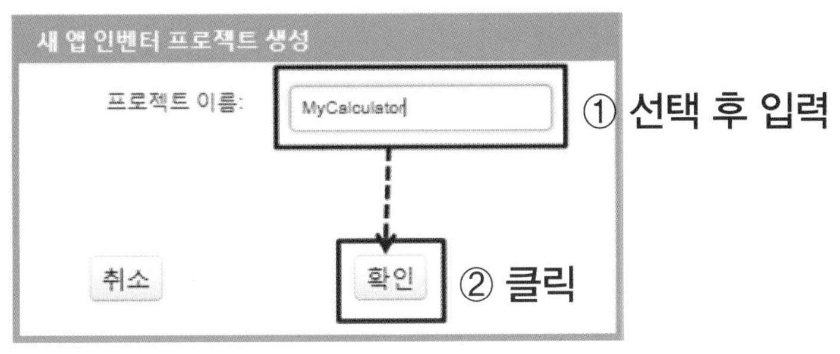


[그림 11-3] 프로젝트 이름 입력하기

## 컴포넌트 디자인하기

프로젝트상에 컴포넌트 UI를 배치해보도록 하자. 이번 장의 예제에서 배치할 컴포넌트는 [버튼], [레이블], [수평배치], [표배치] 등 이다. 다음과 같이 [뷰어]에 컴포넌트들을 배치하도록 하자.

STEP 01 **타이틀과 입력창 컴포넌트 배치하기**

- [사용자 인터페이스] – [레이블] 컴포넌트를 마우스로 선택한 후 [뷰어] – [Screen1] 영역으로 드래그하여 끌어다 놓는다.
- [사용자 인터페이스] – [텍스트 상자] 컴포넌트를 마우스로 선택한 후 [뷰어] – [Screen1] 영역으로 드래그하여 끌어다 놓는다.
- [레이아웃] – [수평배치] 컴포넌트를 마우스로 선택한 후 [뷰어] – [Screen1] 영역으로 드래그하여 끌어다 놓는다.

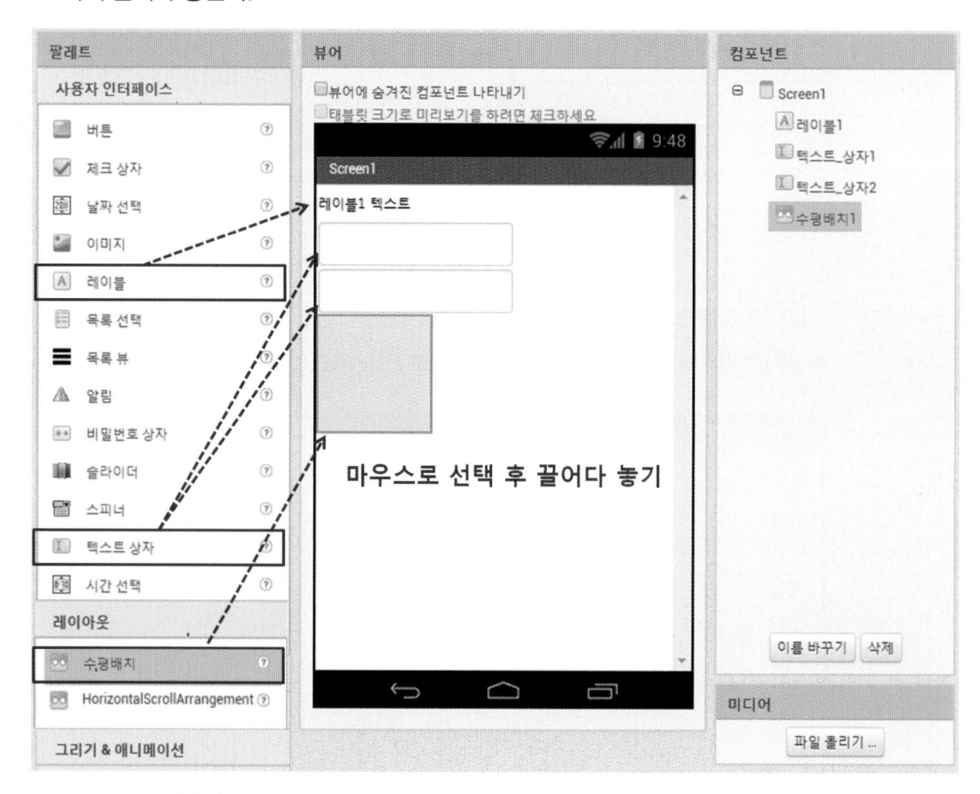


[그림 11-4] 뷰어에 레이블, 텍스트상자, 수평배치 컴포넌트 끌어다 놓기

- [레이블1]의 속성을 다음과 같이 변경한다.

| 속성 | 변경할 속성값 |
|---|---|
| 배경색 | 파랑 |
| 글꼴 굵게 | 체크 |
| 글꼴 크기 | 25 |
| 너비 | 부모에 맞추기 |
| 텍스트 | 간단한 계산기 |
| 텍스트 정렬 | 가운데 |
| 텍스트 색상 | 흰색 |

[표11-3] 레이블1의 속성값 변경

- [텍스트상자1]의 속성을 다음과 같이 변경한다.

| 속성 | 변경할 속성값 |
|---|---|
| 글꼴 굵게 | 체크 |
| 너비 | 부모에 맞추기 |
| 힌트 | 값 입력 |
| 숫자만 | 체크 |
| 글꼴 크기 | 25 |
| 텍스트 정렬 | 가운데 |

[표11-4] 텍스트상자1의 속성값 변경

- [텍스트상자2]의 속성을 다음과 같이 변경한다.

| 속성 | 변경할 속성값 |
|---|---|
| 글꼴 굵게 | 체크 |
| 너비 | 부모에 맞추기 |
| 힌트 | 값 입력 |
| 숫자만 | 체크 |
| 글꼴 크기 | 25 |
| 텍스트 정렬 | 가운데 |

[표11-5] 텍스트상자2의 속성값 변경

- [수평배치1]의 속성을 다음과 같이 변경한다.

| 속성 | 변경할 속성값 |
|---|---|
| 너비 | 부모에 맞추기 |

▶▶ [표11-6] 수평배치1의 속성값 변경

- [수평배치1] 안에 [텍스트상자1]과 [텍스트상자2]를 순서대로 배치한다.
- 이번에는 배치한 [레이블1], [텍스트상자1], [텍스트상자2] 컴포넌트의 이름을 변경해보자.

▶▶ [그림 11-5] 컴포넌트의 이름 바꾸기

| 컴포넌트 | 새 이름 |
|---|---|
| 레이블1 | 타이틀 |
| 텍스트상자1 | 입력창1 |
| 텍스트상자2 | 입력창2 |

▶▶ [표11-7] 컴포넌트의 이름 바꾸기

## STEP 02 사칙연산버튼과 표배치 컴포넌트 배치하기

- 이번에는 계산기의 실제 계산을 하기 위한 사칙연산 버튼을 배치해보도록 하자. [사용자 인터페이스] – [버튼]을 선택하고, 4개의 버튼을 [뷰어] – [Screen1]에 끌어다 놓는다.
- 버튼의 배치의 경우 더하기, 빼기, 곱하기, 나누기 총 4개의 버튼을 2행 2열의 형태로 배치할 것이므로, [표배치] 컴포넌트를 사용하도록 한다. [레이아웃] – [표배치]를 선택하고, [뷰어] – [Screen1]에 끌어다 놓는다.
- 배치한 표가 수평정렬이 되도록 하기 위해 [레이아웃] – [수평배치] 컴포넌트를 배치하고, 그 내부에 앞서 배치한 [표배치1]을 끌어다 놓는다.
- [표배치] 컴포넌트는 기본으로 2행 2열의 행열을 제공한다. 배치한 버튼을 [표배치1]의 (0, 0), (0, 1), (1, 0), (1, 1) 위치에 [버튼1], [버튼2], [버튼3], [버튼4]를 배치한다.

▸▸ [그림 11-6] 뷰어에 수평배치, 표배치, 버튼 컴포넌트 끌어다 놓기

- [수평배치2]의 속성을 다음과 같이 변경한다.

| 속성 | 변경할 속성값 |
|---|---|
| 너비 | 부모에 맞추기 |
| 수평 정렬 | 중앙 |

▸▸ [표11-8] 수평배치2의 속성값 변경

● [버튼1]의 속성을 다음과 같이 변경한다.

| 속성 | 변경할 속성값 |
|---|---|
| 글꼴 굵게 | 체크 |
| 글꼴 크기 | 25 |
| 너비 | 50 pixels |
| 텍스트 | + |

▶▶ [표11-9] 버튼1의 속성값 변경

● [버튼2]의 속성을 다음과 같이 변경한다.

| 속성 | 변경할 속성값 |
|---|---|
| 글꼴 굵게 | 체크 |
| 글꼴 크기 | 25 |
| 너비 | 50 pixels |
| 텍스트 | – |

▶▶ [표11-10] 버튼2의 속성값 변경

● [버튼3]의 속성을 다음과 같이 변경한다.

| 속성 | 변경할 속성값 |
|---|---|
| 글꼴 굵게 | 체크 |
| 글꼴 크기 | 25 |
| 너비 | 50 pixels |
| 텍스트 | * |

▶▶ [표11-11] 버튼3의 속성값 변경

● [버튼4]의 속성을 다음과 같이 변경한다.

| 속성 | 변경할 속성값 |
|---|---|
| 글꼴 굵게 | 체크 |
| 글꼴 크기 | 25 |
| 너비 | 50 pixels |
| 텍스트 | / |

▶▶ [표11-12] 버튼4의 속성값 변경

● 이번에는 배치한 [버튼1], [버튼2], [버튼3], [버튼4] 컴포넌트의 이름을 변경해보자.

[그림 11-7] 컴포넌트의 이름 바꾸기

| 컴포넌트 | 새 이름 |
|---|---|
| 버튼1 | 더하기버튼 |
| 버튼2 | 빼기버튼 |
| 버튼3 | 곱하기버튼 |
| 버튼4 | 나누기버튼 |

[표11-13] 컴포넌트의 이름 바꾸기

## STEP 03 결과레이블 및 결과창 컴포넌트 배치하기

- 이번에는 계산 결과를 출력하는 결과창을 배치하도록 하자.
- [사용자 인터페이스] – [레이블]을 마우스로 선택한 후 [뷰어] – [Screen1] 영역으로 드래그하여 끌어다 놓는다.
- [사용자 인터페이스] – [텍스트 상자]를 마우스로 선택한 후 [뷰어] – [Screen1] 영역으로 드래그하여 끌어다 놓는다.

▶▶ [그림 11-8] 레이블 및 텍스트 상자 배치하기

- [레이블1]의 속성을 다음과 같이 변경한다.

| 속성 | 변경할 속성값 |
|---|---|
| 글꼴 굵게 | 체크 |
| 배경색 | 빨강 |
| 글꼴 크기 | 25 |
| 너비 | 부모에 맞추기 |
| 텍스트 | 결과 |
| 텍스트 정렬 | 가운데 |
| 텍스트 색상 | 흰색 |

▶▶ [표11-14] 레이블1의 속성값 변경

● [텍스트상자1]의 속성을 다음과 같이 변경한다.

| 속성 | 변경할 속성값 |
|---|---|
| 글꼴 굵게 | 체크 |
| 글꼴 크기 | 25 |
| 너비 | 부모에 맞추기 |
| 힌트 | 결과가 출력됩니다 |
| 텍스트 정렬 | 가운데 |

▸▸ [표11-15] 텍스트상자1의 속성값 변경

● 이번에는 배치한 [레이블1]과 [텍스트상자1] 컴포넌트들의 이름을 바꾸어보자.

▸▸ [그림 11-9] 컴포넌트의 이름 바꾸기

| 컴포넌트 | 새 이름 |
|---|---|
| 레이블1 | 결과레이블 |
| 텍스트상자1 | 결과창 |

▸▸ [표11-16] 컴포넌트의 이름 바꾸기

### STEP 04 어플리케이션 제목 설정하기

- 마지막으로 이 어플리케이션의 제목을 설정하도록 하겠다. [Screen1]을 선택하고 [속성] – [제목]에 "나만의 계산기"라고 입력하자.

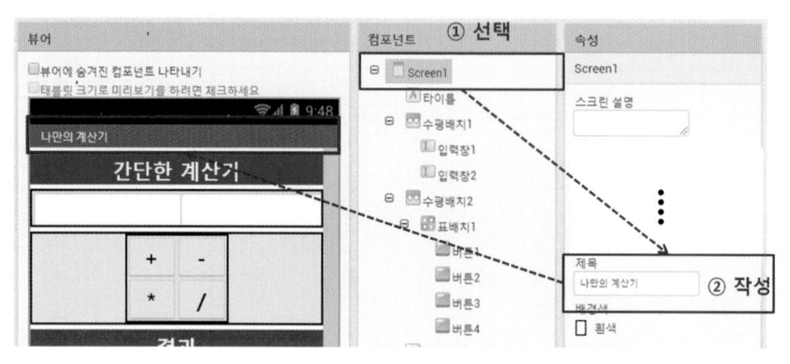


▸▸ [그림 11-10] 제목 작성하기

## 블록코딩하기

[버튼], [레이블], [표배치], [수평배치] 등의 컴포넌트들이 배치되었다. 이제 컴포넌트들이 동작할 수 있도록 블록 코딩을 해보도록 할 것이다. 먼저 앱인벤터 화면의 가장 오른쪽 끝에 [블록] 메뉴를 선택하도록 하자.

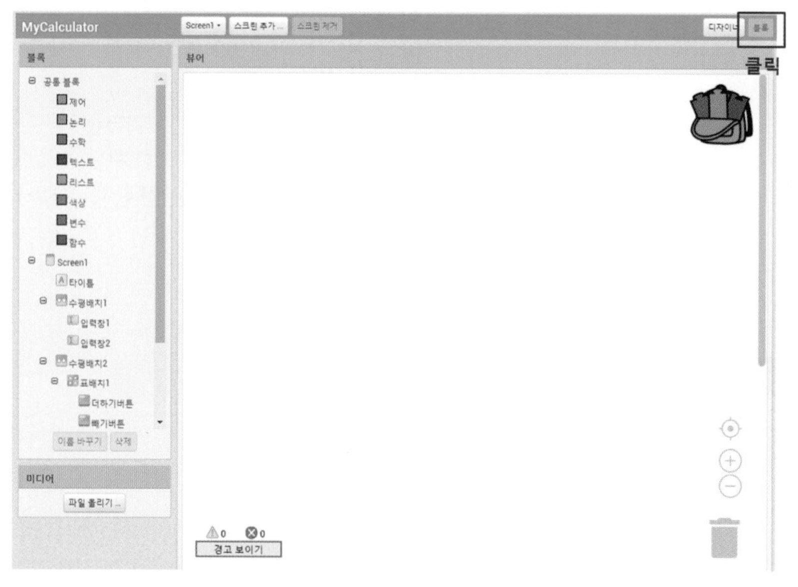


▸▸ [그림 11-11] 블록 화면으로 전환하기

계산기의 구현 로직은 생각해보면 상대적으로 간단하다. 더하기, 빼기, 곱하기, 나누기에 대해서만 각각 처리해주면 되기 때문이다. 그런데, 만약 사용자가 입력창에 값을 입력하지 않았을 때와 같은 예외상황에서 계산을 강행하면 안된다. 그래서 그에 대한 예외처리기능이 필요한데, 어차피 이 기능은 사칙연산 모두에게 필요한 공통적인 기능이므로, 함수로 구현하여 사용하도록 하겠다.

## STEP 01 입력창1과 입력창2에 값의 입력 여부 검사하는 함수 만들기

- [블록] – [공통블록] – [함수]을 마우스로 선택하면 [뷰어]창에 블록들이 나타난다. 여러 블록 중에 [함수 함수_이름 결과]을 선택한 후 [뷰어]에 끌어다 놓는다.

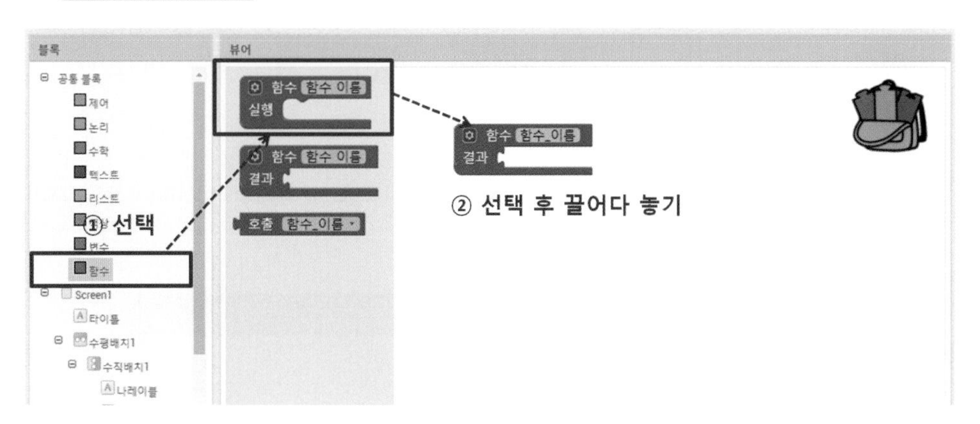


[그림 11-12] 함수 블록 배치

- [함수]블록의 이름은 "값입력여부검사"라고 입력한다.

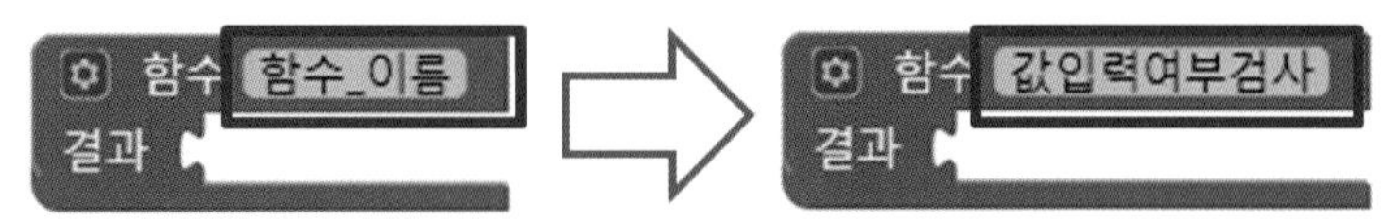


[그림 11-13] 함수의 이름 입력하기

- [블록] – [공통블록] – [논리]를 선택 후 [또는] 블록을 [값입력여부검사] 함수 블록의 결과에 배치한다. [또는] 블록을 배치한 이유는 값을 입력하는 창이 2개이므로 두 개의 창 중에 한 개라도 값이 입력되지 않으면 입력되지 않은 것으로 간주하겠다는 의미이다. 결국 값이 입력되지 않았다는 의미는 이 함수는 참을 반환한다는 의미이다.

[그림 11-14] 논리의 또는 블록 배치하기

- [입력창1]과 [입력창2]에 값이 비어있는지 여부를 비교하는 불록을 배치해보자.
- [블록] – [공통블록] – [논리]를 선택 후 [=] 블록을 선택하여 다음과 같이 배치한다.

[그림 11-15] 논리의 비교 블록 배치하기

- [입력창1]의 값입력여부를 먼저 검사하는 블록을 추가해보자.
- [블록] – [Screen1] – [수평배치1] – [입력창1]을 선택하면 여러 블록이 나타나는데, 이 중에 입력창1 . 텍스트 블록을 선택하여 다음 그림과 같이 배치한다.
- [블록] – [공통블록] – [텍스트]의 " " 블록을 선택하여 다음 그림과 같이 배치한다.

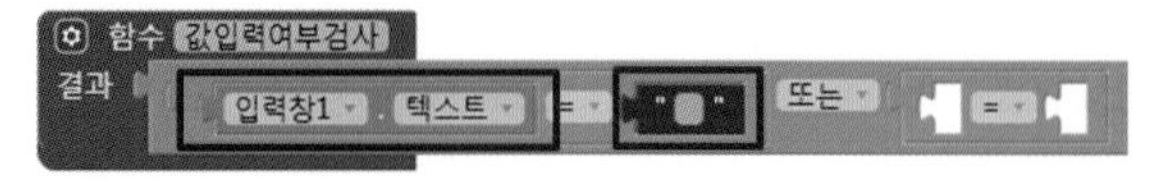


[그림 11-16] 입력창1의 텍스트와 텍스트 블록 배치하기

- [입력창2]의 비교도 [입력창1]과 동일한 형태이므로 [블록] – [Screen1] – [수평배치1] – [입력창2]을 선택하여 다음과 같이 배치한다.

[그림 11-17] 입력창2의 텍스트와 텍스트 블록 배치하기

## STEP 02 더하기버튼 클릭했을 때 이벤트 처리하기

- 이번에는 [더하기버튼] 클릭했을 때 이벤트를 처리하는 블록을 배치해보자.
- [블록] – [Screen1] – [수평배치2] – [표배치1] – [더하기버튼]을 마우스로 선택하면 [뷰어]창에 블록들이 나타난다. 여러 블록 중에 언제 더하기버튼 .클릭 실행 을 선택한 후 [뷰어]에 끌어다 놓는다.

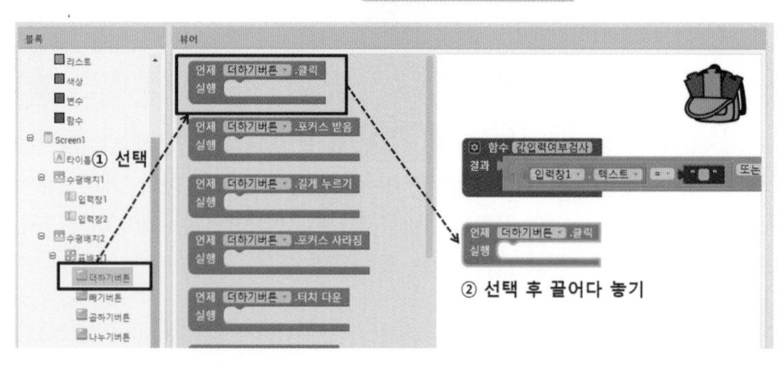


[그림 11-18] 더하기버튼 블록 배치

- [블록] – [공통블록] – [제어]를 선택한 후 여러 블록 중에서 만약 그러면 을 선택하여 언제 더하기버튼 .클릭 실행 블록 안에 배치한다.

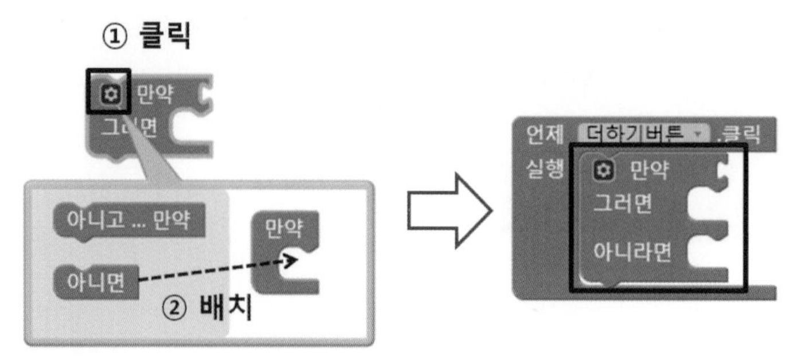


[그림 11-19] 제어의 만약 블록 배치하기

- 제어의 만약 블록을 배치한 이유는 만약 [입력창1] 또는 [입력창2]의 값이 비어있다면 연산 처리를 하지 않고, 입력창에 값을 입력하라는 메시지를 출력하게 하고, 값이 비어있지 않다면 더하기 연산을 처리하도록 분기하기 위함이다.
- 우리는 이미 [입력창1] 또는 [입력창2]의 값의 입력 여부를 검사하는 [값입력여부검사] 함수를 만들어놓았다. 이 함수를  블록의 만약에 배치한다.
- [블록] – [공통블록] – [함수]를 선택 후  블록을 선택하여 다음과 같이 배치한다.

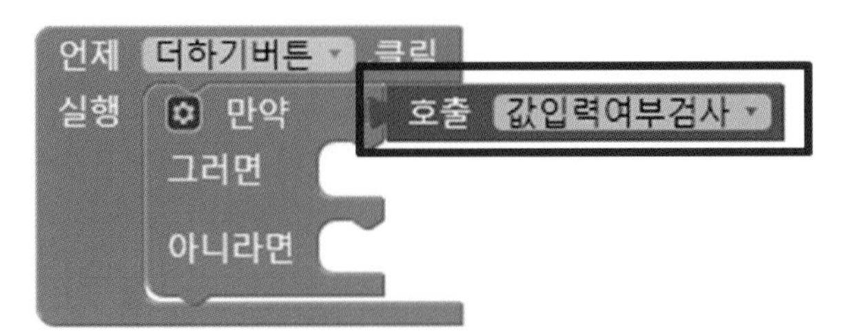


[그림 11-20] 값입력여부검사 함수 호출하기

- [값입력여부검사]의 반환값이 참이면 [그러면] 루틴으로 이동하여 [결과창]에 "입력창에 값을 입력하시오"라는 문구를 출력하고, 반환값이 거짓이면 [아니라면] 루틴으로 이동하여 [결과창]에 두 입력값을 더한 연산 결과를 출력하게 한다.
- [블록] – [Screen1] – [결과창]을 선택하고,  블록을 끌어다가 다음과 같이 배치한다.

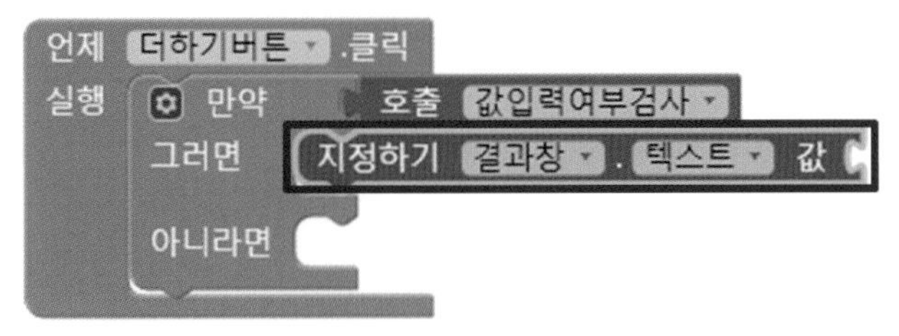


[그림 11-21] 결과창의 텍스트 블록 배치하기

- [블록] – [공통블록] – [텍스트]의  블록을 선택하여, "입력창에 값을 입력하시오"라는 문구를 입력하고,  블록에 배치한다.

[그림 11-22] 텍스트 블록에 메시지 입력하고 배치하기

- 이번에는 [아니라면] 루틴에 블록을 배치할 것인데, 입력창에 값이 모두 들어가 있으므로, 두 값을 더하는 연산을 수행하도록 하면 된다.
- [블록] – [Screen1] – [결과창]을 선택하고,  지정하기 결과창 . 텍스트 값 블록을 끌어다가 다음과 같이 배치한다.

언제 더하기버튼 .클릭
실행 만약 호출 값입력여부검사
그러면 지정하기 결과창 . 텍스트 값 " 입력창에 입력값을 입력하시오 "
아니라면 지정하기 결과창 . 텍스트 값

[그림 11-23] 결과창의 텍스트 블록 배치하기

- [블록] – [공통블록] – [수학]을 선택하고, + 블록을 끌어다가 다음과 같이 배치한다.

언제 더하기버튼 .클릭
실행 만약 호출 값입력여부검사
그러면 지정하기 결과창 . 텍스트 값 " 입력창에 입력값을 입력하시오 "
아니라면 지정하기 결과창 . 텍스트 값 +

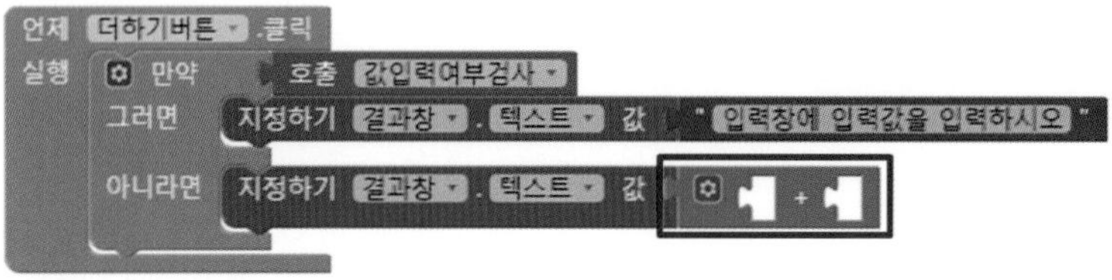

[그림 11-24] 수학의 더하기 블록 배치하기

- [블록] – [공통블록] – [수학]을 선택하고, + 블록을 끌어다가 다음과 같이 배치한다.
- [블록] – [Screen1] – [수평배치1] – [입력창1]을 선택하고,  입력창1 . 텍스트 블록을  + 블록의 첫 번째 빈 칸에 끌어다가 다음 그림과 같이 배치한다.
- [블록] – [Screen1] – [수평배치1] – [입력창2]을 선택하고,  입력창2 . 텍스트 블록을  + 블록의 두 번째 빈 칸에 끌어다가 다음 그림과 같이 배치한다.

언제 더하기버튼 .클릭
실행 만약 호출 값입력여부검사
그러면 지정하기 결과창 . 텍스트 값 " 입력창에 입력값을 입력하시오 "
아니라면 지정하기 결과창 . 텍스트 값 입력창1 . 텍스트 입력창2 . 텍스트

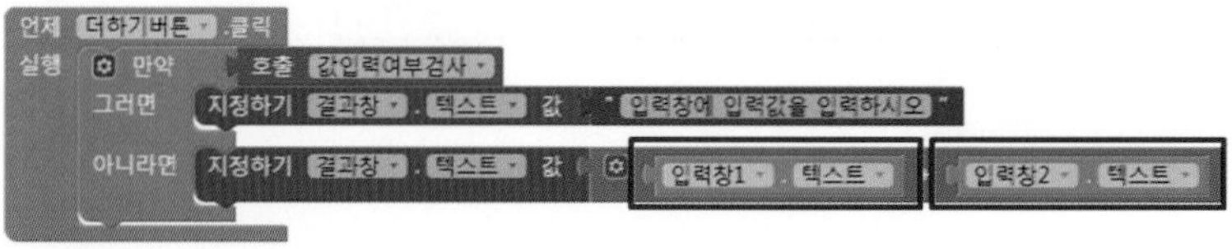

[그림 11-25] 입력창1의 텍스트와 입력창2의 텍스트 블록

## STEP 03 빼기버튼, 곱하기버튼, 나누기버튼 클릭했을 때 이벤트 처리하기

- [빼기버튼], [곱하기버튼], [나누기버튼]의 클릭 이벤트 블록 또한 앞에서 작성한 [더하기버튼]과 모두 동일하고, 단지 차이점이라면 [수학] 블록( + , - , × , / )만 각 이벤트의 연산에 맞게 적용해주면 된다.
- [블록] – [Screen1] – [수평배치2] – [표배치1] – [빼기버튼]을 선택 후 언제 빼기버튼 .클릭 실행 블록을 배치하고, 나머지는 [더하기버튼]의 내용과 동일하게 배치해주면 된다. 다만, [빼기버튼]이므로 [수학] 블록에서 - 블록으로 변경해주면 된다.

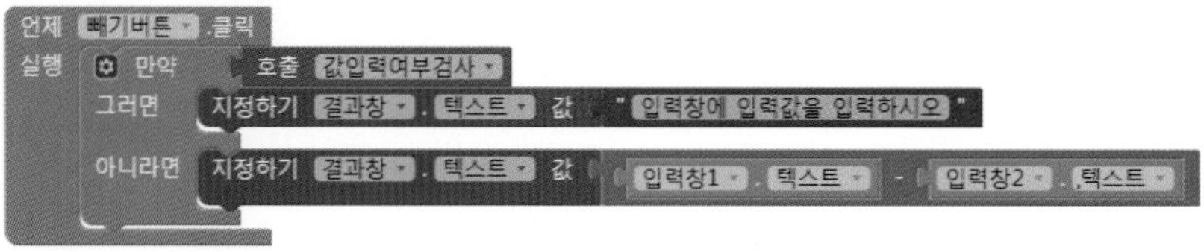

언제 빼기버튼 .클릭
실행 만약 호출 값입력여부검사
그러면 지정하기 결과창 . 텍스트 값 " 입력창에 입력값을 입력하시오 "
아니라면 지정하기 결과창 . 텍스트 값 입력창1 . 텍스트 - 입력창2 . 텍스트

[그림 11-26] 빼기버튼 클릭 이벤트 블록 배치하기

- [블록] – [Screen1] – [수평배치2] – [표배치1] – [곱하기버튼]을 선택 후 [언제 곱하기버튼 .클릭 실행] 블록을 배치하고, 나머지는 [더하기버튼]의 내용과 동일하게 배치해주면 된다. 다만, [곱하기버튼]이므로 [수학] 블록에서 [×] 블록으로 변경해주면 된다.

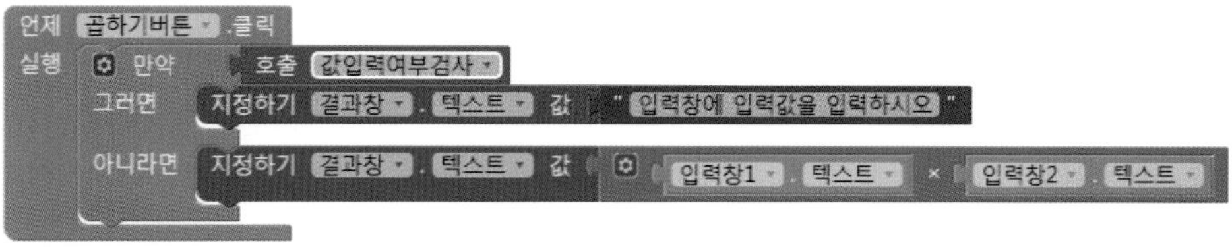

[그림 11-27] 곱하기버튼 클릭 이벤트 블록 배치하기

- [블록] – [Screen1] – [수평배치2] – [표배치1] – [나누기버튼]을 선택 후 [언제 나누기버튼 .클릭 실행] 블록을 배치하고, 나머지는 [더하기버튼]의 내용과 동일하게 배치해주면 된다. 다만, [나누기버튼]이므로 [수학] 블록에서 [/] 블록으로 변경해주면 된다.

[그림 11-28] 나누기버튼 클릭 이벤트 블록 배치하기

## 실행해보기

컴포넌트 디자인 및 블록 코딩이 모두 끝났다. 이제 내가 구현한 앱을 스마트폰 상에서 구동할 수 있도록 실행해 보자. 안드로이드 스마트폰 기기 또는 스마트폰이 없는 경우에는 에뮬레이터를 통해 실행 결과를 확인해 보도록 하자.

STEP 01 **[연결] – [AI 컴패니언] 메뉴 선택**

- 프로젝트에서 [연결] 메뉴의 [AI 컴패니언]을 선택한다.

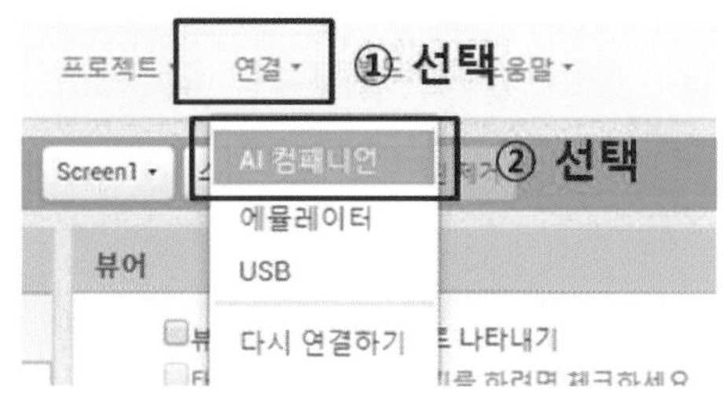


[그림 11-29] 스마트폰 연결을 위한 AI 컴패니언 실행하기

- 컴패니언에 연결하기 위한 QR 코드가 화면에 나타난다.

[그림 11-30] 컴패니언에 연결하기 위한 QR 코드

이번에는 안드로이드 기반의 스마트폰으로 가서 앞서 설치한 MIT AI2 Companion 앱을 실행하도록 하자.

### STEP 02 폰에서 MIT AI2 Companion 앱 실행하여 QR 코드 찍기

- 안드로이드 폰 기기에서 "MIT AI2 Companion" 앱을 실행한다.

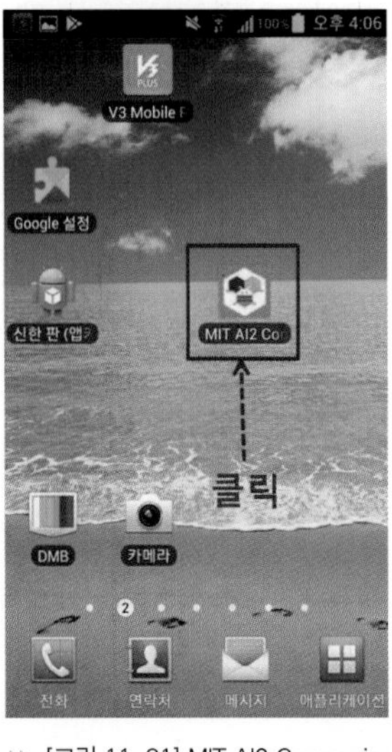


▶▶ [그림 11-31] MIT AI2 Companion 앱 실행

- 앱 메뉴 중 아래쪽의 "scan QR code" 메뉴를 선택한다.

▶▶ [그림 11-32] scan QR code 메뉴 선택

- QR 코드를 찍기 위한 카메라 모드가 동작하면 컴퓨터 화면에 나타난 QR 코드에 갖다 댄다.

▶▶ [그림 11-33] QR 코드 스캔 중

### STEP 03 계산기 어플리케이션 수행하기

- QR 코드가 찍히고 나면 폰 화면에 다음과 같이 우리가 만든 실행 결과로써의 앱이 나타난다.
- 두 개의 값을 각각의 입력창에 입력하고, 더하기, 빼기, 곱하기, 나누기 연산을 한다.

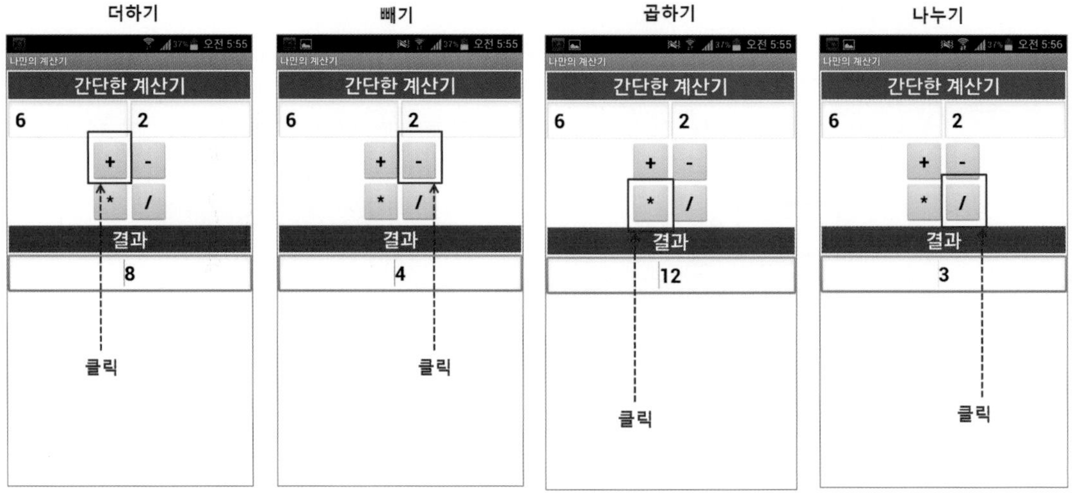


▶▶ [그림 11-34] 계산기 어플리케이션 실행 화면

# Section 03 전체 프로그램 한 눈에 보기

앞서 컴포넌트 배치부터 블록 코딩까지 순차적으로 진행하였다. 이를 한 눈에 확인해봄으로써 내가 배치한 UI 및 블록 코딩이 틀린 점은 없는지 비교해보고, 이 단원을 정리해 보도록 한다.

## 전체 컴포넌트 UI

[그림 11-35] 전체 컴포넌트 디자이너

## 전체 블록 코딩

```
함수 값입력여부검사
결과  입력창1 . 텍스트 = " "  또는  입력창2 . 텍스트 = " "

언제 더하기버튼 .클릭
실행  만약  호출 값입력여부검사
      그러면  지정하기 결과창 . 텍스트 값 " 입력창에 입력값을 입력하시오 "
      아니라면 지정하기 결과창 . 텍스트 값  입력창1 . 텍스트 + 입력창2 . 텍스트

언제 빼기버튼 .클릭
실행  만약  호출 값입력여부검사
      그러면  지정하기 결과창 . 텍스트 값 " 입력창에 입력값을 입력하시오 "
      아니라면 지정하기 결과창 . 텍스트 값  입력창1 . 텍스트 - 입력창2 . 텍스트

언제 곱하기버튼 .클릭
실행  만약  호출 값입력여부검사
      그러면  지정하기 결과창 . 텍스트 값 " 입력창에 입력값을 입력하시오 "
      아니라면 지정하기 결과창 . 텍스트 값  입력창1 . 텍스트 × 입력창2 . 텍스트

언제 나누기버튼 .클릭
실행  만약  호출 값입력여부검사
      그러면  지정하기 결과창 . 텍스트 값 " 입력창에 입력값을 입력하시오 "
      아니라면 지정하기 결과창 . 텍스트 값  입력창1 . 텍스트 / 입력창2 . 텍스트
```

[그림 11-36] 전체 컴포넌트 블록

## 생각 확장해보기

### ● 수학연산자에 관하여

이번 시간에 우리는 [공통블록] - [수학] 블록을 사용하였다. 수학연산자는 전통적으로 계산기에서 많이 사용하고, 일반 프로그래밍에서도 라이브러리 형태로 제공되어 사용되고 있는 기본적인 기능들이다. 앱인벤터에서 수와 관련된 연산을 수행해야 할 때에는 수학 블록을 사용하도록 한다. 다음은 [공통블록] - [수학]에서 제공하는 수학 블록의 형태이다.

| 수학블록 | 설명 |
| --- | --- |
| + | 두 수를 더하여 결과값을 반환한다. |
| - | 앞의 수에서 뒤의 수를 빼서 결과값을 반환한다. |
| × | 두 수를 곱하여 결과값을 반환한다. |
| / | 앞의 수를 뒤의 수로 나누어 결과값을 반환한다. |
| = ▾ | 두 수가 같은지 비교한다. |
| 임의의 정수 시작 1 끝 100 | 임의의 정수값을 얻어올 수 있다. 범위는 기본적으로 1부터 100 사이인데, 사용자가 변경할 수 있다. |
| 진법 바꾸기 10진수를 16진수로 ▾ | 진법을 변환하는 기능을 제공한다. |
| 절대값 ▾ | 입력한 수를 절대값을 설정한다. |
| 음수 ▾ | 입력한 수를 음수로 변경한다. |

▸▸ [표11-17] 수학 블록의 종류

# 미니 그림판 만들기

그림을 그리는 행위는 인간의 본능이고, 텍스트로 전달하는 것보다 훨씬 효과적인 표현법이다. 스마트폰 화면에 펜으로 글씨나 그림을 그리듯이 손가락으로 그릴 수 있다면 어떨까? 우리가 사용하는 스마트폰 종류 중에 갤XX 노트는 이미 폰 화면에 펜 또는 손가락으로 그림을 그릴 수 있는 그림판과 같은 기능이 지원된다. 이번 시간에는 직접 폰 화면에 내가 그림을 그릴 수 있는 미니 그림판을 만들어보도록 하자.

Section 01

# 생각해보기

## 무엇을 만들 것인가?

- 내가 원하는 선굵기를 설정하여 선을 그릴 수 있게 한다.
- 여러 가지 색상을 선택하여 선을 그릴 수 있게 한다.
- 캔버스 화면을 지울 수 있다.

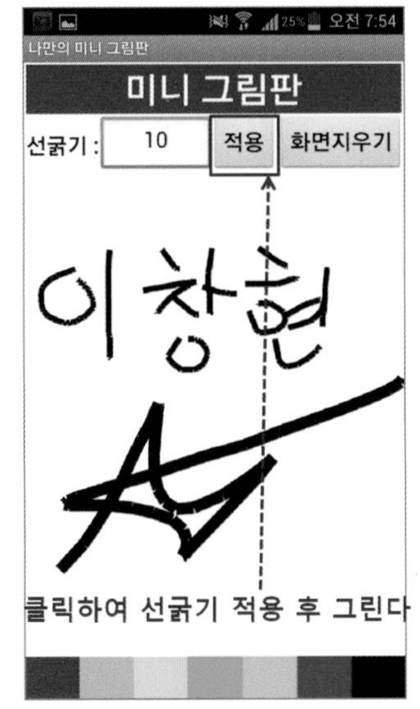

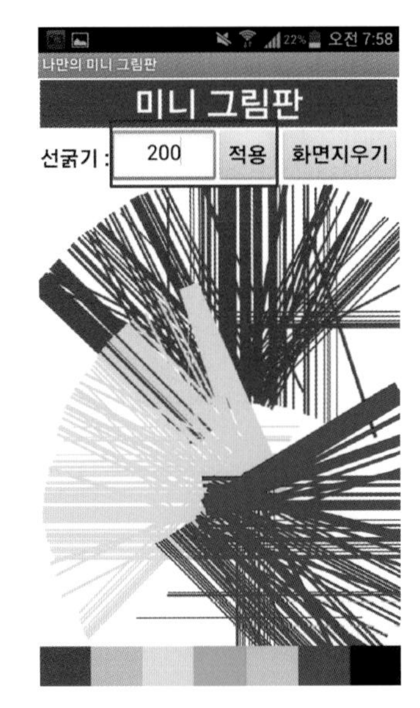


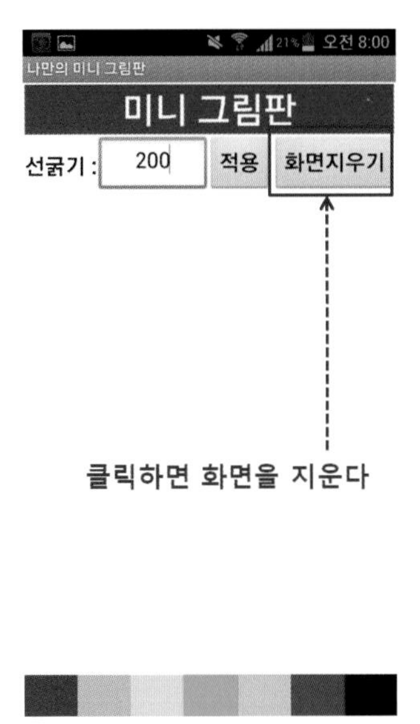


[그림 12-1] 미니 그림판 어플리케이션 실행 화면

## 사용할 컴포넌트 및 블록

[표12-1]는 예제에서 배치할 팔레트 컴포넌트 종류들이다.

| 팔레트 그룹 | 컴포넌트 종류 | 기능 |
|---|---|---|
| 사용자 인터페이스 | 버튼 | 빨, 주, 노, 초, 청, 파, 검 색상 버튼 및 선굵기버튼, 화면지우기 버튼으로 사용된다. |
| 사용자 인터페이스 | 텍스트 상자 | 선굵기를 입력하기 위한 용도로 사용된다. |
| 레이아웃 | 수평배치 | 여러 컴포넌트들을 수평정렬 시킨다. |
| 그리기 & 애니메이션 | 캔버스 | 그림을 그리기 위한 영역이다. |

▸▸ [표12-1] 예제에서 사용한 팔레트 목록

[표12-2]는 예제에서 사용할 주요 블록들이다.

| 컴포넌트 | 블록 | 기능 |
|---|---|---|
| 버튼 | 언제 굵기적용버튼 .클릭<br>실행 | 사용자가 굵기적용버튼을 클릭했을 때 처리하는 이벤트이다. |
| | 언제 화면지우기버튼 .클릭<br>실행 | 사용자가 화면지우기버튼을 클릭했을 때 처리하는 이벤트이다. |
| | 언제 빨 .클릭<br>실행 | 사용자가 빨버튼을 클릭했을 때 처리하는 이벤트이다. 색상버튼은 빨버튼을 포함해 총 7개의 블록으로 구성되어 있다. |
| 캔버스 | 언제 캔버스1 .드래그<br>시작X 시작Y 이전X 이전Y 현재X 현재Y 드래그된 스프라이트<br>실행 | 캔버스 위에서 드래그했을 때 처리하는 이벤트이다. |
| | 호출 캔버스1 .선 그리기<br>x1<br>y1<br>x2<br>y2 | 캔버스의 선그리기 기능을 가진 블록이다. 전달값으로 시작 좌표와 현재 좌표를 입력받는다. |
| | 호출 캔버스1 .지우기 | 캔버스 상의 내용을 모두 지운다. |
| 색상 | | 색상을 나타내는 블록들이다. |

▸▸ [표12-2] 예제에서 사용한 블록 목록

## 프로젝트 만들기

먼저 프로젝트를 만들어보도록 하자. 앱인벤터 웹사이트(http://ai2.appinventor.mit.edu/)에 접속한다.

STEP 01 **새 프로젝트 시작하기 선택**

- [프로젝트] 메뉴에서 [새 프로젝트 시작하기...]를 선택한다.

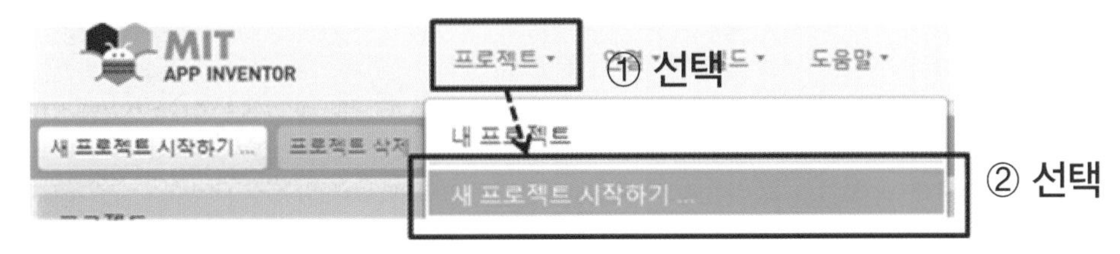


[그림 12-2] 새 프로젝트 시작하기

STEP 02 **프로젝트 이름 입력 및 확인**

- [프로젝트 이름]을 "MyMiniPaint"이라고 입력하고 [확인] 버튼을 누른다.

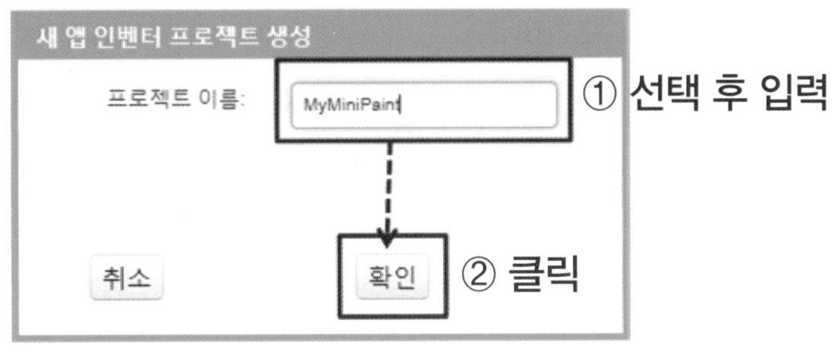


[그림 12-3] 프로젝트 이름 입력하기

## 컴포넌트 디자인하기

프로젝트상에 컴포넌트 UI를 배치해보도록 하자. 이번 장의 예제에서 배치할 컴포넌트는 [버튼], [레이블], [수평배치], [캔버스] 등 이다. 다음과 같이 [뷰어]에 컴포넌트들을 배치하도록 하자.

### STEP 01 타이틀, 굵기입력창, 선굵기버튼, 화면지우기버튼 컴포넌트 배치하기

- [사용자 인터페이스] – [레이블] 컴포넌트를 마우스로 선택한 후 [뷰어] – [Screen1] 영역으로 드래그하여 끌어다 놓는다.
- [사용자 인터페이스] – [텍스트 상자] 컴포넌트를 마우스로 선택한 후 [뷰어] – [Screen1] 영역으로 드래그하여 끌어다 놓는다.
- [사용자 인터페이스] – [버튼] 컴포넌트를 마우스로 선택한 후 [뷰어] – [Screen1] 영역으로 드래그하여 끌어다 놓는다.
- [레이아웃] – [수평배치] 컴포넌트를 마우스로 선택한 후 [뷰어] – [Screen1] 영역으로 드래그하여 끌어다 놓는다.

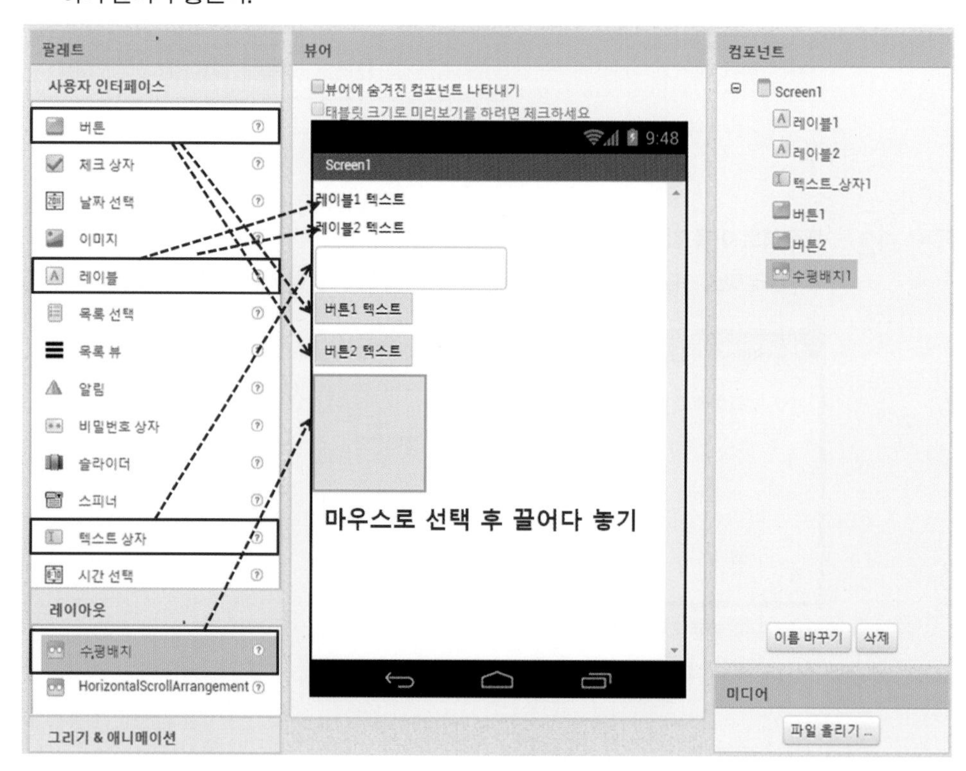


[그림 12-4] 뷰어에 레이블, 텍스트상자, 수평배치, 버튼 컴포넌트 끌어다 놓기

- [레이블1]의 속성을 다음과 같이 변경한다.

| 속성 | 변경할 속성값 |
|---|---|
| 배경색 | 빨강 |
| 글꼴 굵게 | 체크 |
| 글꼴 크기 | 30 |
| 너비 | 부모에 맞추기 |
| 텍스트 | 미니 그림판 |
| 텍스트 정렬 | 가운데 |
| 텍스트 색상 | 흰색 |

▸▸ [표12-3] 레이블1의 속성값 변경

- [레이블2]의 속성을 다음과 같이 변경한다.

| 속성 | 변경할 속성값 |
|---|---|
| 글꼴 굵게 | 체크 |
| 글꼴 크기 | 18 |
| 텍스트 | 선굵기 : |

▸▸ [표12-4] 레이블2의 속성값 변경

- [텍스트상자1]의 속성을 다음과 같이 변경한다.

| 속성 | 변경할 속성값 |
|---|---|
| 글꼴 굵게 | 체크 |
| 높이 | 부모에 맞추기 |
| 너비 | 부모에 맞추기 |
| 힌트 | 선두께 입력 |
| 숫자만 | 체크 |
| 글꼴 크기 | 18 |
| 텍스트 정렬 | 가운데 |

▸▸ [표12-5] 텍스트상자1의 속성값 변경

- [버튼1]의 속성을 다음과 같이 변경한다.

| 속성 | 변경할 속성값 |
|---|---|
| 글꼴 굵게 | 체크 |
| 텍스트 | 적용 |
| 텍스트 정렬 | 가운데 |
| 글꼴 크기 | 18 |

▸▸ [표12-6] 버튼1의 속성값 변경

- [버튼2]의 속성을 다음과 같이 변경한다.

| 속성 | 변경할 속성값 |
|---|---|
| 글꼴 굵게 | 체크 |
| 텍스트 | 화면지우기 |
| 텍스트 정렬 | 가운데 |
| 글꼴 크기 | 18 |

▸▸ [표12-7] 버튼2의 속성값 변경

- [수평배치1]의 속성을 다음과 같이 변경한다.

| 속성 | 변경할 속성값 |
|---|---|
| 수평 정렬 | 중앙 |
| 수직 정렬 | 가운데 |
| 너비 | 부모에 맞추기 |

▸▸ [표12-8] 수평배치1의 속성값 변경

- [수평배치1] 안에 [레이블2], [텍스트상자1], [버튼1], [버튼2]를 순서대로 배치한다.
- 이번에는 배치한 [레이블1], [레이블2], [텍스트상자1], [버튼1], [버튼2] 컴포넌트의 이름을 변경해보자.

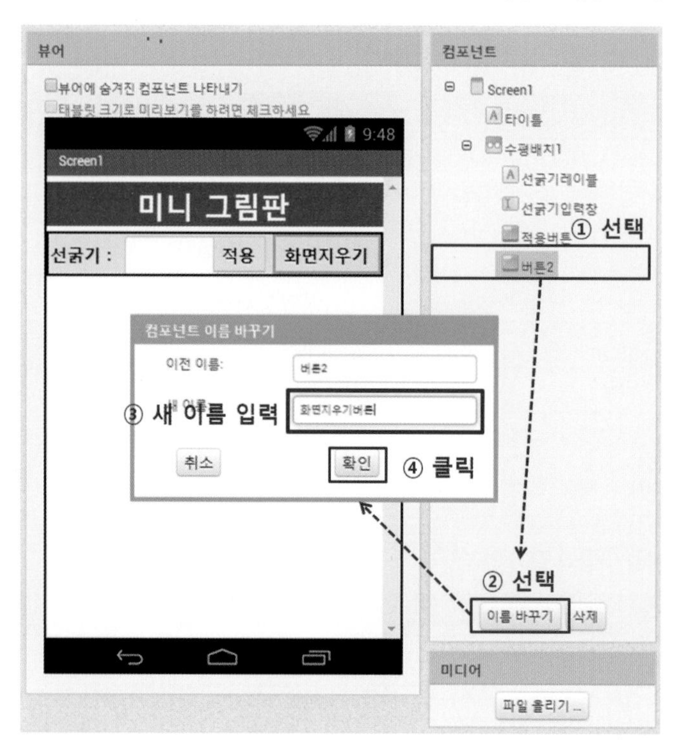


▸▸ [그림 12-5] 컴포넌트의 이름 바꾸기

| 컴포넌트 | 새 이름 |
|---|---|
| 레이블1 | 타이틀 |
| 레이블2 | 선굵기레이블 |
| 텍스트상자1 | 선굵기입력창 |
| 버튼1 | 적용버튼 |
| 버튼2 | 화면지우기버튼 |

[표12-9] 컴포넌트의 이름 바꾸기

## STEP 02 캔버스와 색상버튼 컴포넌트 배치하기

- 이번에는 실제로 그리기 위한 영역인 캔버스와 색상을 선택하기 위한 색상버튼들을 배치해보도록 하자.
- [그리기 & 애니메이션] – [캔버스]를 선택하여 [뷰어] – [Screen1]에 끌어다오는데, [수평배치1] 아래쪽에 배치한다.
- [사용자 인터페이스] – [버튼] 컴포넌트를 마우스로 선택한 후 [뷰어] – [Screen1] 영역으로 드래그하여 끌어다 놓는다. [버튼]은 총 7개 배치한다.
- [레이아웃] – [수평배치] 컴포넌트를 마우스로 선택한 후 [뷰어] – [Screen1] 영역으로 드래그하여 끌어다 놓는다.

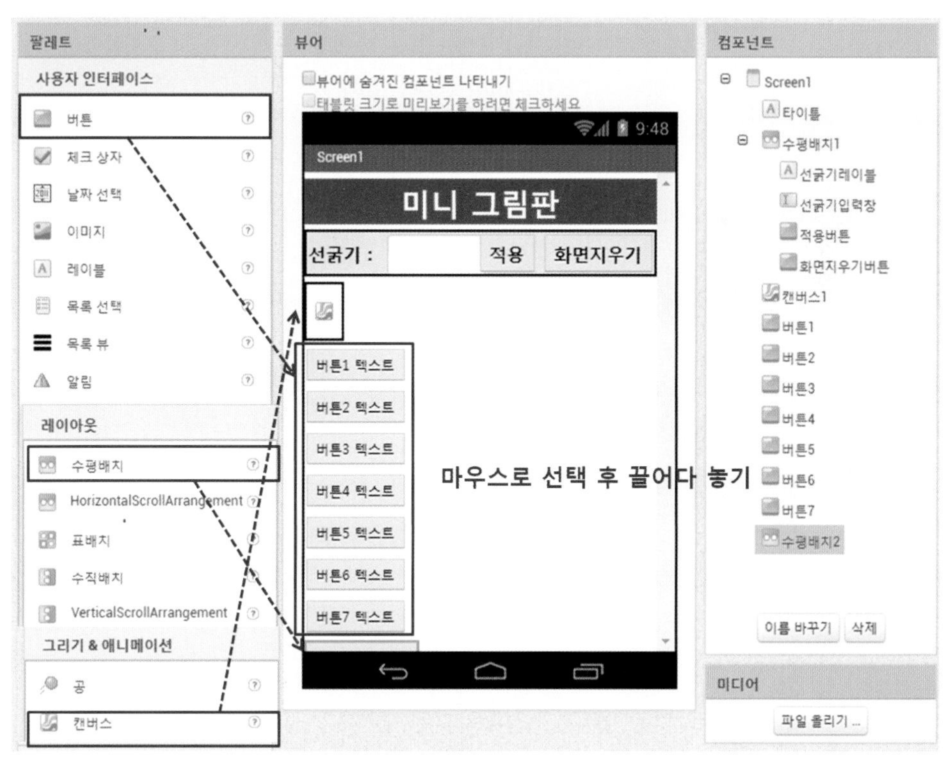


[그림 12-6] 뷰어에 수평배치, 캔버스, 버튼 컴포넌트 끌어다 놓기

● [버튼1] – [버튼7]의 속성을 다음과 같이 변경한다.

| 속성 | 변경할 속성값 |
|---|---|
| 높이 | 부모에 맞추기 |
| 너비 | 부모에 맞추기 |
| 텍스트 | (비움) |
| 배경색(버튼1) | 빨강 |
| 배경색(버튼2) | 주황 |
| 배경색(버튼3) | 노랑 |
| 배경색(버튼4) | 초록 |
| 배경색(버튼5) | 청록 |
| 배경색(버튼6) | 파랑 |
| 배경색(버튼7) | 검정 |

▸▸ [표12-10] 버튼1 – 버튼7의 속성값 변경

● [수평배치2]의 속성을 다음과 같이 변경한다.

| 속성 | 변경할 속성값 |
|---|---|
| 수평 정렬 | 중앙 |
| 수직 정렬 | 가운데 |
| 높이 | 부모에 맞추기 |
| 너비 | 부모에 맞추기 |

▸▸ [표12-11] 수평배치2의 속성값 변경

● [수평배치2]에 [버튼1]부터 [버튼7]까지 차례대로 끌어다가 놓는다.

▸▸ [그림 12-7] 수평배치2에 버튼 컴포넌트 끌어다 놓기

- [캔버스1]의 속성을 다음과 같이 변경한다.

| 속성 | 변경할 속성값 |
|---|---|
| 높이 | 70 percent |
| 너비 | 부모에 맞추기 |

[표12-12] 캔버스1의 속성값 변경

- 이번에는 배치한 [버튼1]부터 [버튼7]까지의 컴포넌트 이름을 변경해보자.

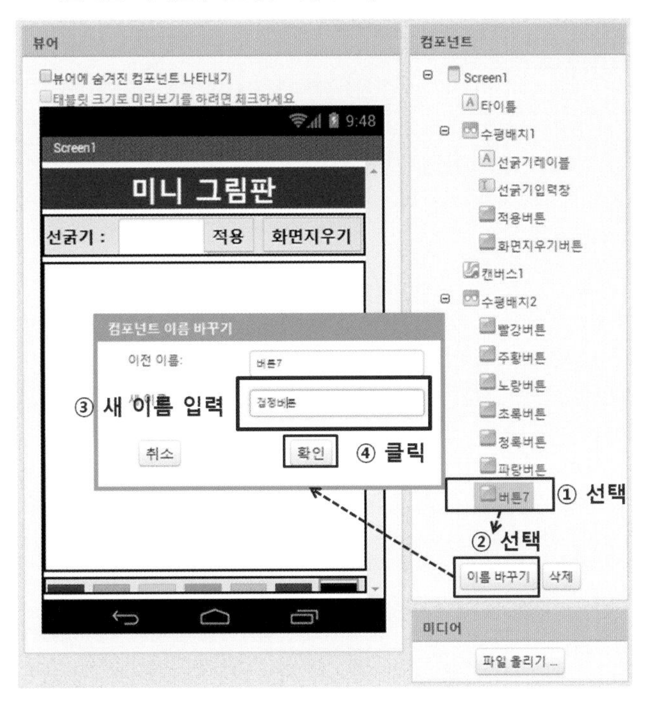


[그림 12-8] 컴포넌트의 이름 바꾸기

| 컴포넌트 | 새 이름 |
|---|---|
| 버튼1 | 빨강버튼 |
| 버튼2 | 주황버튼 |
| 버튼3 | 노랑버튼 |
| 버튼4 | 초록버튼 |
| 버튼5 | 청록버튼 |
| 버튼6 | 파랑버튼 |
| 버튼7 | 검정버튼 |

[표12-13] 컴포넌트의 이름 바꾸기

STEP 03 **어플리케이션 제목 설정하기**

- 마지막으로 이 어플리케이션의 제목을 설정하도록 하겠다. [Screen1]을 선택하고 [속성] – [제목]에 "나만의 미니 그림판"라고 입력하자.

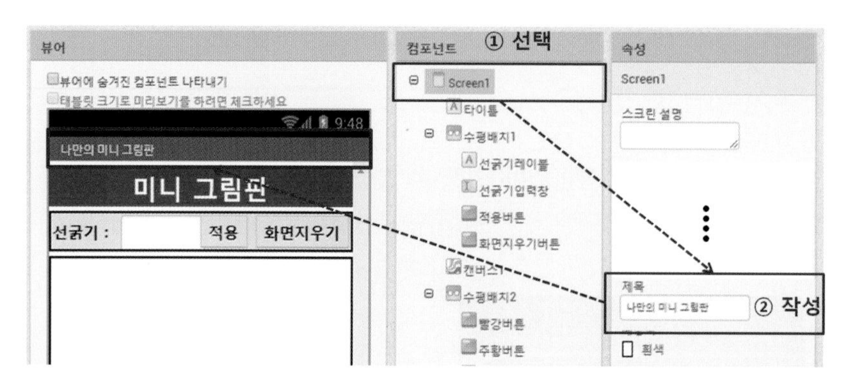


▸▸ [그림 12-9] 제목 작성하기

## 블록코딩하기

[버튼], [레이블], [캔버스], [수평배치] 등의 컴포넌트들이 배치되었다. 이제 컴포넌트들이 동작할 수 있도록 블록 코딩을 해보도록 하자. 먼저 앱인벤터 화면의 가장 오른쪽 끝에 [블록] 메뉴를 선택하도록 하자.

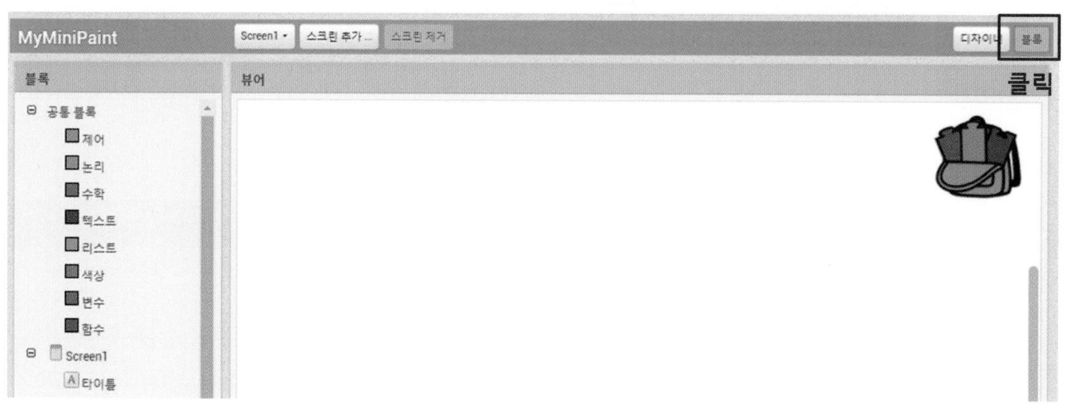


▸▸ [그림 12-10] 블록 화면으로 전환하기

## STEP 01 색상 선택버튼 클릭했을 때 이벤트 처리하기

- [블록] – [Screen1] – [수평배치2] – [빨강버튼]을 마우스로 선택하면 [뷰어]창에 블록들이 나타난다. 여러 블록 중에 언제 빨강버튼 .클릭 실행 을 선택한 후 [뷰어]에 끌어다 놓는다.

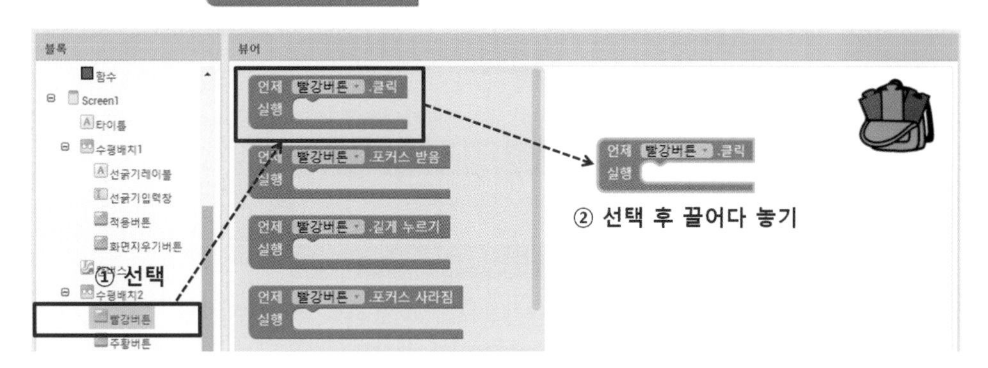


▸▸ [그림 12-11] 빨강버튼 클릭 이벤트 블록 배치

- [빨강버튼] 클릭 시 빨강색상을 선택해서 캔버스에 그릴 수 있도록 해야 하므로 [캔버스1]에 색상을 지정해야 한다.
- [블록] – [Screen1] – [캔버스1]을 마우스로 선택하면 나타나는 여러 블록 중에 지정하기 캔버스1 . 페인트 색상 값 을 선택한 후 언제 빨강버튼 .클릭 실행 에 끌어다 놓는다

▸▸ [그림 12-12] 캔버스의 페인트 색상 블록 배치하기

- 지정하기 캔버스1 . 페인트 색상 값 블록에 실제 색상인 빨강색을 값으로 입력해야 한다.
- [블록] – [공통블록] – [색상]을 마우스로 선택하면 여러 블록들이 나타날 것이다. 이 중에 빨강 색상 블록을 다음과 같이 선택하여 배치한다.

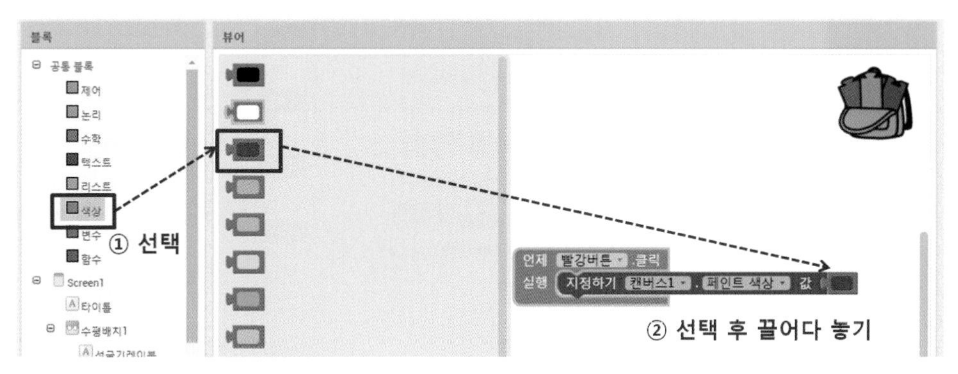


▸▸ [그림 12-13] 색상의 빨강 블록 배치하기

- 나머지 6개의 색상 선택버튼 또한 동일한 방식으로 블록을 배치한다.

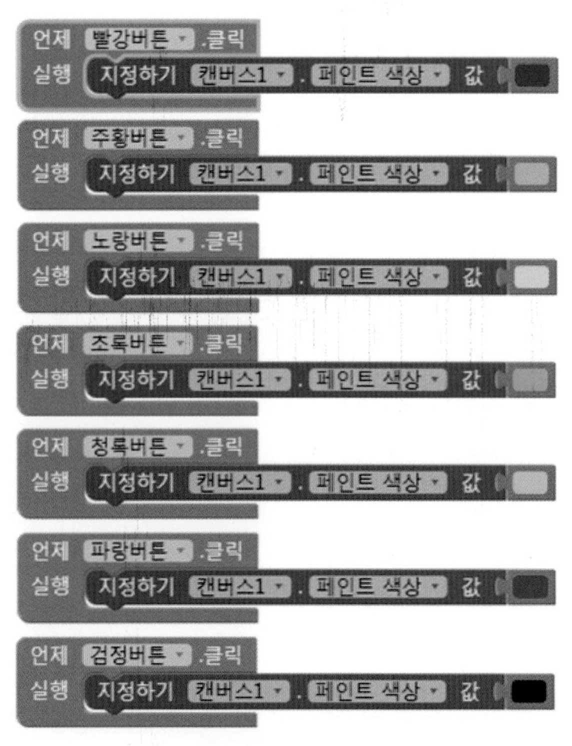


▶▶ [그림 12-14] 나머지 6개의 색상 선택버튼 블록 배치하기

## STEP 02 적용버튼과 화면지우기버튼 클릭했을 때 이벤트 처리하기

- 이번에는 선굵기 값을 입력 후 [적용버튼] 클릭했을 때 이벤트를 처리하는 블록을 배치해보자.
- [블록] – [Screen1] – [수평배치1] – [적용버튼]을 마우스로 선택하면 [뷰어]창에 블록들이 나타난다. 여러 블록 중에 언제 적용버튼 .클릭 실행 을 선택한 후 [뷰어]에 끌어다 놓는다.

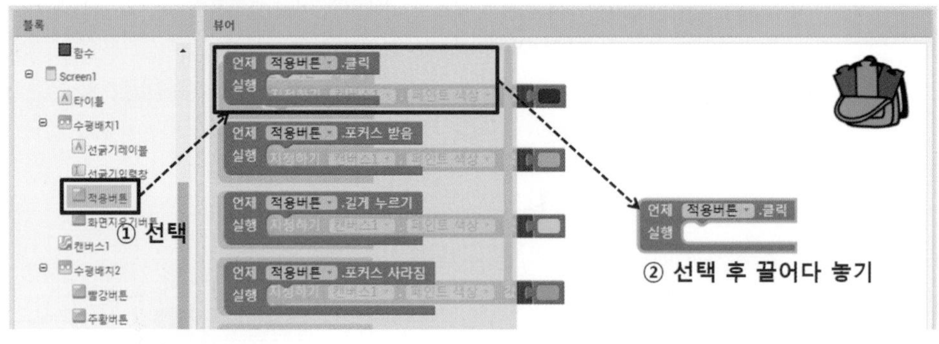


▶▶ [그림 12-15] 적용버튼 블록 배치

● [적용버튼]클릭 시 처리해야 할 이벤트는 캔버스의 [선굵기입력창]에서 입력한 값만큼 선굵기를 적용하는 것이다.

● [블록] – [Screen1] – [캔버스1]을 마우스로 선택하면 나타나는 여러 블록 중에 이번에는 지정하기 캔버스1 . 선 두께 값 을 선택한 후 언제 적용버튼 .클릭 실행 에 끌어다 놓는다

[그림 12-16] 캔버스의 선두께 블록 배치하기

● 입력한 선 두께의 값을 배치해야 하므로, [블록] – [수평배치1] – [선굵기입력창]을 선택한 후 실제 텍스트 입력값인 선굵기입력창 . 텍스트 블록을 끌어다가 지정하기 캔버스1 . 선 두께 값 블록에 배치한다.

[그림 12-17] 선굵기입력창의 텍스트 블록 배치하기

● 이번에는 [화면지우기버튼] 클릭 시 캔버스를 깨끗이 지우는 기능을 만들어보자.

● [블록] – [Screen1] – [수평배치1] – [화면지우기버튼]을 선택 후 언제 화면지우기버튼 .클릭 실행 블록을 선택하여 다음과 같이 배치한다.

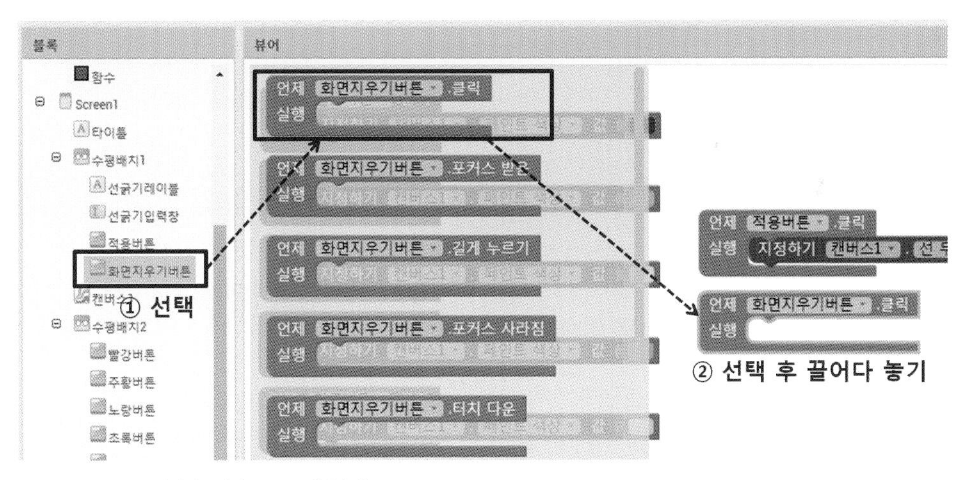


[그림 12-18] 화면지우기버튼 블록 배치하기

● 캔버스의 내용을 지우는 것이므로, [캔버스1]에서 지우기 기능 블록을 호출하도록 한다.

● [블록] – [Screen1] – [캔버스1]을 선택하고, 호출 캔버스1 .지우기 블록을 끌어다가 다음과 같이 배치한다.

[그림 12-19] 캔버스1의 지우기 블록 배치하기

## STEP 03 캔버스를 드래그 했을 때 이벤트 처리하기

- 이번에는 실제로 캔버스 상에서 그림을 그릴 수 있도록 캔버스 드래그 시 이벤트를 처리해 보도록 하자.
- [블록] – [Screen1] – [캔버스1]을 선택하고, 나타나는 여러 블록 중에 (언제 캔버스1 .드래그 블록) 블록을 끌어다가 [뷰어]에 배치한다.

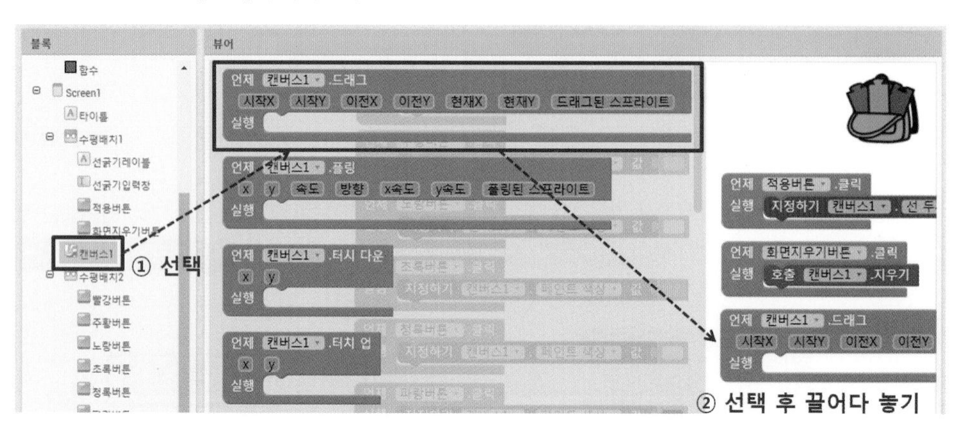


▶▶ [그림 12-20] 캔버스1 드래그 이벤트 블록 배치하기

- 캔버스 상에 드래그 시 여러 이벤트 중에 선을 그리는 기능을 만들어 보도록 하자.
- [블록] – [Screen1] – [캔버스1] 을 선택하고, 나타나는 여러 블록 중에 [선 그리기] 호출 블록을 끌어다가 다음과 같이 배치한다.

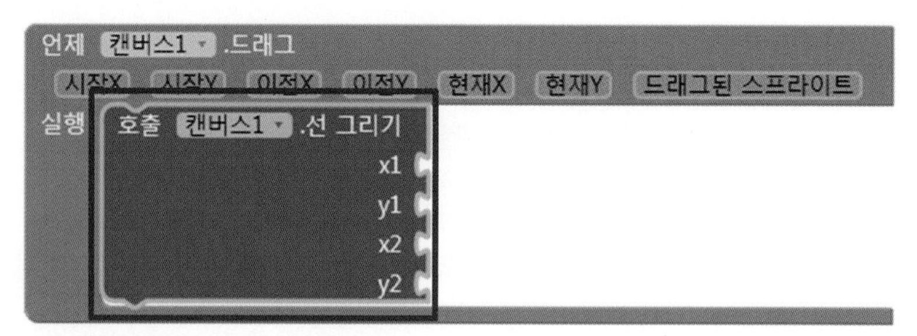


▶▶ [그림 12-21] 캔버스1의 선 그리기 블록

- [선 그리기] 블록에 4개의 값을 받을 수 있게 되어 있는데, 이전 (x, y) 좌표부터 현재 (x, y) 좌표까지 선을 그릴 수 있도록 다음과 같이 블록을 배치하도록 한다.

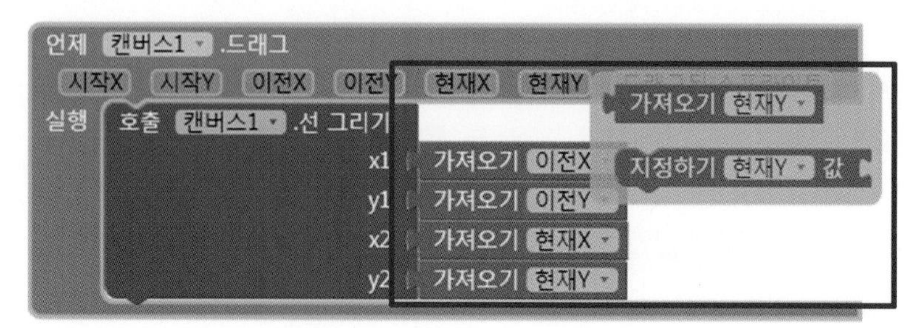


▶▶ [그림 12-22] 이전 X, Y, 현재 X, Y 블록 배치하기

## 실행해보기

컴포넌트 디자인 및 블록 코딩이 모두 끝났다. 이제 내가 구현한 앱을 스마트폰 상에서 구동할 수 있도록 실행해 보자. 안드로이드 스마트폰 기기 또는 스마트폰이 없는 경우에는 에뮬레이터를 통해 실행 결과를 확인해 보도록 하자.

### STEP 01 [연결] – [AI 컴패니언] 메뉴 선택

- 프로젝트에서 [연결] 메뉴의 [AI 컴패니언]을 선택한다.

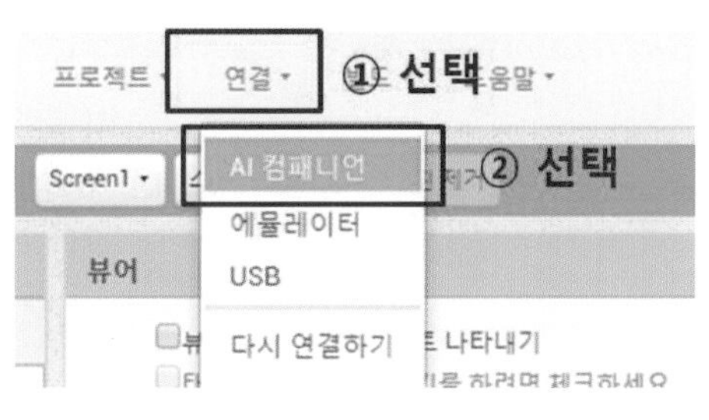


▶▶ [그림 12-23] 스마트폰 연결을 위한 AI 컴패니언 실행하기

- 컴패니언에 연결하기 위한 QR 코드가 화면에 나타난다.

▶▶ [그림 12-24] 컴패니언에 연결하기 위한 QR 코드

이번에는 안드로이드 기반의 스마트폰으로 가서 앞서 설치한 MIT AI2 Companion 앱을 실행하도록 하자.

### STEP 02 폰에서 MIT AI2 Companion 앱 실행하여 QR 코드 찍기

- 안드로이드 폰 기기에서 "MIT AI2 Companion" 앱을 실행한다.

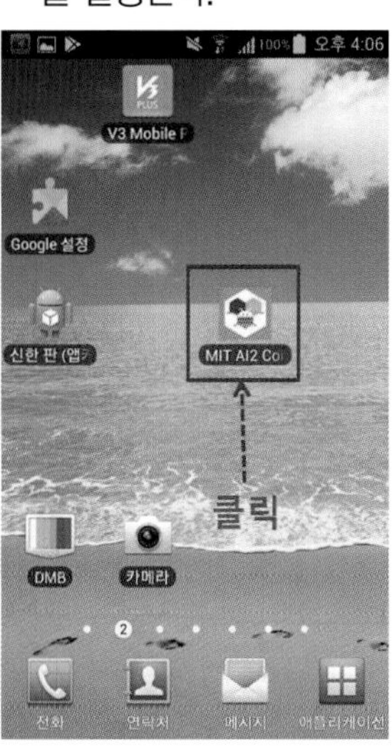


▶▶ [그림 12-25] MIT AI2 Companion 앱 실행

- 앱 메뉴 중 아래쪽의 "scan QR code" 메뉴를 선택한다.

▶▶ [그림 12-26] scan QR code 메뉴 선택

- QR 코드를 찍기 위한 카메라 모드가 동작하면 컴퓨터 화면에 나타난 QR 코드에 갖다 댄다.

▶▶ [그림 12-27] QR 코드 스캔 중

### STEP 03 미니 그림판 어플리케이션 수행하기

- QR 코드가 찍히고 나면 폰 화면에 다음과 같이 우리가 만든 실행 결과로써의 앱이 나타난다.
- 색상을 선택하고, 선굵기를 적용하여 캔버스에 그림을 그려보자.

[그림 12-28] 미니 그림판 어플리케이션 실행 화면

# 전체 프로그램 한 눈에 보기

앞서 컴포넌트 배치부터 블록 코딩까지 순차적으로 진행하였다. 이를 한 눈에 확인해봄으로써 내가 배치한 UI 및 블록 코딩이 틀린 점은 없는지 비교해보고, 이 단원을 정리해 보도록 한다.

## 전체 컴포넌트 UI

[그림 12-29] 전체 컴포넌트 디자이너

## 전체 블록 코딩

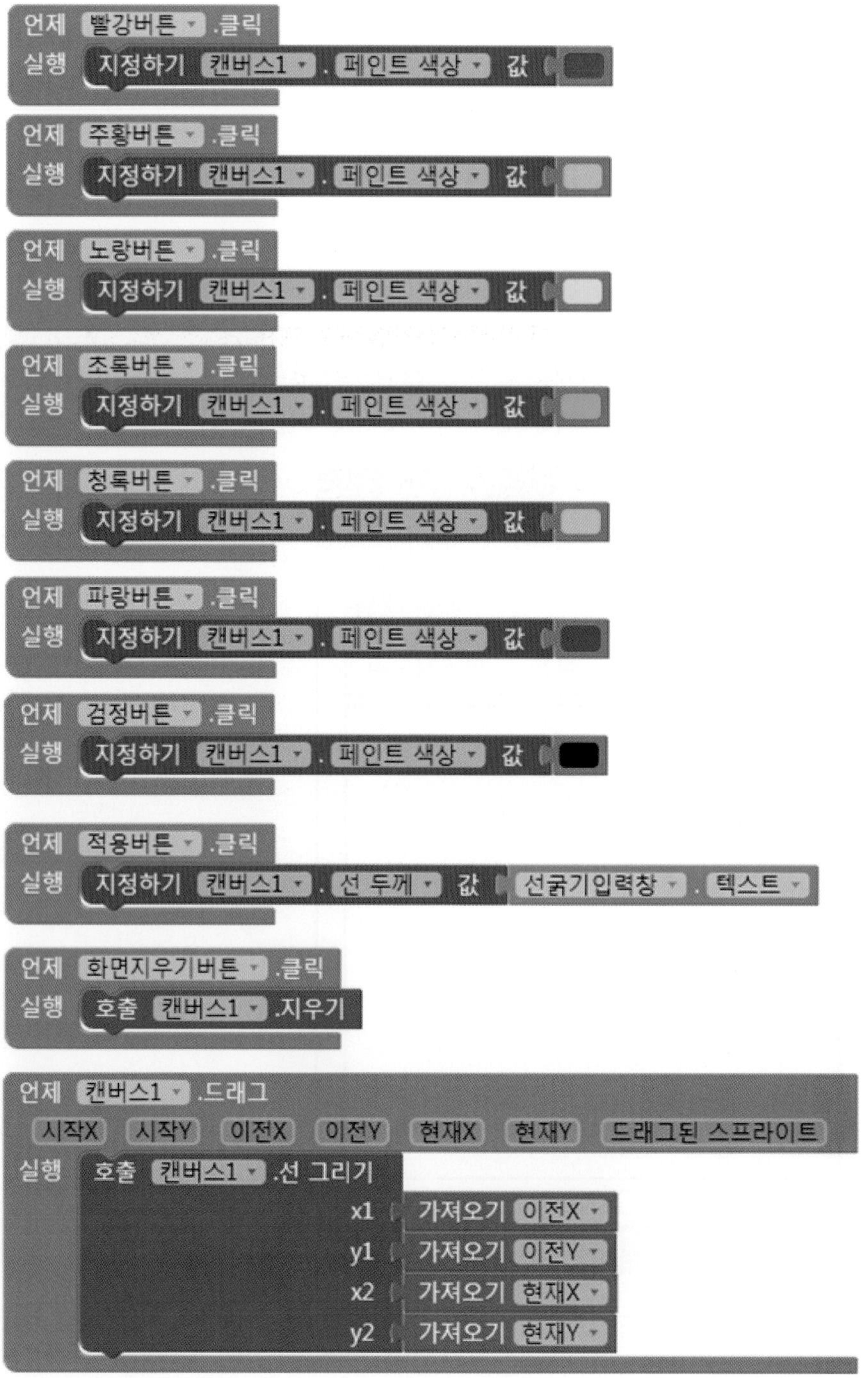

```
언제 빨강버튼 .클릭
실행 지정하기 캔버스1 . 페인트 색상 값

언제 주황버튼 .클릭
실행 지정하기 캔버스1 . 페인트 색상 값

언제 노랑버튼 .클릭
실행 지정하기 캔버스1 . 페인트 색상 값

언제 초록버튼 .클릭
실행 지정하기 캔버스1 . 페인트 색상 값

언제 청록버튼 .클릭
실행 지정하기 캔버스1 . 페인트 색상 값

언제 파랑버튼 .클릭
실행 지정하기 캔버스1 . 페인트 색상 값

언제 검정버튼 .클릭
실행 지정하기 캔버스1 . 페인트 색상 값

언제 적용버튼 .클릭
실행 지정하기 캔버스1 . 선 두께 값 선굵기입력창 . 텍스트

언제 화면지우기버튼 .클릭
실행 호출 캔버스1 .지우기

언제 캔버스1 .드래그
 시작X 시작Y 이전X 이전Y 현재X 현재Y 드래그된 스프라이트
실행 호출 캔버스1 .선 그리기
              x1 가져오기 이전X
              y1 가져오기 이전Y
              x2 가져오기 현재X
              y2 가져오기 현재Y
```

▶▶ [그림 12-30] 전체 컴포넌트 블록

## 생각 확장해보기

### ● 캔버스 드래그 시 원 그리기(스스로 해보기)

이번 시간에 우리는 [캔버스] 블록을 사용하여 캔버스에 선을 그리는 기능을 구현하였다. 하지만 우리는 캔버스의 기능을 선을 그리는 한정적인 기능만을 사용했을 뿐 캔버스는 다양한 기능을 제공하고 있다. 캔버스에는 점 그리기, 선 그리기, 원 그리기, 글자 쓰기 등 다양한 형태의 그리기 기능이 제공되고 내가 그린 그림을 파일로 저장할 수 있는 기능도 제공한다. 우리가 앞서 작성한 예제 기반에서 원 그리기 기능을 한 번 스스로 구현해 보도록 하자. 다음은 원 그리기 기능을 이용하여 구현한 수행 결과이다.

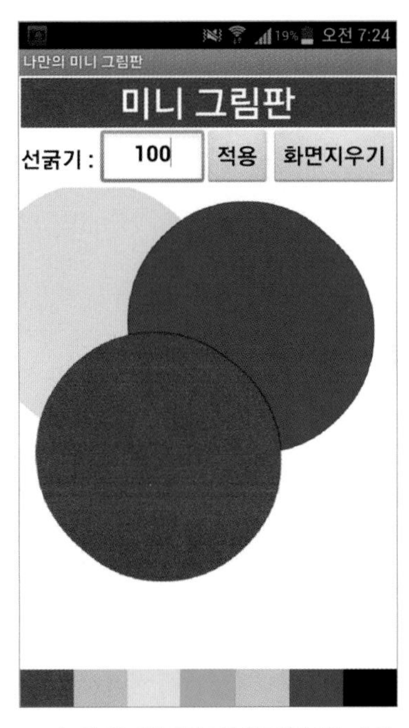


[그림 12-31] 캔버스에 원그리기 기능 수행

# 도전! 퀴즈카페

이번 시간에는 앱인벤터를 이용한 퀴즈 어플리케이션을 만들어 볼 것이다. 퀴즈는 남녀노소 누구나 좋아하는 문제 풀기 게임이다. 아이들이 풀기 쉬운 문제부터 전문 지식을 필요로 하는 문제까지 원하는 수준의 컨텐츠만 있다면 누구나 퀴즈 어플리케이션을 만들 수 있다.

Section 01

## 무엇을 만들 것인가?

- 퀴즈에서 나오는 문제를 풀도록 한다. 그림에서 나타나는 것을 객관식으로 선택하도록 [보기] 버튼을 클릭한다.
- [보기] 버튼에서 답이라고 생각하는 한 개의 항목을 선택한다.
- 선택한 항목과 저장되어 있는 이름이 같은지 비교하여 정답인지 오답인지 가려낸다.

▸▸ [그림 13-1] 퀴즈 어플리케이션 실행 화면

## 사용할 컴포넌트 및 블록

[표13-1]는 예제에서 배치할 팔레트 컴포넌트 종류들이다.

| 팔레트 그룹 | 컴포넌트 종류 | 기능 |
|---|---|---|
| 사용자 인터페이스 | 버튼 | 사용자가 다음 또는 이전을 클릭하여 페이지를 넘어가도록 한다. |
| 사용자 인터페이스 | 텍스트 상자 | 내가 선택한 항목을 출력한다. |
| 사용자 인터페이스 | 목록 선택 | 목록 중 한 개의 답을 선택하게 한다. |
| 사용자 인터페이스 | 이미지 | 이미지를 제공한다. |
| 레이아웃 | 수평배치 | 여러 컴포넌트들을 수평정렬 시킨다. |

▶▶ [표13-1] 예제에서 사용한 팔레트 목록

[표13-2]는 예제에서 사용할 주요 블록들이다.

| 컴포넌트 | 블록 | 기능 |
|---|---|---|
| 버튼 | 언제 이전버튼 .클릭 실행 | 사용자가 이전버튼을 클릭했을 때 처리하는 이벤트이다. |
| | 언제 다음버튼 .클릭 실행 | 사용자가 다음버튼을 클릭했을 때 처리하는 이벤트이다. |
| 변수 | 전역변수 초기화 변수_이름 값 | 전역변수를 선언하고 초기화하는 블록이다. |
| 목록 선택 | 언제 답목록선택 .터치 다운 실행 | 목록을 사용자가 터치하면 발생하는 이벤트이다. 목록의 리스트 중 한 개를 선택하는 경우 사용한다. |
| | 언제 답목록선택 .선택 후 실행 | 목록의 리스트 중 한 개를 선택한 후에 처리하는 이벤트이다. |
| | 호출 답목록선택 .열기 | 목록의 리스트 중에 선택한 항목을 가져오는 루틴이다. |
| 수학 | = | 두 수의 대소 및 같음을 비교한다. |
| | + | 두 수를 더한다. |
| | - | 앞의 수에서 뒤의 수를 뺀다. |
| Screen1 | 언제 Screen1 .초기화 실행 | Screen1이 초기화 시 처리하는 이벤트이다. |

▶▶ [표13-2] 예제에서 사용한 블록 목록

Section 02

# 만들어보기

## 프로젝트 만들기

먼저 프로젝트를 만들어보도록 하자. 앱인벤터 웹사이트(http://ai2.appinventor.mit.edu/)에 접속한다.

### STEP 01 새 프로젝트 시작하기 선택

- [프로젝트] 메뉴에서 [새 프로젝트 시작하기...]를 선택한다.

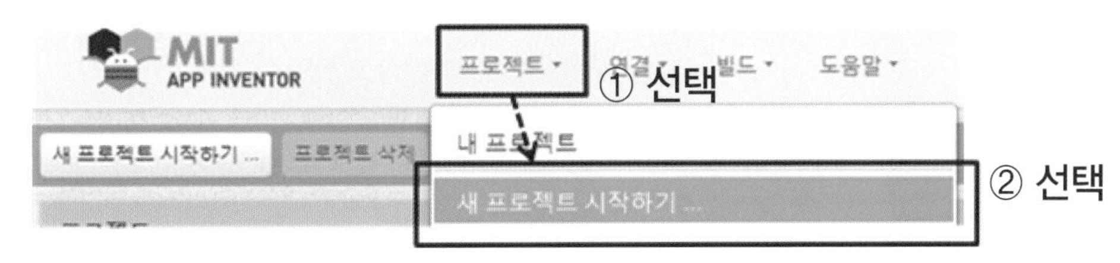


[그림 13-2] 새 프로젝트 시작하기

### STEP 02 프로젝트 이름 입력 및 확인

- [프로젝트 이름]을 "MyQuiz"이라고 입력하고 [확인] 버튼을 누른다.

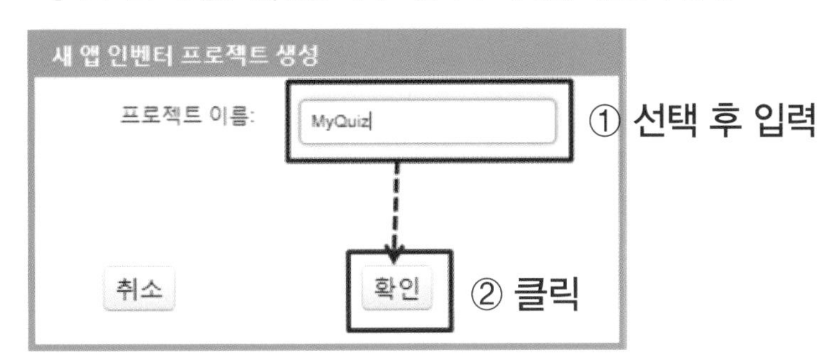


[그림 13-3] 프로젝트 이름 입력하기

# 컴포넌트 디자인하기

프로젝트상에 컴포넌트 UI를 배치해보도록 하자. 이번 장의 예제에서 배치할 컴포넌트는 [버튼], [레이블], [수평배치], [목록선택] 등 이다. 다음과 같이 [뷰어]에 컴포넌트들을 배치하도록 하자.

## STEP 01 타이틀과 이미지 컴포넌트 배치하기

- [사용자 인터페이스] – [레이블] 컴포넌트를 마우스로 선택한 후 [뷰어] – [Screen1] 영역으로 드래그하여 끌어다 놓는다.
- [사용자 인터페이스] – [이미지] 컴포넌트를 마우스로 선택한 후 [뷰어] – [Screen1] 영역으로 드래그하여 끌어다 놓는다.

[그림 13-4] 뷰어에 레이블, 이미지 컴포넌트 끌어다 놓기

- [레이블1]의 속성을 다음과 같이 변경한다.

| 속성 | 변경할 속성값 |
|---|---|
| 글꼴 굵게 | 체크 |
| 글꼴 크기 | 30 |
| 너비 | 부모에 맞추기 |
| 텍스트 | 도전! 퀴즈카페! |
| 텍스트 정렬 | 가운데 |
| 텍스트 색상 | 빨강 |

[표13-3] 레이블1의 속성값 변경

● [레이블2]의 속성을 다음과 같이 변경한다.

| 속성 | 변경할 속성값 |
|---|---|
| 글꼴 굵게 | 체크 |
| 글꼴 크기 | 16 |
| 텍스트 | 다음의 그림이 나타내는 것은? |

[표13-4] 레이블2의 속성값 변경

● [이미지1]의 속성을 다음과 같이 변경한다.

| 속성 | 변경할 속성값 |
|---|---|
| 높이 | 50 percent |
| 너비 | 부모에 맞추기 |

[표13-5] 이미지1의 속성값 변경

## STEP 02 텍스트 상자, 목록 선택, 수평배치 컴포넌트 배치하기

● [사용자 인터페이스] – [레이블] 컴포넌트를 마우스로 선택한 후 [뷰어] – [Screen1] 영역으로 드래그하여 끌어다 놓는다.

● [사용자 인터페이스] – [텍스트 상자] 컴포넌트를 마우스로 선택한 후 [뷰어] – [Screen1] 영역으로 드래그하여 끌어다 놓는다.

● [사용자 인터페이스] – [목록 선택] 컴포넌트를 마우스로 선택한 후 [뷰어] – [Screen1] 영역으로 드래그하여 끌어다 놓는다.

● [사용자 인터페이스] – [수평배치] 컴포넌트를 마우스로 선택한 후 [뷰어] – [Screen1] 영역으로 드래그하여 끌어다 놓는다.

[그림 13-5] 뷰어에 레이블, 텍스트 상자, 목록 선택, 수평배치 컴포넌트 끌어다 놓기

● [레이블3]의 속성을 다음과 같이 변경한다.

| 속성 | 변경할 속성값 |
|---|---|
| 글꼴 굵게 | 체크 |
| 글꼴 크기 | 16 |
| 텍스트 | 정답은? |

▶▶ [표13-6] 레이블3의 속성값 변경

● [텍스트상자1]의 속성을 다음과 같이 변경한다.

| 속성 | 변경할 속성값 |
|---|---|
| 글꼴 굵게 | 체크 |
| 글꼴 크기 | 16 |
| 너비 | 부모에 맞추기 |
| 힌트 | 선택한 답 출력 |

▶▶ [표13-7] 텍스트상자1의 속성값 변경

● [목록선택1]의 속성을 다음과 같이 변경한다.

| 속성 | 변경할 속성값 |
|---|---|
| 글꼴 굵게 | 체크 |
| 글꼴 크기 | 16 |
| 너비 | 부모에 맞추기 |
| 텍스트 | 보기 |
| 텍스트 정렬 | 가운데 |

▶▶ [표13-8] 목록선택1의 속성값 변경

● [수평배치1]의 속성을 다음과 같이 변경한다.

| 속성 | 변경할 속성값 |
|---|---|
| 수평 정렬 | 중앙 |
| 수직 정렬 | 가운데 |
| 너비 | 부모에 맞추기 |

▶▶ [표13-9] 수평배치1의 속성값 변경

● [수평배치1] 컴포넌트 안에 [레이블3], [텍스트상자1], [목록선택1] 컴포넌트를 순서대로 배치한다.

정답은?
보기

▶▶ [그림 13-6] [레이블3], [텍스트상자1], [목록선택1] 컴포넌트 수평배치

## STEP 03 결과레이블 및 버튼 컴포넌트 배치하기

- 이번에는 정답 여부의 결과를 출력하는 결과창 및 다음 또는 이전으로 이동할 수 있는 버튼을 배치하도록 하자
- [사용자 인터페이스] – [레이블]을 마우스로 선택한 후 [뷰어] – [Screen1] 영역으로 드래그하여 끌어다 놓는다. 위치는 [수평배치1] 아래쪽에 배치한다.
- [사용자 인터페이스] – [수평배치] 컴포넌트를 마우스로 선택한 후 [뷰어] – [Screen1] 영역으로 드래그하여 끌어다 놓는다. 위치는 방금 배치한 [레이블4] 아래쪽에 배치한다.
- [사용자 인터페이스] – [버튼]를 마우스로 선택한 후 배치한 [수평배치2] 영역 안으로 드래그하여 끌어다 놓는다. 버튼은 2개 배치한다.

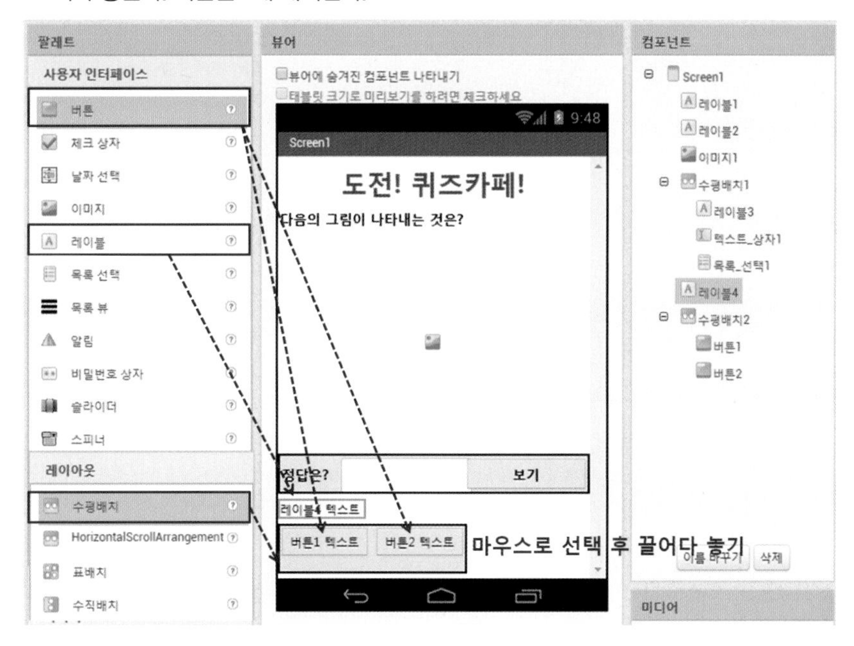


[그림 13-7] 레이블, 버튼, 수평배치 배치하기

- [레이블4]의 속성을 다음과 같이 변경한다.

| 속성 | 변경할 속성값 |
|---|---|
| 글꼴 굵게 | 체크 |
| 글꼴 크기 | 30 |
| 너비 | 부모에 맞추기 |
| 텍스트 | 결과 |
| 텍스트 정렬 | 가운데 |
| 텍스트 색상 | 빨강 |

[표13-10] 레이블4의 속성값 변경

● [버튼1]의 속성을 다음과 같이 변경한다.

| 속성 | 변경할 속성값 |
|---|---|
| 글꼴 굵게 | 체크 |
| 글꼴 크기 | 16 |
| 텍스트 | 이전 |
| 텍스트 정렬 | 가운데 |

▶ [표13-11] 버튼1의 속성값 변경

● [버튼2]의 속성을 다음과 같이 변경한다.

| 속성 | 변경할 속성값 |
|---|---|
| 글꼴 굵게 | 체크 |
| 글꼴 크기 | 16 |
| 텍스트 | 다음 |
| 텍스트 정렬 | 가운데 |

▶ [표13-12] 버튼2의 속성값 변경

● [수평배치2]의 속성을 다음과 같이 변경한다.

| 속성 | 변경할 속성값 |
|---|---|
| 수평 정렬 | 중앙 |
| 수직 정렬 | 가운데 |
| 너비 | 부모에 맞추기 |
| 높이 | 부모에 맞추기 |

▶ [표13-13] 수평배치2의 속성값 변경

● 이번에는 배치한 컴포넌트들의 전체 이름을 바꾸어보자.

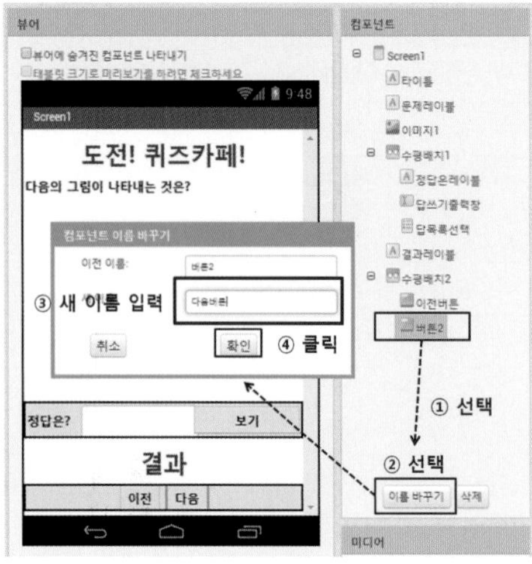


▶ [그림 13-8] 컴포넌트의 이름 바꾸기

| 컴포넌트 | 새 이름 |
|---|---|
| 레이블1 | 타이틀 |
| 레이블2 | 문제레이블 |
| 레이블3 | 정답은레이블 |
| 레이블4 | 결과레이블 |
| 텍스트상자1 | 답쓰기출력창 |
| 목록선택1 | 답목록선택 |
| 버튼1 | 이전버튼 |
| 버튼2 | 다음버튼 |

[표13-14] 컴포넌트의 이름 바꾸기

## STEP 04 리소스 파일 올리기

- 우리가 사용할 사진 이미지를 3장 올려보자. 이미지는 각각 “lion.jpg”, “monkey.jpg”, “racoon.jpg”이다.

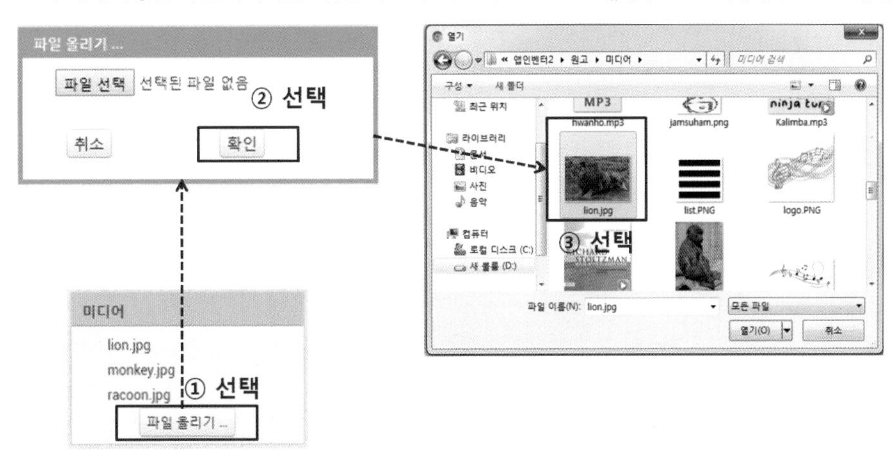


[그림 13-9] 이미지 파일 올리기

## STEP 05 어플리케이션 제목 설정하기

- 마지막으로 이 어플리케이션의 제목을 설정하도록 하겠다. [Screen1]을 선택하고 [속성] – [제목]에 “나만의 퀴즈앱 만들기”라고 입력하자.

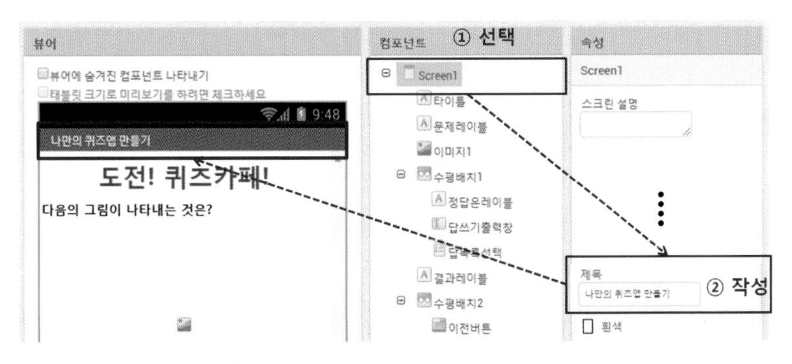


[그림 13-10] 제목 작성하기

## 블록코딩하기

[버튼], [레이블], [이미지], [수평배치], [목록선택] 등의 컴포넌트들이 배치되었다. 이제 컴포넌트들이 동작할 수 있도록 블록 코딩을 해보도록 할 것이다. 먼저 앱인벤터 화면의 가장 오른쪽 끝에 [블록] 메뉴를 선택하도록 하자.

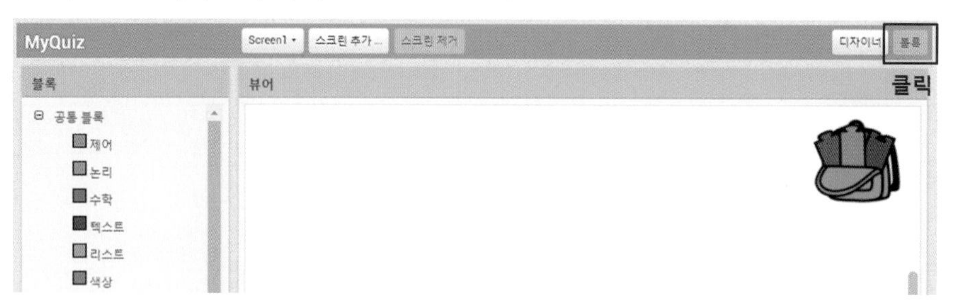


[그림 13-11] 블록 화면으로 전환하기

### STEP 01 퀴즈에서 사용할 사진, 이름의 리스트 만들고, 번호값 설정하기

- 퀴즈에서 사용할 사진과 사진의 이름의 리스트를 만들어보자. 사진 이미지를 저장할 변수와 사진의 이름을 저장할 변수를 각각 전역변수로 초기화한다.
- [블록] – [공통블록] – [변수]을 마우스로 선택하면 [뷰어]창에 블록들이 나타난다. 여러 블록 중에 전역변수 초기화 변수_이름 값 을 선택한 후 [뷰어]에 끌어다 놓는다. 모두 3개 배치한다.
- 변수의 이름은 각각 "사진", "이름", "번호" 라고 입력한다.

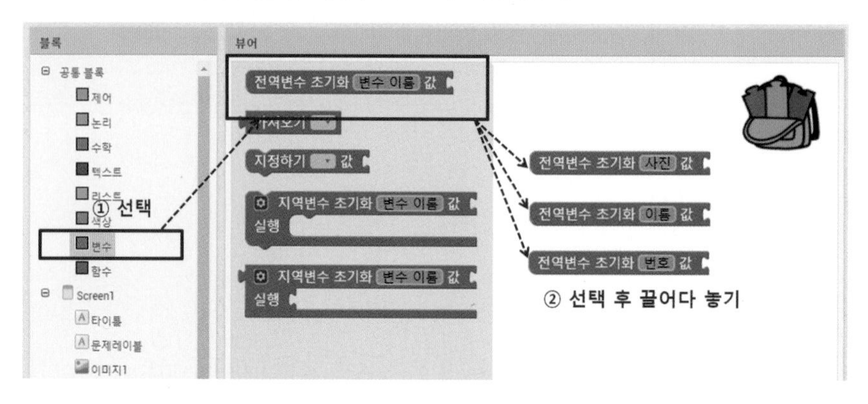


[그림 13-12] 함수 블록 배치

- 각각 [사진]전역변수와 [이름]전역변수값을 리스트로 만들어서 입력해보자. [블록] – [공통블록] – [리스트]를 선택하여, 리스트 만들기 블록을 배치한다.

[그림 13-13] 리스트 블록 배치하기

● [사진]값의 리스트에는 사진의 이미지 파일명을 값으로 배치하고, [이름]값의 리스트에는 이미지의 실제 대상 이름을 값으로 배치한다. [블록] – [공통블록] – [텍스트]의 " " 블록을 선택하여 값을 입력하고, 다음과 같이 배치한다.

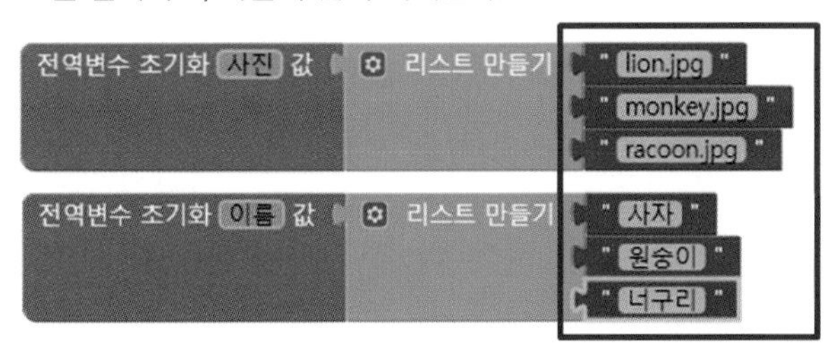


[림 13-14] 텍스트 블록 배치하기

● 이번에는 [번호]전역변수를 초기화하도록 하자. 초기에 첫 번째 컨텐츠를 보여주도록 하기 위해 초기값은 "1"로 설정한다.

● [블록] – [공통블록] – [수학]를 선택 후 0 블록을 선택한 다음 값을 "1"로 변경 후 다음과 같이 배치한다.

[그림 13-15] 수학 블록 배치하기

## STEP 02 Screen1의 초기화 이벤트 처리하기

● 이번에는 [Screen1]을 초기화했을 때 이벤트를 처리하는 블록을 배치해보자.

● [블록] – [Screen1] 을 마우스로 선택하면 [뷰어]창에 블록들이 나타난다. 여러 블록 중에 언제 Screen1 .초기화 실행 을 선택한 후 [뷰어]에 끌어다 놓는다.

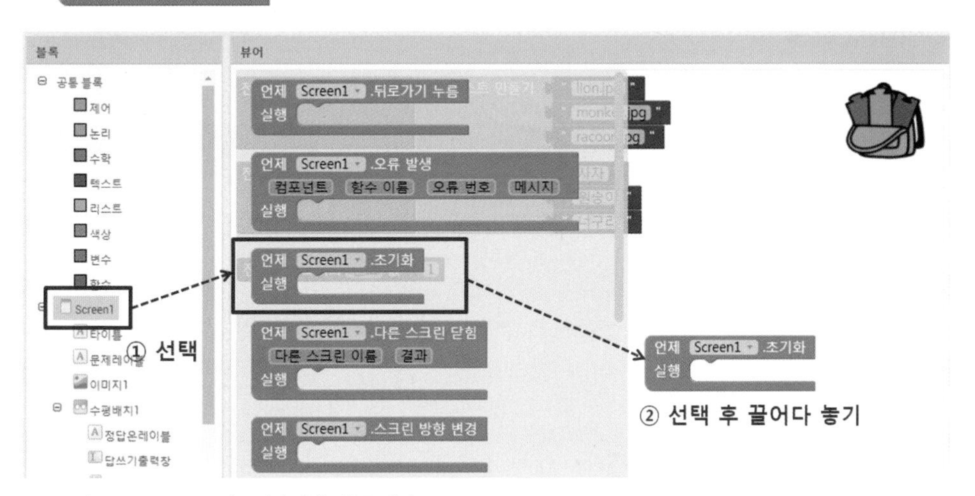


[그림 13-16] Screen1의 초기화 이벤트 블록 배치

- 초기에 어플리케이션이 실행되었을 때 되어 있어야 할 것은 먼저, 퀴즈에 나타날 첫 번째 문제의 사진이 화면에 나타나야 하고, 보기에서 선택할 이름 항목들을 읽어들여야 한다.
- [블록] – [Screen1] – [이미지1]을 선택하고, 
지정하기 이미지1 . 사진 값
블록을 선택하여 
언제 Screen1 .초기화
실행
블록 안에 끌어다 놓는다.
지정하기 이미지1 . 사진 값
에 들어갈 이미지 값은 앞서 선언하고 초기화했던 [사진]변수 리스트에서 첫 번째 값을 가져오면 된다.
- [블록] – [공통블록] – [리스트]를 선택하여, 
리스트에서 항목 선택하기 리스트
위치
블록을 선택한 후 
지정하기 이미지1 . 사진 값
블록에 배치한다.
- [블록] – [공통블록] – [변수]를 선택하여 
가져오기 global 사진
블록과 
가져오기 global 번호
블록을 선택한 후 다음과 같이 배치한다.

언제 Screen1 .초기화
실행 지정하기 이미지1 . 사진 값
언제 Screen1 .초기화
실행 지정하기 이미지1 . 사진 값 리스트에서 항목 선택하기 리스트
위치
언제 Screen1 .초기화
실행 지정하기 이미지1 . 사진 값 리스트에서 항목 선택하기 리스트 가져오기 global 사진
위치 가져오기 global 번호

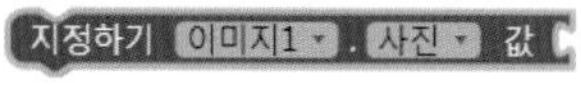

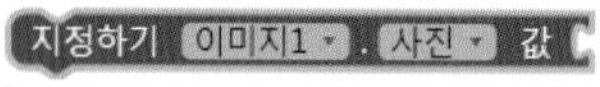

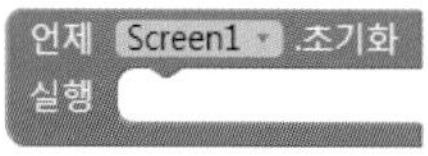

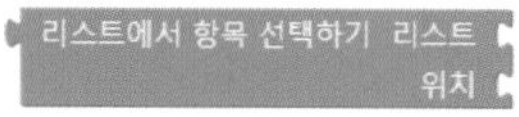

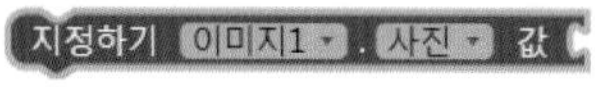

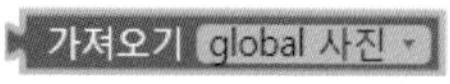

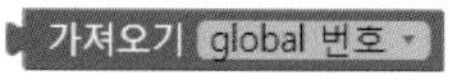

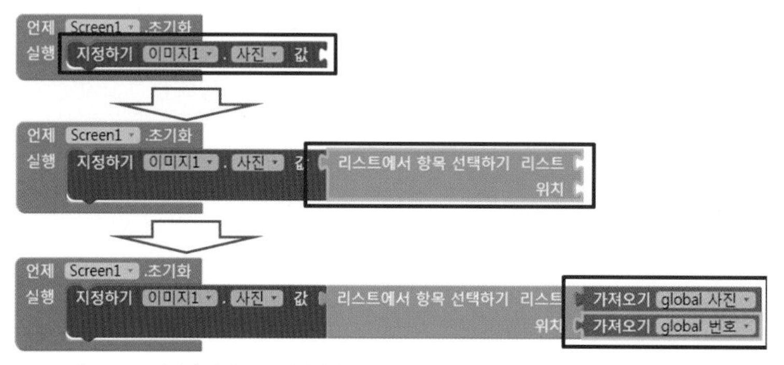

[그림 13-17] 제어의 만약 블록 배치하기

- 위의 블록 배치는 해당 번호에 해당하는 위치 항목의 사진을 [이미지1] 컴포넌트로 가져오겠다는 설정이다.
- 이번에는 [목록선택1] 컴포넌트에 이름 목록으로 초기화를 하는 블록을 배치해보자.
- [블록] – [Screen1] – [수평배치1] – [답목록선택]을 선택 후 
지정하기 답목록선택 . 요소 값
블록을 선택하여 다음과 같이 배치한다.

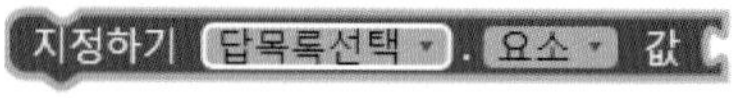

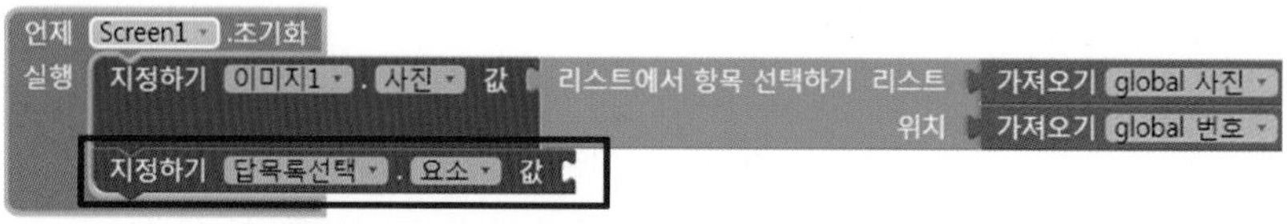

언제 Screen1 .초기화
실행 지정하기 이미지1 . 사진 값 리스트에서 항목 선택하기 리스트 가져오기 global 사진
위치 가져오기 global 번호
지정하기 답목록선택 . 요소 값

[그림 13-18] 답목록선택의 요소값 블록 배치하기

- [답목록선택]의 요소값은 우리가 앞에서 초기화한 [이름]전역변수의 리스트를 넘겨주면 된다.
- [블록] – [공통블록] – [변수]를 선택하고, 
가져오기 global 이름
블록을 끌어다가 다음과 같이 배치한다.

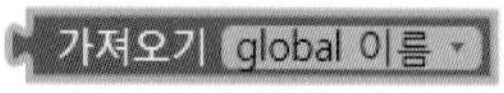

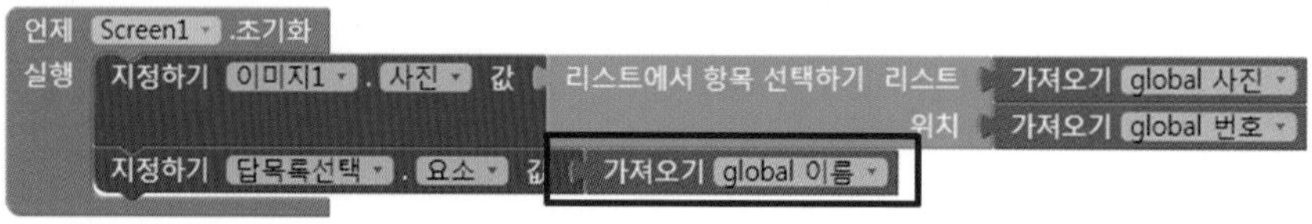

언제 Screen1 .초기화
실행 지정하기 이미지1 . 사진 값 리스트에서 항목 선택하기 리스트 가져오기 global 사진
위치 가져오기 global 번호
지정하기 답목록선택 . 요소 값 가져오기 global 이름

[그림 13-19] 이름 전역변수 블록 배치하기

## STEP 03 답목록선택을 터치다운 했을 때와 선택 후의 이벤트 처리하기

- 현재 첫 번째 퀴즈가 출제된 상황이다. 지금부터는 객관식의 여러 항목 중 답을 선택하는 이벤트 처리와 답 선택 후 정답인지 오답인지 처리하는 이벤트에 관하여 살펴보자.
- 여러 항목 중에 한 개를 선택하는 형태이므로 [블록] – [Screen1] – [수평배치1] – [답목록선택]을 선택하고, 언제 답목록선택 .선택 후 실행 블록과 언제 답목록선택 .터치 다운 실행 블록을 [뷰어]에 끌어다가 배치한다.

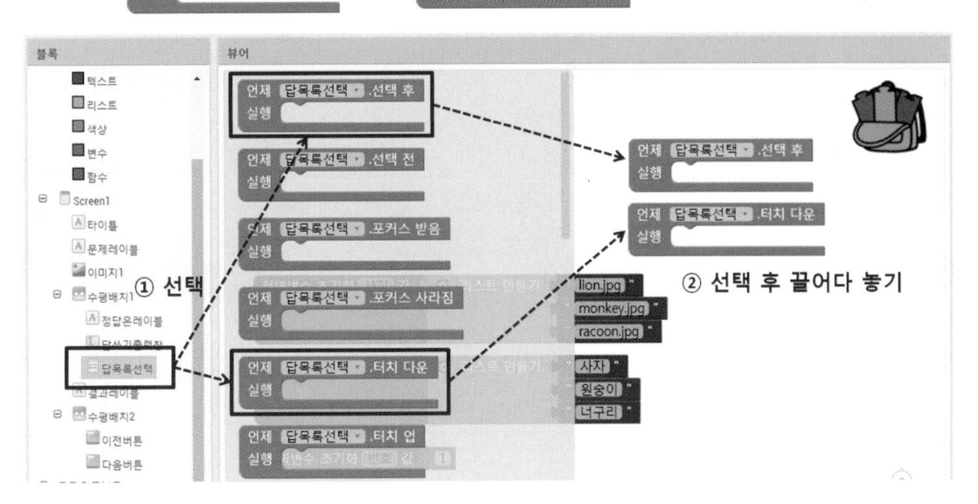


[그림 13-20] 답목록선택 이벤트 블록 배치하기

- 먼저 언제 답목록선택 .터치 다운 실행 블록 이벤트에 대해 생각해보면, [답목록선택]버튼을 터치했을 때, 목록 선택 모듈이 호출되도록 하면 된다. [블록] – [Screen1] – [수평배치1] – [답목록선택]을 선택하고, 호출 답목록선택 .열기 블록을 [뷰어]에 끌어다가 배치한다.

[그림 13-21] 답목록선택 열기 블록 배치하기

- 우리는 [답목록선택]을 열어서 어떤 하나의 항목을 선택했다 가정하고, 이제부터는 언제 답목록선택 .선택 후 실행 블록에 관하여 이벤트를 처리해보도록 하겠다. 먼저, 내가 목록에서 선택한 항목값과 리스트 항목의 위치에서 가져온 이름값이 같은지 비교하여 같으면 "정답입니다."라는 문자열을, 다르면 "오답입니다."라는 문자열을 출력하도록 한다.
- [블록] – [Screen1] – [수평배치1] – [답쓰기출력창]을 선택하여 지정하기 답쓰기출력창 . 텍스트 값 블록을 언제 답목록선택 .선택 후 실행 블록에 배치한다.
- [답목록선택]에서 선택한 항목을 [답쓰기출력창]에 출력해야 하므로, [블록] – [Screen1] – [수평배치1] – [답목록선택]을 선택하고, 답목록선택 . 선택된 항목 블록을 끌어다가 다음과 같이 배치한다.

[그림 13-22] 답쓰기 출력창과 답목록선택 블록 배치하기

● [답목록선택]에서 선택한 항목과 [이름]전역변수 리스트의 값이 같은지 비교하는 블록을 배치한다. 먼저 비교하는 블록의 경우는 [제어]에 있는데, [블록] – [공통블록] – [제어]를 선택하고, 만약 그러면 블록을 다음과 같이 배치한다.

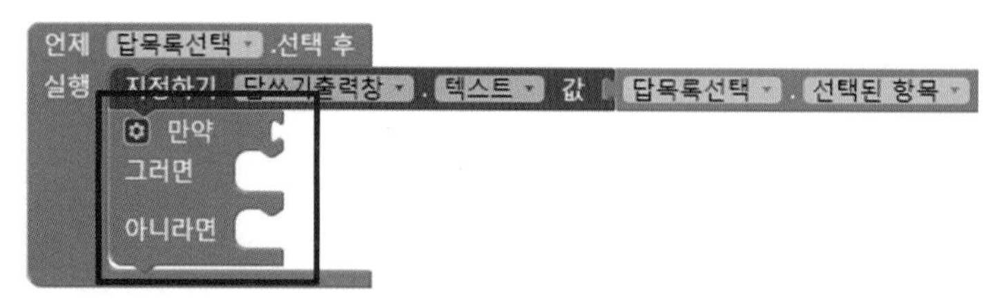


▶▶ [그림 13-23] 제어의 분기문 블록 배치하기

● [블록] – [공통블록] – [논리]를 선택하고, = 블록을 [만약]문에 배치한다. 선택한 항목과 리스트의 항목을 비교해야 하므로, = 블록의 첫 번째 빈 칸에는 답목록선택 . 선택된 항목 블록을 배치한다. 두 번째 빈 칸에는 리스트에서 항목 선택하기 리스트 가져오기 global 이름 위치 가져오기 global 번호 블록을 배치한다.

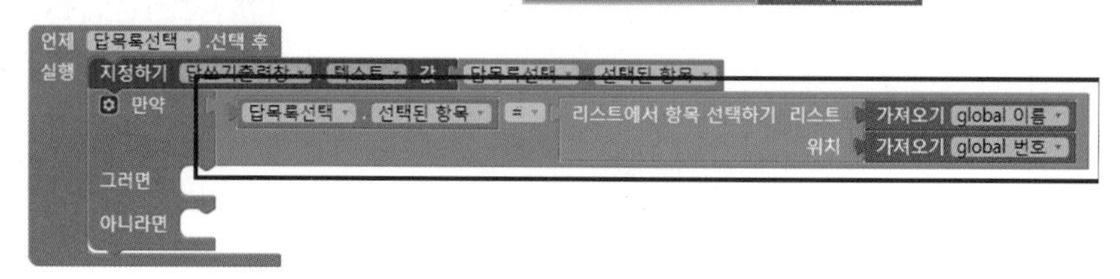


▶▶ [그림 13-24] 논리의 비교문 블록 배치하기

● 두 값의 비교 결과를 [결과레이블]에 출력하면 된다. [블록] – [Screen1] – [결과레이블]을 선택하고, 지정하기 결과레이블 . 텍스트 값 블록을 끌어다가 [그러면]과 [아니라면]문에 모두 배치한다.

● [그러면]문에 " " 블록을 지정하기 결과레이블 . 텍스트 값 블록에 배치하고 "정답입니다"라는 문자열을 입력한다.

● [아니라면]문에 " " 블록을 지정하기 결과레이블 . 텍스트 값 블록에 배치하고 "오답입니다"라는 문자열을 입력한다.

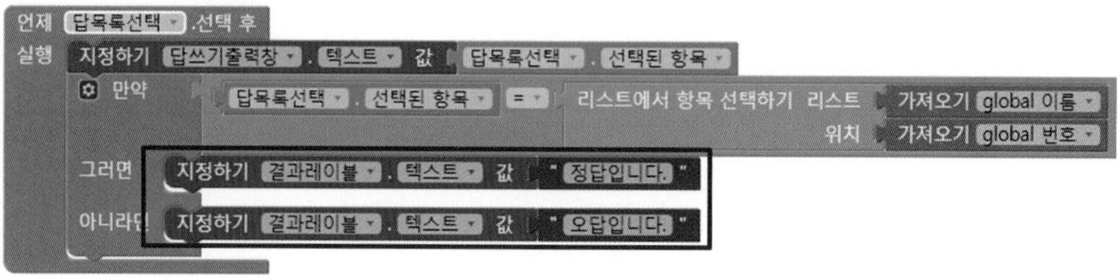

▶▶ [그림 13-25] 결과레이블의 텍스트 블록 배치하기

## STEP 04 이전버튼 클릭과 다음버튼 클릭 시 이벤트 처리하기

- 퀴즈의 다음 문제로 넘어가거나 이전 문제로 이동하기 위한 기능이다.
- [블록] – [Screen1] – [수평배치2] – [다음버튼]을 선택 후 [언제 다음버튼 .클릭 실행] 블록을 선택하여 [뷰어]에 끌어다 놓는다.
- [블록] – [Screen1] – [수평배치2] – [이전버튼]을 선택 후 [언제 이전버튼 .클릭 실행] 블록을 선택하여 [뷰어]에 끌어다 놓는다.

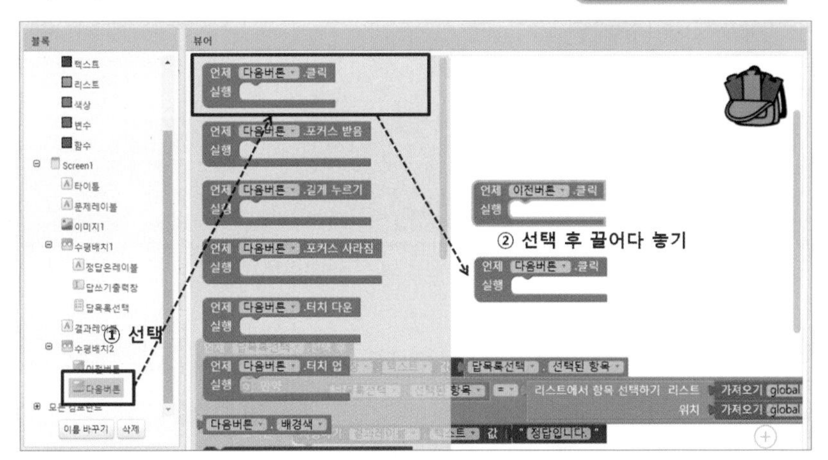


▸▸ [그림 13-26] 다음버튼, 이전버튼클릭 이벤트 블록 배치하기

- [언제 다음버튼 .클릭 실행] 블록이 수행되면 퀴즈의 그 다음 문제로 넘어가야 한다. 이 때 [번호]전역변수는 +1 증가해야 하고, 다음 문제의 이미지를 가져와서 출력해야 한다. 우리는 임의로 퀴즈 문제를 3문제로 제한했기 때문에 3번째 문제인 경우는 [다음] 버튼이 나타나지 않도록 설정한다.
- [블록] – [공통블록] – [변수]를 선택한 후 블록을 선택하여 [지정하기 global 번호 값] 블록 안에 배치한다.
- 기존 [번호]의 값을 1 증가시켜야 하므로 두 값끼리의 연산 블록을 제공하는 [수학] 블록을 선택한 후 [언제 다음버튼 .클릭 실행] 블록을 끌어다가 다음과 같이 배치한다.

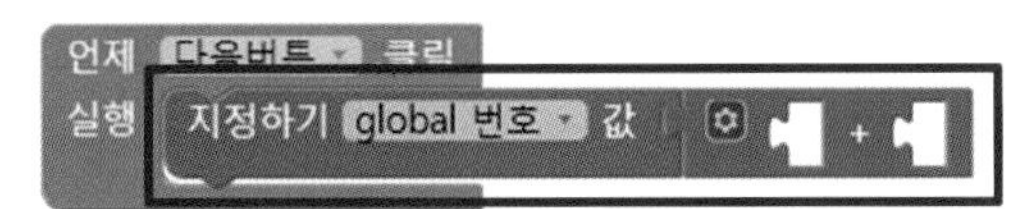


▸▸ [그림 13-27] 번호전역변수 값 설정 블록 배치하기

- [블록]–[공통블록]–[변수]를 선택한 후 [가져오기 global 번호] 블록을 선택하여 [+] 블록의 첫 번째 칸에 배치한다.
- [블록] – [공통블록] – [수학]을 선택한 후 [0] 블록을 선택하여 값을 "1"로 변경 후 [+] 블록의 두 번째 칸에 배치한다.

▸▸ [그림 13-28] 번호전역변수값에 1증가하는 블록 배치하기

- 퀴즈의 다음 문제로 넘어간 상태이기 때문에 [이미지]의 그 다음 사진을 보여주고, [결과레이블]이나 [답쓰기출력창]은 모두 초기화해주어야 한다.
- [블록] – [Screen1] – [이미지1]을 선택한 후 지정하기 이미지1 . 사진 값 블록을 언제 다음버튼 .클릭 실행 블록 안에 끌어다 놓는다.
- [블록] – [공통블록] – [리스트]를 선택한 후 리스트에서 항목 선택하기 리스트 위치 블록을 지정하기 이미지1 . 사진 값 블록에 배치한다. 그리고 가져오기 global 사진 블록과 가져오기 global 번호 블록을 선택한 후 다음과 같이 배치한다.

언제 다음버튼 .클릭
실행 지정하기 global 번호 값 가져오기 global 번호 + 1
지정하기 이미지1 . 사진 값 리스트에서 항목 선택하기 리스트 가져오기 global 사진
위치 가져오기 global 번호

[그림 13-29] 리스트에서 이미지 읽어오는 블록 배치하기

- [블록] – [Screen1] – [수평배치1] – [답쓰기출력창]을 선택한 후 지정하기 답쓰기출력창 . 텍스트 값 언제 다음버튼 .클릭 실행 블록을 지정하기 답쓰기출력창 . 텍스트 값 블록 안에 끌어다 놓고, 블록에 입력값으로 " " 블록을 배치한다.
- [블록] – [Screen1] – [수평배치1] – [결과레이블]을 선택한 후 지정하기 결과레이블 . 텍스트 값 블록을 언제 다음버튼 .클릭 실행 블록 안에 끌어다 놓고, 지정하기 결과레이블 . 텍스트 값 블록에 입력값으로 " " 블록을 배치하여 "결과"라는 문자열을 입력한다.

[그림 13-30] 답쓰기출력창과 결과레이블 값 초기화 블록 배치하기

- [블록] – [공통블록] – [제어]를 선택한 후 만약 그러면 블록을 언제 다음버튼 .클릭 실행 블록에 배치한다.
- [블록] – [공통블록] – [수학]을 선택한 후 ≥ 블록을 [만약]문에 배치한다. 현재 [번호]전역변수가 3보다 크거나 같은지를 검사하여 3이상이 되는 순간 [다음]버튼을 안보이게 설정할 것이다.
- 가져오기 global 번호 블록을 ≥ 블록의 첫 번째 빈 칸에 배치하고, 0 블록을 두 번째 빈 칸에 배치한 후 "3"이라고 값을 변경한다.
- [블록] – [Screen1] – [수평배치2] – [다음버튼]을 선택한 후 지정하기 다음버튼 . 보이기 값 블록을 끌어다가 [그러면]문에 배치한다.
- [블록] – [Screen1] – [수평배치2] – [이전버튼]을 선택한 후 지정하기 이전버튼 . 보이기 값 블록을 끌어다가 [아니라면]문에 배치한다.

- [블록] – [공통블록] – [논리]를 선택 후 참 블록과 거짓 블록을 각 지정하기 이전버튼 . 보이기 값 블록과 지정하기 다음버튼 . 보이기 값 블록에 배치한다.

[그림 13-31] 번호를 비교하여 다음버튼 보이기 여부 결정 블록

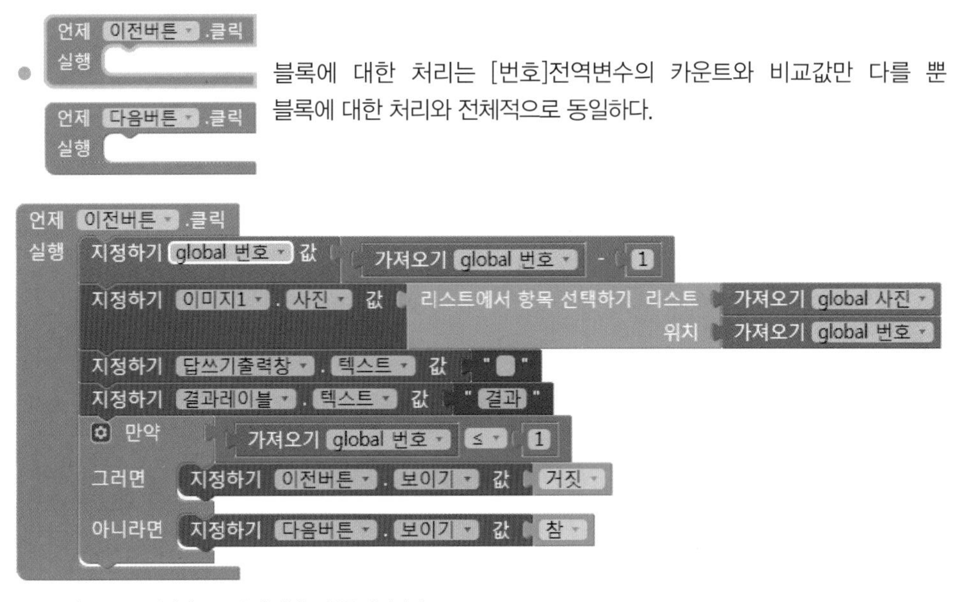


- 언제 이전버튼 .클릭 실행 블록에 대한 처리는 [번호]전역변수의 카운트와 비교값만 다를 뿐 언제 다음버튼 .클릭 실행 블록에 대한 처리와 전체적으로 동일하다.

[그림 13-32] 이전버튼 클릭 시 이벤트 블록 배치하기

## 실행해보기

컴포넌트 디자인 및 블록 코딩이 모두 끝났다. 이제 내가 구현한 앱을 스마트폰 상에서 구동할 수 있도록 실행해 보자. 안드로이드 스마트폰 기기 또는 스마트폰이 없는 경우에는 에뮬레이터를 통해 실행 결과를 확인해 보도록 하자.

### STEP 01 [연결] – [AI 컴패니언] 메뉴 선택

- 프로젝트에서 [연결] 메뉴의 [AI 컴패니언]을 선택한다.

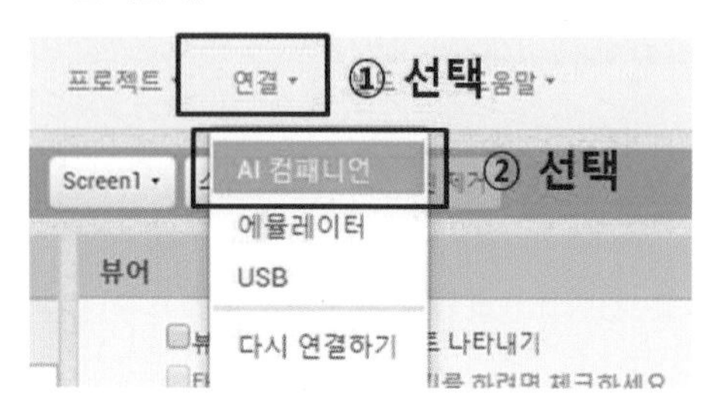


[그림 13-33] 스마트폰 연결을 위한 AI 컴패니언 실행하기

- 컴패니언에 연결하기 위한 QR 코드가 화면에 나타난다.

[그림 13-34] 컴패니언에 연결하기 위한 QR 코드

이번에는 안드로이드 기반의 스마트폰으로 가서 앞서 설치한 MIT AI2 Companion 앱을 실행하도록 하자.

### STEP 02 폰에서 MIT AI2 Companion 앱 실행하여 QR 코드 찍기

- 안드로이드 폰 기기에서 "MIT AI2 Companion" 앱을 실행한다.

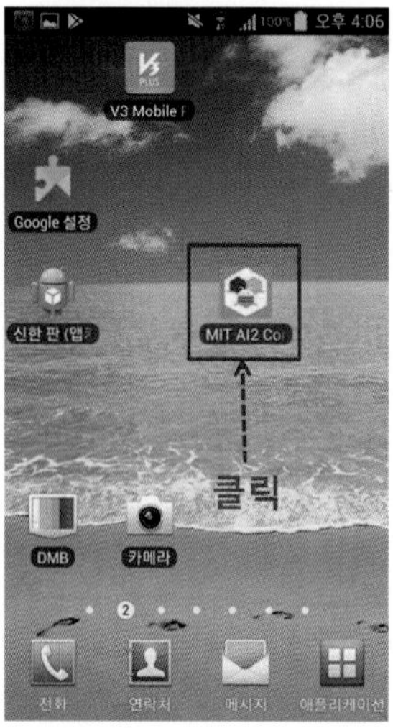

[그림 13-35] MIT AI2 Companion 앱 실행

- 앱 메뉴 중 아래쪽의 "scan QR code" 메뉴를 선택한다.



[그림 13-36] scan QR code 메뉴 선택

- QR 코드를 찍기 위한 카메라 모드가 동작하면 컴퓨터 화면에 나타난 QR 코드에 갖다 댄다.

[그림 13-37] QR 코드 스캔 중

## STEP 03 퀴즈 어플리케이션 수행하기

- QR 코드가 찍히고 나면 폰 화면에 다음과 같이 우리가 만든 실행 결과로써의 앱이 나타난다.
- 나타나는 이미지에 대해 목록에서 객관식 답을 선택하면 정답인지 오답인지 출력한다.

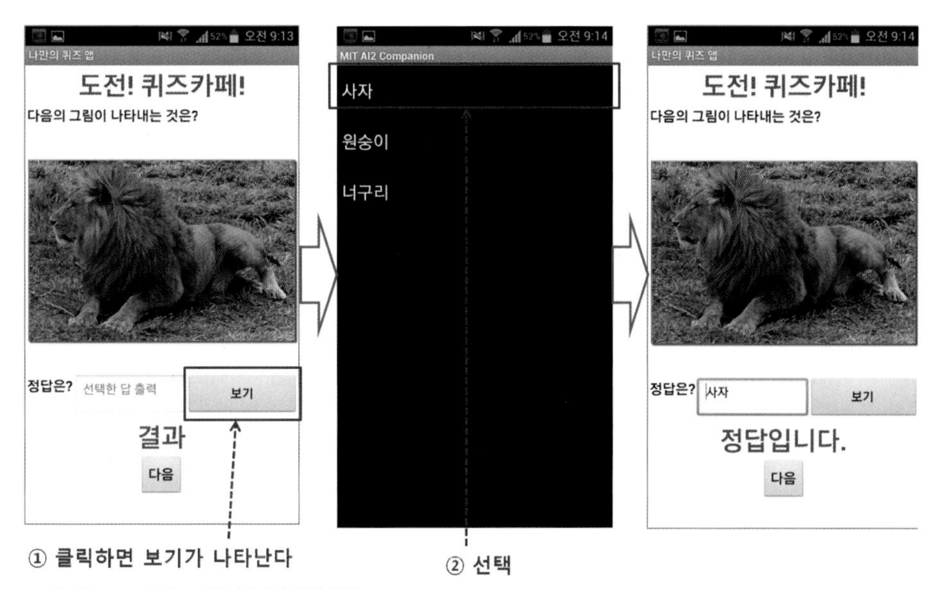


[그림 13-38] 퀴즈 어플리케이션 실행 화면

# 전체 프로그램 한 눈에 보기

앞서 컴포넌트 배치부터 블록 코딩까지 순차적으로 진행하였다. 이를 한 눈에 확인해봄으로써 내가 배치한 UI 및 블록 코딩이 틀린 점은 없는지 비교해보고, 이 단원을 정리해 보도록 한다

## 전체 컴포넌트 UI

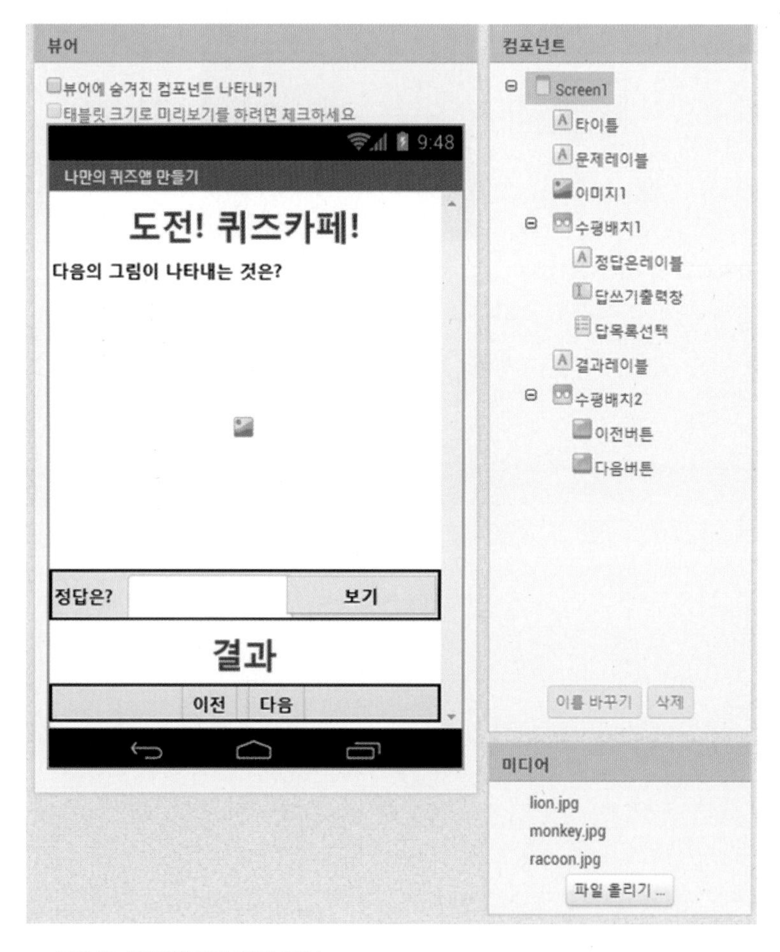


▸▸ [그림 13-39] 전체 컴포넌트 디자이너

## 전체 블록 코딩

```
언제 답목록선택 .선택 후
실행 지정하기 답쓰기출력창 . 텍스트 값 답목록선택 . 선택된 항목
     만약 답목록선택 . 선택된 항목 = 리스트에서 항목 선택하기 리스트 가져오기 global 이름
                                                      위치 가져오기 global 번호
     그러면 지정하기 결과레이블 . 텍스트 값 " 정답입니다. "
     아니라면 지정하기 결과레이블 . 텍스트 값 " 오답입니다. "

언제 Screen1 .초기화
실행 지정하기 이미지1 . 사진 값 리스트에서 항목 선택하기 리스트 가져오기 global 사진
                                               위치 가져오기 global 번호
     지정하기 답목록선택 . 요소 값 가져오기 global 이름

전역변수 초기화 사진 값 리스트 만들기 " lion.jpg "
                                " monkey.jpg "
                                " racoon.jpg "

언제 답목록선택 .터치 다운
실행 호출 답목록선택 .열기

전역변수 초기화 이름 값 리스트 만들기 " 사자 "
                                " 원숭이 "
                                " 너구리 "

전역변수 초기화 번호 값 1

언제 다음버튼 .클릭
실행 지정하기 global 번호 값 가져오기 global 번호 + 1
     지정하기 이미지1 . 사진 값 리스트에서 항목 선택하기 리스트 가져오기 global 사진
                                                    위치 가져오기 global 번호
     지정하기 답쓰기출력창 . 텍스트 값 "  "
     지정하기 결과레이블 . 텍스트 값 " 결과 "
     만약 가져오기 global 번호 ≥ 3
     그러면 지정하기 다음버튼 . 보이기 값 거짓
     아니라면 지정하기 이전버튼 . 보이기 값 참

언제 이전버튼 .클릭
실행 지정하기 global 번호 값 가져오기 global 번호 - 1
     지정하기 이미지1 . 사진 값 리스트에서 항목 선택하기 리스트 가져오기 global 사진
                                                    위치 가져오기 global 번호
     지정하기 답쓰기출력창 . 텍스트 값 "  "
     지정하기 결과레이블 . 텍스트 값 " 결과 "
     만약 가져오기 global 번호 ≤ 1
     그러면 지정하기 이전버튼 . 보이기 값 거짓
     아니라면 지정하기 다음버튼 . 보이기 값 참
```

[그림 13-40] 전체 컴포넌트 블록

## 생각 확장해보기

### • 변수에 관하여

이번 시간에 우리는 [공통블록] – [변수] 블록을 사용하였다. 변수는 프로그래밍에서 사용하는 기본 재료와 같은 것이다. 변수의 의미는 이름 그대로 "변하는 수"를 의미하는데, 딱 한 개의 정해진 수가 아니라, 어떤 값이든 저장할 수 있는 저장공간과 같은 것이 변수이다. 변수를 사용자가 사용하기 위해 선언할 때 함수처럼 변수도 이름을 정해주어야 하는데, 이름을 정할 때에는 변수의 쓰임에 연관된 이름으로 결정한다.

변수에는 크게 2종류가 존재하는데, 지역변수와 전역변수이다. 두 변수에 관한 개념만 간단하게 살펴보자.

① **지역변수** : 특정 지역에서만 사용할 수 있는 변수이다. 해당 지역을 벗어나면 지역변수는 메모리에서 사라지므로 더 이상 사용할 수 없다. 예를 들면 우리나라 화폐를 우리나라 내에서 통용할 수 있지만, 해외에서는 사용할 수 없는 것과 비슷한 원리이다.

② **전역변수** : 모든 지역에서 사용할 수 있는 변수이다. 그래서 전역변수 또는 글로벌변수라고도 한다. 어떤 지역에서든 사용할 수 있고, 지역을 벗어나도 메모리에서 사라지지 않는다. 예를 들면 미국 화폐인 달러가 전 세계 어디든 통용되는 것과 비슷한 원리이다.

다음은 [공통블록] – [변수]에서 제공하는 전역변수와 지역변수 블록의 형태이다.

| 변수블록 | 설명 |
|---|---|
| 전역변수 초기화 변수_이름 값 | 전역변수를 선언하고 값을 초기화하는 블록이다. 변수의 이름을 입력한다. |
| 가져오기 | 선언한 변수의 값을 가져온다. |
| 지정하기 값 | 앞서 선언한 변수에 값을 대입한다. |
| 지역변수 초기화 변수_이름 값<br>실행 | 지역변수를 선언하고 값을 초기화하는 블록이다. 블록 내부에서 선언한 지역변수를 사용할 수 있다. |
| 지역변수 초기화 변수_이름 값<br>실행 | 지역변수를 선언하고 값을 초기화하는 블록이다. 블록 내부에서 선언한 지역변수를 사용하고, 결과를 반환할 수 있다. |

▶▶ [표13-15] 변수 블록의 종류

*memo*

# 난 누구? 여긴 어디? (현재 나의 위치 알아내기)

스마트폰이 등장하면서 유용한 기능들 중 하나가 바로 위치정보 서비스이다. 과거 차량에만 적용되었던 GPS기능을 스마트폰에 장착하면서 사람의 위치를 쉽게 공유할 수 있게 되었다. 물론 이 기능이 개인사생활 침해 논란도 있지만, 이 기술을 잘만 사용하면 굉장히 유용한 어플리케이션이 될 수 있는 기술의 양면성을 가지고 있다. 이 기술을 가지고 어떤 유용한 앱을 만들까 고민했는데, 요즘 스마트폰을 가진 아이들이 길을 잃었을 때 나의 위치를 알아내어 부모님 혹은 지인에게 정확한 위치를 전달하는 앱으로 만들면 도움이 되겠다 싶어서 제작해 보았다.

Section 01

## 무엇을 만들 것인가?

- 현재의 나의 위치 주소 정보를 얻어와서 텍스트 상자에 출력한다.
- 연락처 기능을 통해 스마트폰에 저장된 연락처 중 선택할 수 있다.
- 전화걸기 기능을 통해 선택한 연락처로 전화를 건다.
- 문자메시지 기능을 통해 선택한 연락처로 현재 나의 위치 주소 정보를 전송한다.

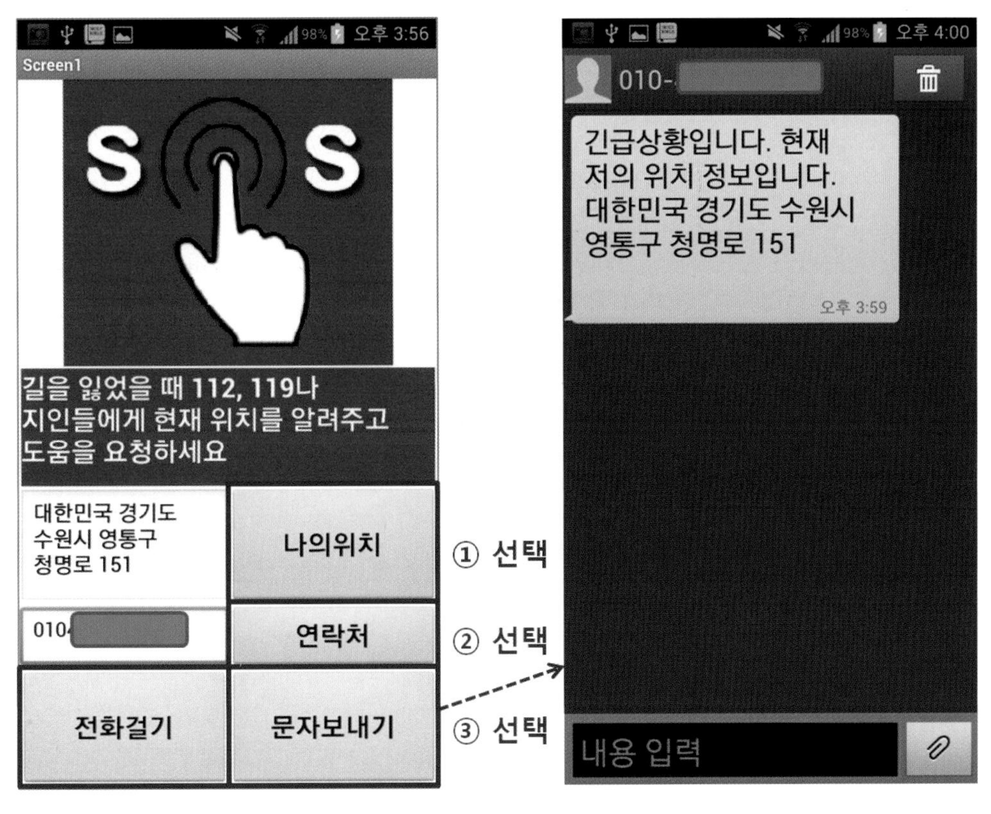


[그림 14-1] 나의 현재 위치 추적하기 어플리케이션 실행

# 사용할 컴포넌트 및 블록

[표14-1]는 예제에서 배치할 팔레트 컴포넌트 종류들이다.

| 팔레트 그룹 | 컴포넌트 종류 | 기능 |
| --- | --- | --- |
| 사용자 인터페이스 | 버튼 | 전화걸기, 문자보내기, 나의위치 같은 버튼을 생성한다. |
| 사용자 인터페이스 | 텍스트 상자 | 현재의 위치정보나 전화번호를 입력 및 출력한다. |
| 레이아웃 | 수평배치 | 여러 컴포넌트들을 수평정렬 시킨다. |
| 소셜 | 전화번호선택 | 스마트폰의 연락처 모듈을 호출한다. |
| 소셜 | 전화 | 전화 걸기 위한 기능을 제공한다. |
| 소셜 | 문자메시지 | 문자메시지를 보내고 받기 위한 기능을 제공한다. |
| 센서 | 위치센서 | 현재의 위치 정보를 얻어온다. |

▸▸ [표14-1] 예제에서 사용한 팔레트 목록

[표14-2]는 예제에서 사용할 주요 블록들이다.

| 컴포넌트 | 블록 | 기능 |
| --- | --- | --- |
| 버튼 | 언제 나의위치버튼 .클릭<br>실행 | 사용자가 나의위치버튼을 클릭했을 때 처리하는 이벤트이다. |
| | 언제 전화걸기 .클릭<br>실행 | 사용자가 전화걸기버튼을 클릭했을 때 처리하는 이벤트이다. |
| | 언제 문자보내기 .클릭<br>실행 | 사용자가 문자보내기버튼을 클릭했을 때 처리하는 이벤트이다. |
| 위치센서 | 언제 위치_센서1 .위치 변경<br>위도 경도 고도 속도<br>실행 | 위치센서의 위도와 경도 등의 정보 등을 이용하여 현재 나의 위치를 얻어온다. |
| 전화 | 호출 전화1 .전화 걸기 | 전화걸기 기능이다. |
| 문자메시지 | 호출 문자_메시지1 .메시지 보내기 | 문자메시지 보내는 기능이다. |

▸▸ [표14-2] 예제에서 사용한 블록 목록

# Section 02 만들어보기

## 프로젝트 만들기

먼저 프로젝트를 만들어보도록 하자. 앱인벤터 웹사이트(http://ai2.appinventor.mit.edu/)에 접속한다.

### STEP 01 새 프로젝트 시작하기 선택

- [프로젝트] 메뉴에서 [새 프로젝트 시작하기...]를 선택한다.

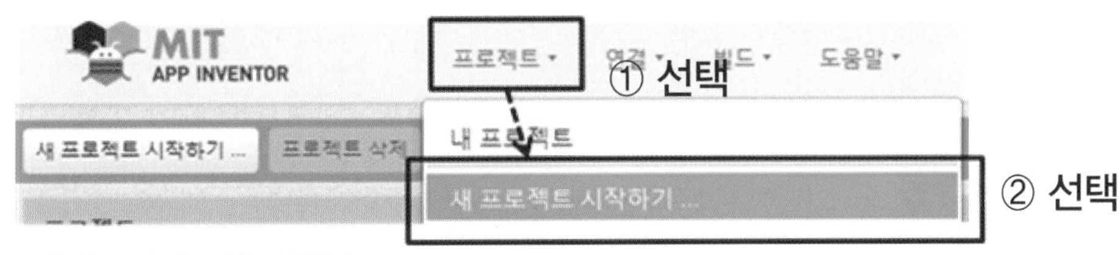


[그림 14-2] 새 프로젝트 시작하기

### STEP 02 프로젝트 이름 입력 및 확인

- [프로젝트 이름]을 "MyPosition"이라고 입력하고 [확인] 버튼을 누른다.

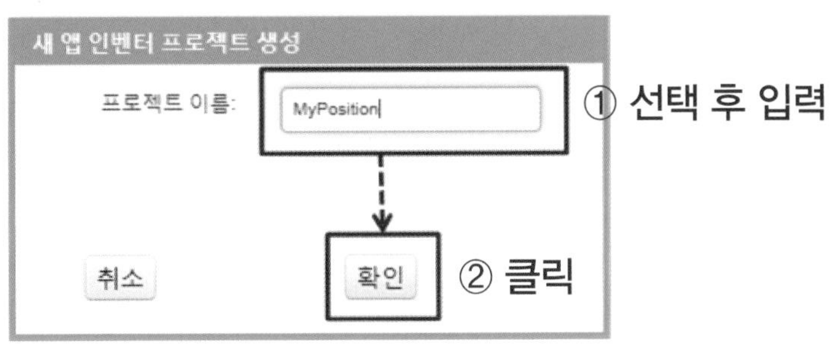


[그림 14-3] 프로젝트 이름 입력하기

## 컴포넌트 디자인하기

프로젝트상에 컴포넌트 UI를 배치해보도록 하자. 이번 장의 예제에서 배치할 컴포넌트는 [버튼], [레이블], [수평배치], [위치센서], [전화], [문자메시지]등 이다. 다음과 같이 [뷰어]에 컴포넌트들을 배치하도록 하자.

STEP 01 **이미지, 레이블, 위치센서 컴포넌트 배치하기**

- [사용자 인터페이스] – [이미지] 컴포넌트를 마우스로 선택한 후 [뷰어] – [Screen1] 영역으로 드래그하여 끌어다 놓는다.
- [사용자 인터페이스] – [레이블] 컴포넌트를 마우스로 선택한 후 [뷰어] – [Screen1] 영역으로 드래그하여 끌어다 놓는다.
- [소셜] – [위치센서] 컴포넌트를 마우스로 선택한 후 [뷰어] – [Screen1] 영역으로 드래그하여 끌어다 놓는다.

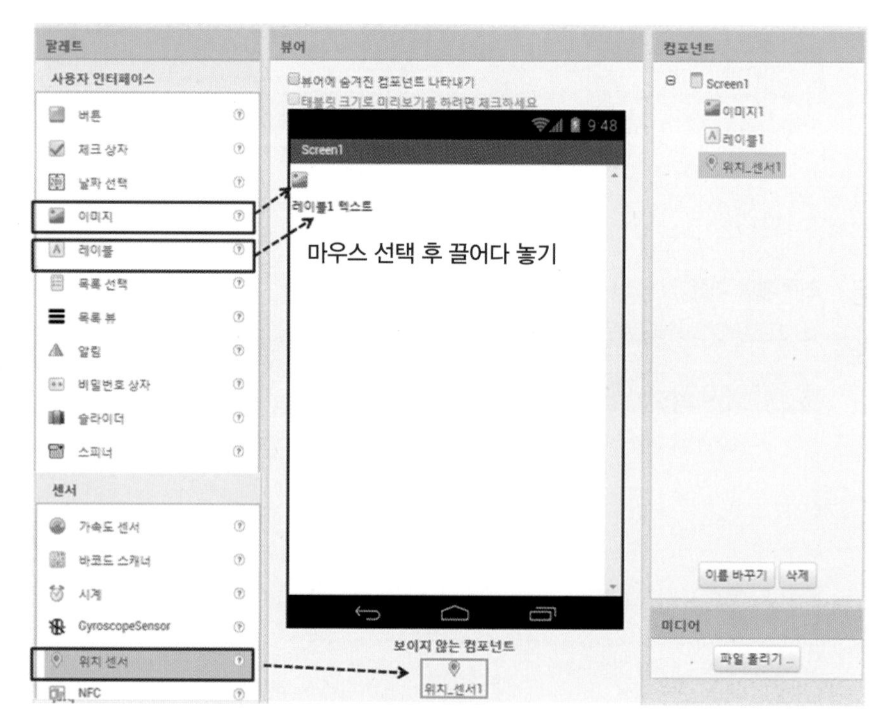


▸▸ [그림 14-4] 뷰어에 레이블, 이미지, 위치센서 컴포넌트 끌어다 놓기

- [이미지1]의 속성을 다음과 같이 변경한다.

| 속성 | 변경할 속성값 |
|---|---|
| 너비 | 부모에 맞추기 |
| 사진 | sos.png |

▸▸ [표14-3] 이미지1의 속성값 변경

- 사진의 경우 책에서 제공하는 리소스 파일 중 sos.png를 읽어온다.
- [레이블1]의 속성을 다음과 같이 변경한다.

| 속성 | 변경할 속성값 |
|---|---|
| 배경색 | 빨강 |
| 글꼴 굵게 | 체크 |
| 글꼴 크기 | 20 |
| 높이 | 부모에 맞추기 |
| 너비 | 부모에 맞추기 |
| 텍스트 | 길을 잃었을 때 112, 119나 지인들에게 현재 위치를 알려주고 도움을 요청하세요. |
| 텍스트 색상 | 흰색 |

[표14-4] 레이블1의 속성값 변경

## STEP 02 버튼, 전화번호선택, 수평배치, 전화, 문자메시지 컴포넌트 배치하기

- [레이아웃] – [수평배치] 컴포넌트를 3개 끌어다 [레이블1] 아래쪽에 배치한다.

[그림 14-5] 뷰어에 수평배치 컴포넌트 3개 끌어다 놓기

● [사용자 인터페이스] – [텍스트상자]를 선택하고 [수평배치1]과 [수평배치2]에 각각 끌어다 배치한다.

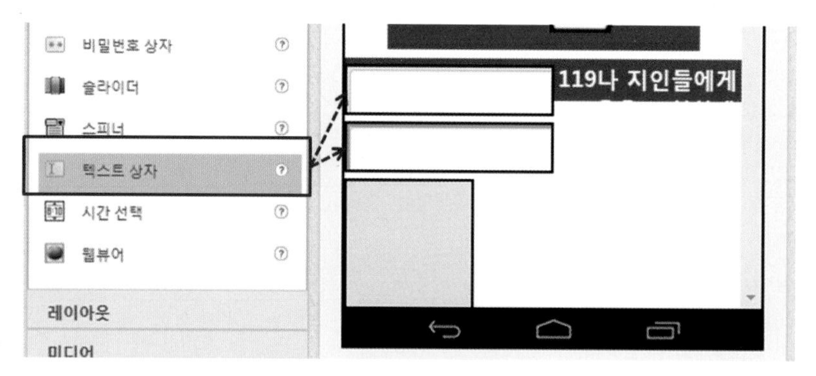


▶▶ [그림 14-6] 수평배치1, 수평배치2에 텍스트상자 끌어다 놓기

● [사용자 인터페이스] – [버튼]을 선택하고, [수평배치1]과 [수평배치3]에 각각 배치한다.

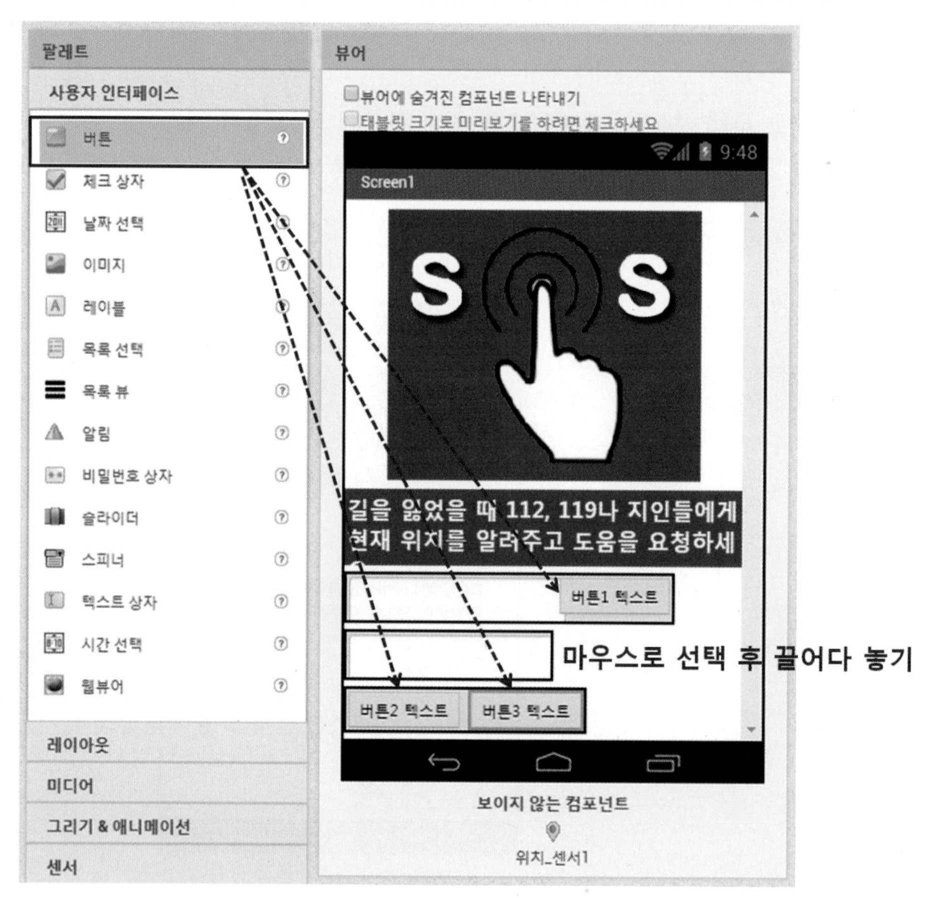


▶▶ [그림 14-7] 수평배치1과 수평배치3에 버튼 끌어다 놓기

- [소셜] – [전화번호선택]을 선택하고, [수평배치2]에 배치한다.
- [소셜] – [전화]를 선택하고, [뷰어]에 배치한다.
- [소셜] – [문자 메시지]를 선택하고, [뷰어]에 배치한다.

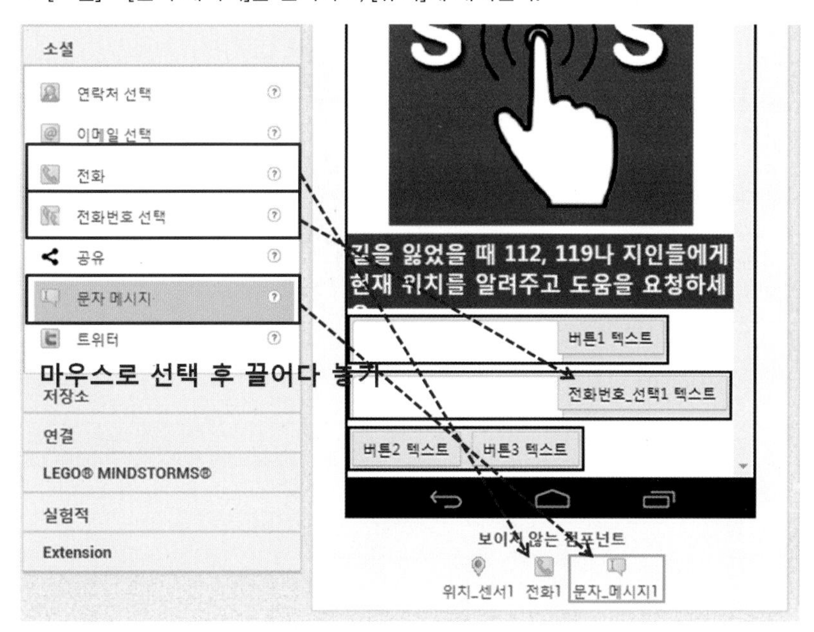


[그림 14-8] 전화번호선택, 전화, 문자메시지 컴포넌트 끌어다 놓기

- [수평배치1], [수평배치2], [수평배치3]의 속성을 다음과 같이 변경한다.

| 속성 | 변경할 속성값 |
|---|---|
| 수평 정렬 | 중앙 |
| 수직 정렬 | 가운데 |
| 높이 | 부모에 맞추기 |
| 너비 | 부모에 맞추기 |

[표14-5] 수평배치1, 수평배치2, 수평배치3의 속성값 변경

- [버튼1]의 속성을 다음과 같이 변경한다.

| 속성 | 변경할 속성값 |
|---|---|
| 글꼴 굵게 | 체크 |
| 글꼴 크기 | 20 |
| 높이 | 부모에 맞추기 |
| 너비 | 부모에 맞추기 |
| 텍스트 | 나의 위치 |
| 텍스트 정렬 | 가운데 |

[표14-6] 버튼1의 속성값 변경

● [버튼2]의 속성을 다음과 같이 변경한다.

| 속성 | 변경할 속성값 |
|---|---|
| 글꼴 굵게 | 체크 |
| 글꼴 크기 | 20 |
| 높이 | 부모에 맞추기 |
| 너비 | 부모에 맞추기 |
| 텍스트 | 전화걸기 |
| 텍스트 정렬 | 가운데 |

▸▸ [표14-7] 버튼2의 속성값 변경

● [버튼3]의 속성을 다음과 같이 변경한다.

| 속성 | 변경할 속성값 |
|---|---|
| 글꼴 굵게 | 체크 |
| 글꼴 크기 | 20 |
| 높이 | 부모에 맞추기 |
| 너비 | 부모에 맞추기 |
| 텍스트 | 문자보내기 |
| 텍스트 정렬 | 가운데 |

▸▸ [표14-8] 버튼3의 속성값 변경

● [전화번호선택]의 속성을 다음과 같이 변경한다.

| 속성 | 변경할 속성값 |
|---|---|
| 글꼴 굵게 | 체크 |
| 글꼴 크기 | 20 |
| 높이 | 부모에 맞추기 |
| 너비 | 부모에 맞추기 |
| 텍스트 | 연락처 |
| 텍스트 정렬 | 가운데 |

▸▸ [표14-9] 전화번호선택의 속성값 변경

● [텍스트상자1]의 속성을 다음과 같이 변경한다.

| 속성 | 변경할 속성값 |
|---|---|
| 글꼴 굵게 | 체크 |
| 글꼴 크기 | 16 |
| 높이 | 부모에 맞추기 |
| 너비 | 부모에 맞추기 |
| 힌트 | 나의 위치 주소가 출력됩니다. |
| 여러 줄 | 체크 |

▸▸ [표14-10] 텍스트상자1 속성값 변경

● [텍스트상자2]의 속성을 다음과 같이 변경한다.

| 속성 | 변경할 속성값 |
|---|---|
| 글꼴 굵게 | 체크 |
| 글꼴 크기 | 16 |
| 높이 | 부모에 맞추기 |
| 너비 | 부모에 맞추기 |
| 힌트 | 연락처가 표시됩니다. |
| 여러 줄 | 체크 |

▸▸ [표14-11] 텍스트상자2 속성값 변경

## STEP 03 컴포넌트 이름 바꾸기

● 앞서 배치한 컴포넌트들의 이름을 변경해보자.

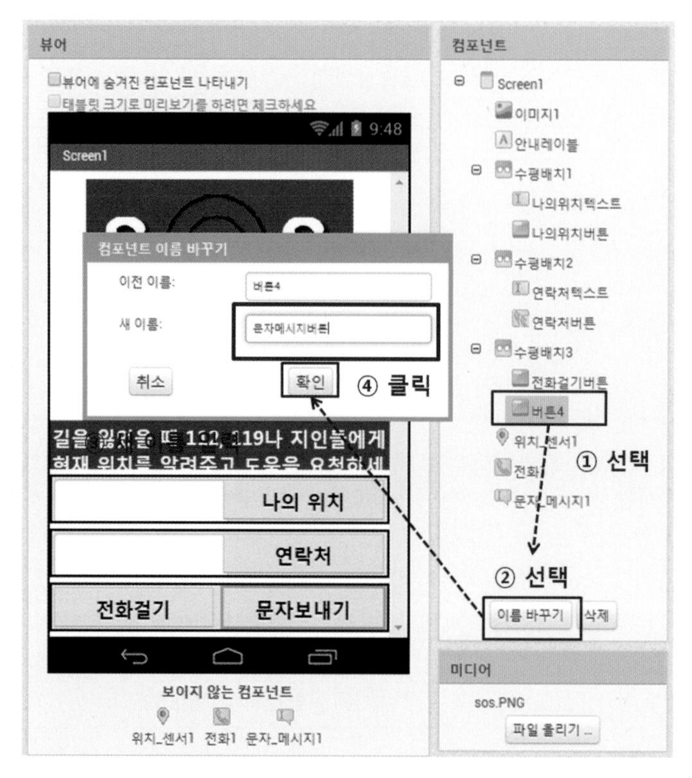


▸▸ [그림 14-9] 컴포넌트들의 이름 바꾸기

● 컴포넌트들의 이름을 다음과 같이 변경한다.

| 컴포넌트 | 새 이름 |
|---|---|
| 레이블 | 안내레이블 |
| 텍스트상자 | 나의위치텍스트 |
| 텍스트상자 | 연락처텍스트 |
| 버튼 | 나의위치버튼 |
| 버튼 | 전화걸기버튼 |
| 버튼 | 문자메시지버튼 |
| 전화번호선택 | 연락처버튼 |

▸▸ [표14-12] 컴포넌트들의 이름 바꾸기

STEP 04 **어플리케이션 제목 설정하기**

- 마지막으로 이 어플리케이션의 제목을 설정하도록 하겠다. [Screen1]을 선택하고 [속성] – [제목]에 "나의 위치정보 알아내기"라고 입력하자.

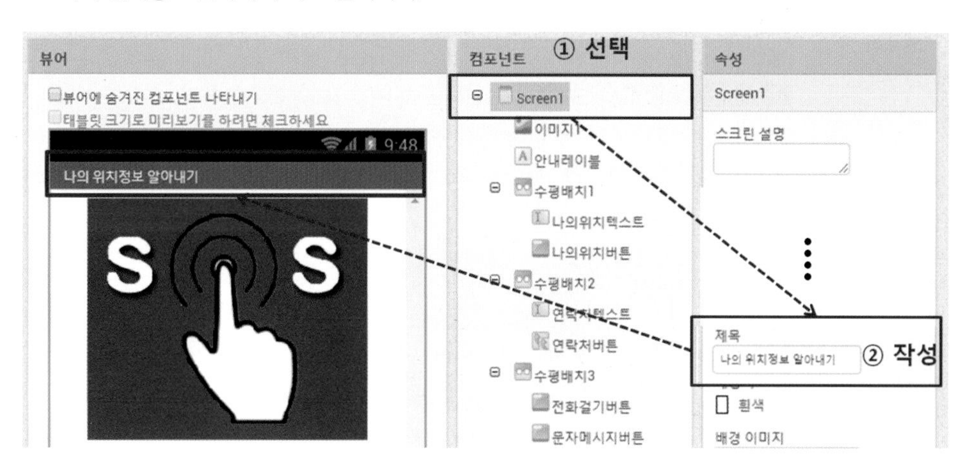


[그림 14-10] 제목 작성하기

# 블록코딩하기

이제 컴포넌트들이 동작할 수 있도록 블록 코딩을 해보도록 할 것이다. 먼저 앱인벤터 화면의 가장 오른쪽 끝에 [블록] 메뉴를 선택하도록 하자.

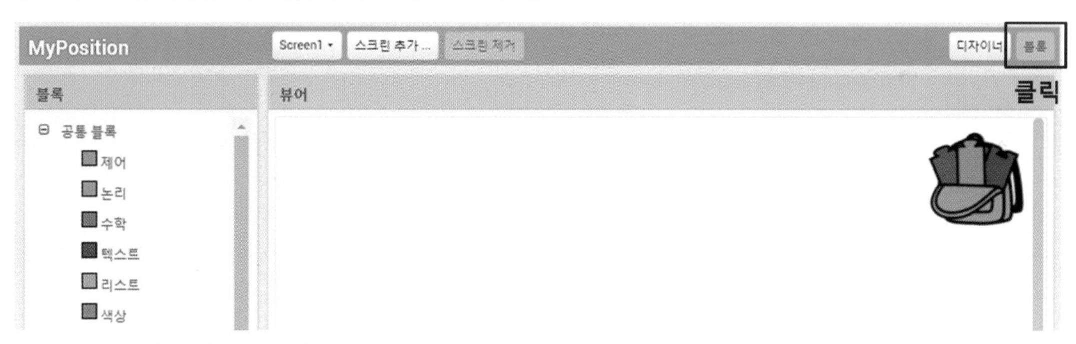


[그림 14-11] 블록 화면으로 전환하기

## STEP 01 나의 위치 버튼 클릭 시 나의 위치 주소 출력하기

- [블록] – [Screen1] – [나의위치버튼]을 마우스로 선택하면 여러 블록들이 나타난다. 그 중에 [언제 위치_센서1 .위치 변경 위도 경도 고도 속도 실행]을 선택한 후 [뷰어]에 끌어다 놓는다.
- [블록] – [Screen1] – [위치센서1]을 마우스로 선택하면 여러 블록들이 나타난다. 그 중에 [전역변수 초기화 변수_이름 값]을 선택한 후 [뷰어]에 끌어다 놓는다.
- 위치 주소를 저장할 전역변수를 한 개 선언한다. [블록] – [공통블록] – [변수]를 선택하고, 블록을 [뷰어]에 배치한다. 변수의 이름은 "위치"라고 설정한다. 초기값은 [" "] 블록을 배치하고, "없음"이라고 입력한다.

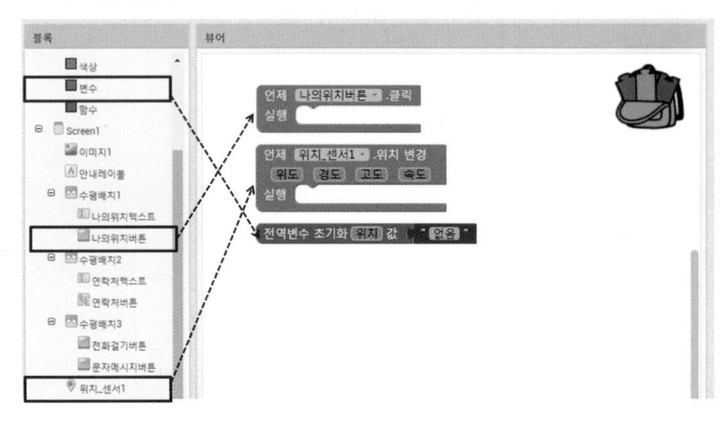


▶▶ [그림 14-12] 위치센서 위치변경, 나의위치버튼클릭시 이벤트 처리하기

- [언제 위치_센서1 .위치 변경 위도 경도 고도 속도 실행] 블록에서 위치 변경 이벤트 발생 시 위치센서의 주소값을 [위치]변수에 입력하도록 한다. [블록] – [Screen1] – [위치센서1]을 선택한 후 [위치_센서1 . 현재 주소] 블록을 선택하여 [지정하기 global 위치 값] 블록에 대입한다.

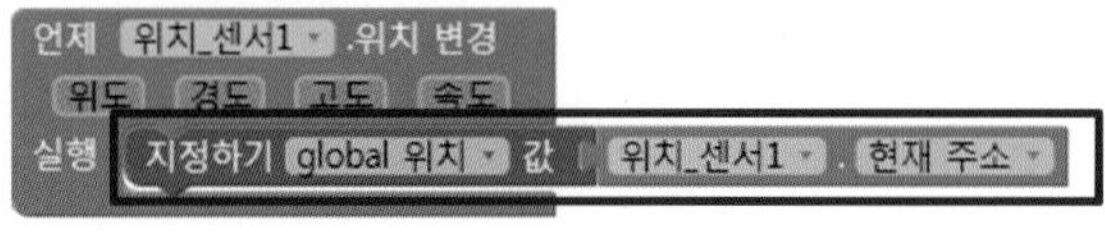


▶▶ [그림 14-13] 위치변수에 현재주소값 입력하기

- 이제 [위치]변수에 위치센서를 통한 현재 주소값을 저장하였다. 그렇다면 [위치] 변수값을 [나의위치버튼] 클릭 시 가져와서 텍스트상자에 출력하도록 하면 될 것이다.
- [블록] – [Screen1] – [수평배치1] – [나의위치텍스트]를 선택 후 [지정하기 나의위치텍스트 . 텍스트 값] 블록을 [언제 나의위치버튼 .클릭 실행] 블록에 끌어다가 배치한다. 그리고, [지정하기 나의위치텍스트 . 텍스트 값] 블록의 입력값으로 [가져오기 global 위치] 블록을 배치한다.

언제 나의위치버튼 .클릭
실행 지정하기 나의위치텍스트 . 텍스트 값 가져오기 global 위치

▶▶ [그림 14-14] 나의위치버튼 클릭 시 나의위치주소값 출력하기

- 현재까지의 기능으로 앱인벤터를 실행해보면, [나의위치버튼] 클릭 시 현재 나의 위치주소가 텍스트 상자에 출력되는 것을 확인할 수 있을 것이다.

## STEP 02 연락처 선택 후 전화걸기 또는 문자보내기 처리하기

- 이번에는 연락처를 선택하여 전화걸기 또는 문자보내기 기능을 할 수 있도록 작성해보자.
- [블록] – [Screen1] – [수평배치2] – [연락처버튼]을 마우스로 선택하면 [뷰어]창에 블록들이 나타난다. 여러 블록 중에 [언제 위치_센서1 .위치 변경 위도 경도 고도 속도 실행]을 선택한 후 [뷰어]에 끌어다 놓는다.
- [블록] – [Screen1] – [수평배치3] – [전화걸기버튼]을 마우스로 선택하면 [뷰어]창에 블록들이 나타난다. 여러 블록 중에 [언제 위치_센서1 .위치 변경 위도 경도 고도 속도 실행]을 선택한 후 [뷰어]에 끌어다 놓는다.
- [블록] – [Screen1] – [수평배치3] – [문자보내기버튼]을 마우스로 선택하면 [뷰어]창에 블록들이 나타난다. 여러 블록 중에 [언제 위치_센서1 .위치 변경 위도 경도 고도 속도 실행]을 선택한 후 [뷰어]에 끌어다 놓는다

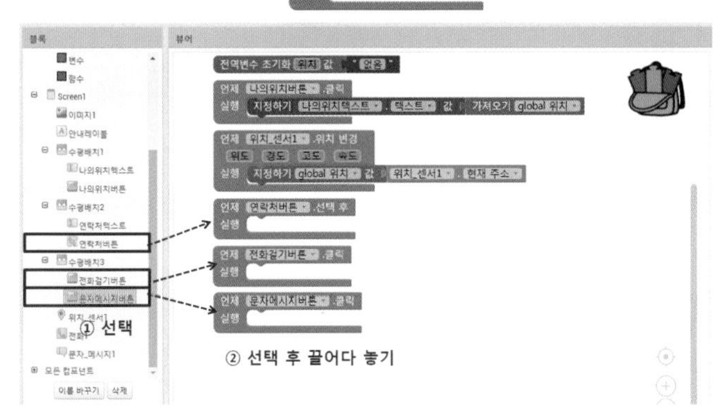


[그림 14-15] 연락처버튼 선택 후, 전화걸기버튼, 문자메시지버튼 클릭 시

- [블록] – [Screen1] – [수평배치2] – [연락처텍스트]를 선택한 후 여러 블록 중에서 [지정하기 연락처텍스트 . 텍스트 값]을 선택하여 [언제 연락처버튼 .선택 후 실행] 블록 안에 배치한다.
- [지정하기 연락처텍스트 . 텍스트 값] 블록안에 들어갈 텍스트 값은 내가 선택한 연락처의 전화번호이므로 [연락처버튼]을 선택하여 [연락처버튼 . 전화번호] 블록을 배치한다.

언제 연락처버튼 .선택 후
실행 지정하기 연락처텍스트 . 텍스트 값 연락처버튼 . 전화번호

[그림 14-16] 연락처의 전화번호 블록 배치하기

- 연락처를 통해 전화번호를 얻어왔다면, 전화걸기 및 문자메시지를 보낼 수 있다.
- [블록] – [Screen1] – [전화1]을 선택한 후 블록을 끌어다 [지정하기 전화1 . 전화번호 값] 블록 [언제 전화걸기버튼 .클릭 실행] 안에 배치한다.
- [지정하기 전화1 . 전화번호 값] 블록에 입력할 값은 내가 선택한 연락처 전화번호이므로, [블록] – [Screen1] – [수평배치2] – [연락처텍스트]을 선택하고, 블록을 끌어다가 배치한다. 이미 우리가 선택한 연락처의 텍스트 정보이다.
- 전화번호 정보를 [전화1] 컴포넌트로 가져왔으니 전화걸기 모듈만 호출하면 된다. [블록] – [Screen1] – [전화1]을 선택한 후 [호출 전화1 .전화 걸기] 블록을 끌어다가 [언제 전화걸기버튼 .클릭 실행] 블록에 배치한다.

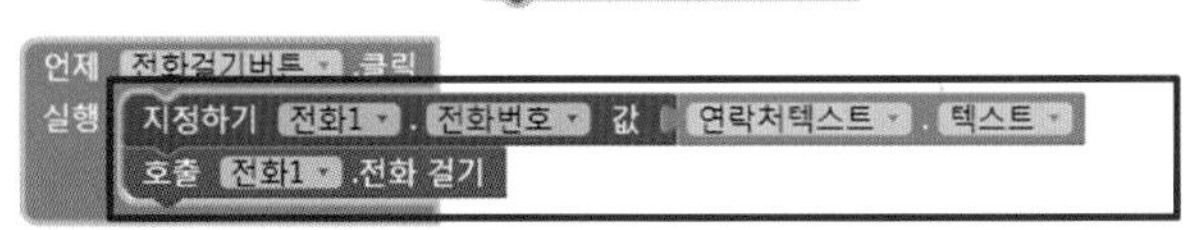


[그림 14-17] 선택한 연락처로 전화걸기

- 이와 비슷한 형태로 [문자보내기버튼] 클릭 이벤트를 처리해보도록 하자.
- [블록] – [Screen1] – [문자메시지1]을 선택한 후 [지정하기 문자_메시지1 . 전화번호 값] 블록을 끌어다가 [언제 문자보내기버튼 .클릭 실행] 블록 안에 배치한다.
- [지정하기 문자_메시지1 . 전화번호 값] 블록에 입력할 값은 내가 선택한 연락처 전화번호이므로, [블록] – [Screen1] – [수평배치2] – [연락처텍스트]을 선택하고, [연락처텍스트 . 텍스트] 블록을 끌어다가 배치한다. 이미 우리가 선택한 연락처의 텍스트 정보이다.
- 전화번호 정보를 [문자메시지1] 컴포넌트로 가져왔으니 문자메시지 보내기 모듈만 호출하면 된다. [블록] – [Screen1] – [문자메시지1]을 선택한 후 [호출 문자_메시지1 .메시지 보내기] 블록을 끌어다가 [언제 문자보내기버튼 .클릭 실행] 블록에 배치한다.

```
언제 문자보내기버튼 .클릭
실행  지정하기 문자_메시지1 . 전화번호 값  연락처텍스트 . 텍스트
      호출 문자_메시지1 .메시지 보내기
```

▶▶ [그림 14-18] 선택한 연락처로 문자메시지 보내기

## 실행해보기

컴포넌트 디자인 및 블록 코딩이 모두 끝났다. 이제 내가 구현한 앱을 스마트폰 상에서 구동할 수 있도록 실행해 보자. 안드로이드 스마트폰 기기 또는 스마트폰이 없는 경우에는 에뮬레이터를 통해 실행 결과를 확인해 보도록 하자.

### STEP 01 [연결] – [AI 컴패니언] 메뉴 선택

- 프로젝트에서 [연결] 메뉴의 [AI 컴패니언]을 선택한다.

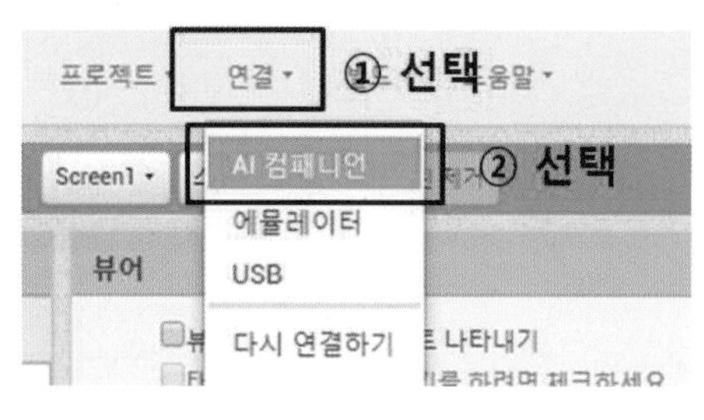


▶▶ [그림 14-19] 스마트폰 연결을 위한 AI 컴패니언 실행하기

- 컴패니언에 연결하기 위한 QR 코드가 화면에 나타난다.

▶▶ [그림 14-20] 컴패니언에 연결하기 위한 QR 코드

이번에는 안드로이드 기반의 스마트폰으로 가서 앞서 설치한 MIT AI2 Companion 앱을 실행하도록 하자.

## STEP 02 폰에서 MIT AI2 Companion 앱 실행하여 QR 코드 찍기

- 안드로이드 폰 기기에서 "MIT AI2 Companion" 앱을 실행한다.

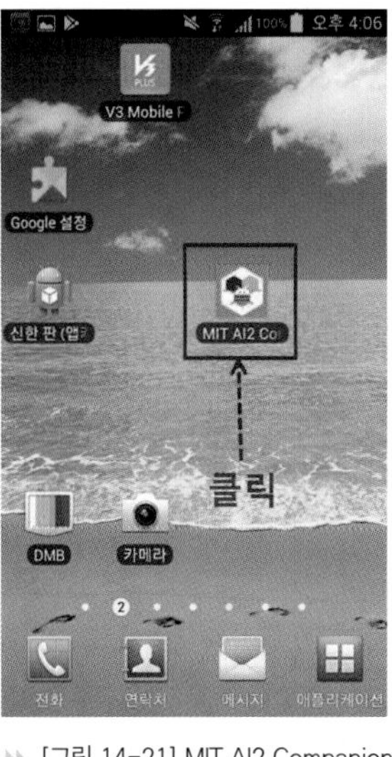


▶▶ [그림 14-21] MIT AI2 Companion 앱 실행

- 앱 메뉴 중 아래쪽의 "scan QR code" 메뉴를 선택한다.

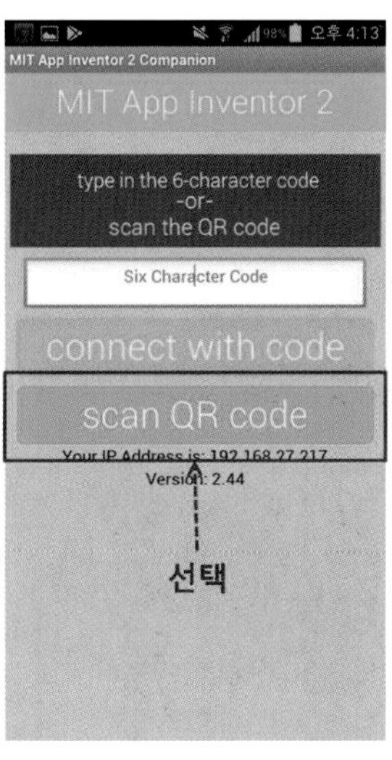


▶▶ [그림 14-22] scan QR code 메뉴 선택

- QR 코드를 찍기 위한 카메라 모드가 동작하면 컴퓨터 화면에 나타난 QR 코드에 갖다 댄다.

▶▶ [그림 14-23] QR 코드 스캔 중

## STEP 03 나의 위치정보 알아내기 어플리케이션 수행하기

- QR 코드가 찍히고 나면 폰 화면에 다음과 같이 우리가 만든 실행 결과로써의 앱이 나타난다.
- [나의위치]버튼을 클릭하여 현재 위치주소를 알아낸 후 연락처 검색을 통해 위치주소정보를 문자로 보낸다.

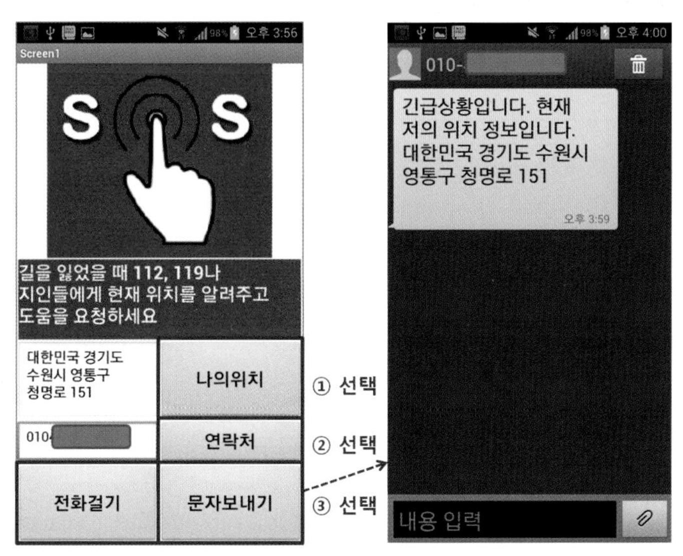


▶▶ [그림 14-24] 나의 현재위치 추적하기 어플리케이션 실행 화면

Section 03

# 전체 프로그램 한 눈에 보기

앞서 컴포넌트 배치부터 블록 코딩까지 순차적으로 진행하였다. 이를 한 눈에 확인해봄으로써 내가 배치한 UI 및 블록 코딩이 틀린 점은 없는지 비교해보고, 이 단원을 정리해 보도록 한다.

## 전체 컴포넌트 UI

[그림 14-25] 전체 컴포넌트 디자이너

## 전체 블록 코딩

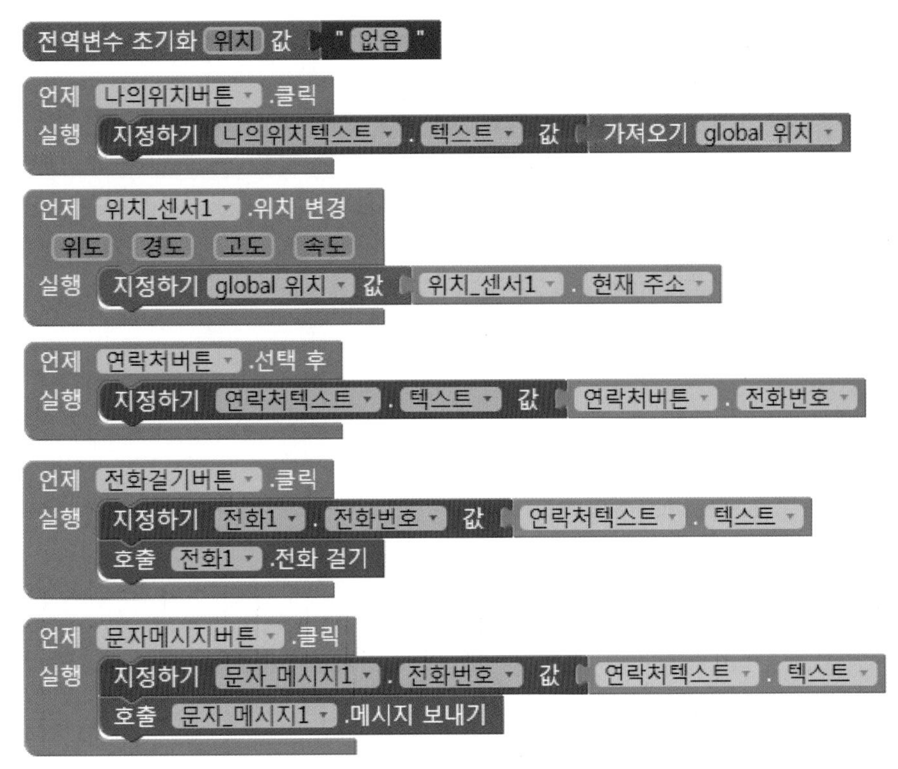


[그림 14-26] 전체 컴포넌트 블록

# 하루에 만보 걷기

생활 속에서 걷는 습관을 들이는 것도 건강을 유지하는 좋은 습관이다. 하지만 무조건 계획 없이 걷기만 하는 것은 일정한 운동량을 측정할 수 없고, 동기부여도 되지 않는다. 그래서 만보기라는 것이 있는데, 하루에 내가 얼마나 걸었는지 측정해 주는 기구이다. 안드로이드 기기에는 이러한 만보기 센서가 내장되어 있고, 앱인벤터에서도 이 기능을 제공한다. 이번 시간에는 우리가 직접 만보기를 만들어보고, 부모님이나 친구들에게 앱을 전달해주어 건강 전도사가 되어 보도록 하자.

Section 01

## 무엇을 만들 것인가?

- 만보기 센서를 동작시키면 나의 걸음 수와 걸어간 거리가 측정되어 화면에 표시된다.
- 다시시작 버튼을 클릭하면 정지되었던 걸음 수와 거리가 현재 수치에서 이어서 카운트 된다.
- 일시정지 버튼을 클릭하면 현재까지의 나의 걸음 수와 거리 카운트가 정지되어 더 이상 카운트 되지 않는다.

[그림 15-1] 만보기 어플리케이션 실행 화면

## 사용할 컴포넌트 및 블록

[표15-1]는 예제에서 배치할 팔레트 컴포넌트 종류들이다.

| 팔레트 그룹 | 컴포넌트 종류 | 기능 |
|---|---|---|
| 사용자 인터페이스 | 버튼 | 다시시작버튼과 일시정지버튼의 이벤트를 처리하게 한다. |
| 사용자 인터페이스 | 레이블 | 걸음수와 거리값을 화면에 출력한다. |
| 레이아웃 | 수평배치 | 여러 컴포넌트들을 수평정렬 시킨다. |

[표15-1] 예제에서 사용한 팔레트 목록

[표15-2]는 예제에서 사용할 주요 블록들이다.

| 컴포넌트 | 블록 | 기능 |
|---|---|---|
| 버튼 | 언제 다시시작버튼 .클릭<br>실행 | 사용자가 다시시작 버튼을 클릭했을 때 처리하는 이벤트이다. |
| | 언제 일시정지버튼 .클릭<br>실행 | 사용자가 일시정지 버튼을 클릭했을 때 처리하는 이벤트이다. |
| Screen1 | 언제 Screen1 .초기화<br>실행 | 앱이 시작할 때 Screen1이 초기화하면서 처리하는 이벤트이다. |
| Pedometer | 언제 Pedometer1 .걸음 수<br>걸음 수 거리<br>실행 | 사용자가 걸었을 때 Pedometer 센서에서 감지하여 걸음 수와 거리 값을 가져온다. |
| | 호출 Pedometer1 .다시 시작 | Pedometer를 다시시작한다. |
| | 호출 Pedometer1 .시작 | Pedometer를 시작시킨다. |
| | 호출 Pedometer1 .일시정지 | Pedometer를 일시정지시킨다. |

[표15-2] 예제에서 사용한 블록 목록

Section 02

# 만들어보기

## 프로젝트 만들기

먼저 프로젝트를 만들어보도록 하자. 앱인벤터 웹사이트(http://ai2.appinventor.mit.edu/)에 접속한다.

STEP 01 **새 프로젝트 시작하기 선택**

- [프로젝트] 메뉴에서 [새 프로젝트 시작하기...]를 선택한다.

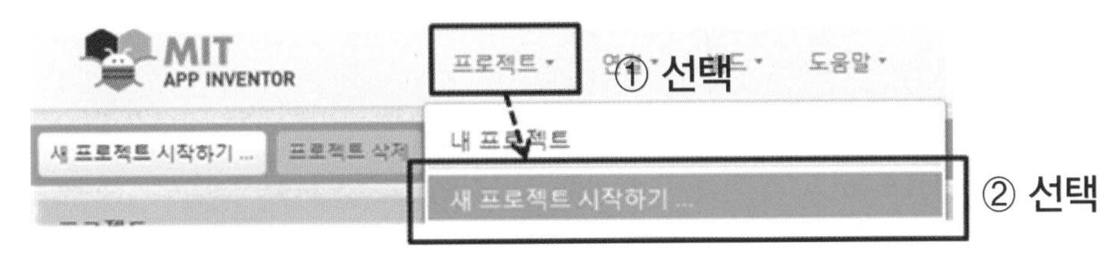


[그림 15-2] 새 프로젝트 시작하기

STEP 02 **프로젝트 이름 입력 및 확인**

- [프로젝트 이름]을 "MyPedometer"이라고 입력하고 [확인] 버튼을 누른다.

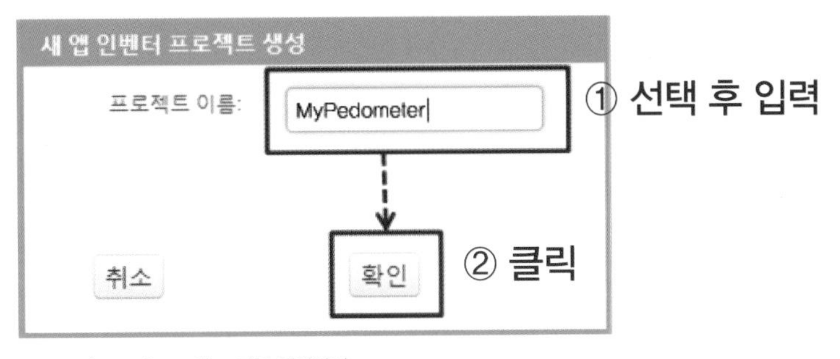


[그림 15-3] 프로젝트 이름 입력하기

## 컴포넌트 디자인하기

프로젝트상에 컴포넌트 UI를 배치해보도록 하자. 이번 장의 예제에서 배치할 컴포넌트는 [버튼], [레이블], [수평배치], [Pedometer] 등 이다. 다음과 같이 [뷰어]에 컴포넌트들을 배치하도록 하자.

STEP 01 **걸음수와 거리값 출력하는 레이블 컴포넌트 배치하기**

- [사용자 인터페이스] – [레이블] 컴포넌트를 마우스로 선택한 후 [뷰어] – [Screen1] 영역으로 드래그하여 끌어다 놓는다. [레이블]은 총 6개 끌어다 놓는다.
- [레이아웃] – [수평배치] 컴포넌트를 마우스로 선택한 후 [뷰어] – [Screen1] 영역으로 드래그하여 끌어다 놓는다. [수평배치]는 총 2개 끌어다 놓는다.
- [레이블1], [레이블2], [레이블3]은 [수평배치1] 안에 [레이블4], [레이블5], [레이블6]은 [수평배치2] 안에 끌어다 놓는다.

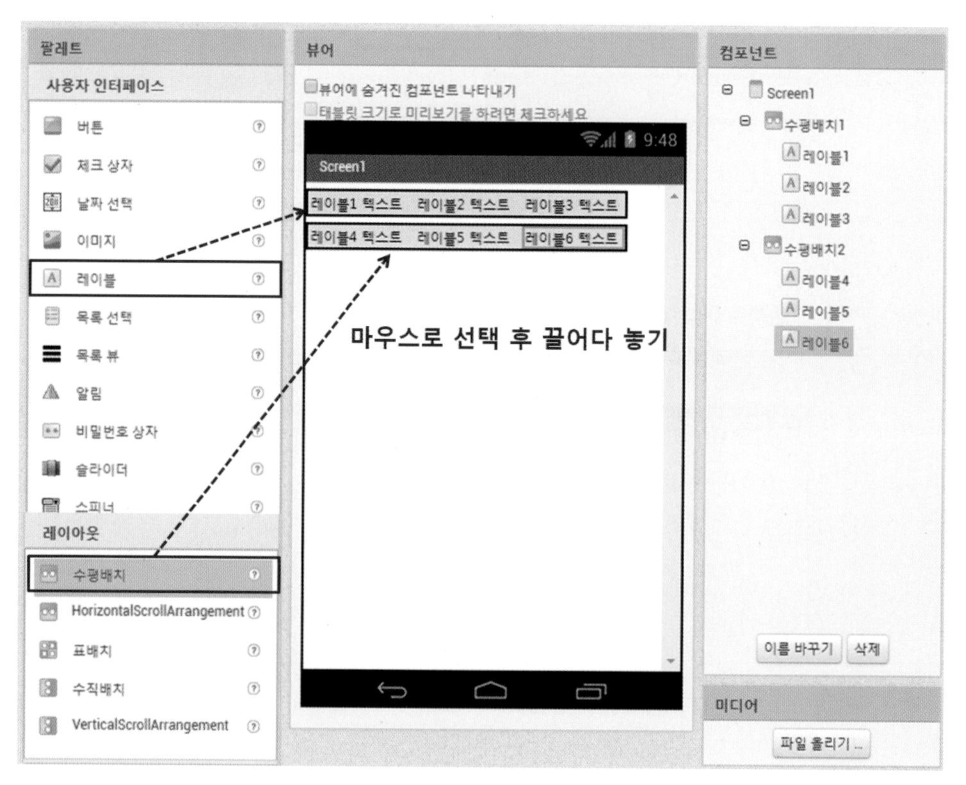


▶▶ [그림 15-4] 뷰어에 레이블, 수평배치 컴포넌트 끌어다 놓기

- [레이블1]의 속성을 다음과 같이 변경한다.

| 속성 | 변경할 속성값 |
|---|---|
| 배경색 | 검정 |
| 글꼴 굵게 | 체크 |
| 글꼴 크기 | 30 |
| 너비 | 부모에 맞추기 |
| 텍스트 | 걸음수 : |
| 텍스트 정렬 | 왼쪽 |
| 텍스트 색상 | 흰색 |

[표15-3] 레이블1의 속성값 변경

- [레이블2]의 속성을 다음과 같이 변경한다.

| 속성 | 변경할 속성값 |
|---|---|
| 배경색 | 검정 |
| 글꼴 굵게 | 체크 |
| 글꼴 크기 | 50 |
| 너비 | 부모에 맞추기 |
| 텍스트 | 0 |
| 텍스트 정렬 | 가운데 |
| 텍스트 색상 | 흰색 |

[표15-4] 레이블2의 속성값 변경

- [레이블3]의 속성을 다음과 같이 변경한다.

| 속성 | 변경할 속성값 |
|---|---|
| 배경색 | 검정 |
| 글꼴 굵게 | 체크 |
| 글꼴 크기 | 30 |
| 너비 | 부모에 맞추기 |
| 텍스트 | 걸음 |
| 텍스트 정렬 | 오른쪽 |
| 텍스트 색상 | 흰색 |

[표15-5] 레이블3의 속성값 변경

- [레이블4]의 속성을 다음과 같이 변경한다.

| 속성 | 변경할 속성값 |
|---|---|
| 배경색 | 검정 |
| 글꼴 굵게 | 체크 |
| 글꼴 크기 | 30 |
| 너비 | 부모에 맞추기 |
| 텍스트 | 거리 : |
| 텍스트 정렬 | 왼쪽 |
| 텍스트 색상 | 흰색 |

[표15-6] 레이블4의 속성값 변경

- [레이블5]의 속성을 다음과 같이 변경한다.

| 속성 | 변경할 속성값 |
|---|---|
| 배경색 | 검정 |
| 글꼴 굵게 | 체크 |
| 글꼴 크기 | 50 |
| 너비 | 부모에 맞추기 |
| 텍스트 | 0 |
| 텍스트 정렬 | 가운데 |
| 텍스트 색상 | 흰색 |

[표15-7] 레이블5의 속성값 변경

- [레이블6]의 속성을 다음과 같이 변경한다.

| 속성 | 변경할 속성값 |
|---|---|
| 배경색 | 검정 |
| 글꼴 굵게 | 체크 |
| 글꼴 크기 | 30 |
| 너비 | 부모에 맞추기 |
| 텍스트 | m |
| 텍스트 정렬 | 오른쪽 |
| 텍스트 색상 | 흰색 |

[표15-8] 레이블6의 속성값 변경

● [수평배치1], [수평배치2]의 속성을 다음과 같이 변경한다.

| 속성 | 변경할 속성값 |
|---|---|
| 수평정렬 | 왼쪽 |
| 수직정렬 | 가운데 |
| 배경색 | 검정 |
| 너비 | 부모에 맞추기 |

▶▶ [표15-9] 수평배치1과 수평배치2의 속성값 변경

## STEP 02 다시시작, 일시정지 버튼 및 Pedometer 컴포넌트 배치하기

● 이번에는 만보기를 다시시작하는 버튼과 일시정지하는 버튼 및 실제 만보기 기능을 제공하는 센서인 Pedometer 컴포넌트를 배치해보자.

● [레이아웃] – [수평배치] 컴포넌트를 마우스로 선택한 후 [수평배치2] 아래쪽에 드래그하여 끌어다 놓는다.

● [사용자 인터페이스] – [버튼] 컴포넌트를 선택하고, 방금 배치한 [수평배치3] 안쪽에 끌어다 배치한다. 버튼은 총 2개로 차례대로 끌어다 배치한다.

● [센서] – [Pedometer]를 선택한 후 [뷰어]에 끌어다 배치한다.

▶▶ [그림 15-5] 뷰어에 수평배치, Pedometer, 버튼 컴포넌트 끌어다 놓기

● [수평배치3]의 속성을 다음과 같이 변경한다.

| 속성 | 변경할 속성값 |
|---|---|
| 수평 정렬 | 중앙 |
| 수직 정렬 | 가운데 |
| 너비 | 부모에 맞추기 |

▶▶ [표15-10] 수평배치3의 속성값 변경

- [버튼1]의 속성을 다음과 같이 변경한다.

| 속성 | 변경할 속성값 |
|---|---|
| 배경색 | 파랑 |
| 글꼴 굵게 | 체크 |
| 글꼴 크기 | 30 |
| 모양 | 둥근 모서리 |
| 텍스트 | 다시시작 |
| 텍스트 정렬 | 가운데 |
| 텍스트 색상 | 흰색 |

▸▸ [표15-11] 버튼1의 속성값 변경

- [버튼2]의 속성을 다음과 같이 변경한다.

| 속성 | 변경할 속성값 |
|---|---|
| 배경색 | 파랑 |
| 글꼴 굵게 | 체크 |
| 글꼴 크기 | 30 |
| 모양 | 둥근 모서리 |
| 텍스트 | 일시정지 |
| 텍스트 정렬 | 가운데 |
| 텍스트 색상 | 흰색 |

▸▸ [표15-12] 버튼2의 속성값 변경

- [버튼1]과 [버튼2] 사이, [수평배치2]와 [수평배치3] 사이가 너무 붙어 있다. 간격을 조금 띄우기 위해 각각 사이에 [레이블] 컴포넌트를 배치하여 간격을 벌려보자.

▸▸ [그림 15-6] 뷰어에 레이블 컴포넌트 끌어다 놓기

● [레이블7]의 속성을 다음과 같이 변경한다.

| 속성 | 변경할 속성값 |
|---|---|
| 너비 | 20pixel |
| 텍스트 | (비움) |

▸▸ [표15-13] 레이블7의 속성값 변경

## STEP 03 컴포넌트의 이름 바꾸기

● 이번에는 배치한 컴포넌트들의 이름을 바꾸어보자.

▸▸ [그림 15-7] 컴포넌트의 이름 바꾸기

● [레이블1]의 속성을 다음과 같이 변경한다.

| 컴포넌트 | 새 이름 |
|---|---|
| 레이블1 | 걸음수레이블 |
| 레이블2 | 걸음값출력레이블 |
| 레이블3 | 걸음레이블 |
| 레이블4 | 거리레이블 |
| 레이블5 | 거리값출력레이블 |
| 레이블6 | 미터레이블 |
| 레이블7 | 여백1 |
| 레이블8 | 여백2 |
| 버튼1 | 다시시작버튼 |
| 버튼2 | 일시정지버튼 |

▸▸ [표15-14] 컴포넌트의 이름 바꾸기

### STEP 04 어플리케이션 제목 설정하기

- 마지막으로 이 어플리케이션의 제목을 설정하도록 하겠다. [Screen1]을 선택하고 [속성] – [제목]에 "나만의 만보기 만들기"라고 입력하자.

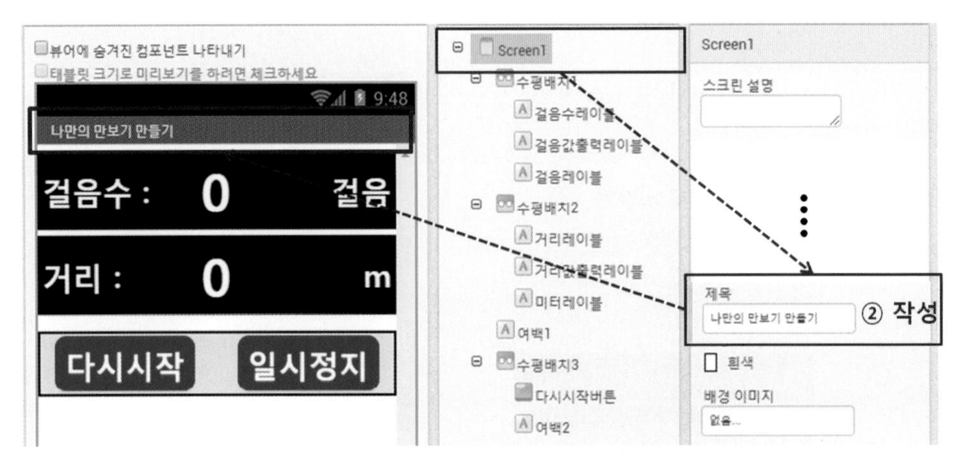


[그림 15-8] 제목 작성하기

## 블록코딩하기

[버튼], [레이블], [Pedometer], [수평배치] 등의 컴포넌트들이 배치되었다. 이제 컴포넌트들이 동작할 수 있도록 블록 코딩을 해보도록 할 것이다. 먼저 앱인벤터 화면의 가장 오른쪽 끝에 [블록] 메뉴를 선택하도록 하자.

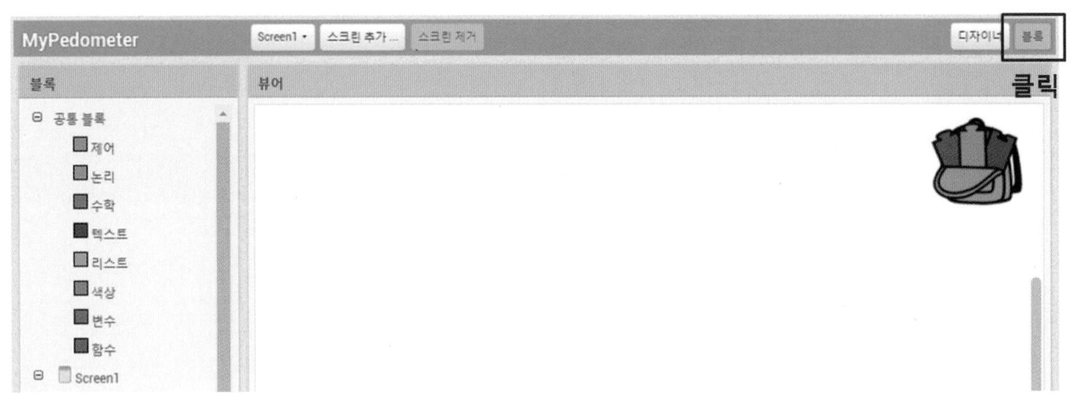


[그림 15-9] 블록 화면으로 전환하기

## STEP 01 앱 실행 시 Pedometer 센서를 통해 걸음수와 거리 출력하기

- [블록] – [Screen1]을 마우스로 선택하면 [뷰어]창에 블록들이 나타난다. 여러 블록 중에 언제 Screen1 .초기화 실행 을 선택한 후 [뷰어]에 끌어다 놓는다.
- [블록] – [Screen1] – [Pedometer1]을 마우스로 선택하면 [뷰어]창에 블록들이 나타난다. 여러 블록 중에 언제 Pedometer1 .걸음 수 걸음 수 거리 실행 을 선택한 후 [뷰어]에 끌어다 놓는다.

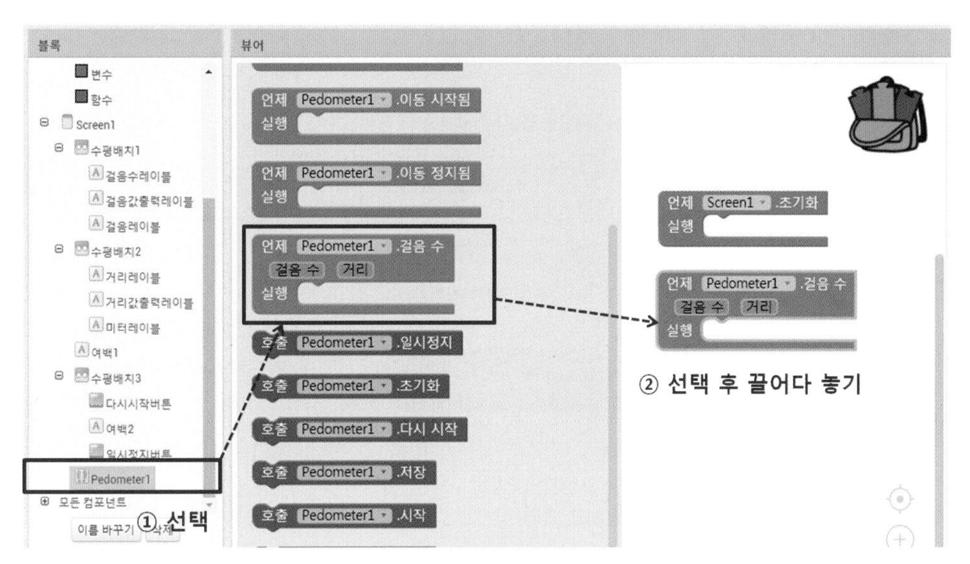


[그림 15-10] Screen 초기화, Pedometer 걸음수 이벤트 블록 배치

- 앱 시작 시 만보기 센서가 동작해야 하므로 [블록] – [Screen1] – [Pedometer1]을 마우스로 선택하고, 호출 Pedometer1 .시작 블록을 끌어다가 언제 Screen1 .초기화 실행 블록 안에 배치한다.

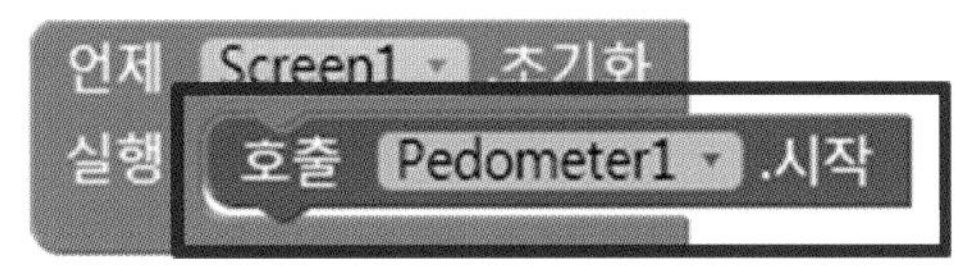


[그림 15-11] Pedometer 시작 블록 배치하기

- 만보기 센서인 Pedometer가 동작하여 걸음 수와 거리값을 반환해 주면 각각의 값을 출력 레이블에 출력해주면 된다. 걸음 수를 출력해주는 레이블은 [걸음값출력레이블]이고, 거리를 출력해주는 레이블은 [거리값출력레이블]이다.
- [블록] – [Screen1] – [수평배치1] – [걸음값출력레이블]을 선택 후 지정하기 걸음값출력레이블 . 텍스트 값 블록을 언제 Pedometer1 .걸음 수 걸음 수 거리 실행 블록에 끌어다가 배치한다.
- [블록] – [Screen1] – [수평배치2] – [거리값출력레이블]을 선택 후 지정하기 거리값출력레이블 . 텍스트 값 블록을 언제 Pedometer1 .걸음 수 걸음 수 거리 실행 블록에 끌어다가 배치한다.

● 지정하기 걸음값출력레이블 . 텍스트 값 블록에는 가져오기 걸음 수 블록을, 지정하기 거리값출력레이블 . 텍스트 값 블록에는 가져오기 거리 블록을 배치하도록 한다.

언제 Pedometer1 .걸음 수
걸음 수 거리
실행 지정하기 걸음값출력레이블 . 텍스트 값 가져오기 걸음 수
지정하기 거리값출력레이블 . 텍스트 값 가져오기 거리

▸▸ [그림 15-12] 걸음값과 거리값을 가져오는 블록

## STEP 02 다시시작버튼과 일시정지버튼 클릭 시 이벤트 처리하기

● 이번에는 [다시시작버튼] 및 [일시정지버튼]을 클릭했을 때 이벤트를 처리하는 블록을 배치해보자.

● [블록] – [Screen1] – [수평배치3] – [다시시작버튼]을 마우스로 선택하면 [뷰어]창에 블록들이 나타난다. 여러 블록 중에 언제 다시시작버튼 .클릭 실행 을 선택한 후 [뷰어]에 끌어다 놓는다.

● [블록] – [Screen1] – [수평배치3] – [일시정지버튼]을 마우스로 선택하면 [뷰어]창에 블록들이 나타난다. 여러 블록 중에 언제 일시정지버튼 .클릭 실행 을 선택한 후 [뷰어]에 끌어다 놓는다.

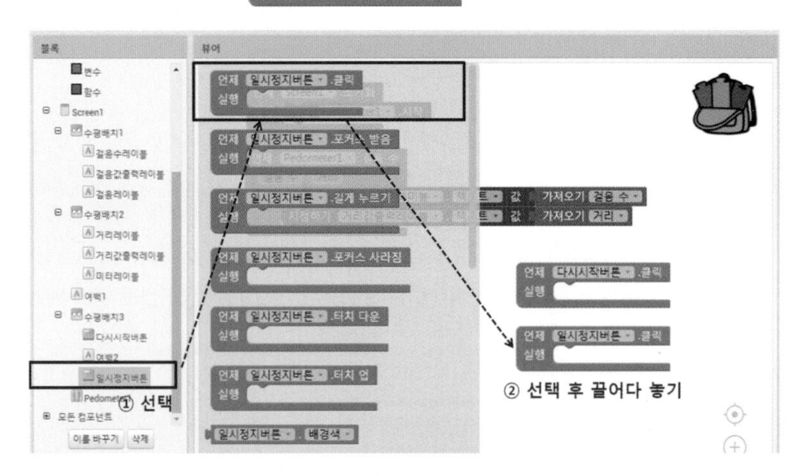


▸▸ [그림 15-13] 다시시작버튼 및 일시정지버튼 블록 배치하기

● [블록] – [Screen1] – [Pedometer1]를 선택한 후 여러 블록 중에서 호출 Pedometer1 .다시 시작 블록과 호출 Pedometer1 .일시정지 블록을 선택하여 각각 언제 다시시작버튼 .클릭 실행 블록과 언제 일시정지버튼 .클릭 실행 블록 안에 배치한다.

▸▸ [그그림 15-14] 다시시작 및 일시정지 블록 배치하기

## 실행해보기

컴포넌트 디자인 및 블록 코딩이 모두 끝났다. 이제 내가 구현한 앱을 스마트폰 상에서 구동할 수 있도록 실행해 보자. 안드로이드 스마트폰 기기 또는 스마트폰이 없는 경우에는 에뮬레이터를 통해 실행 결과를 확인해 보도록 하자.

**STEP 01 [연결] – [AI 컴패니언] 메뉴 선택**

- 프로젝트에서 [연결] 메뉴의 [AI 컴패니언]을 선택한다.

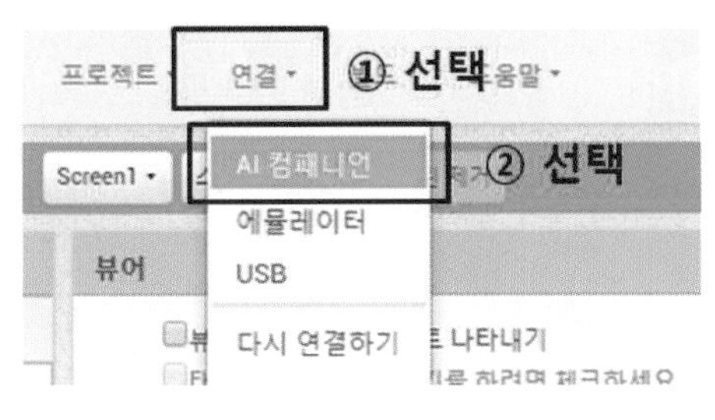


[그림 15-15] 스마트폰 연결을 위한 AI 컴패니언 실행하기

- 컴패니언에 연결하기 위한 QR 코드가 화면에 나타난다.

[그림 15-16] 컴패니언에 연결하기 위한 QR 코드

이번에는 안드로이드 기반의 스마트폰으로 가서 앞서 설치한 MIT AI2 Companion 앱을 실행하도록 하자.

**STEP 02 폰에서 MIT AI2 Companion 앱 실행하여 QR 코드 찍기**

- 안드로이드 폰 기기에서 "MIT AI2 Companion" 앱을 실행한다.

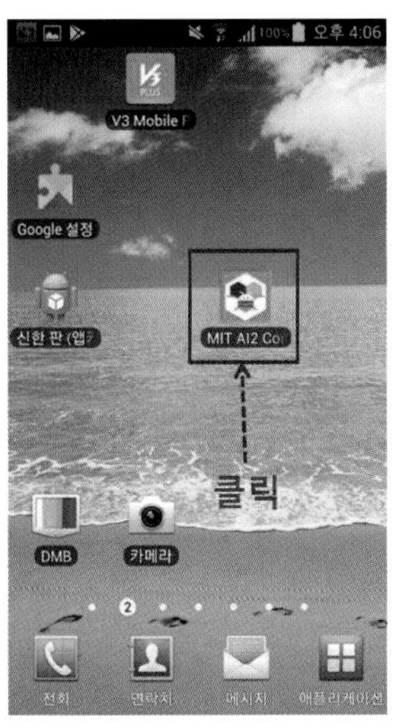


[그림 15-17] MIT AI2 Companion 앱 실행

- 앱 메뉴 중 아래쪽의 "scan QR code" 메뉴를 선택한다.

[그림 15-18] scan QR code 메뉴 선택

- QR 코드를 찍기 위한 카메라 모드가 동작하면 컴퓨터 화면에 나타난 QR 코드에 갖다 댄다.

[그림 15-19] QR 코드 스캔 중

STEP 03 만보기 어플리케이션 수행하기

- QR 코드가 찍히고 나면 폰 화면에 다음과 같이 우리가 만든 실행 결과로써의 앱이 나타난다.
- 앱을 실행하고, 여기 저기 걸어다녀보자. 걸음 수와 거리가 증가하는 것을 확인한 후 일시정지 및 다시시작 기능을 통해 기능의 동작을 확인한다.

[그림 15-20] 만보기 어플리케이션 실행 화면

# 전체 프로그램 한 눈에 보기

앞서 컴포넌트 배치부터 블록 코딩까지 순차적으로 진행하였다. 이를 한 눈에 확인해봄으로써 내가 배치한 UI 및 블록 코딩이 틀린 점은 없는지 비교해보고, 이 단원을 정리해 보도록 한다.

## 전체 컴포넌트 UI

[그림 15-21] 전체 컴포넌트 디자이너

## 전체 블록 코딩

```
언제 Screen1 .초기화
실행 호출 Pedometer1 .시작

언제 Pedometer1 .걸음 수
 걸음 수 거리
실행 지정하기 걸음값출력레이블 . 텍스트 값 가져오기 걸음 수
     지정하기 거리값출력레이블 . 텍스트 값 가져오기 거리

언제 다시시작버튼 .클릭
실행 호출 Pedometer1 .다시 시작

언제 일시정지버튼 .클릭
실행 호출 Pedometer1 .일시정지
```

[그림 15-22] 전체 컴포넌트 블록

## 생각 확장해보기

### • 거리값을 이용하여 목적지 설정 기능 추가 (스스로 해보기)

만보기에 걸음수와 거리 정보를 출력하는 것은 기본 기능이다. 나만의 만보기로써 조금 더 특별한 기능을 만들 수는 없을까? 요즘 모 회사에서 만든 만보기 어플리케이션의 경우 내가 걸었던 거리만큼의 값이 실제로 어떤 도시 또는 어떤 나라를 걸어서 간 거리만큼인지 나타내주는 기능이 있다.

예를 들어서 내가 사는 위치에서 서울까지 50km 떨어져 있고, 제주도까지 500km 떨어진 곳에 살고 있다고 가정하자. 나의 만보기가 어느 날 50km의 거리값을 넘게 되면 "서울까지 왔습니다."라는 메시지와 함께 서울 도시의 사진을 출력해준다. 그리고 계속 누적이 되어서 어느 날 500km 거리값을 넘게 되면 "제주도까지 왔습니다."라는 메시지와 함께 제주도 도시의 사진을 출력해준다.

기능 자체는 별거 아니지만, 참 돋보이는 아이디어다. 스마트폰 앱의 가치는 새로운 기술보다는 참신한 아이디어가 높여준다고 생각한다. 여러분이 만든 만보기에 이 기능을 추가하여 더욱 가치있는 앱으로 업그레이드 해보자.

[그림 15-23] 확장 어플리케이션 실행 결과

# 실로폰 만들기

어린 시절 누구나 한 번쯤은 실로폰 연주를 해보았을 것이다. 실로폰의 형태를 보면 재질이 쇠로 되어 있고, 각 음이 높아질수록 쇠의 길이가 줄어든다. 나무 막대기 끝으로 각 음을 치면 맑은 쇳소리가 나는 악기이다. 이번 시간에는 앱인벤터로 실로폰을 만들어보도록 한다. 우리가 앞에서 배웠던 기능들을 잘 종합해서 고민해보면 충분히 만들 수 있다.

Section 01

# 생각해보기

## 무엇을 만들 것인가?

- 실로폰의 각 음버튼을 터치하면 음에 해당하는 소리가 출력되도록 한다.

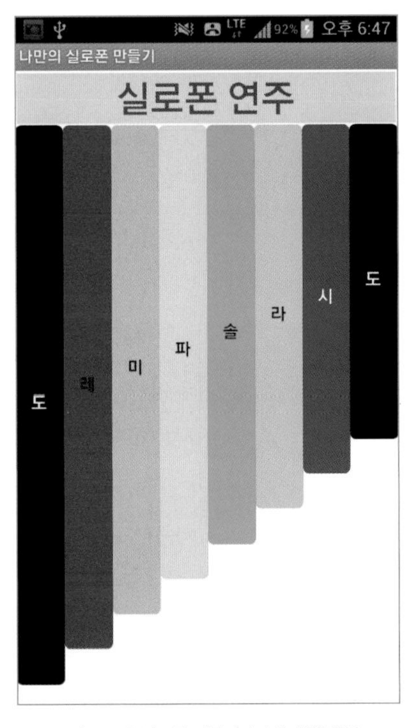


[그림 16-1] 실로폰 어플리케이션 실행 화면

## 사용할 컴포넌트 및 블록

[표16-1]는 예제에서 배치할 팔레트 컴포넌트 종류들이다.

| 팔레트 그룹 | 컴포넌트 종류 | 기능 |
|---|---|---|
| 사용자 인터페이스 | 버튼 | 사용자가 선택할 도, 레, 미, 파, 솔, 라, 시, 도 음 버튼으로 사용한다. |
| 사용자 인터페이스 | 레이블 | 타이틀을 출력할 용도로 사용한다. |
| 레이아웃 | 수평배치 | 여러 컴포넌트들을 수평정렬 시킨다. |
| 미디어 | 소리 | 실로폰의 소리를 재생하게 한다. |

[표16-1] 예제에서 사용한 팔레트 목록

[표16-2]는 예제에서 사용할 주요 블록들이다.

| 컴포넌트 | 블록 | 기능 |
|---|---|---|
| 버튼 | 언제 도버튼 .클릭 실행 | 사용자가 도버튼을 클릭했을 때 처리하는 이벤트이다. |
| | 언제 레 .클릭 실행 | 사용자가 레버튼을 클릭했을 때 처리하는 이벤트이다. |
| | 언제 미 .클릭 실행 | 사용자가 미버튼을 클릭했을 때 처리하는 이벤트이다. |
| | 언제 파 .클릭 실행 | 사용자가 파버튼을 클릭했을 때 처리하는 이벤트이다. |
| | 언제 솔 .클릭 실행 | 사용자가 솔버튼을 클릭했을 때 처리하는 이벤트이다. |
| | 언제 라 .클릭 실행 | 사용자가 라버튼을 클릭했을 때 처리하는 이벤트이다. |
| | 언제 시 .클릭 실행 | 사용자가 시버튼을 클릭했을 때 처리하는 이벤트이다. |
| | 언제 도2 .클릭 실행 | 사용자가 도버튼을 클릭했을 때 처리하는 이벤트이다. |
| 소리 | 호출 소리1 .재생 | 소리를 재생시키는 기능이다. |

▸▸ [표16-2] 예제에서 사용한 블록 목록

Section 02

# 만들어보기

## 프로젝트 만들기

먼저 프로젝트를 만들어보도록 하자. 앱인벤터 웹사이트(http://ai2.appinventor.mit.edu/)에 접속한다.

### STEP 01 새 프로젝트 시작하기 선택

- [프로젝트] 메뉴에서 [새 프로젝트 시작하기...]를 선택한다.

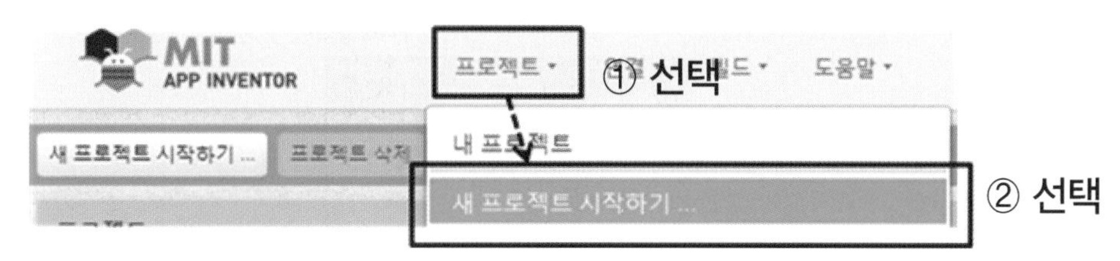


[그림 16-2] 새 프로젝트 시작하기

### STEP 02 프로젝트 이름 입력 및 확인

- [프로젝트 이름]을 "MySilopon"이라고 입력하고 [확인] 버튼을 누른다.

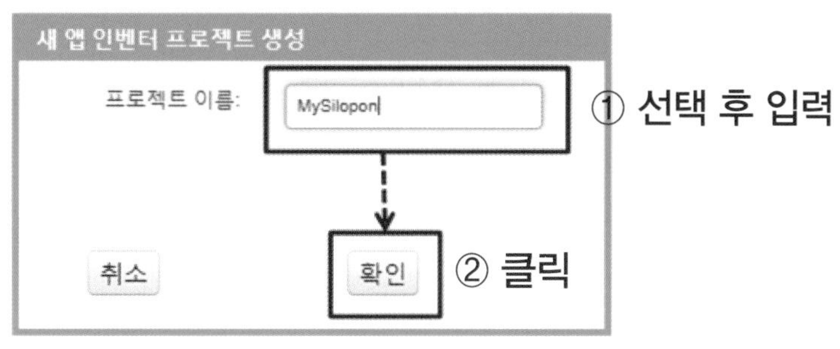


[그림 16-3] 프로젝트 이름 입력하기

# 컴포넌트 디자인하기

프로젝트상에 컴포넌트 UI를 배치해보도록 하자. 이번 장의 예제에서 배치할 컴포넌트는 [버튼], [레이블], [수평배치] 등 이다. 다음과 같이 [뷰어]에 컴포넌트들을 배치하도록 하자.

### STEP 01 타이틀과 수평배치 컴포넌트 배치하기

- 사용자 인터페이스] – [레이블] 컴포넌트를 마우스로 선택한 후 [뷰어] – [Screen1] 영역으로 드래그하여 끌어다 놓는다.
- [레이아웃] – [수평배치] 컴포넌트를 마우스로 선택한 후 [뷰어] – [Screen1] 영역으로 드래그하여 끌어다 놓는다.

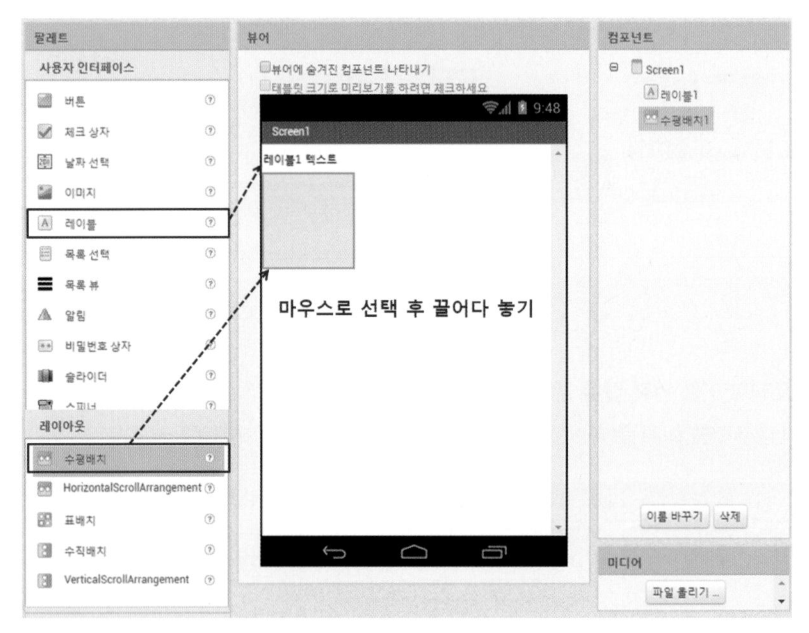


▸▸ [그림 16-4] 뷰어에 레이블, 수평배치 컴포넌트 끌어다 놓기

- [레이블1]의 속성을 다음과 같이 변경한다.

| 속성 | 변경할 속성값 |
|---|---|
| 배경색 | 노랑 |
| 글꼴 굵게 | 체크 |
| 글꼴 크기 | 30 |
| 너비 | 부모에 맞추기 |
| 텍스트 | 실로폰 연주 |
| 텍스트 정렬 | 가운데 |
| 텍스트 색상 | 빨강 |

▸▸ [표16-3] 레이블1의 속성값 변경

- [수평배치1]의 속성을 다음과 같이 변경한다.

| 속성 | 변경할 속성값 |
|---|---|
| 높이 | 부모에 맞추기 |
| 너비 | 부모에 맞추기 |

[표16-4] 수평배치1의 속성값 변경

## STEP 02 음버튼과 소리 컴포넌트 배치하기

- 이번에는 클릭하면 해당 음의 소리가 출력되도록 각 음버튼을 배치하도록 하자.
- [사용자 인터페이스] – [버튼]을 선택하고, [수평배치1] 안으로 끌어다 배치한다. 배치할 버튼의 개수는 총 8개이다.
- [미디어] – [소리]를 선택하고, [뷰어]에 끌어다 배치한다.

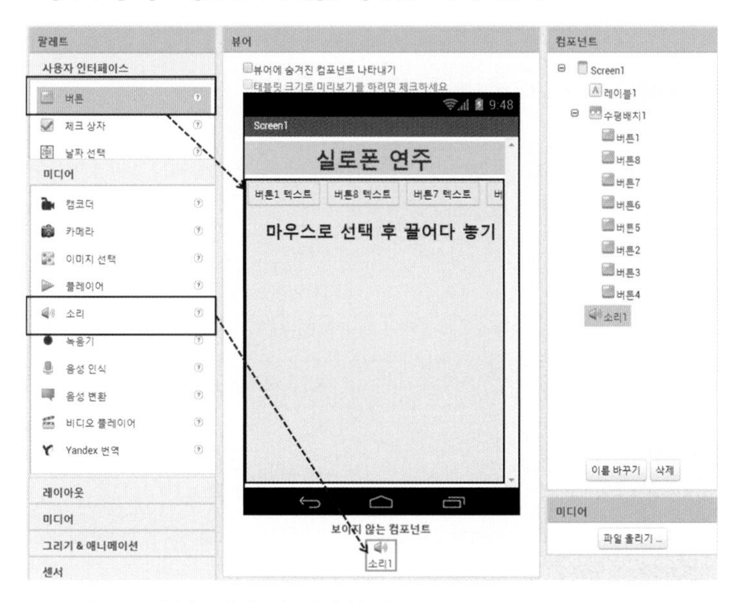


[그림 16-5] 버튼과 소리 컴포넌트 끌어다 놓기

- [버튼1]의 속성을 다음과 같이 변경한다.

| 속성 | 변경할 속성값 |
|---|---|
| 배경색 | 검정 |
| 글꼴 굵게 | 체크 |
| 높이 | 80 percent |
| 너비 | 부모에 맞추기 |
| 모양 | 둥근 모서리 |
| 텍스트 | 도 |
| 텍스트 정렬 | 가운데 |
| 텍스트 색상 | 흰색 |

[표16-5] 버튼1의 속성값 변경

- [버튼2]의 속성을 다음과 같이 변경한다.

| 속성 | 변경할 속성값 |
|---|---|
| 배경색 | 빨강 |
| 글꼴 굵게 | 체크 |
| 높이 | 75 percent |
| 너비 | 부모에 맞추기 |
| 모양 | 둥근 모서리 |
| 텍스트 | 레 |
| 텍스트 정렬 | 가운데 |
| 텍스트 색상 | 기본 |

▶▶ [표16-6] 버튼2의 속성값 변경

- [버튼3]의 속성을 다음과 같이 변경한다.

| 속성 | 변경할 속성값 |
|---|---|
| 배경색 | 주황 |
| 글꼴 굵게 | 체크 |
| 높이 | 70 percent |
| 너비 | 부모에 맞추기 |
| 모양 | 둥근 모서리 |
| 텍스트 | 미 |
| 텍스트 정렬 | 가운데 |
| 텍스트 색상 | 기본 |

▶▶ [표16-7] 버튼3의 속성값 변경

- [버튼4]의 속성을 다음과 같이 변경한다.

| 속성 | 변경할 속성값 |
|---|---|
| 배경색 | 노랑 |
| 글꼴 굵게 | 체크 |
| 높이 | 65 percent |
| 너비 | 부모에 맞추기 |
| 모양 | 둥근 모서리 |
| 텍스트 | 파 |
| 텍스트 정렬 | 가운데 |
| 텍스트 색상 | 기본 |

▶▶ [표16-8] 버튼4의 속성값 변경

● [버튼5]의 속성을 다음과 같이 변경한다.

| 속성 | 변경할 속성값 |
|---|---|
| 배경색 | 초록 |
| 글꼴 굵게 | 체크 |
| 높이 | 60 percent |
| 너비 | 부모에 맞추기 |
| 모양 | 둥근 모서리 |
| 텍스트 | 솔 |
| 텍스트 정렬 | 가운데 |
| 텍스트 색상 | 기본 |

▸▸ [표16-9] 버튼5의 속성값 변경

● [버튼6]의 속성을 다음과 같이 변경한다.

| 속성 | 변경할 속성값 |
|---|---|
| 배경색 | 청록색 |
| 글꼴 굵게 | 체크 |
| 높이 | 55 percent |
| 너비 | 부모에 맞추기 |
| 모양 | 둥근 모서리 |
| 텍스트 | 라 |
| 텍스트 정렬 | 가운데 |
| 텍스트 색상 | 기본 |

▸▸ [표16-10] 버튼6의 속성값 변경

● [버튼7]의 속성을 다음과 같이 변경한다.

| 속성 | 변경할 속성값 |
|---|---|
| 배경색 | 파랑 |
| 글꼴 굵게 | 체크 |
| 높이 | 50 percent |
| 너비 | 부모에 맞추기 |
| 모양 | 둥근 모서리 |
| 텍스트 | 시 |
| 텍스트 정렬 | 가운데 |
| 텍스트 색상 | 흰색 |

▸▸ [표16-11] 버튼7의 속성값 변경

● [버튼8]의 속성을 다음과 같이 변경한다.

| 속성 | 변경할 속성값 |
|---|---|
| 배경색 | 검정 |
| 글꼴 굵게 | 체크 |
| 높이 | 45 percent |
| 너비 | 부모에 맞추기 |
| 모양 | 둥근 모서리 |
| 텍스트 | 도 |
| 텍스트 정렬 | 가운데 |
| 텍스트 색상 | 흰색 |

▶▶ [표16-12] 버튼8의 속성값 변경

## STEP 03 미디어 파일 올리기

● 디자인은 이제 끝났다. 이제 음의 소리를 낼 수 있도록 [미디어]에 각 음에 해당하는 음원을 올려보도록 하자.

● [미디어] – [파일 올리기]를 선택한 후 1.wav ~ 8.wav 까지의 파일을 모두 올린다.

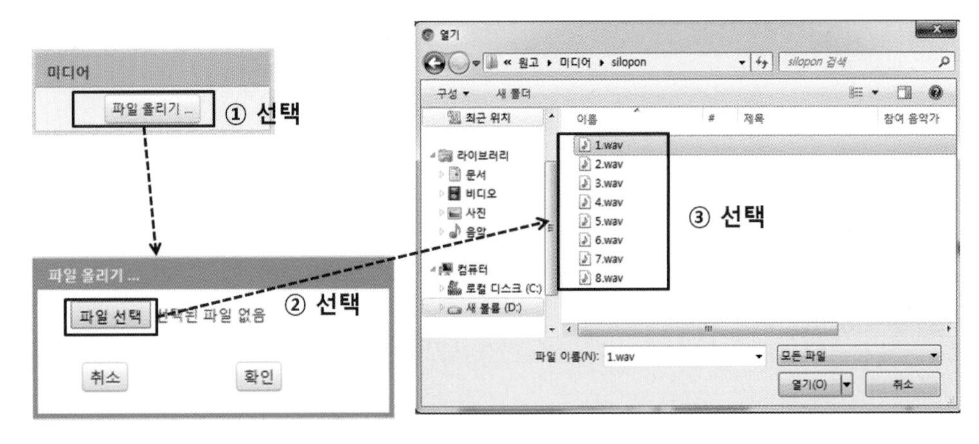


▶▶ [그림 16-6] 실로폰 각 음의 음원 파일 올리기

## STEP 04 컴포넌트의 이름 바꾸기

● 이번에는 배치한 컴포넌트들의 이름을 바꾸어보자

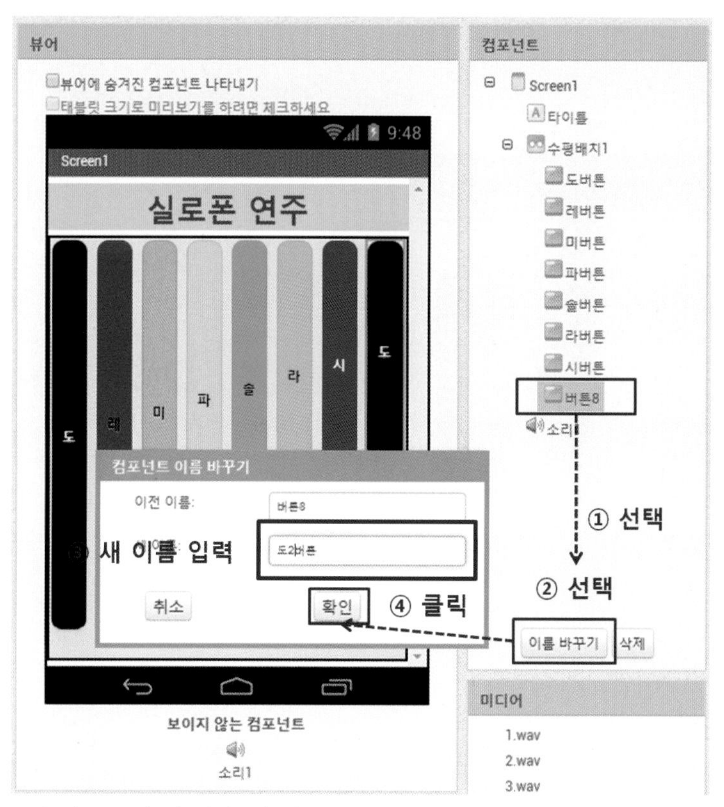


▸▸ [그림 16-7] 컴포넌트의 이름 바꾸기

| 컴포넌트 | 새 이름 |
|---|---|
| 레이블1 | 타이틀 |
| 버튼1 | 도버튼 |
| 버튼2 | 레버튼 |
| 버튼3 | 미버튼 |
| 버튼4 | 파버튼 |
| 버튼5 | 솔버튼 |
| 버튼6 | 라버튼 |
| 버튼7 | 시버튼 |
| 버튼8 | 도2버튼 |

▸▸ [표16-13] 컴포넌트의 이름 바꾸기

### STEP 05 어플리케이션 제목 설정하기

- 마지막으로 이 어플리케이션의 제목을 설정하도록 하겠다. [Screen1]을 선택하고 [속성] – [제목]에 "나만의 실로폰 만들기"라고 입력하자.

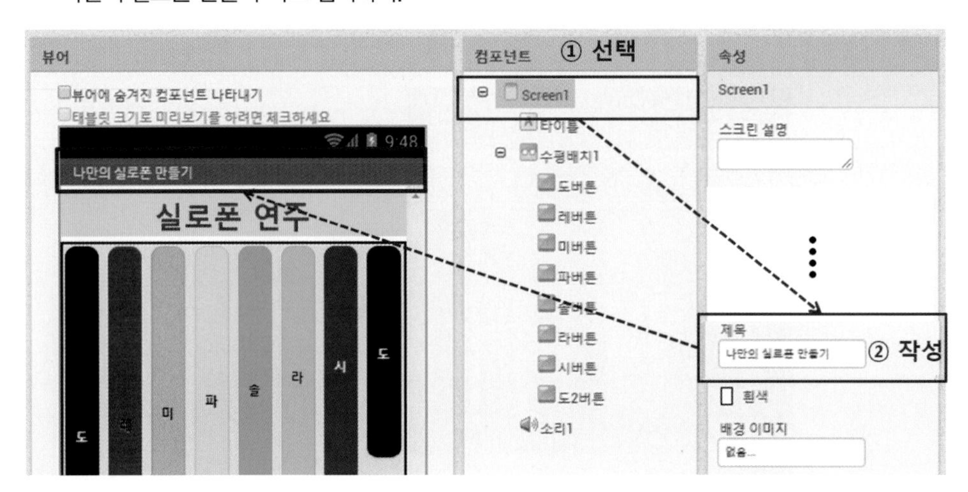


▶▶ [그림 16-8] 제목 작성하기

## 블록코딩하기

[버튼], [레이블], [수평배치] 등의 컴포넌트들이 배치되었다. 이제 컴포넌트들이 동작할 수 있도록 블록 코딩을 해보도록 할 것이다. 먼저 앱인벤터 화면의 가장 오른쪽 끝에 [블록] 메뉴를 선택하도록 하자.

▶▶ [그림 16-9] 블록 화면으로 전환하기

## STEP 01 도버튼부터 도2버튼까지 클릭 이벤트 처리하기

- [블록] – [Screen1] – [수평배치1] – [도버튼]을 마우스로 선택하면 [뷰어]창에 블록들이 나타난다. 여러 블록 중에 언제 도버튼 .클릭 실행 을 선택한 후 [뷰어]에 끌어다 놓는다.
- 나머지 [레버튼] 부터 [도2버튼]까지 모두 같은 방식으로 클릭 이벤트 블록을 [뷰어]에 끌어다 놓는다.

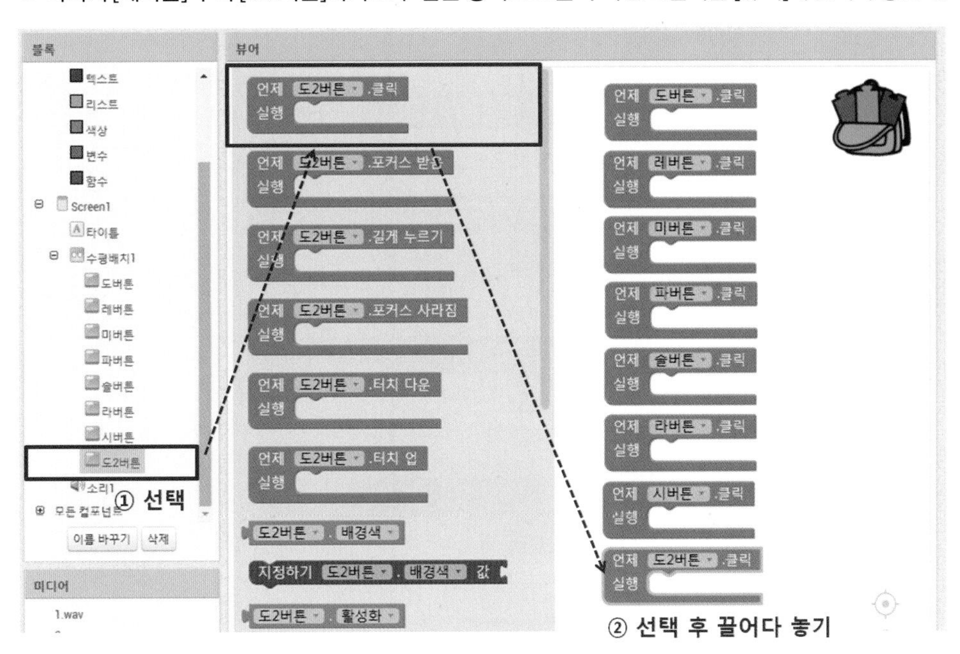


[그림 16-10] 도버튼부터 도2버튼까지 클릭 이벤트 블록 배치하기

- 각 버튼의 클릭 이벤트가 발생 시 해당 음의 소리를 출력하게 하면 된다.
- [블록] – [Screen1] – [소리1]을 선택하고, 지정하기 소리1 . 소스 값 블록과 호출 소리1 .재생 블록을 끌어다가 언제 도버튼 .클릭 실행 블록 안에 배치한다.
- 지정하기 소리1 . 소스 값 블록의 소스값으로는 우리가 앞서 올린 음원 파일을 대입해주면 된다. " " 블록을 배치하고, "1.wav"라고 입력한다.

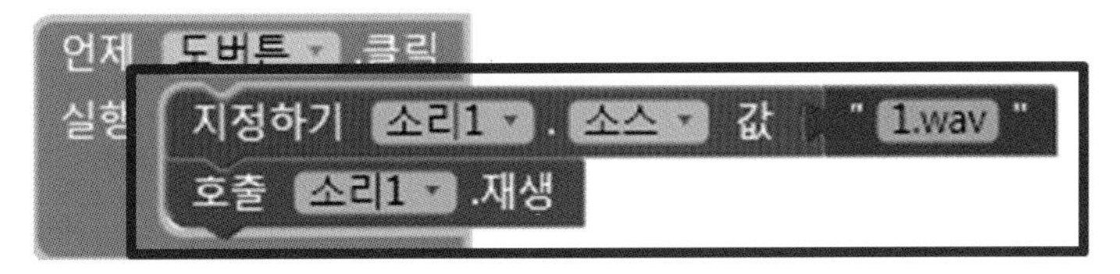


[그림 16-11] 소리의 소스블록과 재생블록 배치하기

● 나머지 버튼 클릭 이벤트도 동일한 방법으로 블록을 배치하고, " " 블록의 파일명만 변경해주도록 한다.

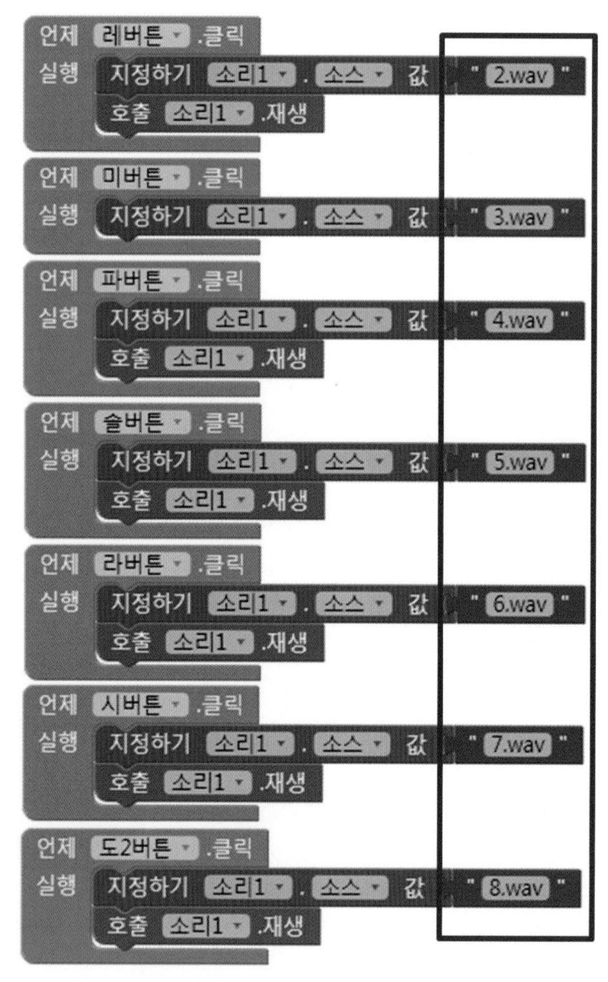


[그림 16-12] 레버튼부터 도2버튼까지 소스블록과 재생블록 배치하기

## 실행해보기

컴포넌트 디자인 및 블록 코딩이 모두 끝났다. 이제 내가 구현한 앱을 스마트폰 상에서 구동할 수 있도록 실행해 보자. 안드로이드 스마트폰 기기 또는 스마트폰이 없는 경우에는 에뮬레이터를 통해 실행 결과를 확인해 보도록 하자.

STEP 01 **[연결] – [AI 컴패니언] 메뉴 선택**

- 프로젝트에서 [연결] 메뉴의 [AI 컴패니언]을 선택한다.

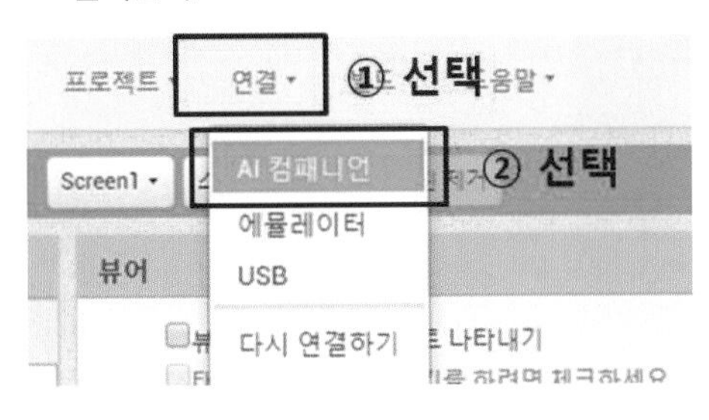


▸▸ [그림 16-13] 스마트폰 연결을 위한 AI 컴패니언 실행하기

- 컴패니언에 연결하기 위한 QR 코드가 화면에 나타난다.

▸▸ [그림 16-14] 컴패니언에 연결하기 위한 QR 코드

이번에는 안드로이드 기반의 스마트폰으로 가서 앞서 설치한 MIT AI2 Companion 앱을 실행하도록 하자.

STEP 02 **폰에서 MIT AI2 Companion 앱 실행하여 QR 코드 찍기**

- 안드로이드 폰 기기에서 "MIT AI2 Companion" 앱을 실행한다.

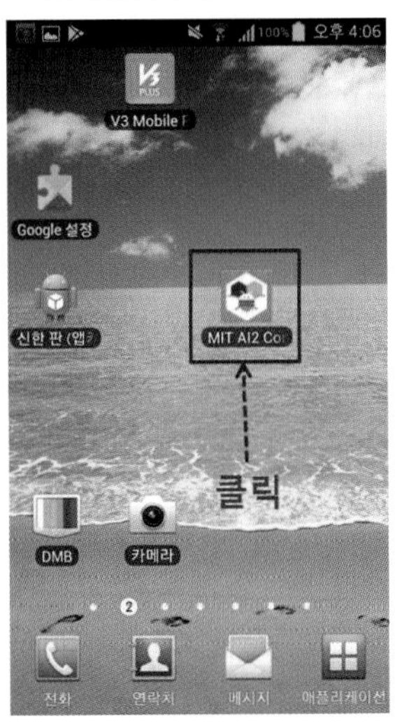


▸▸ [그림 16-15] MIT AI2 Companion 앱 실행

- 앱 메뉴 중 아래쪽의 "scan QR code" 메뉴를 선택한다.

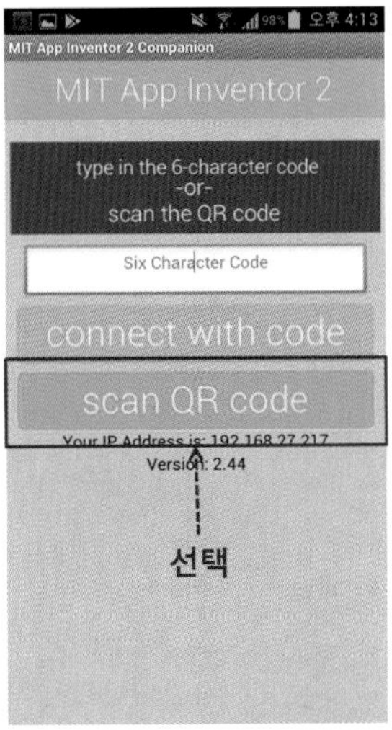

▸▸ [그림 16-16] scan QR code 메뉴 선택

- QR 코드를 찍기 위한 카메라 모드가 동작하면 컴퓨터 화면에 나타난 QR 코드에 갖다 댄다.

▸▸ [그림 16-17] QR 코드 스캔 중

### STEP 03 실로폰 어플리케이션 수행하기

- QR 코드가 찍히고 나면 폰 화면에 다음과 같이 우리가 만든 실행 결과로써의 앱이 나타난다.
- 각 음버튼을 클릭하면 해당하는 음원의 소리가 출력된다. 음터치를 연속으로 하여 연주를 해보도록 한다.

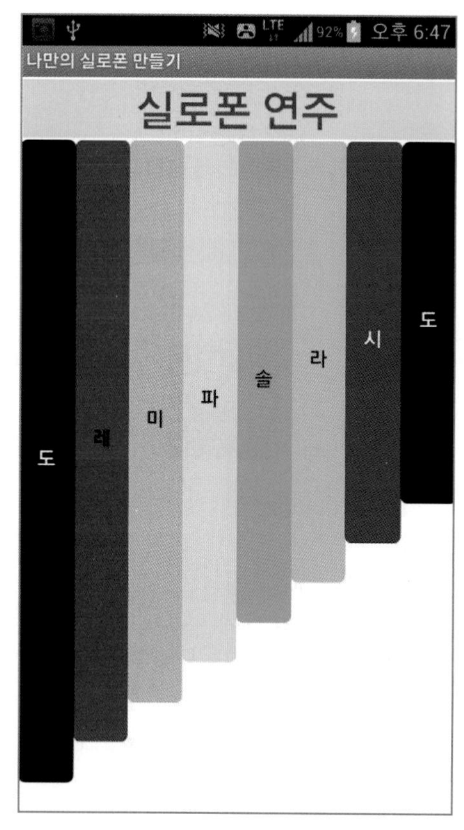


[그림 16-18] 실로폰 어플리케이션 실행 화면

# Section 03 전체 프로그램 한 눈에 보기

앞서 컴포넌트 배치부터 블록 코딩까지 순차적으로 진행하였다. 이를 한 눈에 확인해봄으로써 내가 배치한 UI 및 블록 코딩이 틀린 점은 없는지 비교해보고, 이 단원을 정리해 보도록 한다.

## 전체 컴포넌트 UI

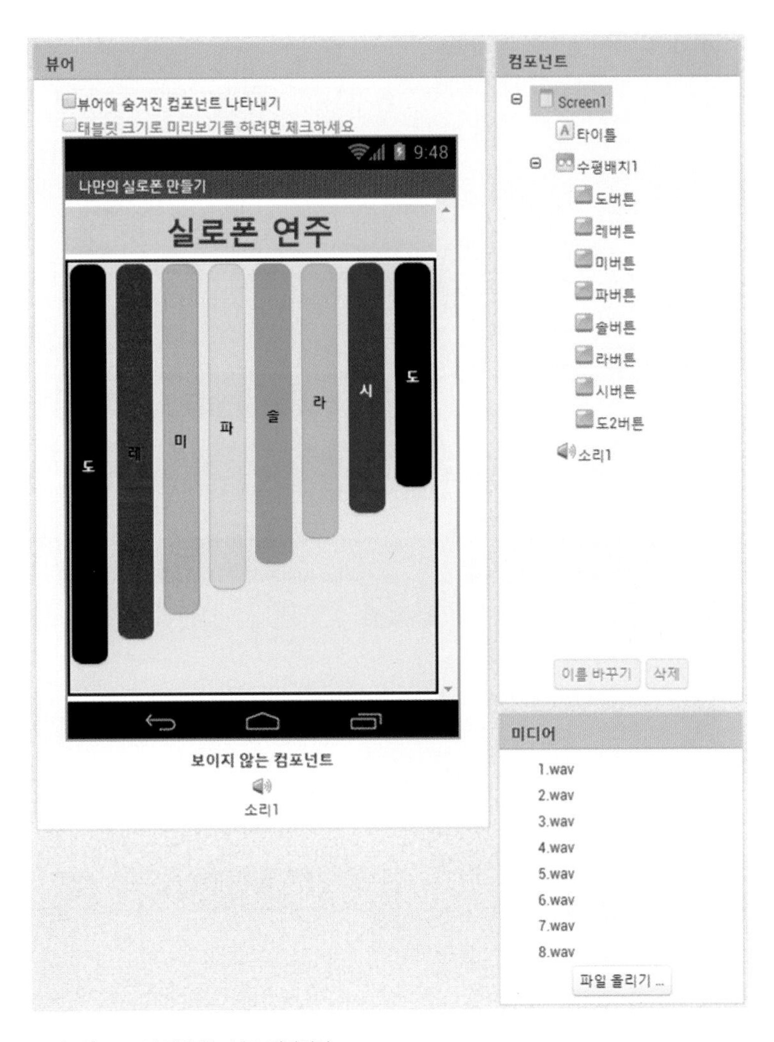


[그림 16-19] 전체 컴포넌트 디자이너

## 전체 블록 코딩

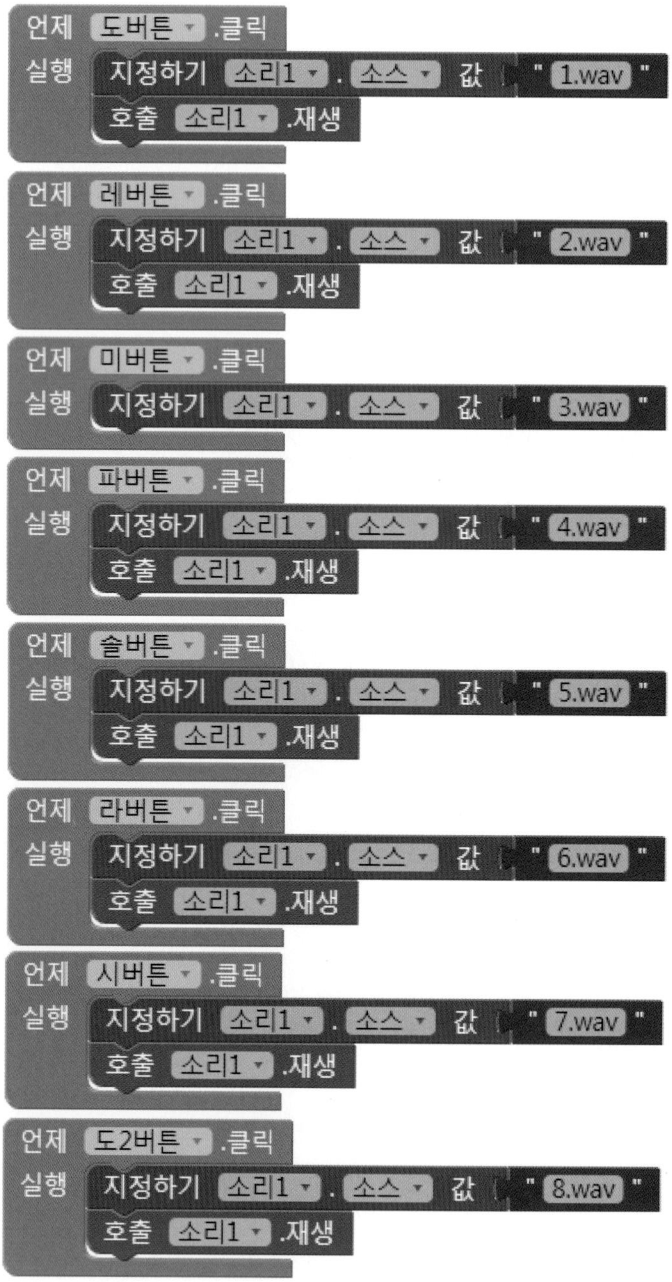

```
언제 도버튼 .클릭
실행 지정하기 소리1 . 소스 값 " 1.wav "
     호출 소리1 .재생

언제 레버튼 .클릭
실행 지정하기 소리1 . 소스 값 " 2.wav "
     호출 소리1 .재생

언제 미버튼 .클릭
실행 지정하기 소리1 . 소스 값 " 3.wav "

언제 파버튼 .클릭
실행 지정하기 소리1 . 소스 값 " 4.wav "
     호출 소리1 .재생

언제 솔버튼 .클릭
실행 지정하기 소리1 . 소스 값 " 5.wav "
     호출 소리1 .재생

언제 라버튼 .클릭
실행 지정하기 소리1 . 소스 값 " 6.wav "
     호출 소리1 .재생

언제 시버튼 .클릭
실행 지정하기 소리1 . 소스 값 " 7.wav "
     호출 소리1 .재생

언제 도2버튼 .클릭
실행 지정하기 소리1 . 소스 값 " 8.wav "
     호출 소리1 .재생
```

[그림 16-20] 전체 컴포넌트 블록

## 생각 확장해보기

### ● 실로폰과 피아노 악기를 선택하여 연주하기(스스로 해보기)

우리가 만든 실로폰 악기를 기반으로 다른 악기도 응용해서 만들 수 있다. 실로폰과 비슷한 형태의 악기로 피아노를 꼽을 수 있는데, 피아노 악기를 실로폰을 구현했듯이 만들어 보도록 한다. 피아노의 경우 디자인 형태는 그대로 공유하고, 음원만 바꿔주면 된다. 그리고, 악기를 선택할 수 있도록 하여 실로폰 연주 버튼을 클릭하면 실로폰 음원으로 연주하고, 피아노 연주 버튼을 클릭하면 피아노 음원으로 연주하도록 작성한다.

다음은 피아노 연주 기능을 추가한 후 악기를 선택할 수 있게 구현하여 스마트폰에서 어플리케이션을 실행한 형태이다.

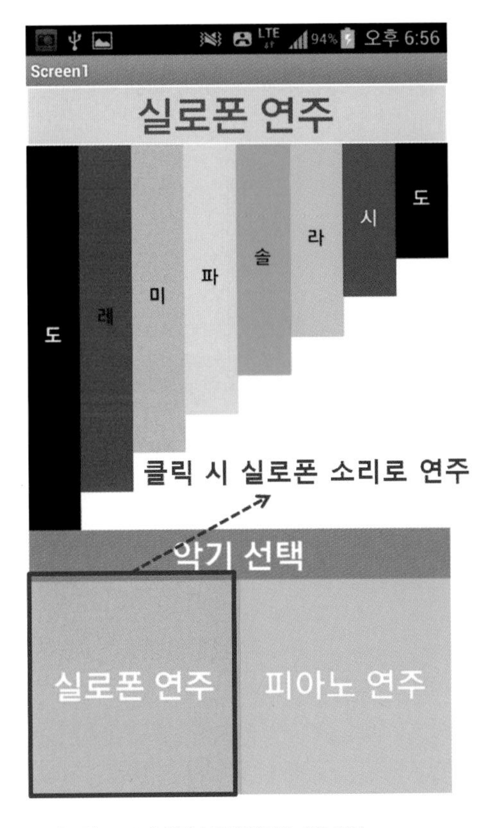


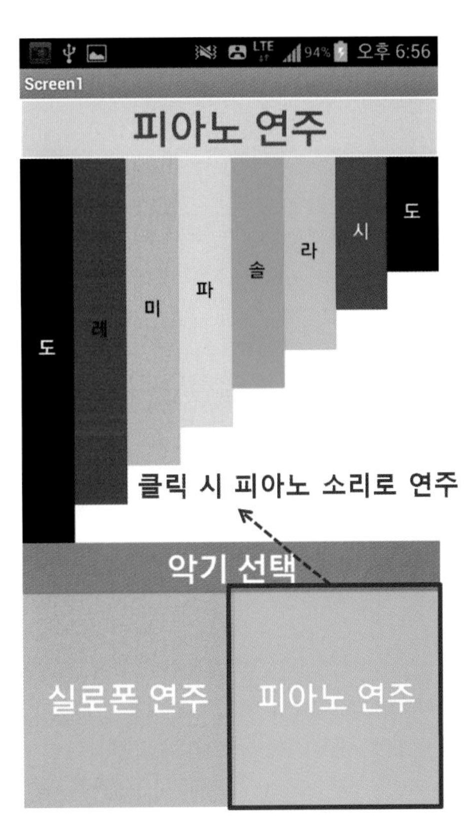


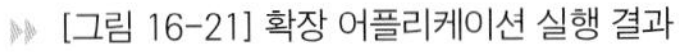
[그림 16-21] 확장 어플리케이션 실행 결과

# 리듬 게임 만들기

예전에 혹시 DDR이라는 게임을 해보았는가? 90년대 후반 2000년대 초반쯤으로 기억한다. 음악의 리듬에 맞춰 주어지는 버튼을 타이밍에 맞게 발로 밟아야 한다. 마치 게임 하는 모습이 사람이 춤을 추는 모습과도 같았다. 이에 비슷하게 착안해서 우리는 스마트폰 기반의 손가락 DDR을 만들어볼 것이다. 우리는 손가락을 이용해서 음악의 리듬에 맞춰 나타나는 목표물을 터치해야 한다. 이번 시간에 재미있는 나만의 리듬게임을 만들어 보자.

Section 01

## 무엇을 만들 것인가?

- 다시시작 버튼을 누르면 게임이 시작되고, 1초마다 랜덤한(임의의) 위치에 푸른색 원이 나타난다.
- 푸른색 원을 1초안에 타이밍을 맞추어 클릭하면 "그뤠잇" 이라는 알람과 함께 Hit 카운트가 1 증가한다.
- 푸른색 원을 1초안에 맞추지 못하면 "스튜핏" 이라는 알람과 함께 Out 카운트가 1 증가한다.
- Hit 카운트가 10 이상이 되면 "다음 단계로 넘어갑니다."라는 메시지가 나타나고 다음 단계로 넘어간다.
- Out 카운트가 10 이상이 되면 "조금 더 분발하세요"라는 메시지가 나타나고 게임이 종료된다.

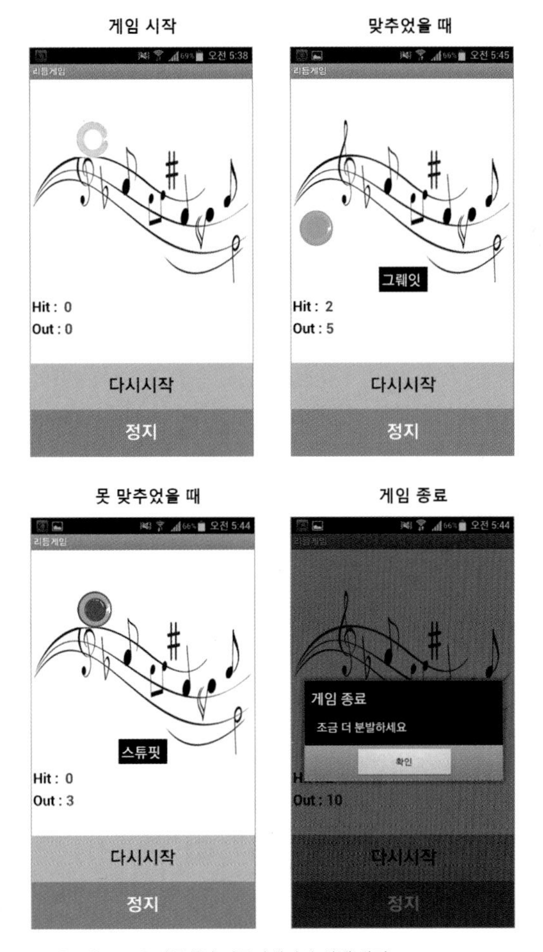


[그림 17-1] 리듬게임 어플리케이션 실행 화면

#  사용할 컴포넌트 및 블록

[표17-1]는 예제에서 배치할 팔레트 컴포넌트 종류들이다.

| 팔레트 그룹 | 컴포넌트 종류 | 기능 |
|---|---|---|
| 사용자 인터페이스 | 버튼 | 게임을 시작할 시작버튼과 게임을 정지할 정지버튼으로 사용한다. |
| 그리기 & 애니메이션 | 캔버스 | 게임을 수행하는 영역이다. |
| | 이미지 스프라이트 | 캔버스 위에서 동작하는 이미지 |
| 레이아웃 | 수평배치 | 여러 컴포넌트들을 수평정렬 시킨다. |
| 센서 | 시계 | 일정한 주기로 반복적인 수행을 하게 하는 타이머 기능이다. |
| 사용자 인터페이스 | 알림 | 뷰어에 메시지 알림창을 출력한다. |
| 미디어 | 플레이어 | 배경음악을 재생시킨다. |

▶▶ [표17-1] 예제에서 사용한 팔레트 목록

[표17-2]는 예제에서 사용할 주요 블록들이다.

| 컴포넌트 | 블록 | 기능 |
|---|---|---|
| 버튼 | 언제 시작버튼 .클릭<br>실행 | 사용자가 시작버튼을 클릭했을 때 처리하는 이벤트이다. |
| | 언제 정지버튼 .클릭<br>실행 | 사용자가 정지버튼을 클릭했을 때 처리하는 이벤트이다. |
| 캔버스 | 언제 캔버스1 .터치<br>x y 터치된 스프라이트<br>실행 | 캔버스를 터치했을 때 발생하는 이벤트이다. |
| 이미지 스프라이트 | 호출 터치이미지스프라이트 .좌표로 이동하기<br>x<br>y | 이미지 스프라이트의 이동 모듈을 호출한다. |
| 수학 | 임의의 정수 시작 1 끝 100 | 수학의 기능으로 1부터 100 사이의값 중 임의의 값을 반환한다. |
| 플레이어 | 호출 플레이어1 .시작 | 음악을 재생한다. |
| | 호출 플레이어1 .정지 | 음악 재생을 정지한다. |
| 알림 | 호출 알림1 .경고창 나타내기<br>알림 | 알림 메시지 경고창을 나타낸다. |
| | 호출 알림1 .메시지창 나타내기<br>메시지<br>제목<br>버튼 텍스트 | 알림 메시지 및 제목과 버튼을 달아서 경고창을 나타낸다. |
| Screen1 | 언제 Screen1 .초기화<br>실행 | 앱이 로딩되어 수행할 때 초기에 수행하는 이벤트이다. |
| Screen1 | 언제 시계1 .타이머<br>실행 | 매 주기마다 반복되는 수행 이벤트이다. |

▶▶ [표17-2] 예제에서 사용한 블록 목록

Section 02

# 만들어보기

## 프로젝트 만들기

먼저 프로젝트를 만들어보도록 하자. 앱인벤터 웹사이트(http://ai2.appinventor.mit.edu/)에 접속한다.

### STEP 01 새 프로젝트 시작하기 선택

● [프로젝트] 메뉴에서 [새 프로젝트 시작하기...]를 선택한다.

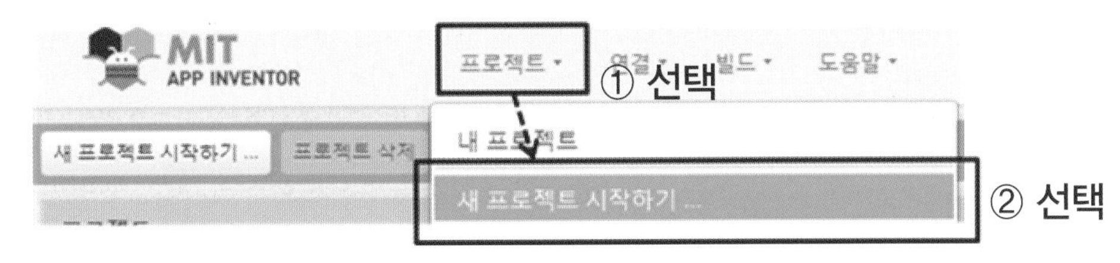


[그림 17-2] 새 프로젝트 시작하기

### STEP 02 프로젝트 이름 입력 및 확인

● [프로젝트 이름]을 “MyRhythmGame”이라고 입력하고 [확인] 버튼을 누른다.

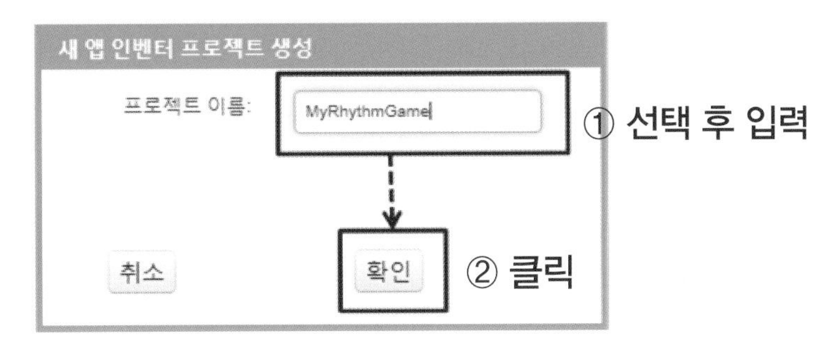


[그림 17-3] 프로젝트 이름 입력하기

## 컴포넌트 디자인하기

프로젝트상에 컴포넌트 UI를 배치해보도록 하자. 이번 장의 예제에서 배치할 컴포넌트는 [버튼], [레이블], [수평배치], [캔버스], [시계], [알림], [플레이어] 등 이다. 다음과 같이 [뷰어]에 컴포넌트들을 배치하도록 하자.

### STEP 01 미디어 파일 올리기

- 먼저 미디어 파일을 올려놓고 시작하자.

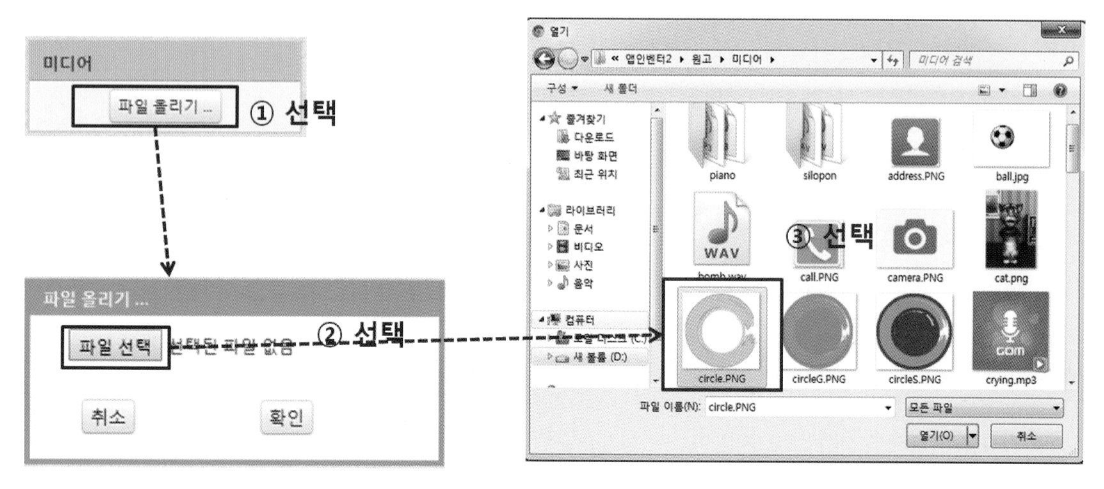


[그림 17-4] 미디어에서 파일 올리기

- 올릴 파일의 이름은 "circle.png", "circleG.png", "circleS.png", "music.png", "one.mp3" 이다.

## STEP 02 캔버스와 이미지 스프라이트 컴포넌트 배치하기

- [그리기 & 애니메이션] – [캔버스] 컴포넌트를 마우스로 선택한 후 [뷰어] – [Screen1] 영역으로 드래그하여 끌어다 놓는다.
- [그리기 & 애니메이션] – [이미지 스프라이트] 컴포넌트를 마우스로 선택한 후 [뷰어] – [Screen1] – [캔버스1] 영역으로 드래그하여 끌어다 놓는다.

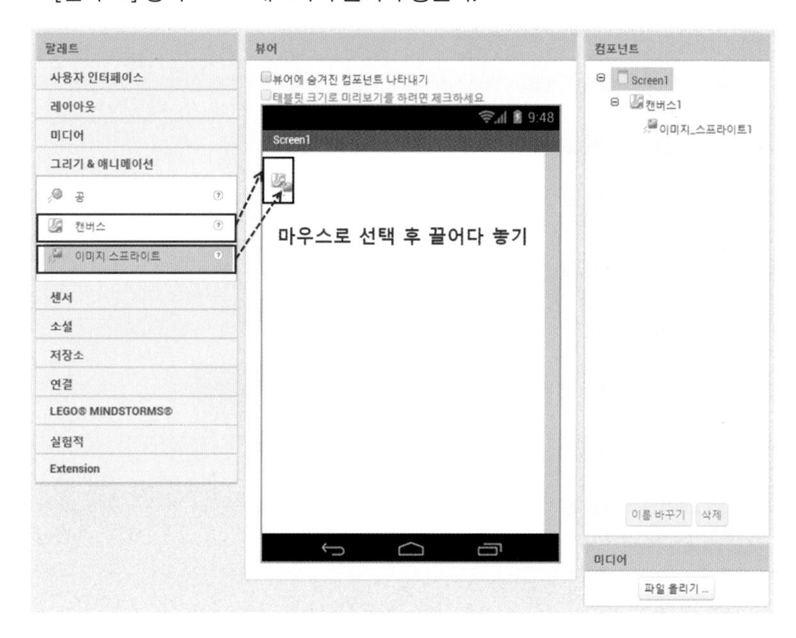


▸▸ [그림 17-5] 뷰어에 캔버스와 이미지 스프라이트 컴포넌트 끌어다 놓기

- [캔버스1]의 속성을 다음과 같이 변경한다.

| 속성 | 변경할 속성값 |
| --- | --- |
| 배경 이미지 | music.png |
| 높이 | 300pixels |
| 너비 | 부모에 맞추기 |

▸▸ [표17-3] 캔버스1의 속성값 변경

- [이미지 스프라이트1]의 속성을 다음과 같이 변경한다.

| 속성 | 변경할 속성값 |
| --- | --- |
| 높이 | 50 pixels |
| 너비 | 50 pixels |
| 사진 | circle.png |
| X | 65 |
| Y | 58 |
| Z | 1.0 |

▸▸ [표17-4] 이미지 스프라이트1의 속성값 변경

## STEP 03 수평배치, 레이블, 버튼 컴포넌트 배치하기

- 이번에는 타겟을 제대로 터치했을 때 카운트를 표시하는 레이블과, 타겟을 터치하지 못했을 때 카운트를 표시하는 레이블을 배치하고, 게임이 끝났을 때 다시 시작하는 버튼 및 게임을 정지하는 버튼을 배치하도록 한다.
- [레이아웃] – [수평배치] 컴포넌트를 마우스로 선택한 후 [뷰어] 영역으로 드래그하여 끌어다 놓는다. 위치는 [캔버스1] 아래쪽에 배치한다.
- [사용자 인터페이스] – [레이블] 컴포넌트를 마우스로 선택한 후 [뷰어] 영역으로 드래그하여 끌어다 놓는다. [레이블1]과 [레이블2]는 [수평배치1] 안에 차례대로 배치하고, [레이블3]와 [레이블4]는 [수평배치2] 안에 차례대로 배치한다.
- [사용자 인터페이스] – [버튼] 컴포넌트를 마우스로 선택한 후 [뷰어] 영역으로 드래그하여 끌어다 놓는다. 위치는 [수평배치2] 아래쪽에 2개 배치한다.

[그림 17-6] 뷰어에 수평배치, 레이블, 버튼 컴포넌트 끌어다 놓기

- [수평배치1], [수평배치2]의 속성을 다음과 같이 변경한다.

| 속성 | 변경할 속성값 |
|---|---|
| 수평 정렬 | 중앙 |
| 수직 정렬 | 가운데 |

[표17-5] 수평배치1, 수평배치2의 속성값 변경

● [레이블1]의 속성을 다음과 같이 변경한다.

| 속성 | 변경할 속성값 |
|---|---|
| 글꼴 굵게 | 체크 |
| 글꼴 크기 | 20 |
| 텍스트 | Hit : |

▸▸ [표17-6] 레이블1의 속성값 변경

● [레이블2]의 속성을 다음과 같이 변경한다.

| 속성 | 변경할 속성값 |
|---|---|
| 글꼴 굵게 | 체크 |
| 글꼴 크기 | 20 |
| 텍스트 | 0 |
| 텍스트 색상 | 파랑 |

▸▸ [표17-7] 레이블2의 속성값 변경

● [레이블3]의 속성을 다음과 같이 변경한다.

| 속성 | 변경할 속성값 |
|---|---|
| 글꼴 굵게 | 체크 |
| 글꼴 크기 | 20 |
| 텍스트 | Out : |

▸▸ [표17-8] 레이블3의 속성값 변경

● [레이블4]의 속성을 다음과 같이 변경한다.

| 속성 | 변경할 속성값 |
|---|---|
| 글꼴 굵게 | 체크 |
| 글꼴 크기 | 20 |
| 텍스트 | 0 |
| 텍스트 색상 | 빨강 |

▸▸ [표17-9] 레이블4의 속성값 변경

● [버튼1]의 속성을 다음과 같이 변경한다.

| 속성 | 변경할 속성값 |
| --- | --- |
| 배경색 | 분홍 |
| 글꼴 굵게 | 체크 |
| 글꼴 크기 | 25 |
| 높이 | 부모에 맞추기 |
| 너비 | 부모에 맞추기 |
| 텍스트 | 다시시작 |
| 텍스트 정렬 | 가운데 |

▸▸ [표17-10] 버튼1의 속성값 변경

● [버튼2]의 속성을 다음과 같이 변경한다.

| 속성 | 변경할 속성값 |
| --- | --- |
| 배경색 | 회색 |
| 글꼴 굵게 | 체크 |
| 글꼴 크기 | 25 |
| 높이 | 부모에 맞추기 |
| 너비 | 부모에 맞추기 |
| 텍스트 | 정지 |
| 텍스트 정렬 | 가운데 |
| 텍스트 색상 | 흰색 |

▸▸ [표17-11] 버튼2의 속성값 변경

## STEP 04 시계, 알림, 플레이어 컴포넌트 배치하기

- 이번에는 주기적인 수행을 위한 시계 컴포넌트와 메시지를 출력해주는 알림 컴포넌트, 그리고 음악을 재생시켜주는 플레이어 컴포넌트를 배치하자. 모두 다 보이지 않는 컴포넌트들이다.
- [센서] – [시계]를 마우스로 선택한 후 [뷰어] – [Screen1] 영역으로 드래그하여 끌어다 놓는다.
- [사용자 인터페이스] – [알림]를 마우스로 선택한 후 [뷰어] – [Screen1] 영역으로 드래그하여 끌어다 놓는다.
- [미디어] – [플레이어]를 마우스로 선택한 후 [뷰어] – [Screen1] 영역으로 드래그하여 끌어다 놓는다.

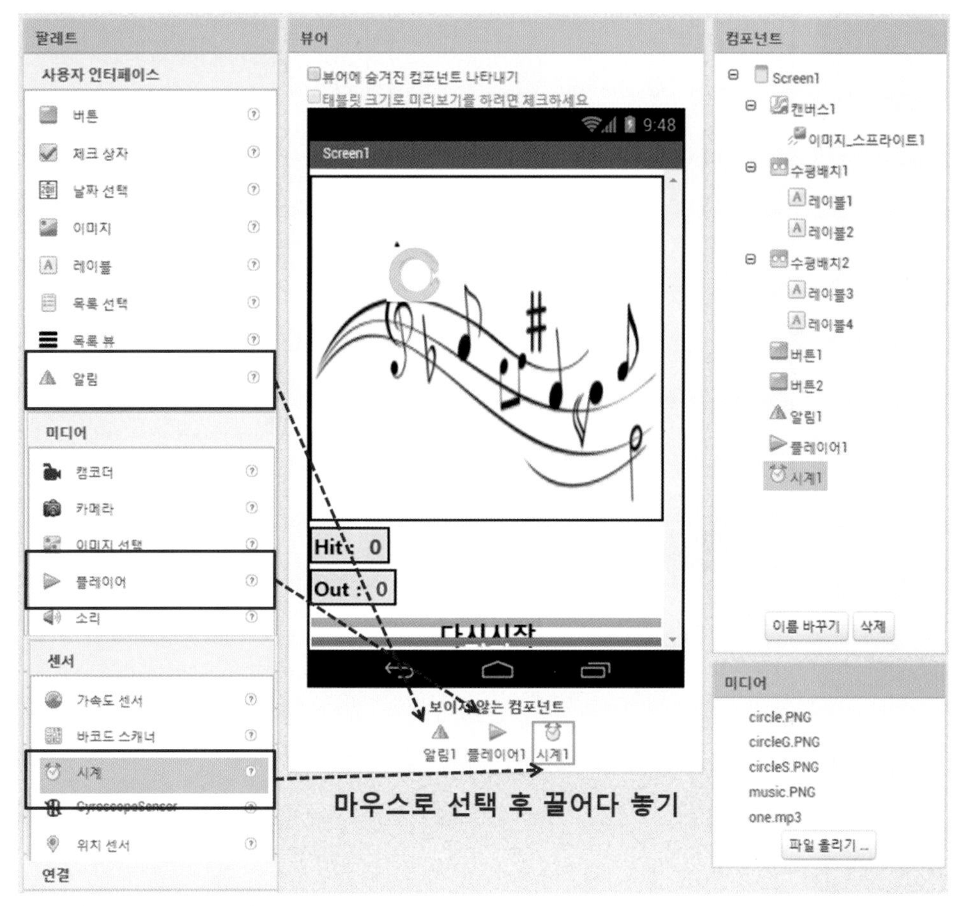


[그림 17-7] 시계, 알림, 플레이어 컴포넌트 배치하기

- [시계1], [알림1], [플레이어1] 컴포넌트의 속성은 별도의 설정 없이 기본값으로 사용한다.

STEP 05 **컴포넌트 이름 바꾸기**

- 배치한 컴포넌트들의 이름을 바꾸어 보자.

▸▸ [그림 17-8] 컴포넌트의 이름 바꾸기

| 컴포넌트 | 새 이름 |
|---|---|
| 이미지 스프라이트1 | 터치이미지스프라이트 |
| 레이블1 | Hit레이블 |
| 레이블2 | 맞힘레이블 |
| 레이블3 | Out레이블 |
| 레이블4 | 놓침레이블 |
| 버튼1 | 시작버튼 |
| 버튼2 | 정지버튼 |

▸▸ [표17-12] 컴포넌트의 이름 바꾸기

STEP 06 **어플리케이션 제목 설정하기**

- 마지막으로 이 어플리케이션의 제목을 설정하도록 하겠다. [Screen1]을 선택하고 [속성] – [제목]에 "나만의 리듬게임 만들기"라고 입력하자.

[그림 17-9] 제목 작성하기

## 블록코딩하기

[버튼], [레이블], [캔버스], [수평배치], [알림], [플레이어], [시계] 등의 컴포넌트들이 배치되었다. 이제 컴포넌트들이 동작할 수 있도록 블록 코딩을 해본다. 먼저 앱인벤터 화면의 가장 오른쪽 끝에 [블록] 메뉴를 선택하도록 하자.

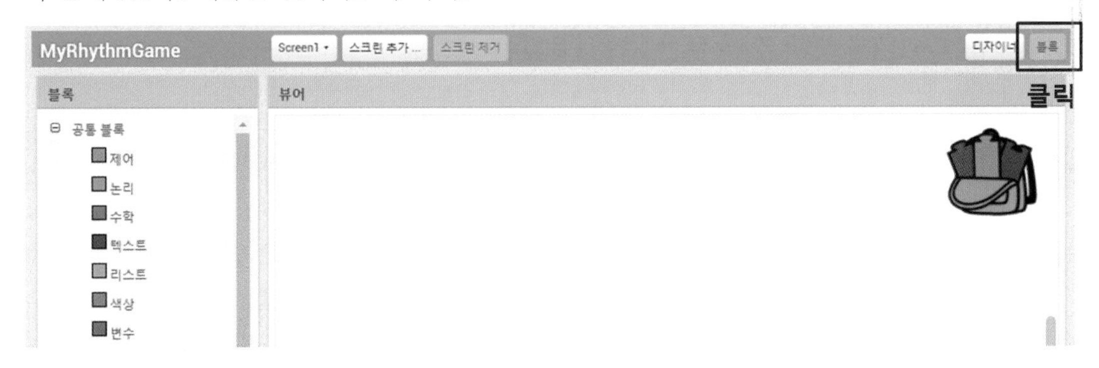


[그림 17-10] 블록 화면으로 전환하기

## STEP 01 변수 초기화와 Screen1의 초기화 및 타겟이동 함수 만들기

- [블록] - [공통블록] - [변수]을 마우스로 선택하고, 여러 블록 중에 전역변수 초기화 변수_이름 값 을 선택한 후 [뷰어]에 끌어다 놓는다.
- 이 변수는 타겟에 터치가 되었는지 아닌지의 여부를 판별하는 변수이므로, 참 또는 거짓의 값을 갖는다. 초기값은 참 값을 배치하도록 하겠다. [블록] - [공통블록] - [논리]에서 참 을 블록을 배치한다.
- 이번에는 앱 시작 시 초기화 루틴을 작성해보자. [블록] - [Screen1]을 선택한 후 언제 Screen1 .초기화 실행 블록을 끌어다 [뷰어]에 배치한다.
- 앱의 초기 기능으로는 시계의 타이머 기능을 활성화 시킬 것인지 아닌지 여부를 결정한다. [블록] - [Screen1] - [시계1]을 선택하고, 지정하기 시계1 . 타이머 활성 여부 값 블록을 끌어다 언제 Screen1 .초기화 실행 블록에 배치한다. 초기에 타이머를 동작시키지 않을 것이므로 논리 블록은 거짓 을 배치한다.

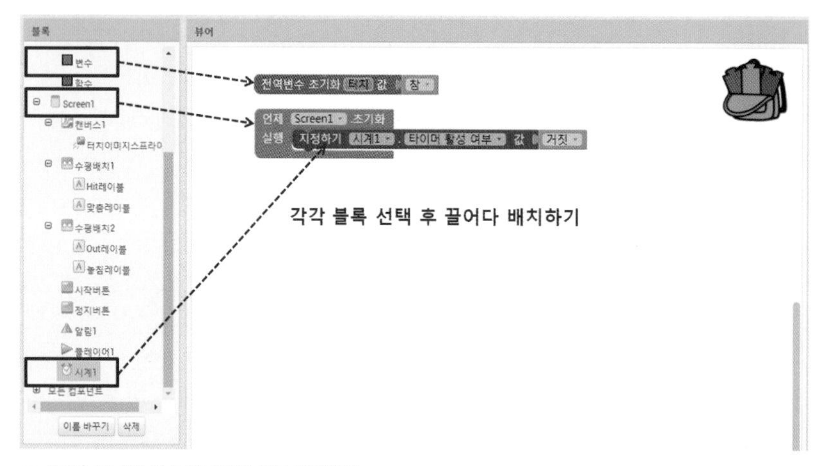


[그림 17-11] 변수 및 초기화 블록 배치하기

- 이번에는 타겟이동 함수를 만들어보자. 리듬게임은 타이머에 의한 일정한 주기로 타겟이 이동해야 한다.
- [블록] – [공통블록] – [함수]를 선택 후 함수 함수_이름 실행 블록을 끌어다 배치한다. 함수 이름은 "타겟이동"이라고 입력한다.
- [블록] – [Screen1] – [캔버스1] – [터치이미지스프라이트]를 선택 후 호출 터치이미지스프라이트 .좌표로 이동하기 x y 블록을 다음과 같이 배치한다.

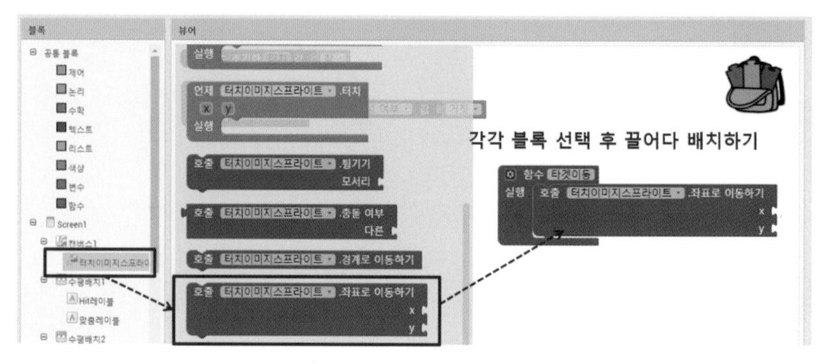


[그림 17-12] 함수 배치 및 터치이미지스프라이트 블록 입력하기

- 블록의 x, y의 값은 타겟이 위치할 위치값이다. 위치할 영역은 캔버스 영역 내에서 임의의 값을 가져야 한다.
- [블록] - [공통블록] - [수학]을 선택 후 블록을 끌어다가 블록의 x, y에 각각 배치한다.

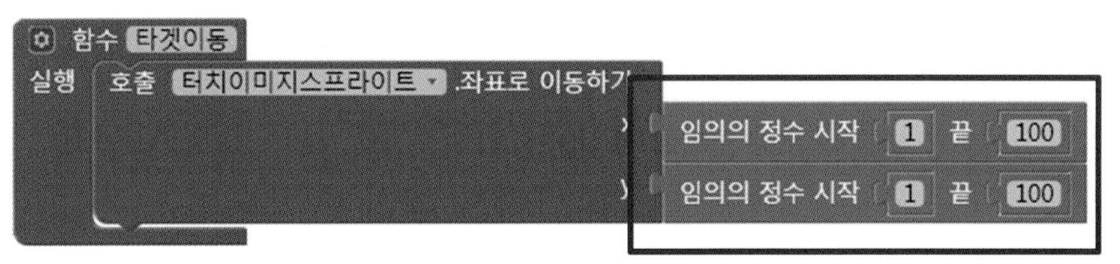


[그림 17-13] 수학의 임의의 정수 시작 블록 배치하기

- 임의의 정수 시작 값은 "0"으로 변경하고, 끝 값은 캔버스 내에 위치할 x, y 값으로 계산하여 배치하도록 하자.
- [블록] - [공통블록] - [수학]를 선택 후 블록을 선택 후 의 끝에 배치한다.
- [블록] - [Screen1] - [캔버스1]를 선택 후 블록을 끌어다가 블록의 첫 번째 빈 칸에 배치한다.
- [블록] - [Screen1] - [캔버스1] - [터치이미지스프라이트]를 선택 후 블록을 끌어다가 블록의 두 번째 빈 칸에 배치한다.
- [블록] - [Screen1] - [캔버스1] - [터치이미지스프라이트]를 선택 후 블록을 끌어다가 블록의 두 번째 빈 칸에 배치한다.

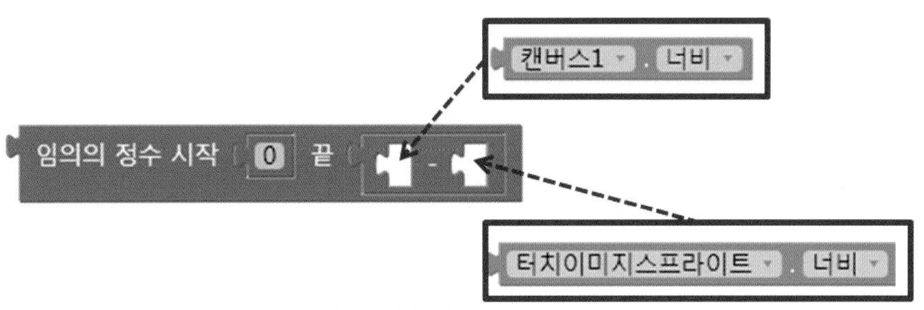


[그림 17-14] 타겟의 x축 배치 값 계산 블록 배치하기

- y축도 마찬가지 형태로 다음과 같이 배치한다.

[그림 17-15] 타겟의 y축 배치 값 계산 블록 배치하기

- [타겟이동]함수 블록의 완성된 형태이다.

[그림 17-16] 타겟이동 함수 블록 배치하기

## STEP 02 시계 타이머 이벤트 처리하기

- 주기적인 시간에 타겟이 이동하도록 하기 위해서는 시계의 타이머 기능이 필요하다.
- [블록] – [Screen1] – [시계1]을 마우스로 선택하면 [뷰어]창에 블록들이 나타난다. 여러 블록 중에 (언제 시계1 .타이머 실행) 을 선택한 후 [뷰어]에 끌어다 놓는다.

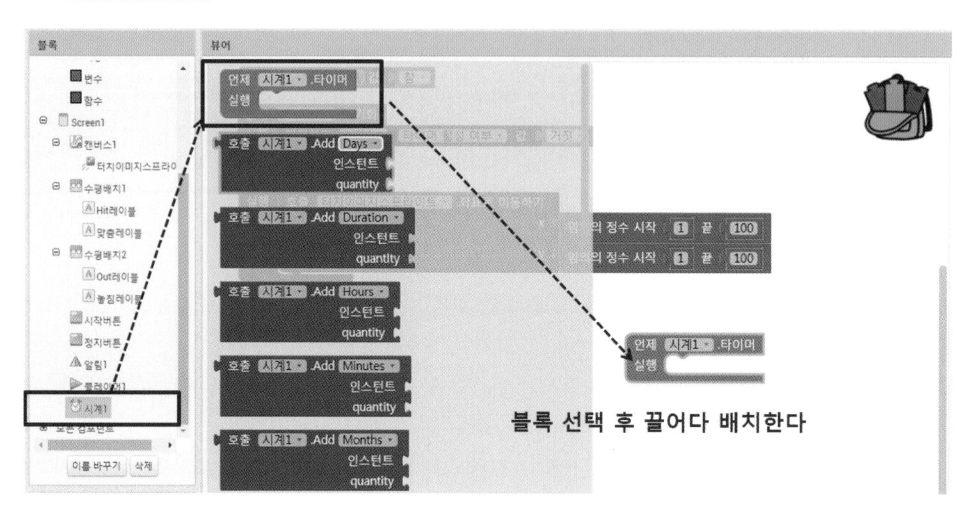


▸▸ [그림 17-17] 시계 타이머 블록 배치

- 타이머가 돌면서 해야 할 일은 크게 2가지이다. 첫 번째는 게임의 미션을 성공했느냐 실패했느냐를 판별하고 각 상황에 맞는 처리를 해야 한다. 타겟터치를 10회 이상 했다면 "미션 성공" 메시지가 나타나면서 게임이 종료되고, 타겟터치 실패를 10회 이상 했다면 "미션 실패" 메시지가 나타나면서 게임이 종료되도록 한다.
- 두 번째는 사용자가 터치를 하지 않고 가만히 있을 때도 타겟터치 실패로 간주하여 실패 횟수를 1회 증가시키도록 처리해야 한다.
- [블록] – [공통블록] – [제어]를 선택 후 (만약 그러면) 블록을 끌어다가 (언제 시계1 .타이머 실행) 블록에 배치한다.

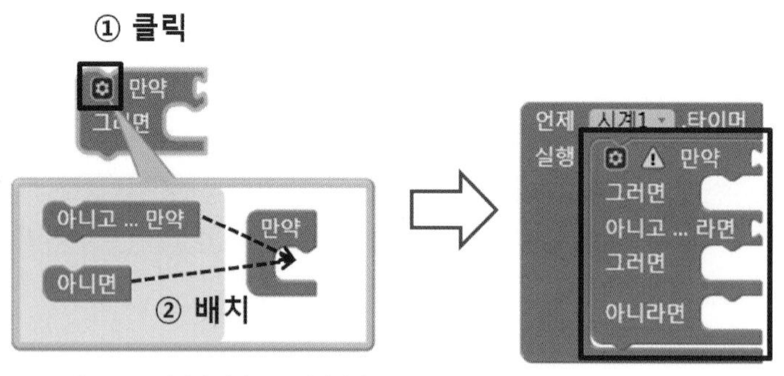


▸▸ [그림 17-18] 제어의 만약 블록 배치하기

- 만약 타겟터치를 10회 이상 하지 못했다면, 메시지 창에 "조금 더 분발하세요."라는 메시지를 출력하고, 타이머와 배경음악을 정지하도록 처리한다.
- [블록] – [공통블록] – [수학]을 선택 후 ≥ 블록을 선택하여 [만약]에 배치한다.
- [블록] – [Screen1] – [수평배치2] – [놓침레이블]을 선택 후 터치이미지스프라이트 . 너비 블록을 선택하여 놓침레이블 . 텍스트 블록의 첫 번째 빈칸에 배치한다.
- [블록] – [공통블록] – [수학]을 선택 후 0 블록을 배치한 후 값을 "10"으로 변경한다.

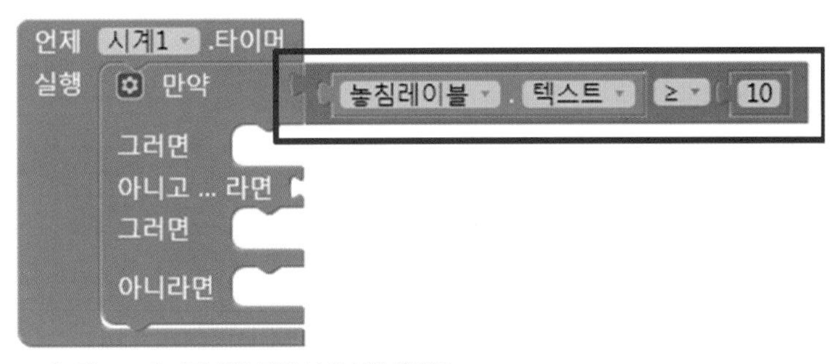


[그림 17-19] 타켓터치실패를 10회 이상 한 경우

- [블록] – [Screen1] – [시계1]을 선택한 후 지정하기 시계1 . 타이머 활성 여부 값 블록을 끌어다 [그러면]에 배치한다. 이 블록의 값에는 [논리]의 거짓 블록을 배치한다. 즉, 사용자가 타켓터치를 10회 이상 놓치게 되면 타이머를 멈추겠다는 의미이다.
- [블록] – [Screen1] – [플레이어1]을 선택한 후, 호출 플레이어1 .정지 블록을 끌어다가 다음과 같이 배치한다. 즉, 배경음악을 멈추겠다는 의미이다.

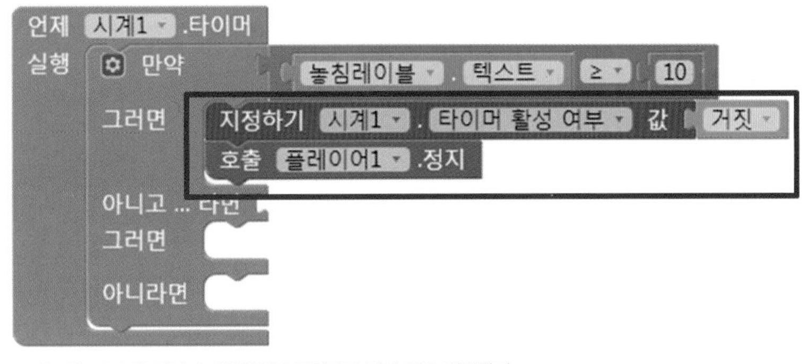


[그림 17-20] 타이머 비활성화와 플레이어 정지 블록 배치하기

- 타이머를 멈추고, 배경음악을 멈추게 하였다면, 게임이 종료되었다는 메시지를 출력하도록 한다. [블록] – [Screen1] – [알림1]을 선택하고, 호출 알림1 .메시지창 나타내기 메시지 제목 버튼 텍스트 블록을 끌어다 배치한다.
- [메시지], [제목], [버튼 텍스트] 홈에 " " 블록을 배치하고, 메시지에는 "조금 더 분발하세요", 제목에는 "게임 종료", 버튼 텍스트에는 "확인" 이라고 입력한다.

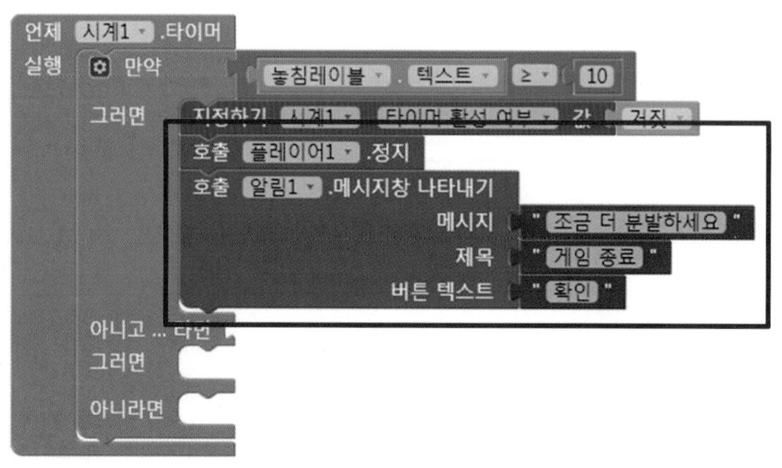


▸▸ [그림 17-21] 알림 메시지창 블록 배치하기

- 이번에는 [아니고...아니라면] 루틴에 블록을 배치할 것인데, 이 블록에는 타겟터치를 10회 이상했을 때, 메시지 창에 "다음 단계로 넘어갑니다"라는 메시지를 출력하고, 타이머와 배경음악을 정지하도록 처리한다.
- [만약] – [그러면] 루틴의 형태와 동일하므로 그대로 복사해서 사용하되, 텍스트 메시지와 같은 몇 가지 차이나는 부분만 수정하도록 한다.

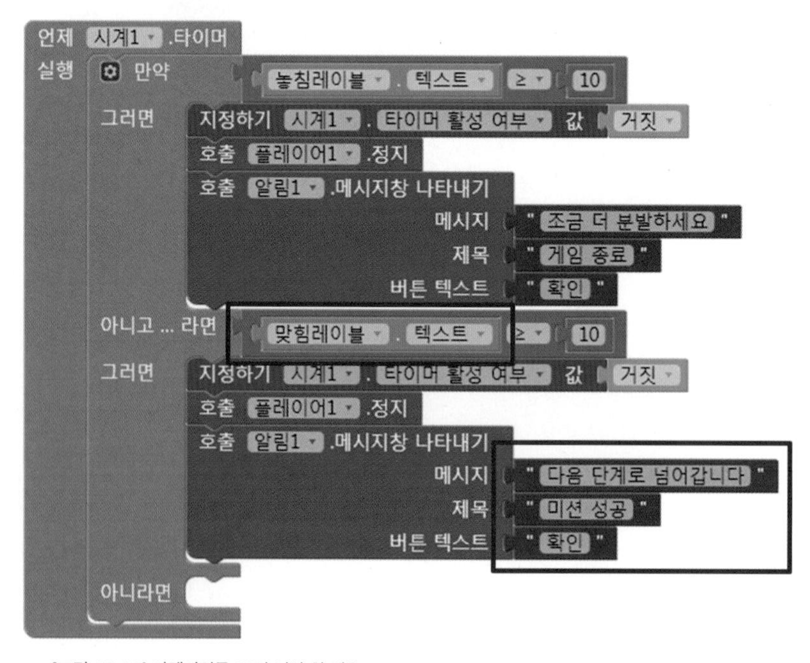


▸▸ [그림 17-22] 타켓터치를 10회 이상 한 경우

- 앞의 두 조건이 모두 아니라면 게임은 계속 진행되어야 한다. 게임이 계속 진행된다는 의미는 타겟이 캔버스 상에서 계속 진행되어야 한다는 것이다.
- [블록] – [공통블록] – [함수]을 선택하고, 호출 타겟이동 블록을 끌어다가 [아니라면]에 배치한다.
- 어떠한 조건에 상관없이 타이머가 주기적으로 동작할 때마다 공통적으로 수행되어야 하는 것은 [터치이미지스프라이트]상에 이미지가 보여야 한다는 것이다. [블록] – [Screen1] – [캔버스1] – [터치이미지스프라이트]를 선택하고, 지정하기 터치이미지스프라이트 . 사진 값 블록을 끌어다 언제 시계1 .타이머 실행 블록의 가장 아래쪽에 배치한다. 그리고, 지정하기 터치이미지스프라이트 . 사진 값 블록의 값은 " " 블록을 배치하고, "circle.png"라고 입력한다.

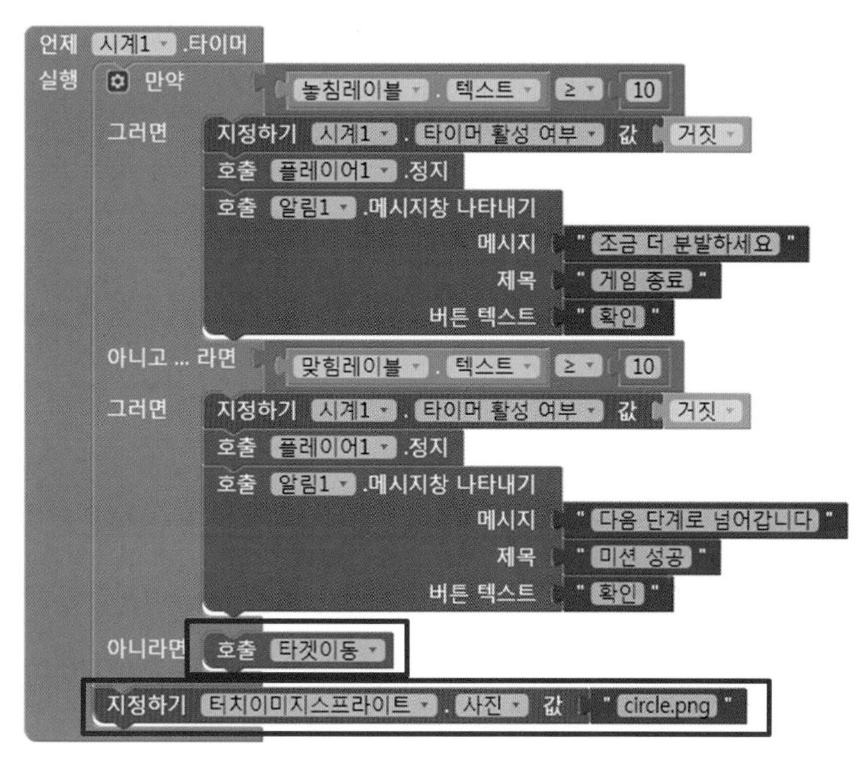


[그림 17-23] 타겟이동 함수 블록과 이미지스프라이트 사진 블록 배치하기

## STEP 03 캔버스 터치 이벤트 처리하기

- 이번에는 사용자가 캔버스를 터치했을 때 발생하는 이벤트를 처리하는 내용이다. 캔버스 터치 시 가장 먼저 생각해보아야 할 것은 타이머가 현재 동작하는 상태인가이다. 그 다음은 터치한 영역이 이미지 스프라이트를 제대로 맞혔는지 여부이다. 맞혔으면 Hit 점수 카운트가 1증가하고, "그뤠잇"이라는 알람 메시지를 띄운다. 놓쳤으면 Out 점수 카운트가 1증가하고, "스튜핏"이라는 알람 메시지를 띄운다.
- [블록] – [Screen1] – [캔버스1]을 선택 후 언제 캔버스1 .터치 x y 터치된 스프라이트 실행 블록을 [뷰어] – [Screen1]에 배치한다.

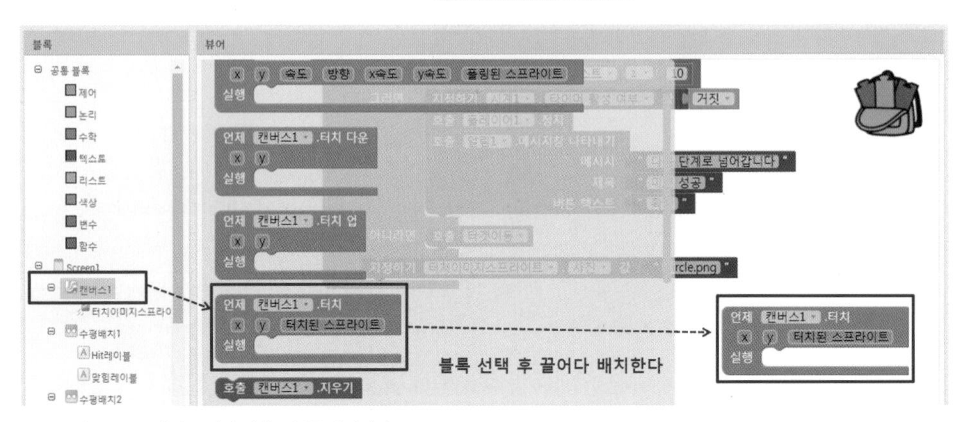


▶▶ [그림 17-24] 캔버스 터치 이벤트 블록 배치하기

- 시계의 타이머 동작 여부를 체크하는 블록을 배치해보자. [블록] – [공통블록] – [제어]를 선택 후 만약 그러면 블록을 언제 캔버스1 .터치 x y 터치된 스프라이트 실행 블록 안에 끌어다 배치한다.
- 시계의 타이머 활성 여부가 참이여야만 캔버스의 터치 이벤트를 처리할 수 있다. 이를 블록으로 다음과 같이 표현하여 [만약]홈에 배치한다.

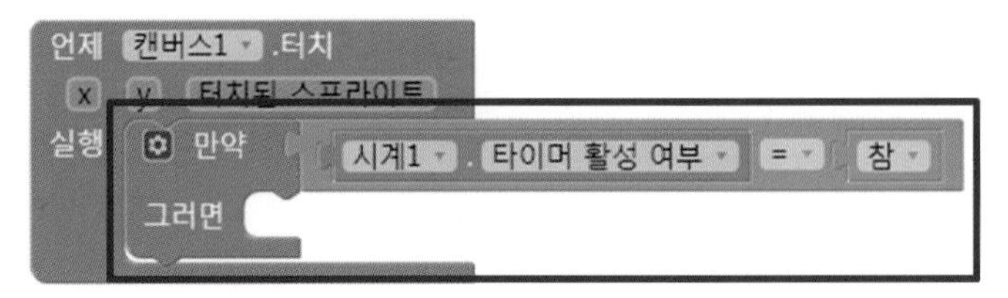


▶▶ [그림 17-25] 타이머 활성 여부 체크 블록 배치하기

- 시계의 타이머가 활성화 상태라면 다시 그 안에서 현재 터치된 영역이 이미지 스프라이트 영역인 경우의 처리와 아닌 경우의 처리로 나눌 수 있다.
- [블록] – [공통블록] – [제어]를 선택 후 만약 그러면 블록을 만약 시계1 . 타이머 활성 여부 = 참 그러면 블록 안에 끌어다 배치한다.
- 만약 그러면 에서 [아니라면] 루틴을 추가한다.

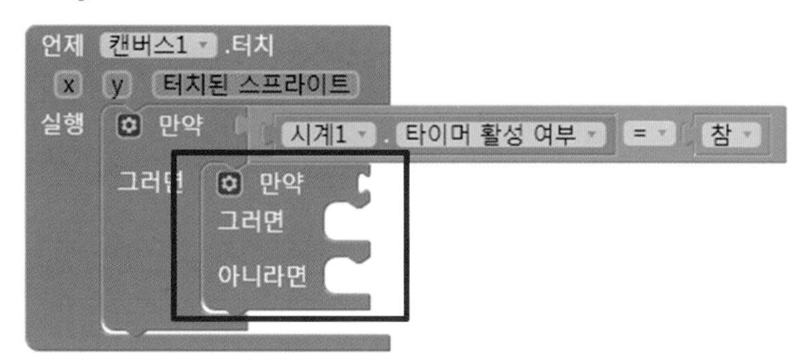


[그림 17-26] 제어 블록 배치하기

- "만약 터치된 영역이 이미지 스프라이트 영역이라면"의 루틴 블록을 작성해보도록 하겠다.
- 언제 캔버스1 .터치 x y 터치된 스프라이트 실행 블록의 [터치된 스프라이트]에 마우스를 갖다대면, 가져오기 터치된 스프라이트 블록이 나타나는데 [만약] 홈에 끌어다 배치한다.
- 이 때 스프라이트에 제대로 터치가 되었으면, "그뤠잇" 이라는 알림 메시지와 함께, 지정하기 global 터치 값 블록의 값을 참 블록으로 배치한다.

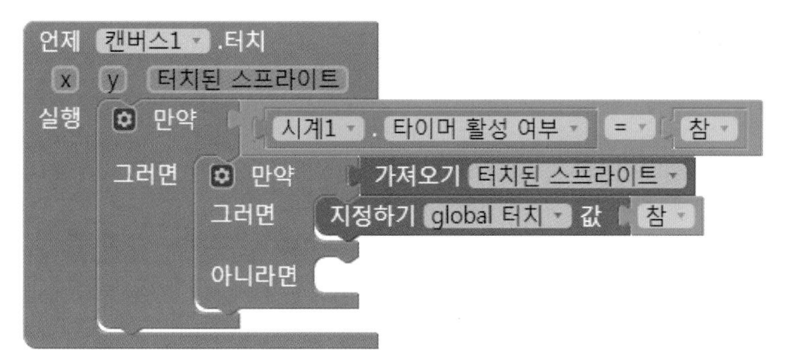


[그림 17-27] 스프라이트 터치 여부 검사 블록 배치하기

- [블록] – [Screen1] – [알림1]을 선택 후 호출 알림1 .경고창 나타내기 알림 블록을 [그러면] 블록 안에 끌어다 배치한다. 알림값은 " " 블록을 배치하고, "그뤠잇"이라고 입력한다.
- [블록] – [Screen1] – [수평배치1] – [맞힘레이블]을 선택 후 지정하기 맞힘레이블 . 텍스트 값 블록을 호출 알림1 .경고창 나타내기 알림 블록 아래쪽에 배치한다. 값은 맞힘레이블의 값에 1을 더한 값이므로 맞힘레이블 . 텍스트 + 1 블록을 구성하여 배치한다.
- 이미지스프라이이트에 터치 시 이미지를 변경하는 블록을 추가 배치하자. 이미지 스프라이트의 이미지 사진을 설정하는 블록은 시계의 타이머 블록에서 이미 다룬적이 있다. 지정하기 터치이미지스프라이트 . 사진 값 블록을 지정하기 맞힘레이블 . 텍스트 값 블록 아래쪽에 배치하고, 값은 " " 블록에 "circleG.png"라고 입력 후 배치한다.

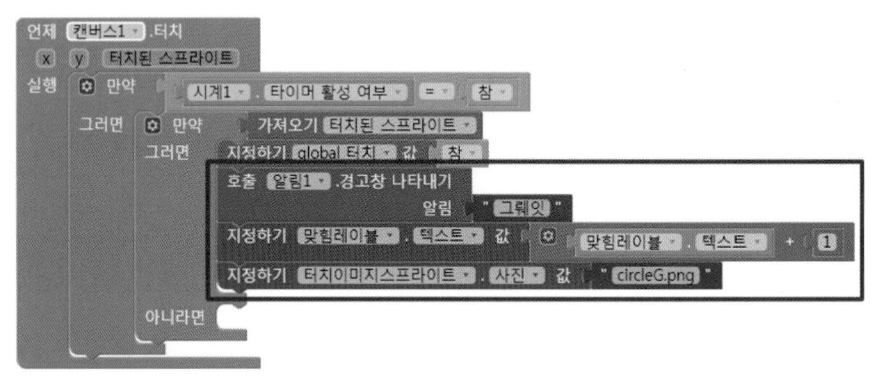


[그림 17-28] 이미지 스프라이트 터치 시 이벤트 처리하기

- [아니라면]의 루틴은 [그러면]의 루틴과 블록 구성 형태가 비슷하므로, 그대로 복사해서 붙여넣고 다음과 같이 몇 가지 값만 수정하면 된다.

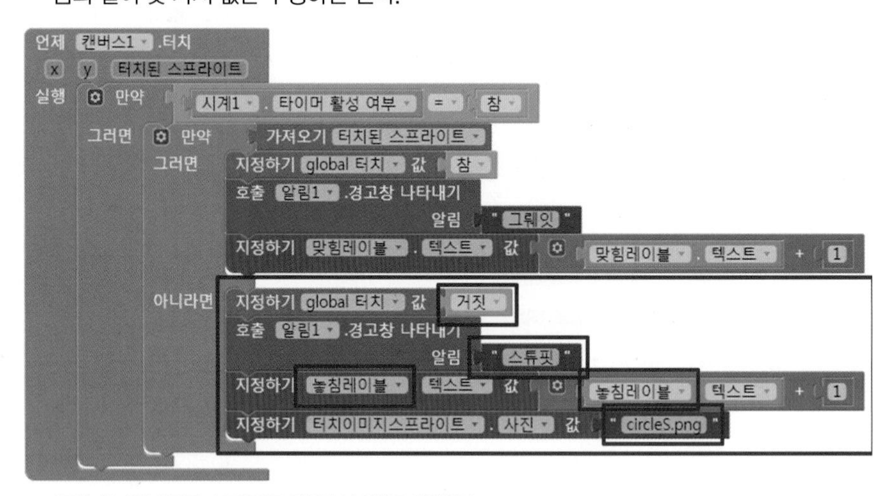


[그림 17-29] 이미지 스프라이트 미터치 시 이벤트 처리하기

## STEP 04 시작버튼, 정지버튼 클릭 이벤트 처리하기

- [블록] – [Screen1] – [시작버튼]을 선택 후 `언제 시작버튼 .클릭 실행` 블록을 [뷰어]에 배치한다.
- [블록] – [Screen1] – [정지버튼]을 선택 후 `언제 정지버튼 .클릭 실행` 블록을 [뷰어]에 배치한다.

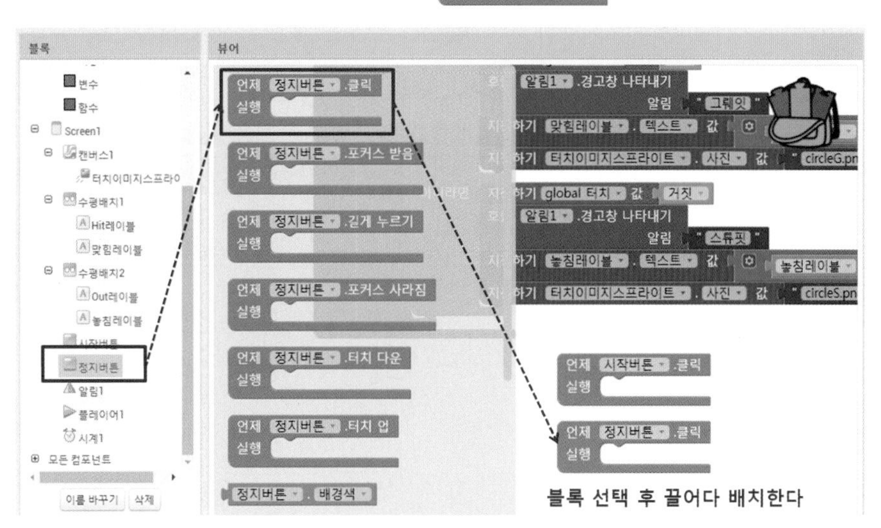


[그림 17-30] 시작버튼 클릭 및 정지버튼 클릭 이벤트 블록 배치하기

- [시작버튼]클릭 시 이벤트를 처리해보자. 먼저, 게임이 시작되면 배경음악이 재생되어야 하고 Hit의 값이나 Out의 값이 모두 0으로 초기화되어야 한다. 그리고, 중요한건 시계 타이머가 동작해야 한다는 점이다.
- [블록]–[Screen1]–[플레이어1]을 선택 후 `지정하기 플레이어1 . 소스 값` 블록을 `언제 시작버튼 .클릭 실행` 블록에 끌어다 배치한다. 재생할 음악 소스값은 `" "` 블록을 배치 후 “one.mp3”라고 입력한다.
- 음악의 소스값이 지정되었다면, 재생하도록 한다. [블록] – [Screen1] – [플레이어1]을 선택 후 `호출 플레이어1 .시작` 블록을 끌어다가 `지정하기 플레이어1 . 소스 값` 블록 아래쪽에 배치한다.
- 기존에 맞힘과 놓침의 카운트는 모두 0으로 초기화해야 하기 때문에, [맞힘레이블]과 [놓침레이블]을 각각 선택하고, `지정하기 맞힘레이블 . 텍스트 값` 블록과 `지정하기 놓침레이블 . 텍스트 값` 블록을 `호출 플레이어1 .시작` 블록 아래쪽에 배치한다. 그리고 각각의 값은 `" "` 블록 배치 후 “0”이라는 값을 입력한다.
- 마지막으로 시계의 타이머를 활성화 시킨다. 이것을 지정하는 블록은 이미 시계의 타이머 루틴에서 배치한 바 있다. `지정하기 시계1 . 타이머 활성 여부 값` 블록의 값만 `참` 으로 변경하여 입력한다.

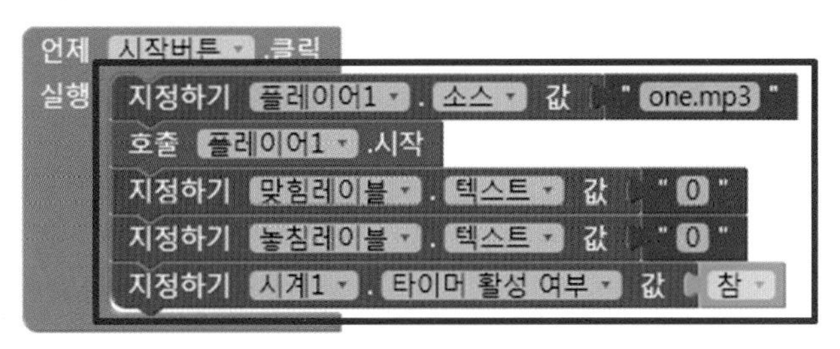


[그림 17-31] 시작버튼 클릭 이벤트 블록 배치하기

- 이번에는 [정지버튼] 클릭 시 이벤트를 알아보자. 배경음악은 정지되어야 하고, 시계의 타이머 또한 비활성화 되어야 한다.
- [블록]–[Screen1]–[플레이어1]을 선택 후 호출 플레이어1 .정지 블록을 끌어다가 언제 정지버튼 .클릭 실행 블록 안에 배치한다.
- 시계의 타이머를 비활성화 시킨다. 지정하기 시계1 . 타이머 활성 여부 값 블록의 값을 거짓 으로 변경하여 입력한다.

언제 정지버튼 .클릭
실행 지정하기 시계1 . 타이머 활성 여부 값 거짓
호출 플레이어1 .정지

[그림 17-32] 정지버튼 클릭 이벤트 블록 배치하기

## 실행해보기

컴포넌트 디자인 및 블록 코딩이 모두 끝났다. 이제 내가 구현한 앱을 스마트폰 상에서 구동할 수 있도록 실행해 보자. 안드로이드 스마트폰 기기 또는 스마트폰이 없는 경우에는 에뮬레이터를 통해 실행 결과를 확인해 보도록 하자.

### STEP 01 [연결] – [AI 컴패니언] 메뉴 선택

- 프로젝트에서 [연결] 메뉴의 [AI 컴패니언]을 선택한다.

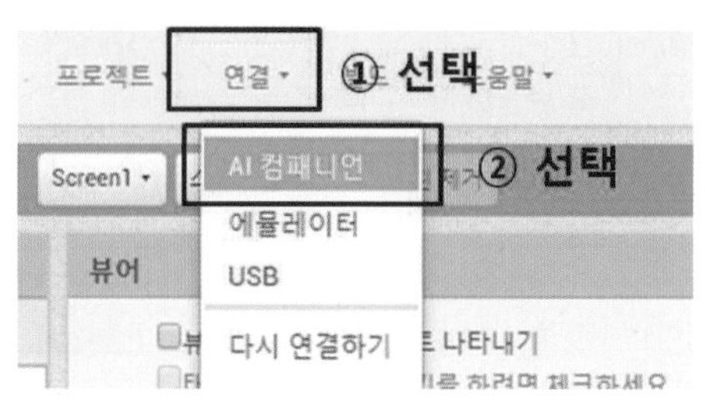


[그림 2-11] 스마트폰 연결을 위한 AI 컴패니언 실행하기

- 컴패니언에 연결하기 위한 QR 코드가 화면에 나타난다.

[그림 17-34] 컴패니언에 연결하기 위한 QR 코드

이번에는 안드로이드 기반의 스마트폰으로 가서 앞서 설치한 MIT AI2 Companion 앱을 실행하도록 하자.

### STEP 02 폰에서 MIT AI2 Companion 앱 실행하여 QR 코드 찍기

- 안드로이드 폰 기기에서 "MIT AI2 Companion" 앱을 실행한다.

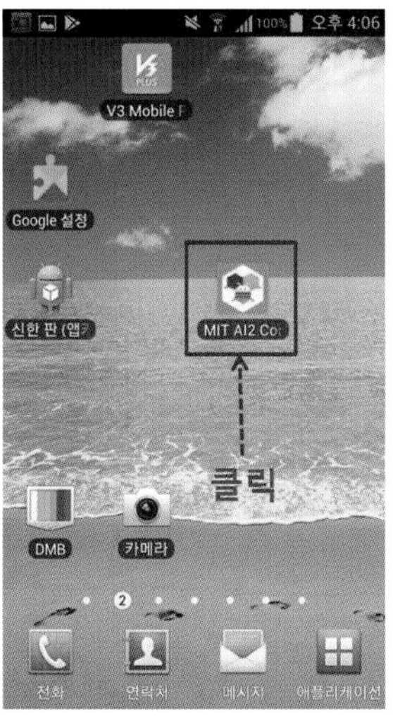


[그림 17-35] MIT AI2 Companion 앱 실행

- 앱 메뉴 중 아래쪽의 "scan QR code" 메뉴를 선택한다.

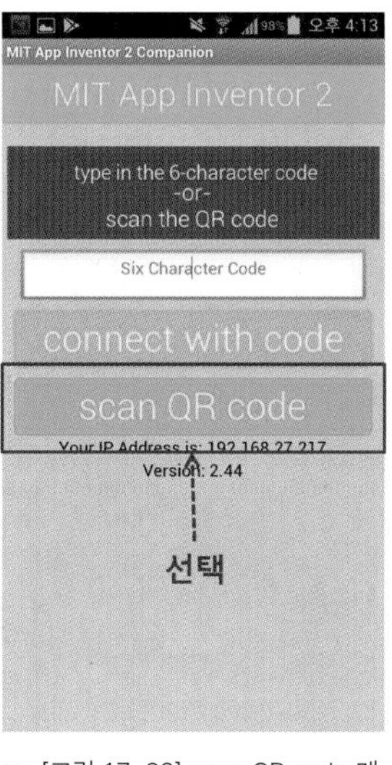


[그림 17-36] scan QR code 메뉴 선택

- QR 코드를 찍기 위한 카메라 모드가 동작하면 컴퓨터 화면에 나타난 QR 코드에 갖다 댄다.

[그림 17-37] QR 코드 스캔

### STEP 03 계산기 어플리케이션 수행하기

- QR 코드가 찍히고 나면 폰 화면에 다음과 같이 우리가 만든 실행 결과로써의 앱이 나타난다.
- [다시시작] 버튼을 클릭하여 게임을 시작한다. 음악에 맞추어 타겟이 주기적으로 이동하는 위치를 정확하게 손가락으로 터치하면 Hit, 터치하지 못하면 Out 카운트가 증가된다.

게임 시작

Hit : 0
Out : 0
다시시작
정지

맞추었을 때

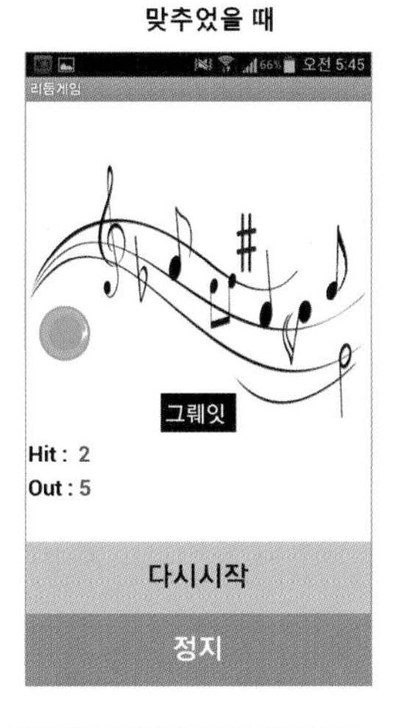


못 맞추었을 때

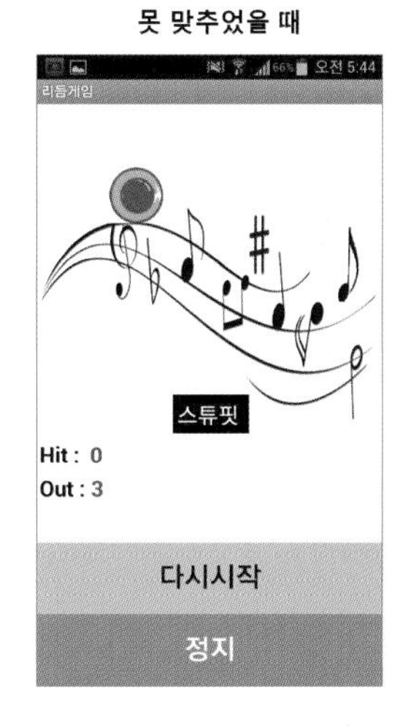


게임 종료

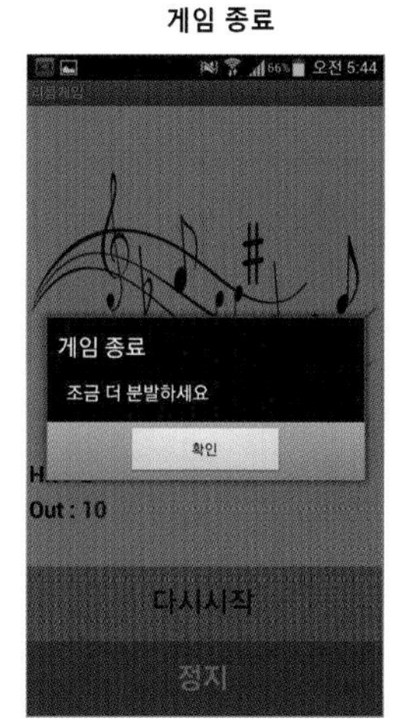


[그림 17-38] 리듬게임 어플리케이션 실행 화면

Section 03

# 전체 프로그램 한 눈에 보기

앞서 컴포넌트 배치부터 블록 코딩까지 순차적으로 진행하였다. 이를 한 눈에 확인해봄으로써 내가 배치한 UI 및 블록 코딩이 틀린 점은 없는지 비교해보고, 이 단원을 정리해 보도록 한다.

## 전체 컴포넌트 UI

[그림 17-39] 전체 컴포넌트 디자이너

## 전체 블록 코딩

```
전역변수 초기화 터치 값 참

언제 Screen1 .초기화
실행 지정하기 시계1 . 타이머 활성 여부 값 거짓

함수 타겟이동
실행 호출 터치이미지스프라이트 .좌표로 이동하기
        x 임의의 정수 시작 1 끝 100
        y 임의의 정수 시작 1 끝 100

언제 시계1 .타이머
실행 만약 놓침레이블 . 텍스트 ≥ 10
     그러면 지정하기 시계1 . 타이머 활성 여부 값 거짓
            호출 플레이어1 .정지
            호출 알림1 .메시지창 나타내기
                   메시지 " 조금 더 분발하세요 "
                   제목 " 게임 종료 "
                   버튼 텍스트 " 확인 "
     아니고 ... 라면 맞힘레이블 . 텍스트 ≥ 10
     그러면 지정하기 시계1 . 타이머 활성 여부 값 거짓
            호출 플레이어1 .정지
            호출 알림1 .메시지창 나타내기
                   메시지 " 다음 단계로 넘어갑니다 "
                   제목 " 미션 성공 "
                   버튼 텍스트 " 확인 "
     아니라면 호출 타겟이동
     지정하기 터치이미지스프라이트 . 사진 값 " circle.png "
```

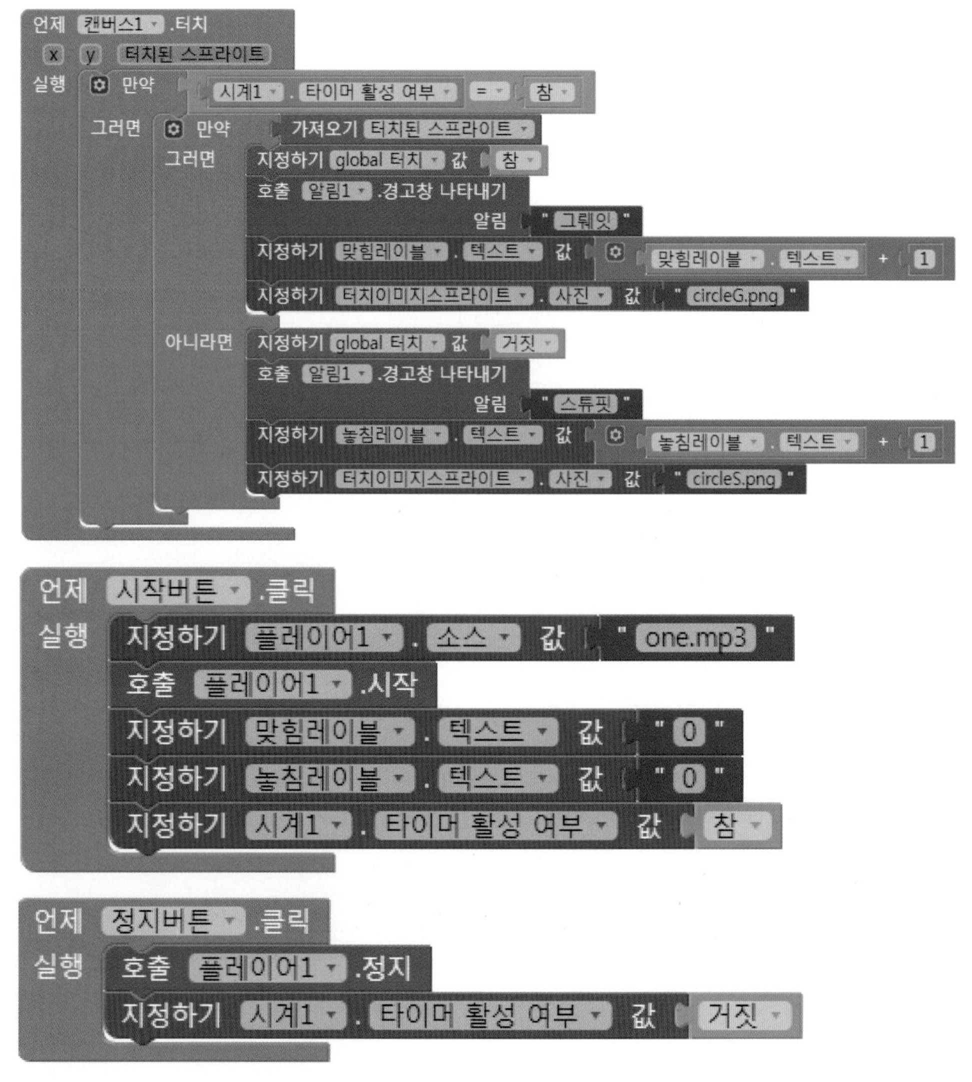


[그림 17-39] 전체 컴포넌트 블록

## 생각 확장해보기

### ● 기능 확장하기(스스로 구현해 보자.)

이번 시간에 우리는 나만의 리듬게임을 만들어보았다. 그런데, 게임을 하다 보니 뭔가 기능적으로 어색한 부분이 있다. 어떤 부분인가 하면 게임을 시작하고 주기적으로 이미지 스프라이트는 나타나는데 이미지 스프라이트 뿐만 아니라 캔버스를 터치 하지 않고 가만히 있으면 Hit나 Out의 카운트는 그냥 정지해 있다는 것이다. 이 상태로 가만히 있으면 게임은 끝나지 않는다. 원래 이 게임을 제작할 때 이러한 의도는 아니였다. 그렇다면 게임 방식을 어떻게 수정해야 하는가? 그렇다 사용자가 가만히 있으면 주기적으로 [놓침레이블]에 카운트가 1씩 증가해야 한다. 그렇게 해야 논리적으로 맞는 이야기가 된다.
그럼, 기존의 리듬게임에 이 기능을 여러분 스스로 추가해 보도록 하자. 실행결과는 다음과 같다.

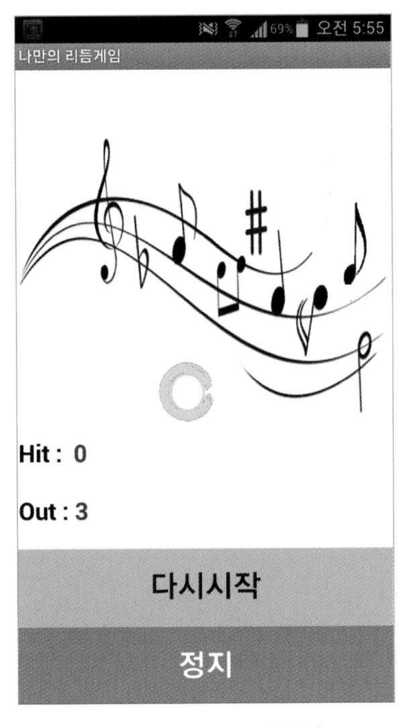


[그림 17-40] 기능 확장 후 실행결과

[다시시작] 버튼 클릭 후 아무것도 터치하지 않고 가만히 있으면, Out 카운트가 1씩 증가하는 것을 확인할 수 있다.

# 해저의 잠수함 게임 만들기

이번 시간에는 해저의 잠수함이라는 간단한 게임을 만들어 볼 것이다. 프로그래밍의 종합 결과물은 게임이라고 할 수 있다. 앞에서 리듬게임이나 가위바위보게임과 같은 간단한 게임을 만들었지만, 기본 게임의 형태로는 해저의 잠수함 게임이 더욱 완성도 있는 형태라고 할 수 있다. 그리고, 잠수함의 이동 방식은 스마트폰에 내장된 센서 중 방향센서(자일로스코프)를 이용하도록 하겠다.

Section 01

# 생각해보기

## 무엇을 만들 것인가?

- [다시시작] 버튼을 클릭하면 게임이 시작되고, 빨간색 공과 노란색 공 2개가 캔버스 영역 내에서 움직인다.
- 잠수함 캐릭터는 방향센서에 의해 움직이고, 2개의 공 중에 한 개와 부딪히면 폭팔음과 함께 게임 종료 알람 메시지가 출력된다.
- 게임을 오랜 시간동안 진행하게 되면 [점수]가 계속 카운트되어 올라가고, [최고점수]란에 가장 높은 점수가 기록된다.

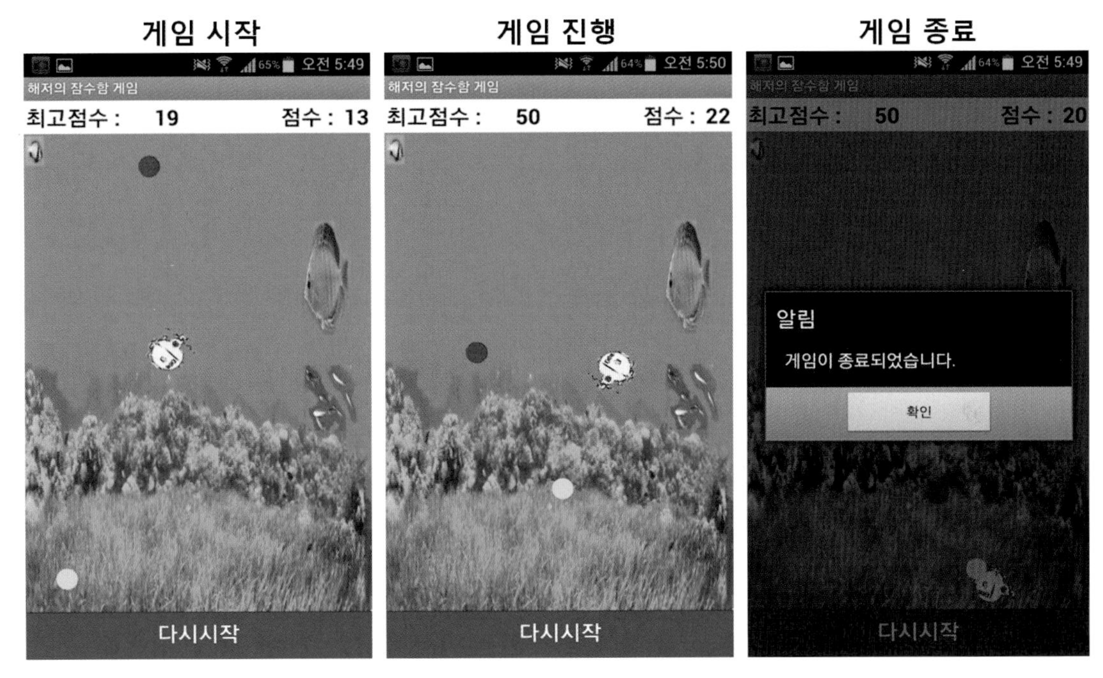


[그림 18-1] 해저의 잠수함 게임 실행 화면

#  사용할 컴포넌트 및 블록

[표18-1]는 예제에서 배치할 팔레트 컴포넌트 종류들이다.

| 팔레트 그룹 | 컴포넌트 종류 | 기능 |
|---|---|---|
| 사용자 인터페이스 | 버튼 | 게임을 다시 시작할 다시시작버튼을 배치한다. |
| 그리기 & 애니메이션 | 캔버스 | 게임을 수행하는 영역이다. |
| | 이미지 스프라이트 | 캔버스 위에서 동작하는 잠수함 |
| | 공 | 캔버스 위에서 움직이는 장애물들 |
| 레이아웃 | 수평배치 | 여러 컴포넌트들을 수평정렬 시킨다. |
| 센서 | 시계 | 일정한 주기로 반복적인 수행을 하게 하는 타이머 기능이다. |
| | 방향센서 | 스마트폰의 방향각에 따라 이미지 스프라이트가 움직인다. |
| 사용자 인터페이스 | 알림 | 뷰어에 메시지 알림창을 출력한다. |
| 미디어 | 플레이어 | 배경음악을 재생시킨다. |

▶▶ [표18-1] 예제에서 사용한 팔레트 목록

[표18-2]는 예제에서 사용할 주요 블록들이다.

| 컴포넌트 | 블록 | 기능 |
|---|---|---|
| 이미지 스프라이트 | 언제 잠수함스프라이트 .충돌 다른 실행 | 이미지 스프라이트와 충돌 시 이벤트를 처리한다. |
| 공 | 언제 장애물1 .모서리에 닿음 모서리 실행 | 공이 모서리에 닿았을 때 이벤트를 처리한다. |
| | 호출 장애물1 .튕기기 모서리 | 공이 모서리의 값을 받아서 튕기나가도록 하는 기능이다. |
| 버튼 | 언제 다시시작버튼 .클릭 실행 | 버튼 클릭 시 이벤트를 처리한다. |
| 플레이어 | 호출 플레이어1 .시작 | 음악을 재생한다. |
| | 호출 플레이어1 .정지 | 음악 재생을 정지한다. |
| 알림 | 호출 알림1 .경고창 나타내기 알림 | 알림 메시지 경고창을 나타낸다. |
| | 호출 알림1 .메시지창 나타내기 메시지 제목 버튼 텍스트 | 알림 메시지 및 제목과 버튼을 달아서 경고창을 나타낸다. |
| Screen1 | 언제 Screen1 .초기화 실행 | 앱이 로딩되어 수행할 때 초기에 수행하는 이벤트이다. |
| 시계 | 언제 시계1 .타이머 실행 | 매 주기마다 반복되는 수행 이벤트이다. |

▶▶ [표18-2] 예제에서 사용한 블록 목록

Section 02

# 만들어보기

## 프로젝트 만들기

먼저 프로젝트를 만들어보도록 하자. 앱인벤터 웹사이트(http://ai2.appinventor.mit.edu/)에 접속한다.

STEP 01 **새 프로젝트 시작하기 선택**

- [프로젝트] 메뉴에서 [새 프로젝트 시작하기...]를 선택한다.

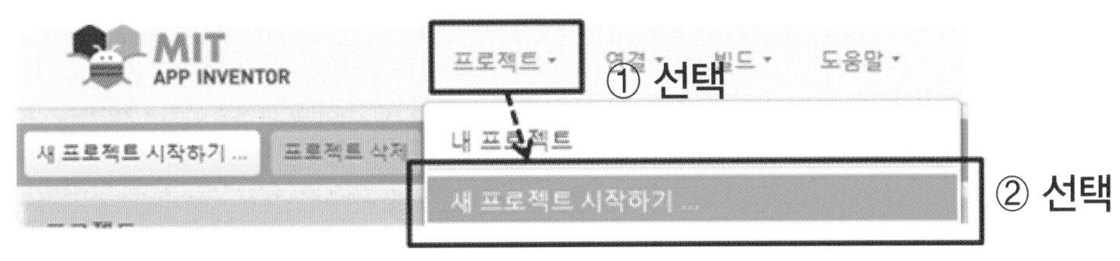


[그림 18-2] 새 프로젝트 시작하기

STEP 02 **프로젝트 이름 입력 및 확인**

- [프로젝트 이름]을 "MySubmarineGame"이라고 입력하고 [확인] 버튼을 누른다.

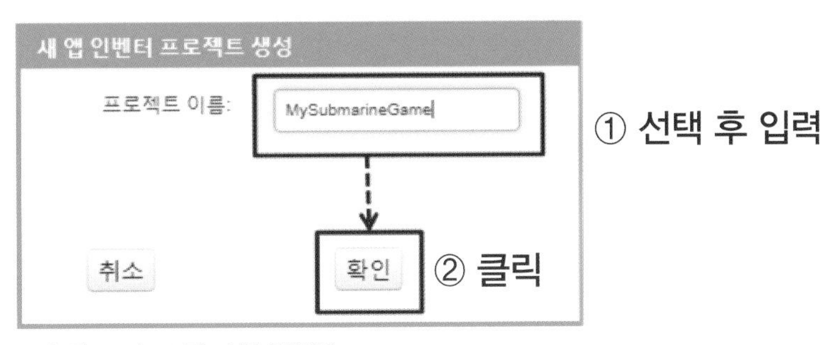


[그림 18-3] 프로젝트 이름 입력하기

## 컴포넌트 디자인하기

프로젝트상에 컴포넌트 UI를 배치해보도록 하자. 이번 장의 예제에서 배치할 컴포넌트는 [버튼], [레이블], [수평배치], [캔버스], [이미지 스프라이트], [공], [시계], [방향센서], [알림], [플레이어] 등 이다. 다음과 같이 [뷰어]에 컴포넌트들을 배치하도록 하자.

STEP 01 **미디어 파일 올리기**

● 먼저 미디어 파일을 올려놓고 시작하자.

[그림 18-4] 미디어에서 파일 올리기

● 올릴 파일의 이름은 "jamsuham.png", "sea.png", "one.mp3", "bomb.wav" 이다.

STEP 02 **수평배치와 레이블 컴포넌트 배치하기**

● [레이아웃] – [수평배치] 컴포넌트를 마우스로 선택한 후 [뷰어] – [Screen1] 영역으로 드래그하여 끌어다 놓는다.

● [사용자 인터페이스] – [레이블] 컴포넌트를 마우스로 선택한 후 [수평배치1] 안으로 드래그하여 끌어다 놓는다. [레이블]은 총 4개를 끌어다 놓는다.

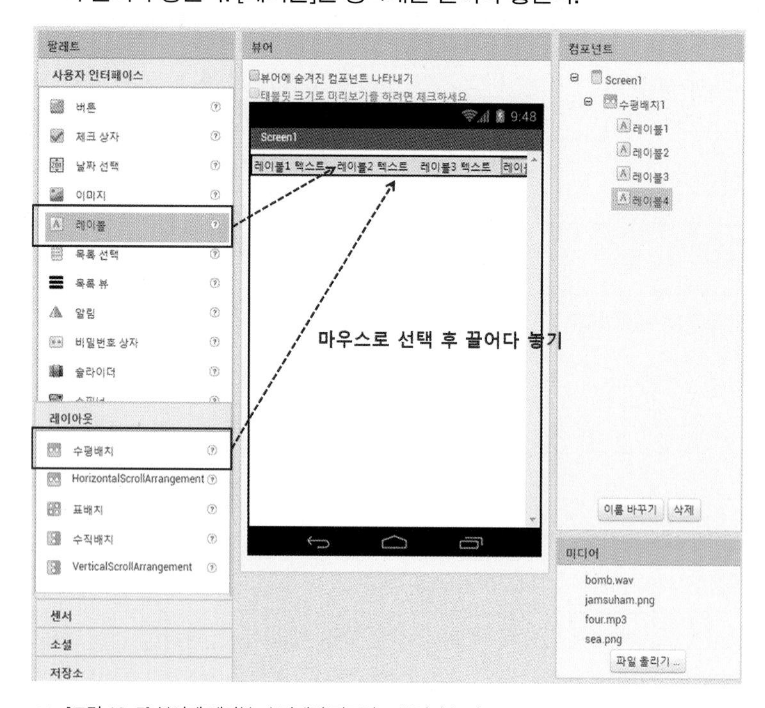


[그림 18-5] 뷰어에 레이블, 수평배치 컴포넌트 끌어다 놓기

- [레이블1]의 속성을 다음과 같이 변경한다.

| 속성 | 변경할 속성값 |
|---|---|
| 글꼴 굵게 | 체크 |
| 글꼴 크기 | 20 |
| 너비 | 부모에 맞추기 |
| 텍스트 | 최고점수 : |
| 텍스트 정렬 | 왼쪽 |

[표18-3] 레이블1의 속성값 변경

- [레이블2]의 속성을 다음과 같이 변경한다.

| 속성 | 변경할 속성값 |
|---|---|
| 글꼴 굵게 | 체크 |
| 글꼴 크기 | 20 |
| 너비 | 부모에 맞추기 |
| 텍스트 | 0 |
| 텍스트 정렬 | 왼쪽 |

[표18-4] 레이블2의 속성값 변경

- [레이블3]의 속성을 다음과 같이 변경한다.

| 속성 | 변경할 속성값 |
|---|---|
| 글꼴 굵게 | 체크 |
| 글꼴 크기 | 20 |
| 텍스트 | 점수 : |
| 텍스트 정렬 | 왼쪽 |

[표18-5] 레이블3의 속성값 변경

- [레이블4]의 속성을 다음과 같이 변경한다.

| 속성 | 변경할 속성값 |
|---|---|
| 글꼴 굵게 | 체크 |
| 글꼴 크기 | 20 |
| 텍스트 | 0 |
| 텍스트 정렬 | 왼쪽 |

[표18-6] 레이블4의 속성값 변경

- [수평배치1]의 속성을 다음과 같이 변경한다.

| 속성 | 변경할 속성값 |
| --- | --- |
| 너비 | 부모에 맞추기 |
| 수평 정렬 | 오른쪽 |

[표18-7] 수평배치1의 속성값 변경

## STEP 03 캔버스, 이미지 스프라이트 및 공 컴포넌트 배치하기

- [그리기 & 애니메이션] – [캔버스] 컴포넌트를 마우스로 선택한 후 [뷰어] – [Screen1] 영역으로 드래그하여 끌어다 놓는다.
- [그리기 & 애니메이션] – [이미지 스프라이트] 컴포넌트를 마우스로 선택한 후 [뷰어] – [Screen1] – [캔버스1] 영역으로 드래그하여 끌어다 놓는다.
- [그리기 & 애니메이션] – [공] 컴포넌트를 마우스로 선택한 후 [뷰어] – [Screen1] – [캔버스1] 영역으로 드래그하여 끌어다 놓는다. [공]은 2개 배치한다.

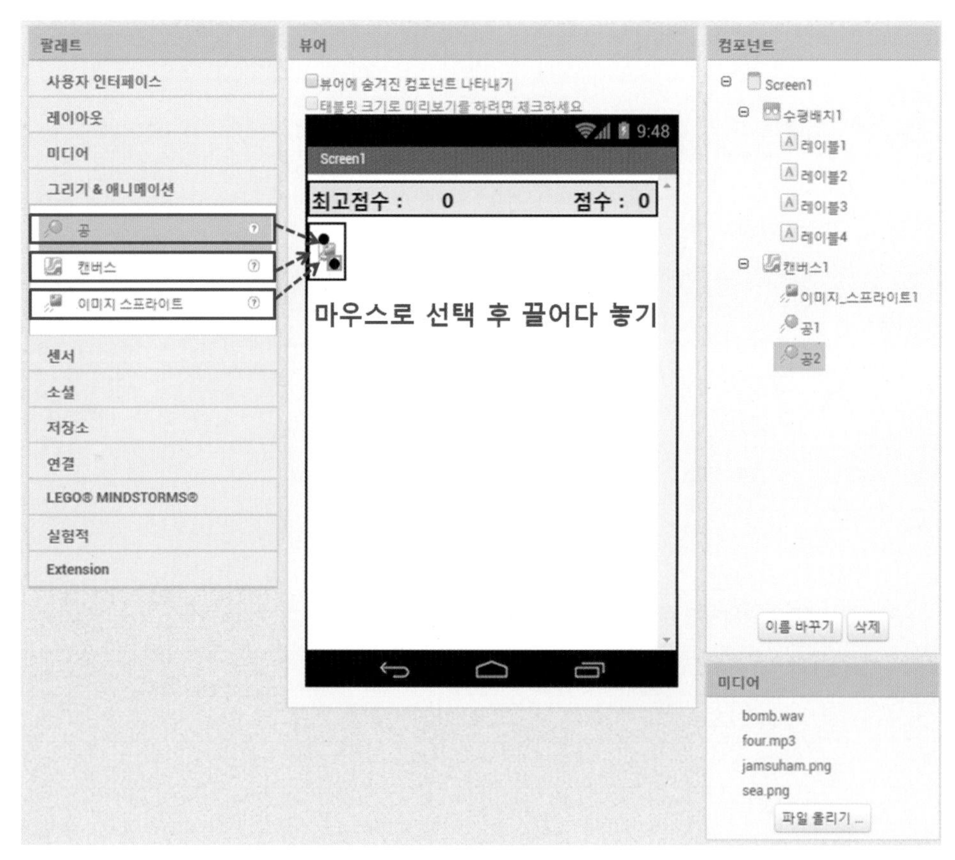


[그림 18-6] 뷰어에 캔버스, 이미지 스프라이트, 공 컴포넌트 끌어다 놓기

● [캔버스1]의 속성을 다음과 같이 변경한다.

| 속성 | 변경할 속성값 |
|---|---|
| 배경 이미지 | sea.png |
| 높이 | 부모에 맞추기 |
| 너비 | 부모에 맞추기 |

▸▸ [표18-8] 캔버스1의 속성값 변경

● [이미지 스프라이트1]의 속성을 다음과 같이 변경한다.

| 속성 | 변경할 속성값 |
|---|---|
| 높이 | 45 pixels |
| 너비 | 45 pixels |
| 사진 | Jamsuham.png |

▸▸ [표18-9] 이미지 스프라이트1의 속성값 변경

● [공1]의 속성을 다음과 같이 변경한다.

| 속성 | 변경할 속성값 |
|---|---|
| 페인트 색상 | 빨강 |
| 반지름 | 10 |

▸▸ [표18-10] 공1의 속성값 변경

● [공2]의 속성을 다음과 같이 변경한다.

| 속성 | 변경할 속성값 |
|---|---|
| 페인트 색상 | 노랑 |
| 반지름 | 10 |

▸▸ [표18-11] 공2의 속성값 변경

STEP 04 **버튼, 시계, 방향센서, 알림 및 플레이어 컴포넌트 배치하기**

- [사용자 인터페이스] – [버튼]을 마우스로 선택한 후 [캔버스1] 아래쪽에 드래그하여 끌어다 놓는다.
- [사용자 인터페이스] – [알림]을 마우스로 선택한 후 [뷰어] – [Screen1] 영역으로 드래그하여 끌어다 놓는다.
- [미디어] – [플레이어]를 마우스로 선택한 후 [뷰어] – [Screen1] 영역으로 드래그하여 끌어다 놓는다.
- [센서] – [시계]를 마우스로 선택한 후 [뷰어] – [Screen1] 영역으로 드래그하여 끌어다 놓는다.
- [센서] – [방향 센서]를 마우스로 선택한 후 [뷰어] – [Screen1] 영역으로 드래그하여 끌어다 놓는다.

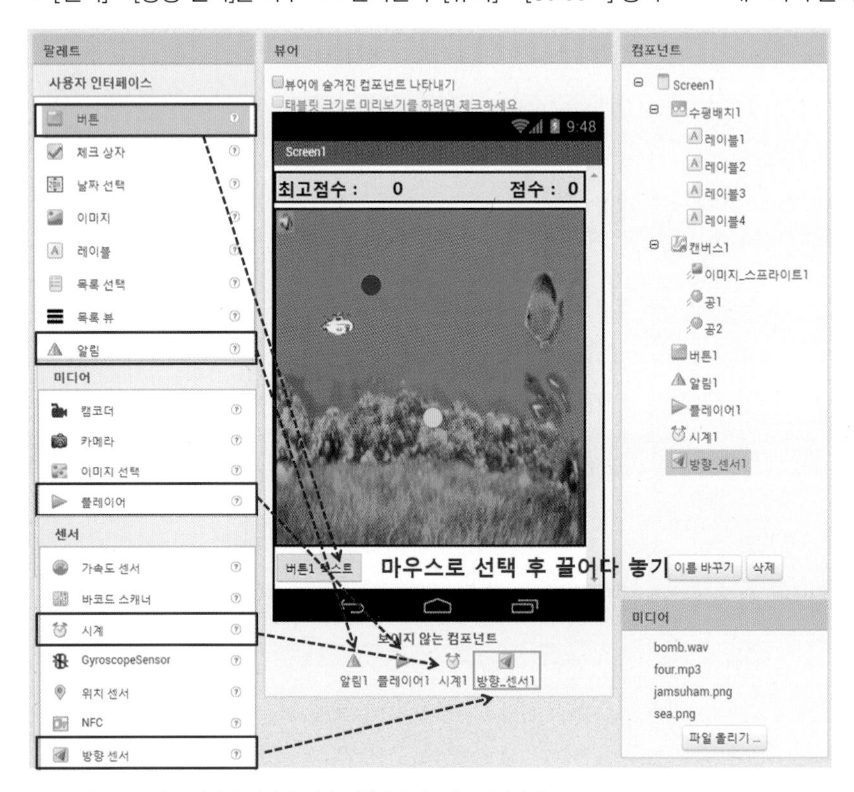


[그림 18-7] 버튼, 알림, 플레이어, 시계, 방향센서 컴포넌트 배치하기

- [버튼1]의 속성을 다음과 같이 변경한다.

| 속성 | 변경할 속성값 |
|---|---|
| 배경색 | 파랑 |
| 글꼴 굵게 | 체크 |
| 글꼴 크기 | 20 |
| 너비 | 부모에 맞추기 |
| 텍스트 | 다시시작 |
| 텍스트 정렬 | 가운데 |
| 텍스트 색상 | 흰색 |

[표18-12] 버튼1의 속성값 변경

## STEP 05 컴포넌트 이름 바꾸기

- 이번에는 각 컴포넌트의 이름을 바꾸어보자.

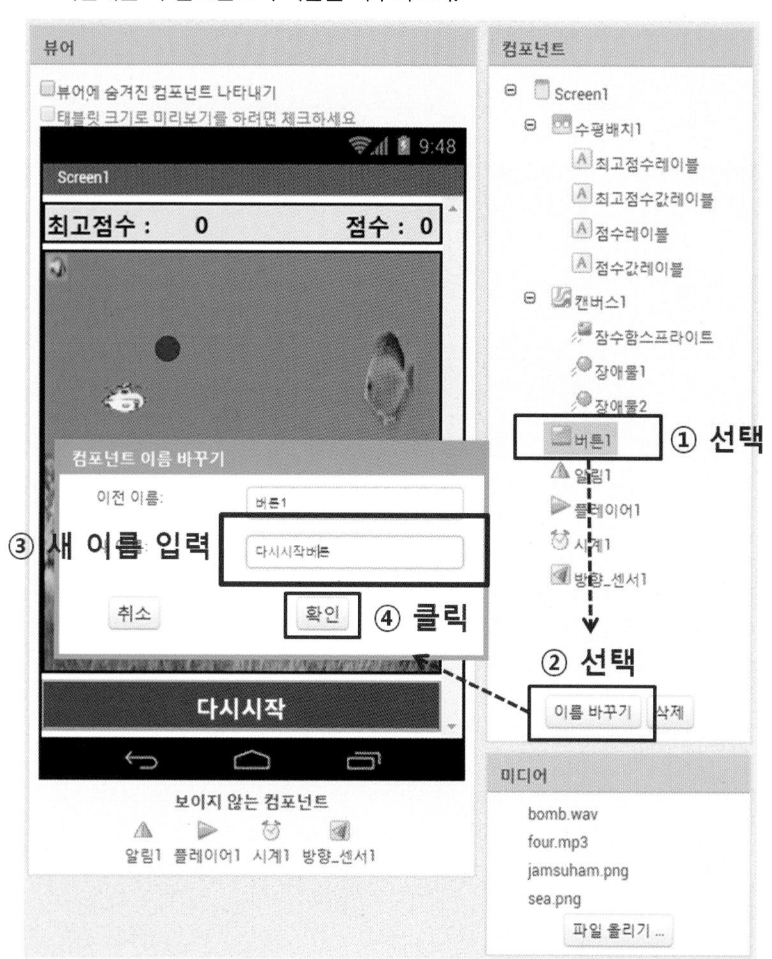


[그림 18-8] 컴포넌트 이름 바꾸기

- 컴포넌트들의 이름을 다음과 같이 변경한다.

| 컴포넌트 | 새 이름 |
|---|---|
| 레이블1 | 최고점수레이블 |
| 레이블2 | 최고점수값레이블 |
| 레이블3 | 점수레이블 |
| 레이블4 | 점수값레이블 |
| 이미지 스프라이트1 | 잠수함스프라이트 |
| 공1 | 장애물1 |
| 공2 | 장애물2 |
| 버튼1 | 다시시작버튼 |

[표18-13] 컴포넌트 이름 바꾸기

STEP 06 **어플리케이션 제목 설정하기**

- 마지막으로 이 어플리케이션의 제목을 설정하도록 하겠다. [Screen1]을 선택하고 [속성] – [제목]에 "해저의 잠수함 게임"라고 입력하자.

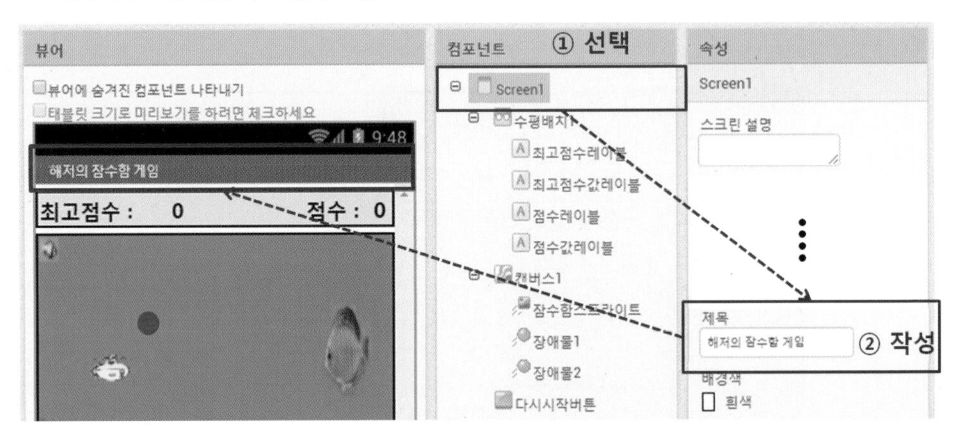


[그림 18-9] 제목 작성하기

## 블록코딩하기

이제 컴포넌트들이 동작할 수 있도록 블록 코딩을 해보도록 할 것이다. 먼저 앱인벤터 화면의 가장 오른쪽 끝에 [블록] 메뉴를 선택하도록 하자.

[그림 18-10] 블록 화면으로 전환하기

## STEP 01 변수의 선언 및 Screen1의 초기화 이벤트 처리하기

- [블록] – [공통블록] – [변수]를 선택하고 [뷰어]창에 전역변수 초기화 변수_이름 값 블록을 2개 배치하고, 각각 변수의 이름을 "최고점수"와 "현재점수"로 설정한다. 그리고, 초기값으로 0 블록을 배치한다.
- [블록] – [Screen1]을 선택하고 여러 블록 중에 언제 Screen1 .초기화 실행 블록을 선택하여 [뷰어]창에 배치한다.

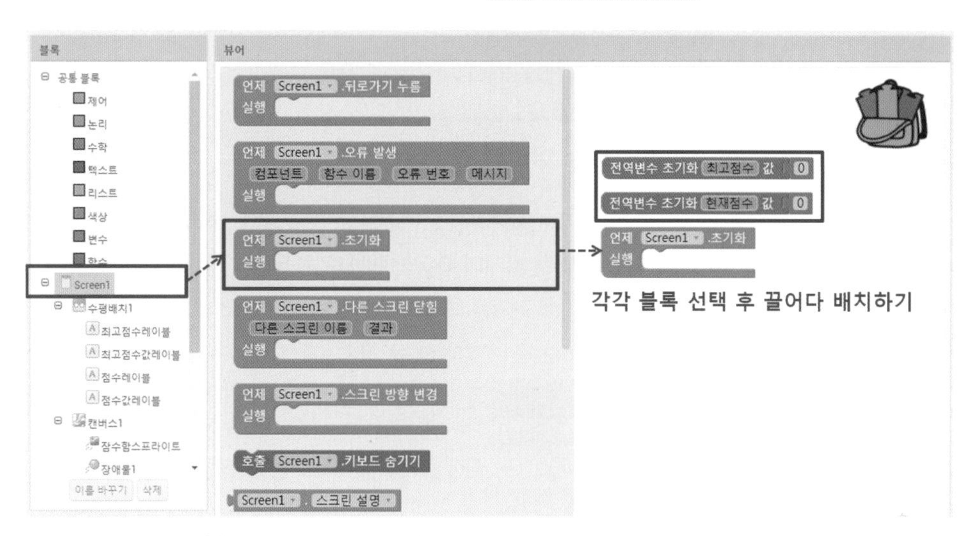


[그림 18-11] 변수 선언 및 Screen1 초기화 블록 배치하기

- 게임이 시작되면 배경음악이 재생되고, 장애물1과 장애물2의 속도와 방향을 설정하여 움직이게 한다.
- [블록] – [Screen1] – [캔버스1] – [장애물1]을 선택한 후 지정하기 장애물1 . 속도 값 블록과 지정하기 장애물1 . 방향 값 블록을 각각 선택하여 언제 Screen1 .초기화 실행 블록에 배치한다.
- [블록] – [Screen1] – [캔버스1] – [장애물2]을 선택한 후 지정하기 장애물2 . 속도 값 블록과 지정하기 장애물2 . 방향 값 블록을 각각 선택하여 언제 Screen1 .초기화 실행 블록에 배치한다.
- 각 속도의 값에는 50 블록을 배치하고, 방향값은 0부터 360 사이의 임의의 값이 입력되도록 임의의 정수 시작 0 끝 360 블록을 배치한다.

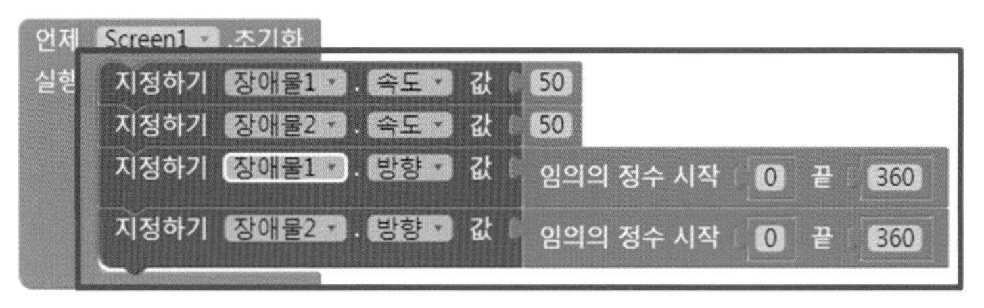


[그림 18-12] Screen1 초기화 이벤트 처리하기

● 초기에 배경음악 또한 재생이 되어야 한다. [블록] – [Screen1] – [플레이어1]을 선택한 후 지정하기 플레이어1 . 소스 값 블록과 호출 플레이어1 .시작 블록을 배치한다. 소스의 값은 " " 블록을 배치하고, "one.mp3"를 입력한다.

```
언제 Screen1 .초기화
실행 지정하기 장애물1 . 속도 값 50
     지정하기 장애물2 . 속도 값 50
     지정하기 장애물1 . 방향 값 임의의 정수 시작 0 끝 360
     지정하기 장애물2 . 방향 값 임의의 정수 시작 0 끝 360
     지정하기 플레이어1 . 소스 값 " one.mp3 "
     호출 플레이어1 .시작
```

▶▶ [그림 18-13] 플레이어1 소스 및 시작 블록 배치하기

## STEP 02 장애물이 모서리에 닿았을 때와 시계의 타이머 이벤트 처리하기

● 이번에는 장애물이 모서리에 닿았을 때 모서리의 값을 가져와서 튕기도록 처리한다.

● [블록] – [Screen1] – [캔버스1] – [장애물1]을 마우스로 선택하면 [뷰어]창에 블록들이 나타난다. 여러 블록 중에 언제 장애물1 .모서리에 닿음 모서리 실행 을 선택한 후 [뷰어]에 끌어다 놓는다.

● [블록] – [Screen1] – [캔버스1] – [장애물2]를 마우스로 선택하면 [뷰어]창에 블록들이 나타난다. 여러 블록 중에 언제 장애물2 .모서리에 닿음 모서리 실행 을 선택한 후 [뷰어]에 끌어다 놓는다.

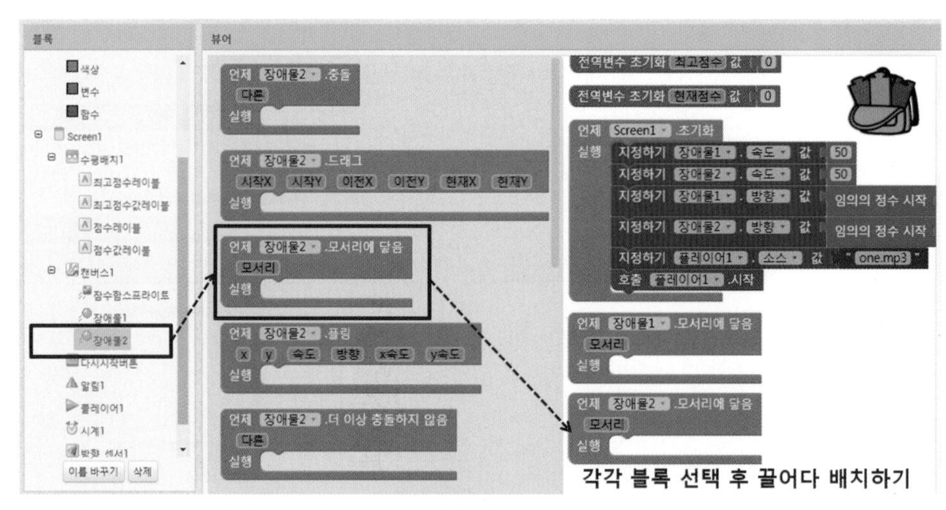


▶▶ [그림 18-14] 장애물1, 장애물2의 모서리에 닿음 블록 배치하기

● [블록] – [Screen1] – [캔버스1] – [장애물1]을 마우스로 선택하면 [뷰어]창에 블록들이 나타난다. 여러 블록 중에 호출 장애물1 .튕기기 모서리 을 선택한 후 언제 장애물1 .모서리에 닿음 모서리 실행 에 끌어다 놓는다.

● [블록] – [Screen1] – [캔버스1] – [장애물2]를 마우스로 선택하면 [뷰어]창에 블록들이 나타난다. 여러 블록 중에 호출 장애물2 .튕기기 모서리 을 선택한 후 언제 장애물2 .모서리에 닿음 모서리 실행 에 끌어다 놓는다.

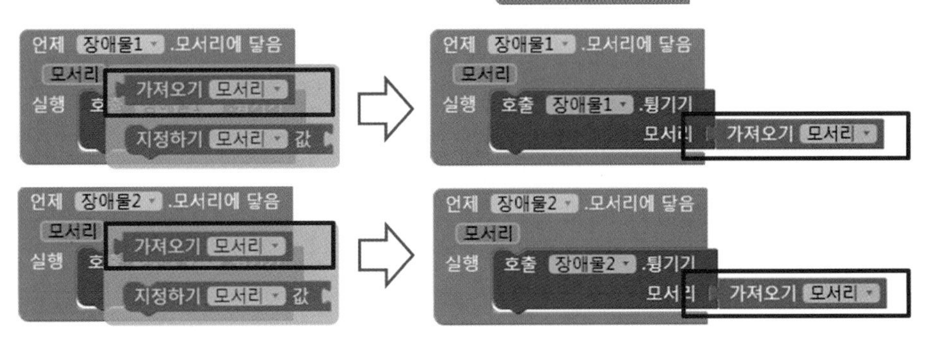


[그림 18-15] 장애물1, 장애물2 모서리 튕기기 블록 배치하기

● 게임 진행 시 주기적으로 진행되어야 할 기능은 바로 잠수함 스프라이트의 움직임과 점수 카운트이다. [시계1]의 타이머 이벤트 블록으로 주기적인 처리를 해보자.

● [블록] – [Screen1] – [시계1]을 선택 후 언제 시계1 .타이머 실행 블록을 끌어다 [뷰어]에 배치한다.

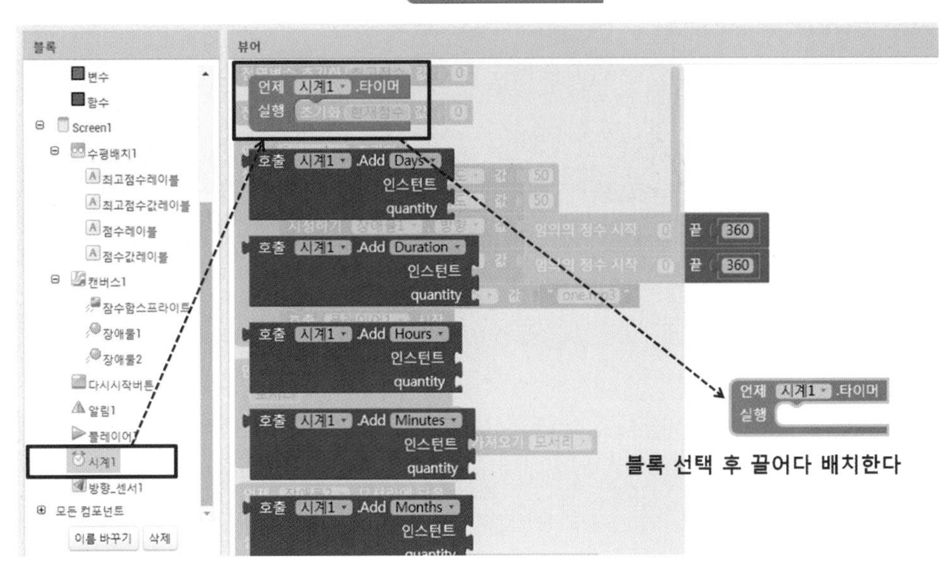


[그림 18-16] 시계1의 타이머 블록 배치하기

● [잠수함스프라이트]의 속도값과 방향값을 설정한다. [블록] – [Screen1] – [캔버스1] – [잠수함스프라이트]를 선택하고, 지정하기 잠수함스프라이트 . 방향 값 블록과 지정하기 잠수함스프라이트 . 속도 값 블록을 언제 시계1 .타이머 실행 블록에 끌어다 배치한다.

- 지정하기 잠수함스프라이트 . 속도 값 과 지정하기 잠수함스프라이트 . 방향 값 블록의 값은 모두 방향센서에 의해 움직여야 한다.
- [블록]-[Screen1]-[방향센서1]을 선택하고, 방향_센서1 . 각도 블록은 지정하기 잠수함스프라이트 . 방향 값 블록에 방향_센서1 . 크기 블록은 지정하기 잠수함스프라이트 . 속도 값 블록에 각각 끌어다 놓는다. 속도의 크기는 조절할 수 있는데, 방향_센서1 . 크기 에 80을 더하여 배치하도록 한다.

```
언제 시계1 .타이머
실행 지정하기 잠수함스프라이트 . 방향 값 방향_센서1 . 각도
     지정하기 잠수함스프라이트 . 속도 값 방향_센서1 . 크기 + 80
```

[그림 18-17] 잠수함스프라이트의 방향과 속도값 배치하기

- [점수값레이블]에 [현재점수]의 값을 주기적으로 출력해야 하므로, [블록] – [Screen1] – [수평배치1]–[점수값레이블]을 선택 후 지정하기 점수값레이블 . 텍스트 값 블록을 끌어다 언제 시계1 .타이머 실행 블록에 배치한다. 지정하기 점수값레이블 . 텍스트 값 블록에 입력할 값은 가져오기 global 현재점수 블록이다.
- [블록]–[공통블록]–[변수] 선택 후 지정하기 global 현재점수 값 블록을 지정하기 점수값레이블 . 텍스트 값 블록 아래에 배치하도록 한다. 값은 현재점수값에 1을 증가시켜서 다시 현재점수값에 대입하는 형태로, 가져오기 global 현재점수 + 1 블록을 구성하여 배치한다.

```
언제 시계1 .타이머
실행 지정하기 잠수함스프라이트 . 방향 값 방향_센서1 . 각도
     지정하기 잠수함스프라이트 . 속도 값 방향_센서1 . 크기 + 80
     지정하기 점수값레이블 . 텍스트 값 가져오기 global 현재점수
     지정하기 global 현재점수 값 가져오기 global 현재점수 + 1
```

[그림 18-18] 점수값레이블과 현재점수 변수 블록

## STEP 03 게임종료 함수 구현하기

- 이번에는 이 게임이 종료되었을 때 처리하는 함수를 만들어보도록 한다. 게임이 종료된다는 의미는 모든 동작이 멈추고, 출력하는 모든 값들이 초기화되어야 한다. 먼저 함수를 생성하고, 그 안에서 동작을 하나씩 초기화하는 루틴을 작성한다.
- [블록] – [공통블록] – [함수]를 선택하고, 함수 함수_이름 실행 블록을 끌어다 [뷰어]에 배치한다. 함수의 이름은 "게임종료"라고 입력한다.

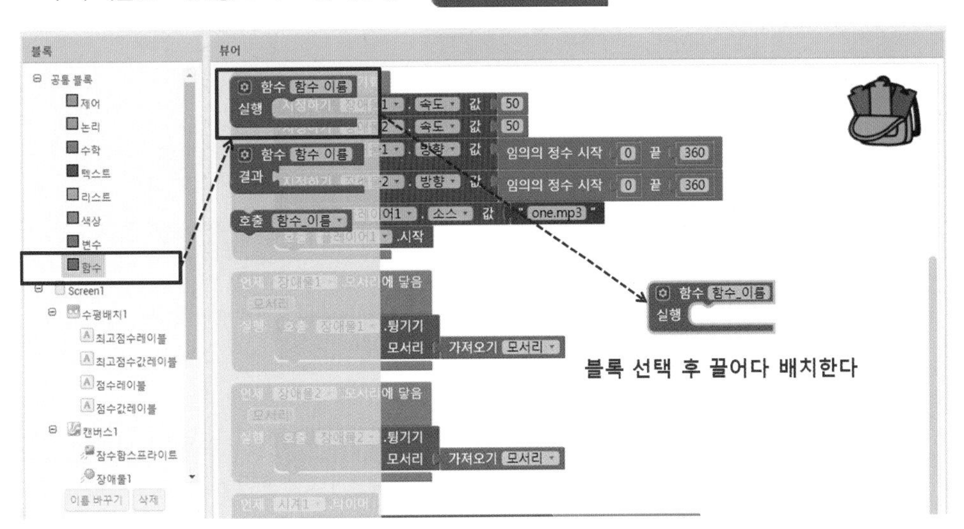


[그림 18-19] 함수블록 배치하기

- 먼저 잠수함스프라이트와 장애물 및 타이머 등의 동작을 모두 멈추게 한다.
- [블록] – [Screen1] – [캔버스1] – [잠수함스프라이트]를 선택 후 지정하기 잠수함스프라이트 . 속도 값 블록을 함수 함수_이름 실행 블록 안에 배치하고, 값은 초기값으로 0 블록을 배치한다.
- [블록] – [Screen1] – [캔버스1] – [장애물1]을 선택 후 지정하기 장애물1 . 활성화 값 블록을 배치한다. 값은 비활성화시켜야 하므로 거짓 블록을 배치한다.
- [블록] – [Screen1] – [캔버스1] – [장애물2]을 선택 후 지정하기 장애물2 . 활성화 값 블록을 배치한다. 값은 비활성화시켜야 하므로 거짓 블록을 배치한다.
- [블록] – [Screen1] – [시계1]을 선택 후 지정하기 시계1 . 타이머 활성 여부 값 블록을 배치한다. 값은 비활성화시켜야 하므로 거짓 블록을 배치한다.

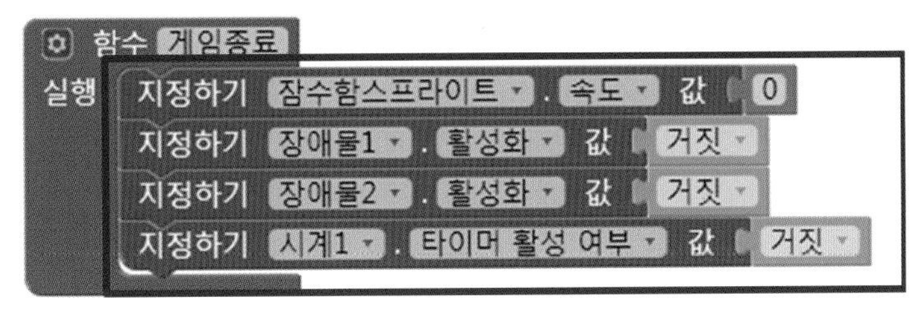


[그림 18-20] 잠수함스프라이트, 장애물, 타이머 초기화 블록 배치하기

- [블록] – [Screen1] – [플레이어1]을 선택 후 호출 플레이어1 .정지 블록을 지정하기 시계1 . 타이머 활성 여부 값 블록 아래쪽에 배치한다. 현재 배경음악을 멈추겠다는 의미이다.
- [블록] – [Screen1] – [플레이어1]을 선택 후 지정하기 플레이어1 . 소스 값 블록을 배치한다. 값으로는 " " 블록을 배치하고, "bomb.wav"라고 입력한다. 그리고 그 아래에 호출 플레이어1 .시작 블록을 배치하여 소리를 재생시킨다. 폭팔음이 재생하게 된다.

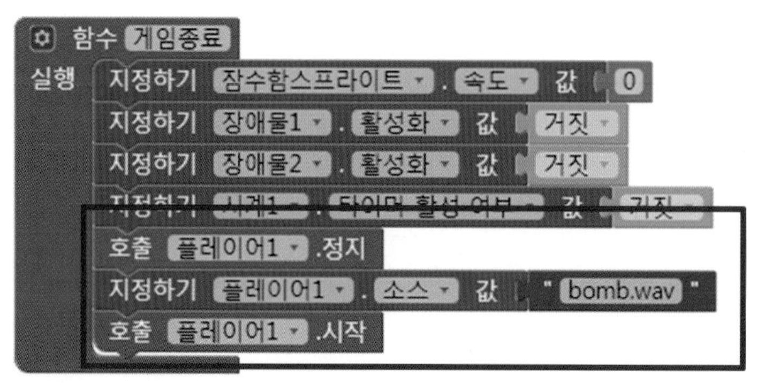


[그림 18-21] 플레이어1 음원 재생 및 정지 블록 배치하기

- [블록] – [Screen1] – [알림1]을 선택 후 호출 알림1 .메시지창 나타내기 메시지 제목 버튼 텍스트 블록을 호출 플레이어1 .시작 블록 아래쪽에 배치한다. 블록의 각 홈에는 " " 블록을 배치하고, [메시지]에는 "게임이 종료되었습니다."를, [제목]에는 "알림"을, [버튼 텍스트]에는 "확인"이라고 입력한다.

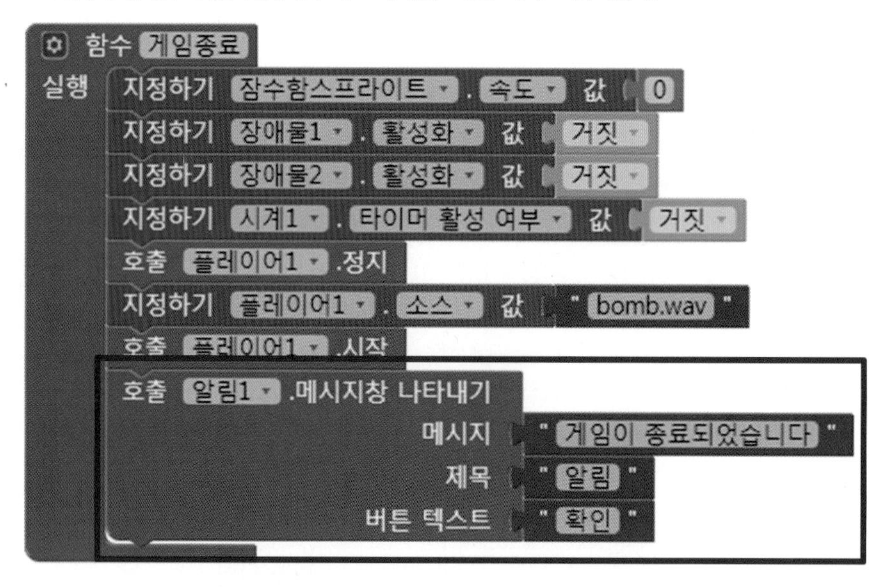


[그림 18-22] 알림1 메시지창 블록 배치하기

- [블록] – [공통블록] – [제어]을 선택 후 만약 그러면 블록을 호출 알림1 .메시지창 나타내기 메시지 제목 버튼 텍스트 블록 아래쪽에 배치한다. 최고점수와 현재점수를 비교하여 최고점수를 유지하도록 하는 루틴을 구현한다.
- [블록] – [공통블록] – [수학]을 선택 후 ≤ 을 제어블록의 [만약]에 배치하고, 첫 번째 빈 칸에 가져오기 global 최고점수 블록을 두 번째 빈 칸에 가져오기 global 현재점수 블록을 배치한다.
- 최고점수가 현재점수보다 작다면 현재점수가 최고기록을 경신한 것이기 때문에 제어블록의 [그러면]에 지정하기 최고점수값레이블 . 텍스트 값 블록을 배치하고, 값으로 가져오기 global 현재점수 블록을 배치한다.
- 최고점수가 현재점수보다 크다면 현재점수가 기록을 경신하지 못한 것이기 때문에 최고점수는 그대로 유지하면 되므로, 지정하기 최고점수값레이블 . 텍스트 값 블록에, 가져오기 global 최고점수 블록을 배치하면 된다.

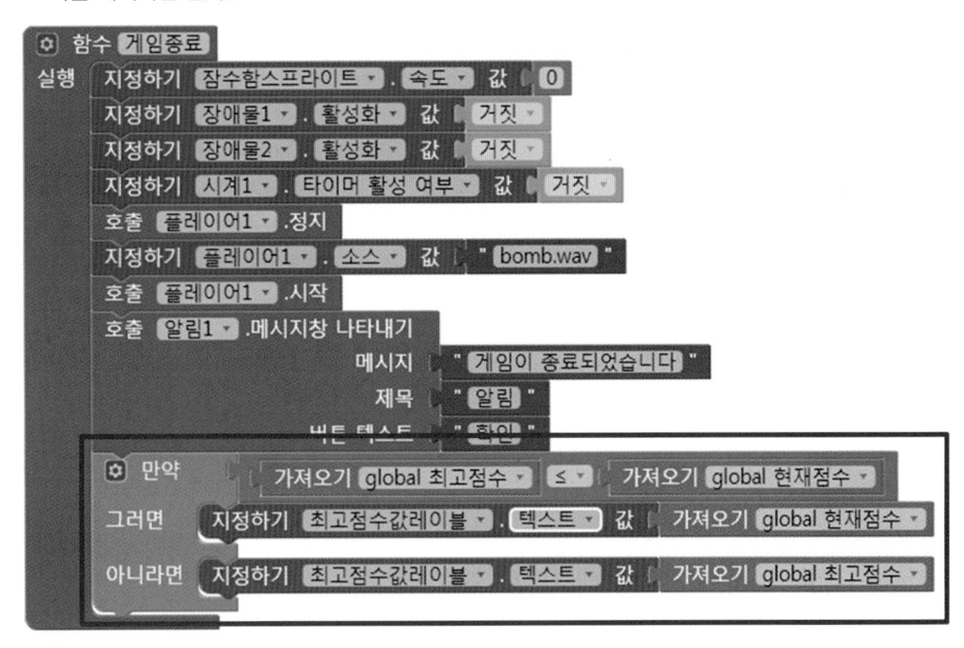

▸▸ [그림 18-23] 최고점수 블록 배치하기

## STEP 04 잠수함스프라이트와 장애물의 충돌 이벤트 처리하기

- 이번에는 잠수함과 장애물이 부딪혔을 때를 인식하고 이벤트를 처리하도록 한다.
- [블록] – [Screen1] – [캔버스1] – [잠수함스프라이트] 선택 후 언제 잠수함스프라이트 .충돌 다른 실행 블록을 끌어다 [뷰어]에 배치한다.

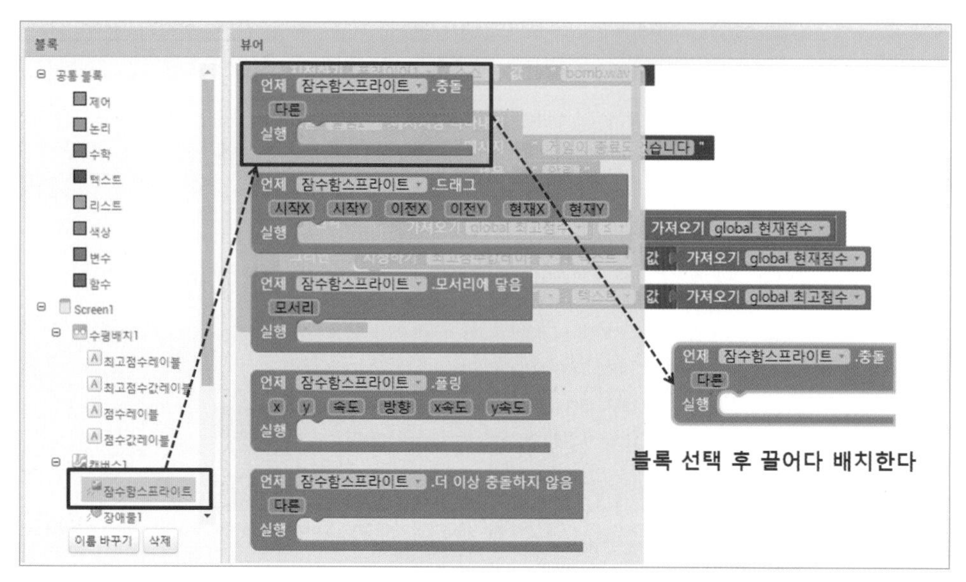


[그림 18-24] 잠수함스프라이트 충돌 이벤트 블록 배치하기

- [블록] – [공통블록] – [제어]을 선택 후 만약 그러면 블록을 언제 잠수함스프라이트 .충돌 다른 실행 블록 안에 배치한다.

[그림 18-25] 제어 블록 배치하기

- [블록] – [Screen1] – [캔버스1] – [잠수함스프라이트]를 선택 후 호출 잠수함스프라이트 .충돌 여부 다른 블록을 [만약] 홈에 배치한다. [다른] 홈에는 장애물1 블록을 배치한다. 의미인 즉슨 잠수함 캐릭터가 장애물1과 부딪혔는지 충돌 여부를 묻는 것이고, 이것이 참이면 게임을 종료해야 한다.
- 마찬가지로 [아니고...라면]의 홈에도 동일하게 호출 잠수함스프라이트 .충돌 여부 다른 블록을 배치하고, [다른] 홈에는 장애물2 블록을 배치한다.

- [블록] – [공통블록] – [함수]를 선택한 후 호출 게임종료 블록을 제어블록 2개의 [그러면]에 모두 배치한다.

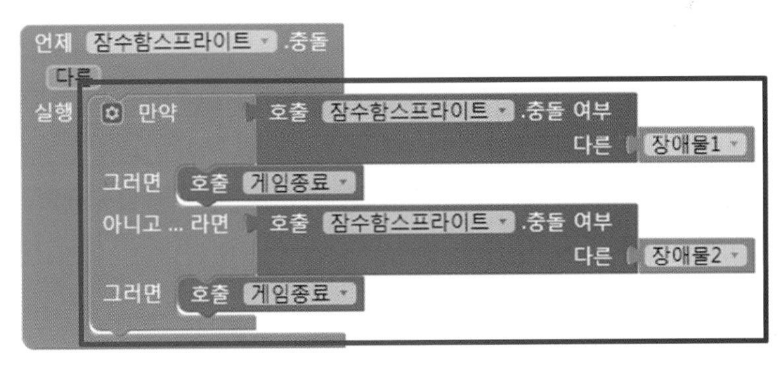


[그림 18-26] 잠수함스프라이트 충돌여부 블록 배치하기

## STEP 05 다시시작버튼 클릭 이벤트 처리하기

- [다시시작버튼]을 클릭하면 게임이 다시 시작되면서 비활성화된 컴포넌트들을 활성화시키고, 변수를 초기화시킨다.
- [블록] – [Screen1] – [다시시작버튼]을 선택하고, 언제 다시시작버튼 .클릭 실행 블록을 끌어다 [뷰어]에 배치한다.

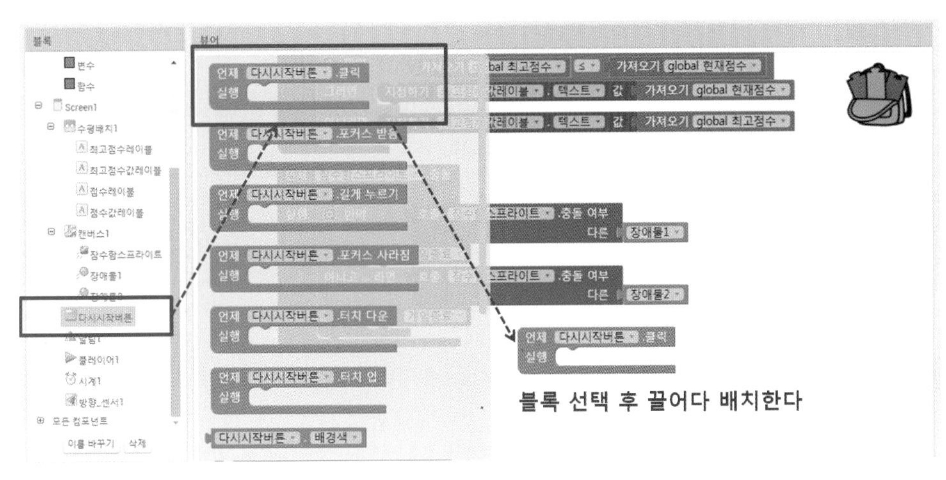


[그림 18-27] 다시시작버튼 클릭 블록 배치하기

- 언제 다시시작버튼 .클릭 실행 블록 안에 다음과 같이 배치한다. 지정하기 시계1 . 타이머 활성 여부 값 블록, 지정하기 장애물1 . 활성화 값 블록, 지정하기 장애물2 . 활성화 값 블록을 배치하고, 값은 모두 참 블록으로 배치한다.
- 지정하기 장애물1 . 속도 값 블록과 지정하기 장애물2 . 속도 값 블록을 배치하고 값은 모두 50 블록으로 배치한다.
- 지정하기 장애물1 . 방향 값 블록과 지정하기 장애물2 . 방향 값 블록을 배치하고 값은 모두 임의의 정수 시작 0 끝 360 블록으로 배치한다.
- 지정하기 플레이어1 . 소스 값 블록을 배치하고 값은 " " 블록으로 배치 후 "one.mp3"로 입력한다. 그리고 호출 플레이어1 .시작 블록을 배치한다.

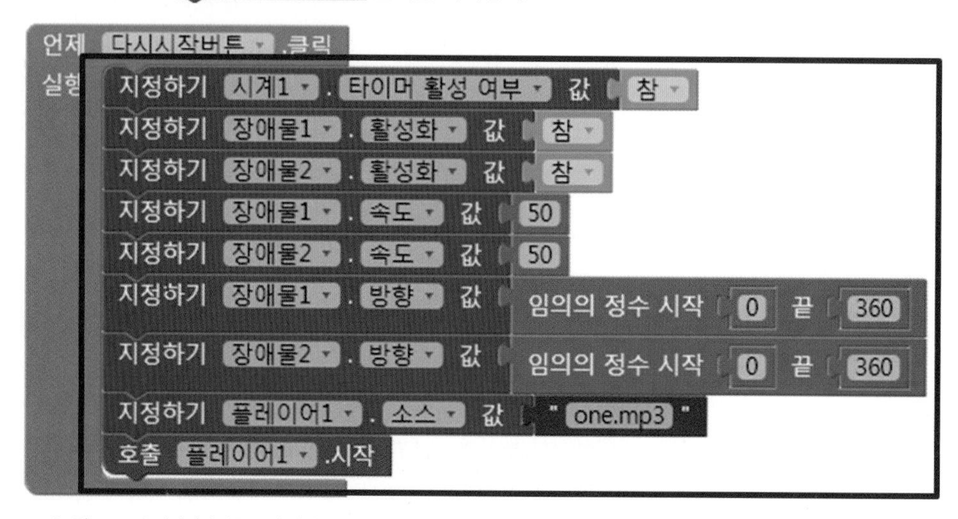


▶▶ [그림 18-28] 다시시작버튼 클릭 이벤트 처리하기

## 실행해보기

컴포넌트 디자인 및 블록 코딩이 모두 끝났다. 이제 내가 구현한 앱을 스마트폰 상에서 구동할 수 있도록 실행해 보자. 안드로이드 스마트폰 기기 또는 스마트폰이 없는 경우에는 에뮬레이터를 통해 실행 결과를 확인해 보도록 하자.

STEP 01 **[연결] – [AI 컴패니언] 메뉴 선택**

- 프로젝트에서 [연결] 메뉴의 [AI 컴패니언]을 선택한다.

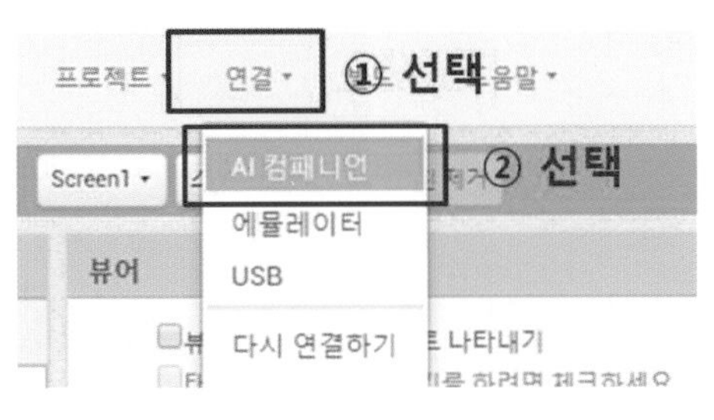


▸▸ [그림 18-29] 스마트폰 연결을 위한 AI 컴패니언 실행하기

- 컴패니언에 연결하기 위한 QR 코드가 화면에 나타난다.

▸▸ [그림 18-30] 컴패니언에 연결하기 위한 QR 코드

이번에는 안드로이드 기반의 스마트폰으로 가서 앞서 설치한 MIT AI2 Companion 앱을 실행하도록 하자.

STEP 02 **폰에서 MIT AI2 Companion 앱 실행하여 QR 코드 찍기**

- 안드로이드 폰 기기에서 "MIT AI2 Companion" 앱을 실행한다.

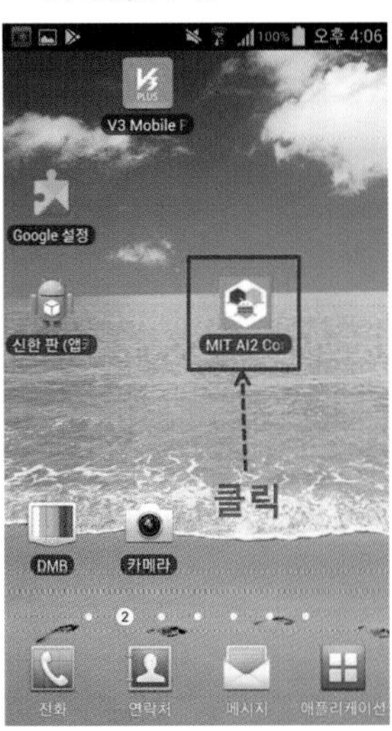


▸▸ [그림 18-31] MIT AI2 Companion 앱 실행

- 앱 메뉴 중 아래쪽의 "scan QR code" 메뉴를 선택한다.

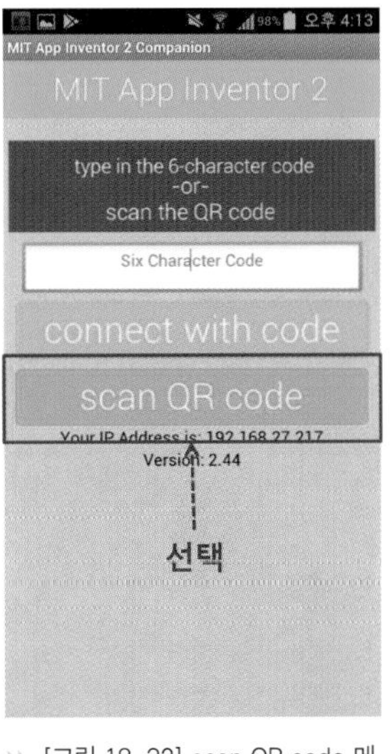


▸▸ [그림 18-32] scan QR code 메뉴 선택

- QR 코드를 찍기 위한 카메라 모드가 동작하면 컴퓨터 화면에 나타난 QR 코드에 갖다 댄다.

▸▸ [그림 18-33] QR 코드 스캔 중

## STEP 03 해저의 잠수함 게임 수행하기

- QR 코드가 찍히고 나면 폰 화면에 다음과 같이 우리가 만든 실행 결과로써의 앱이 나타난다.
- 앱시작과 동시에 게임은 시작된다. 배경음악이 나오고, 2개의 공은 사정없이 사방으로 움직인다. 잠수함 캐릭터는 방향센서를 이용하여 2개의 공을 피해야 한다. 부딪히면 게임이 종료된다.

▶▶ [그림 18-34] 해저의 잠수함 게임 실행 화면

Section 03

# 전체 프로그램 한 눈에 보기

앞서 컴포넌트 배치부터 블록 코딩까지 순차적으로 진행하였다. 이를 한 눈에 확인해봄으로써 내가 배치한 UI 및 블록 코딩이 틀린 점은 없는지 비교해보고, 이 단원을 정리해 보도록 한다.

## 전체 컴포넌트 UI

[그림 18-35] 전체 컴포넌트 디자이너

# 전체 블록 코딩

```
전역변수 초기화 최고점수 값 0

전역변수 초기화 현재점수 값 0

언제 Screen1 .초기화
실행 지정하기 장애물1 . 방향 값 임의의 정수 시작 0 끝 360
     지정하기 장애물1 . 속도 값 50
     지정하기 장애물2 . 방향 값 임의의 정수 시작 0 끝 360
     지정하기 장애물2 . 속도 값 50
     지정하기 플레이어1 . 소스 값 " one.mp3 "
     호출 플레이어1 .시작

언제 장애물1 .모서리에 닿음
 모서리
실행 호출 장애물1 .튕기기
              모서리 가져오기 모서리

언제 장애물2 .모서리에 닿음
 모서리
실행 호출 장애물2 .튕기기
              모서리 가져오기 모서리

언제 시계1 .타이머
실행 지정하기 잠수함스프라이트 . 방향 값 방향_센서1 . 각도
     지정하기 잠수함스프라이트 . 속도 값 방향_센서1 . 크기 + 80
     지정하기 점수값레이블 . 텍스트 값 가져오기 global 현재점수
     지정하기 global 현재점수 값 가져오기 global 현재점수 + 1

함수 게임종료
실행 지정하기 잠수함스프라이트 . 속도 값 0
     지정하기 장애물1 . 활성화 값 거짓
     지정하기 장애물2 . 활성화 값 거짓
     지정하기 시계1 . 타이머 활성 여부 값 거짓
     호출 플레이어1 .정지
     지정하기 플레이어1 . 소스 값 " bomb.wav "
     호출 플레이어1 .시작
     호출 알림1 .메시지창 나타내기
                        메시지 " 게임이 종료되었습니다. "
                          제목 " 알림 "
                     버튼 텍스트 " 확인 "
     만약 가져오기 global 최고점수 ≤ 가져오기 global 현재점수
     그러면 지정하기 최고점수값레이블 . 텍스트 값 가져오기 global 현재점수
     아니라면 지정하기 최고점수값레이블 . 텍스트 값 가져오기 global 최고점수
```

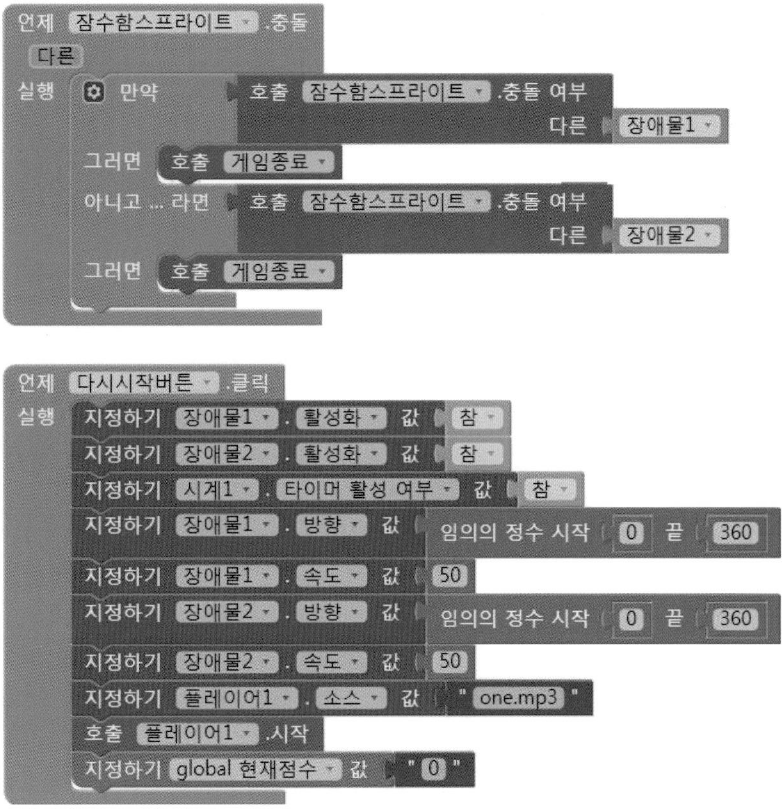

```
언제 잠수함스프라이트 .충돌
  다른
실행  만약  호출 잠수함스프라이트 .충돌 여부
                                        다른  장애물1
      그러면  호출 게임종료
      아니고 ... 라면  호출 잠수함스프라이트 .충돌 여부
                                        다른  장애물2
      그러면  호출 게임종료
```

```
언제 다시시작버튼 .클릭
실행  지정하기 장애물1 . 활성화 값  참
      지정하기 장애물2 . 활성화 값  참
      지정하기 시계1 . 타이머 활성 여부 값  참
      지정하기 장애물1 . 방향 값  임의의 정수 시작 0 끝 360
      지정하기 장애물1 . 속도 값  50
      지정하기 장애물2 . 방향 값  임의의 정수 시작 0 끝 360
      지정하기 장애물2 . 속도 값  50
      지정하기 플레이어1 . 소스 값  " one.mp3 "
      호출 플레이어1 .시작
      지정하기 global 현재점수 값  " 0 "
```

▸▸ [그림 18-36] 전체 컴포넌트 블록

# 생각 확장해보기

## ● 기능 확장하기(스스로 구현해 보자.)

우리는 해저의 잠수함 게임을 구현해보았다. 게임이란 너무 정직하게만 구현되어 있으면 흥미가 떨어진다. 퀴즈에서도 어려움에 봉착했을 때 찬스를 사용할 수 있듯이, 게임에서도 어려움에 봉착했을 때 구제할 수 있는 찬스 기능 한 개정도 있으면 조금 더 흥미진진해진다. 우리가 구현한 게임의 장애물 2개는 마치 나의 위치를 알고 찾아오는 것처럼 나의 잠수함과 머지 않아 충돌해버린다. 그래서 이 게임에 잠시 찬스 기능 버튼을 한 개 넣어보도록 하자. 어떤 찬스냐면 장애물이 잠수함과 부딪히려는 순간 [찬스] 버튼을 클릭하면 5초간 장애물의 움직임이 멈추는 것이다. 한 번 잘 생각해보기 바란다. 다음은 [찬스] 버튼을 적용한 실행 화면이다.

[그림 18-37] 기능 확장 후 실행결과

누구나 할 수 있는 스마트폰 앱 만들기!

# 내생애 첫번째코딩 앱인벤터


**1판 1쇄 인쇄** 2018년 1월 25일 **1판 1쇄 발행** 2018년 1월 30일
**1판 2쇄 인쇄** 2019년 6월 20일 **1판 2쇄 발행** 2019년 6월 25일

—

지 은 이 이창현
발 행 인 이미옥
발 행 처 디지털북스
정 가 22,000원
등 록 일 1999년 9월 3일
등록번호 220-90-18139
주 소 (03979) 서울 마포구 성미산로 23길 72 (연남동)
전화번호 (02)447-3157~8
팩스번호 (02)447-3159

—

ISBN 978-89-6088-219-5 (93560)
D-18-01